普通高等教育“十一五”国家级规划教材

微型计算机原理及应用

第 二 版

侯晓霞 王建宇 戴跃伟 编著

化学工业出版社

·北 京·

本书紧紧围绕微型计算机原理和应用主题，以8086/8088为主线，系统地介绍了16位微型计算机的基本知识、基本组成和体系结构，8086/8088系统中的指令系统、汇编语言及程序设计方法和技巧，存储器的组成和构成方法，常见的可编程接口芯片Intel 8251、Intel 8253、Intel 8237、Intel 8259和Intel 8255基本结构和应用，A/D、D/A转换原理及典型芯片，并对现代微机系统中涉及的总线技术、高速缓存技术、数据传输方法、高性能计算机的体系结构和主要技术作了简要分析。

本书注重理论联系实际、突出实用技术，内容简明扼要、融入作者多年的经验和体会，可作为高等院校非计算机专业本、专科生微机原理或接口技术教材，也可作为工程技术人员学习和应用相关内容的参考材料。

图书在版编目（CIP）数据

微型计算机原理及应用/侯晓霞，王建宇，戴跃伟编著．—2版．—北京：化学工业出版社，2007.1（2024.2重印）
普通高等教育“十一五”国家级规划教材
ISBN 978-7-5025-9862-4

Ⅰ．微…　Ⅱ．①侯…②王…③戴…　Ⅲ．微型计算机-高等学校-教材　Ⅳ．TP36

中国版本图书馆CIP数据核字（2007）第011650号

责任编辑：唐旭华　　文字编辑：郝英华
责任校对：战河红　　装帧设计：潘　峰

出版发行：化学工业出版社（北京市东城区青年湖南街13号　邮政编码100011）
印　　装：北京盛通数码印刷有限公司
787mm×1092mm　1/16　印张18½　字数490千字　2024年2月北京第2版第13次印刷

购书咨询：010-64518888　　售后服务：010-64518899
网　　址：http://www.cip.com.cn
凡购买本书，如有缺损质量问题，本社销售中心负责调换。

定　　价：46.00元

第二版前言

本书自2001年8月出版以来，经过了5年的教学应用实践，先后被多所学校选作本科生同类课程的教材使用，2006年被评为兵工高校优秀教材二等奖，本书所依托的课程“微机原理及应用”被评为江苏省精品课程。

随着课程教学实践的深入进行，以及大学本科（非计算机专业）培养方案的不断调整，我们对本书的内容编排、重点难点、学时安排等又有了新的认识，为此申报了国家“十一五”规划教材建设并获立项批准。本书第二版的修订思路是：以微型计算机的四大组成部分为主线来安排教材的章节，为此将原书的第6章进行了划分，形成目前的第5章定时与计数和第6章输入输出控制，这样，从微处理器、存储器、输入输出控制、输入输出接口、总线到软硬件应用（汇编程序设计和A/D、D/A转换），每一章均相对独立又互相配合，内容与难度上则循序渐进，有利于学生形成一个完整的微型计算机的概念，并了解其中的工作原理和处理流程。第10章高性能微机技术简介则给出了当前流行的且广泛应用于微处理器中的各种新技术，以开阔学生的视野。

本书第二版的修订注重基本概念和基本原理，有意识地减少了一些芯片内部较繁琐的原理说明，立足应用，尽量用较简洁、通俗的语言讲清与微机组成相关的基本概念和工作流程。对原书中的例题进行了大规模的改进并增加设计了大量新的例题，同时，对每一例题都给出了详细的设计分析思路，并尽可能地给出完整的硬件设计图和相应程序代码，使学生能通过这些例题，加深对基本概念及工作流程的理解，与文字讲述相得益彰。为达到举一反三的目的，有些例题还给出了进一步思考的问题，以引导、开阔学生的思路，其中不少例题的软硬件设计均可直接拿来应用在小型系统中。

本书第二版的另一特点是：针对学生反映本课程抽象难学的特征，我们编写了各章的学习指导，从学生学的角度出发，简明扼要、重点突出地指明本章的目的要求以及如何去学的方法，有利于学生掌握要点、明确方向、少走弯路，同时也有利于教师统一把握教学尺度。

本书的最佳参考学时为64学时，外加不少于16学时的实验与上机。我们有配套的实验指导书和多媒体教学课件供同行参考使用，如需要可联系：txh@cip.com.cn。

本书第二版的修订由侯晓霞任主编，王建宇、戴跃伟任副主编，在集体讨论之后，其中第10章由王建宇执笔修订，其余各章均由侯晓霞执笔修订。感谢林嵘老师和殷代红老师以及所有使用本书的学生对教材所提出的意见和建议。

虽执教多年但深知编写教材难度很大，尽管反复斟酌、修改仍难免不出纰漏，恳请各位同行在使用中多提宝贵意见，使本书能越写越好。

编者

2006年10月于南京

第一版前言

近年来，随着科学技术的发展和工艺水平的提高，微处理器芯片在不断地进行更新换代，其字长、集成度、功能、结构等均有了长足的发展。目前，一台普通的微型计算机的功能已超过了20世纪70年代小型机甚至中型机的功能；由多个微处理器构成的系统几乎可以达到大型机的计算能力；而由高档微机组成的图形工作站，使得实时图像处理和网络化大型计算得以实现，从而使科学计算可视化技术走向大众；在工业生产上，由微机控制的自动化生产线，为提高生产能力和产品质量提供了保证；而大量由微处理器控制的仪器、仪表、家用电器、医疗设备等，已成为当今生活中不可缺少的一部分。总之，微型计算机及其应用技术随处可见，充满了生产和生活的各个方面，学习并掌握与之相关的内容，已成为高等院校的学生及社会各界人士的需求和迫切愿望。

为了使学生更好地掌握微机原理与接口技术的核心内容，根据我们多年教学的体会和经验，以及当前各大专院校普遍使用的16位微机实验设备的现状，同时也为满足21世纪培养高素质人才和教学改革的需要，在作者主持完成的"微型计算机原理及应用"课程被评为江苏省优秀课程、相应的教学体系建设成果被评为江苏省优秀教学成果的基础上，我们编写了《微型计算机原理及应用》一书。

本书以8086/8088为主线，讲述了8086/8088微处理器的组成原理、体系结构、汇编语言及程序设计技术、接口技术及应用的有关内容。考虑到学生对计算机知识学习的系统性和完整性，我们将当前高性能微机系统采用的新技术融合到各相关章节中进行了介绍，如高速缓存Cache，PCI、AGP总线技术，USB、1394通讯接口技术等，并在第10章重点分析了高性能微机的体系结构和采用的新技术，这样使学生对微机系统整体结构有一个完整的了解。在第2、3章中，详细介绍了指令系统和汇编程序设计方法，并加入了高级语言与汇编语言的交叉调用内容，同时，增添了同类教材涉及不多的，而且是计算机应用和使用所必须具备的总线技术和A/D、D/A内容。本书作者开发了与本书配套的多媒体教学软件，对购买本书量大的单位，我们将免费赠送该软件。

全书共分十章。第1章微型计算机概述，简要介绍微型计算机的发展、基本结构和工作过程，8086/8088CPU结构、存储器组织及典型时序分析。第2章8086/8088指令系统，主要介绍8086/8088寻址方式和指令系统，对常用指令的寻址方式及操作做了较详细的阐述，同时通过程序举例，帮助读者深入理解指令的功能。第3章汇编语言程序设计，讲述了汇编语言源程序的设计方法，伪指令格式，以及汇编语言程序和高级语言程序的相互调用。第4章存储器系统，论述了存储器的组成及工作原理、存储器系统扩展方法，并介绍了Cache的结构和工作原理等。第5章中断系统，描述了中断的概念及典型中断芯片8259的结构和应用。第6章DMA控制器和定时/计数器，主要介绍了DMA和定时/计数器的工作原理和典型芯片8237、8253的结构和应用。第7章接口与串并行通信，介绍常用并行和串行接口芯片的结构及其与CPU接口方式和编程，同时增加了通用串行接口规范USB及1394技术。第8章总线技术，主要描述总线的有关概念，总线的类别及功能，常用总线的有关规范等。

第9章D/A、A/D转换器及其与CPU的接口，讲述了数模转换器和模数转换器的一般工作原理，重点介绍与CPU的接口技术及其编程。第10章高性能微机系统新技术简介，讲述了PⅡ、PⅢ系列微机中采用的新技术，重点分析了MMX、SSE技术和体系结构涉及的寄存器结构、工作方式、存储管理及存储保护技术。每章都有习题与思考题，以便帮助读者理解和掌握有关内容。

本书第6、8、9章由戴跃伟编写，第4、5、7章由侯晓霞编写，其余各章由王建宇编写，全书由王建宇统稿。杨洋、钟晓霞、袁秋林、项文波、施友松、王翔、陈果、秦华旺等参加了本书插图的绘制，在此表示感谢。

由于水平所限，书中难免有谬误之处，恳请广大读者批评指正。

编者

2001年3月于南京

目　录

1 微型计算机概述

1.1 微机的发展与特点

1.1.1 微机的发展历史

微型计算机作为计算机大家族中的一员，它具有一般计算机的所有特性。我们知道，计算机的核心部件是CPU，它是整个计算机的心脏，控制着计算机的全部工作。而微型计算机的核心部件是微处理器，微处理器是微型计算机中的CPU。因此，我们讲微型计算机的发展历史就是讲微处理器的发展历史。

1971年，Intel公司推出了第一个微处理器芯片Intel 4004。这是一个4位的微处理器，原本是为高级袖珍计算器设计的，推出后却取得了意想不到的成功。Intel公司立刻对其进行改进，正式生产出第一片通用微处理器芯片Intel 4040。此后，Intel公司又推出了8位的通用微处理器芯片Intel 8080。这些微处理器一般被称为第一代微处理器，它们的字长为4～8位，时钟频率为1MHz。据资料报道，它们在许多低端应用领域（如智能玩具等）仍有较大市场。

很快，不少厂商投入到微处理器的设计生产领域。1973～1977年之间，Intel公司又在原8080的基础上提高集成度，设计生产了Intel 8085。同时，Zilog公司推出了著名的Z80，该芯片曾长期占据单板机市场，成为组成单板机的主流处理器。另外，Rockwell公司设计的8位微处理器6502，也曾作为著名的Apple机的CPU，对微型计算机的发展起到了极大的推动作用。这些微处理器一般被称为第二代微处理器。它们的字长为8位，时钟频率为2～4MHz。

1978年，Intel首次推出16位微处理器8086，这是80x86系列CPU的鼻祖。8086的内部和外部数据总线都是16位，地址总线为20位，可直接访问1MB内存。1979年，Intel又推出8086的姊妹芯片8088，它与8086不同的是外部数据总线为8位，以适应当时已广泛使用的8位接口芯片。很快Intel就在8086/8088上取得了巨大成功，IBM选用它来制造著名的IBM PC，开辟了一个全新的个人计算机时代，而8086/8088的许多设计思想则一直影响着Intel的后续芯片。此外还有Zilog公司推出的Z8000和Motorola公司的68000，这些微处理器一般被称为第三代微处理器。

20世纪80年代以后，随着集成电路设计生产技术的提高，微处理器进入快速发展阶段，生产厂商在提高集成度、速度和功能方面取得了很大进展。Intel公司相继推出了80286、80386和80486，这些高性能的微处理器的字长已达到32位，时钟频率可高达50MHz，同时，不仅支持片内高速缓存，即一级（L1）缓存，486还支持主板上的二级（L2）缓存。尤其是486 DX2还首次引入了倍频的概念，有效地缓解了外部设备的制造工艺跟不上CPU主频发展速度的矛盾。AMD、Cyrix、TI、UMC等厂商开始生产兼容80386/80486的芯片，并用低价手段来抢占市场，推动了技术的快速进步。

1993年Pentium处理器面世。由于采用了一系列新的设计，尤其是将一些原本用于大型机的技术逐步引入微处理器中（如流水线技术、动态预测技术等），使得它的速度比80486快了几倍。此后，直到2000年末，Intel又陆续推出PentiumPro，Pentium MMX、PⅡ～PⅣ，不仅处理器的运算速度大幅提高，主频高达数G赫兹，而且增强了对浮点运算和多媒体技术的支持，改进了插槽技术和生产工艺，使得这样的高档微处理器的功能已达到原中型机的功能。与此同时，AMD公司也推出了它的K系列微处理器，以较好的性价比占据中低端市场，取得了较好的业绩。

目前，Intel、AMD、Cyrix、IDT等x86系列CPU厂商之间的竞争还将长期持续下去，并为我们带来更多可供选择的微处理器产品，进一步推动微型计算机的快速发展。

1.1.2 微机的特点

微型计算机本质上与其它计算机并无太多的区别，所不同的是微型计算机广泛采用了集成度相当高的器件和部件，因此带来以下一系列特点。

① 体积小，重量轻，功能强　由于采用大规模集成电路（LSI）和超大规模集成电路（VLSI），微型机所含的器件数目大为减少，体积也大为缩小，20世纪70年代中小型计算机所能实现的功能，在当今内部只含几十片集成电路的微型机就能实现。

② 价格低　当前微型机的价格依据摩尔定律变化，即计算机芯片的价格每18个月降低一半。速度每18个月则提高一倍。很好的性价比使得微型机具有极高的市场占有率。

③ 可靠性高，结构灵活　由于采用了超大规模集成电路，使得微机内部元器件数目少；采用了总线结构、积木式设计，使得微型机的组合非常灵活，整机系统可靠性高。

④ 应用面广　现在微型机已完全取代了原来的中小型机，不仅应用于科学研究，而且广泛应用于工业生产、过程控制、公共信息、商业服务等各行各业，可以说，微型机已经渗透到我们社会生活的每一个角落，尤其是随着Internet的发展，计算机已成为现代社会的重要标志。

1.2 微机的组成结构与工作过程

1.2.1 微机的组成结构

（1）微机的组成

微型计算机的基本组成结构如图1-1所示。从该结构图中可以看出，一台微型计算机由四部分组成：微处理器、存储器、输入输出接口和总线。它们以微处理器为核心，把存储器（ROM、RAM）、I/O接口电路通过总线有机地结合在一起形成微型计算机。在这里，CPU如同微型机的心脏，它的性能决定了整个微型机的各项关键指标。存储器包括随机存取存储器（RAM）和只读存储器（ROM）。输入输出接口电路用来使外部设备与微型机相连。总线为CPU和其它部件之间提供数据、地址和控制信息的传输通道。

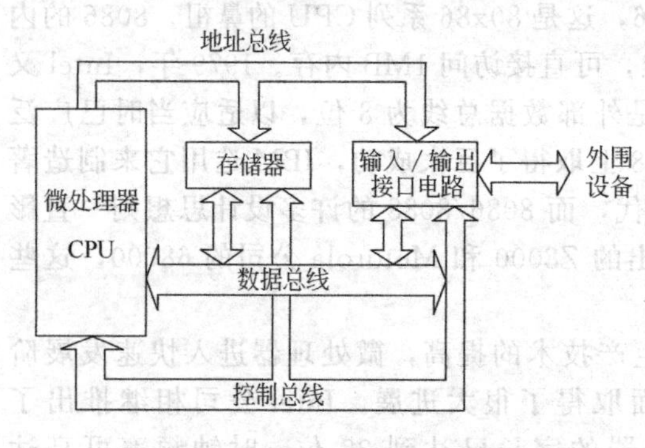

图1-1　微型机的基本结构

微型计算机再加上系统软件、输入输出设备和电源就构成了一个微型计算机系统，微机系统是我们用户使用计算机的基本配置。

（2）微型机的总线结构

现代微型计算机都采用总线结构。在微型计算机系统中，无论是各部件之间的信息传送，还是处理器内部信息的传送，都是通过总线进行的。总线是连接多个功能部件或多个装置的一组公共信号线，它提供各功能部件或装置之间的信息传输通道。根据总线所处的位置不同，总线有不同的分类，如片内总线和片间总线等。片内总线是集成电路芯片内部各功能部件和各寄存器之间的连线；片间总线是连接各芯片的总线，即连接CPU、存储器和I/O接口的总线，又称为局部总线。微型计算机有了总线结构后，系统中各功能部件之间的相互关系变为各个部件面向总线的单一关系。一个部件只要符合相同的总线标准，就可以直接连接到采用这种总线标准的系统中，使系统的功能得以发挥。总线结构为微机的结构扩展提供了极大的灵活性，因此，它也是现代计算机结构的重要特征。有关总线的详细内容见本书的第 8 章。以后提到的总线如不加说明，均指局部总线。

尽管各种微型机的总线类型和标准有所有同，但从总线所承担的任务来看，一般分为三种不同功能的总线：地址总线（Address Bus，AB）、数据总线（Data Bus，DB）和控制总线（Control Bus，DB）。

1）地址总线

地址总线是微型计算机用来传送地址的信号线。地址总线的位数决定了 CPU 可以直接寻址的内存范围。微型机根据直接寻址能力决定地址线的根数，通常 8 位机的寻址范围为 32K 或 64K（1K＝1024）字节，16 位机能寻址的范围为 1M(2^{20})～16M(2^{24}) 字节的能力。因为地址信号总是由 CPU 提供的，所以地址总线是单向三态总线。单向指信息只能向一个方向传送，三态指除了输出高电平和低电平外，还可以处于高阻状态（浮空状态）。

2）数据总线

数据总线是 CPU 用来传送数据和代码的信号线。从结构上看，数据总线总是双向的，即数据既可以从 CPU 送到其它部件，也可以从其它部件传送给 CPU。数据总线的位数（宽度）是微型计算机的一个很重要指标，它通常和处理器的位数相对应。例如 16 位微处理器，有 16 根数据线，32 位微处理器有 32 根数据线。和其它计算机一样，在微型机中，数据的含义也是广义的，通过数据总线传送的除了数据以外，还可能有代码、状态量，有时还可能是控制量。数据总线也采用三态逻辑。

3）控制总线

控制总线是用来传送控制信号的。这组信号线比较复杂，由它来实现 CPU 对外部部件（包括存储器和 I/O 接口）的控制。不同的微处理器采用不同的控制信号，通常来讲，控制信号用来实现 CPU 对外部部件的控制（如读写命令）、状态的传送（如应答联络信号）、中断、直接存储器存取（DMA）的控制，提供系统使用的时钟和复位信号等。

控制总线的信号线，根据使用条件不同，有的为单向，有的为双向或三态，还有的为非三态的信号线。控制总线是一组很重要的信号线，它决定了总线功能的强弱和适应性的好坏。

(3) 微处理器的结构与功能

微处理器的结构严格地受到大规模集成电路制造工艺的约束，因此芯片的面积不能过大，引出端的数量也受到了约束。上述条件就严格规定了通用微处理器的内部结构及其同外部设备的连接方式：外部一般采用上述的三总线结构，内部采用单总线，即内部所有单元电路都挂在内部总线上，分时享用。一个典型的 8 位微处理器的结构如图 1-2 所示。

它包括以下几个重要部分：累加器、算术逻辑运算单元（ALU）、状态标志寄存器、寄存器阵列、指令寄存器、指令译码器和定时及各种控制信号的产生电路。

1）累加器和算术逻辑运算单元

累加器和算术逻辑运算单元主要用来完成数据的算术和逻辑运算。ALU 有两个输入端和两个输出端。两个输入端一端接至累加器，接收由累加器送来的第一个操作数；另一端通过内部数据总线接到寄存器阵列，以接收第二个操作数。两个输出端一端接至数据总线，通过总线与累加器和寄存器阵列相联系；另一端接至标志寄存器。

参加运算的操作数先送到累加器和寄存器，然后在控制信号的控制下，在 ALU 中进行规定的运算操作，运算结束后，将结果送至累加器或寄存器，同时将操作结果的特征状态送标志寄存器。

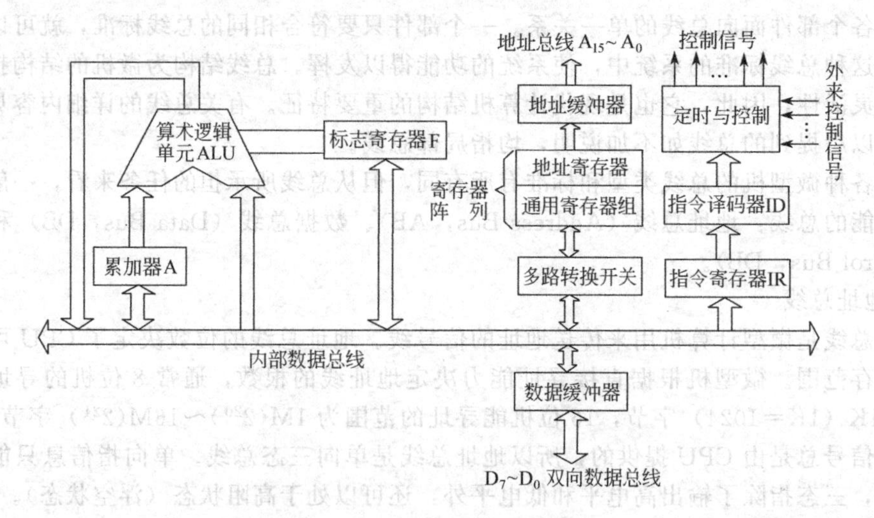

图 1-2 典型 8 位微处理器结构

累加器是一个特殊的寄存器，它的字长和微处理器的字长一样，例如：16 位微处理器的累加器字长为 16 位。累加器一般具有输入输出和移位功能，微处理器采用累加器结构可以简化某些逻辑运算。由于所有参加运算的数据都要通过累加器，故累加器在微处理器中占有很重要的位置。

2）寄存器阵列

通用寄存器组：用来寄存参与运算的数据（8 位），它们也可以连成 16 位的寄存器对，用以存放操作数的地址。

地址寄存器：用来存放地址。常用的地址寄存器有三种：指令指针 IP（有时也称为程序计数器 PC），变址寄存器 SI、DI，堆栈指针 SP。

指令指针 IP：它的作用是指明下一条指令在存储器中的地址。每取一个指令字节，IP 自动加 1，如果程序需要转移或分支，只要把转移地址放入 IP 即可。

变址寄存器 SI、DI：程序设计中往往要修改地址，变址寄存器的作用是用来存放要修改的地址，它也可以用来暂存数据。

堆栈指针 SP：用来指示 RAM 中堆栈栈顶的地址。堆栈中每压入或弹出 1 个数据，SP 的内容就自动减 1 或加 1，以指示新的栈顶地址。SP 的值始终指向栈的顶部。

3）指令寄存器、指令译码器和定时及各种控制信号的产生电路

指令寄存器（Instruction Register，IR）用来存放当前正在执行的指令。当指令执行完毕后下一条指令才存入。指令译码器（Instruction Decoder，ID）用来对指令进行分析译码，根据指令译码器的输出信号，定时及控制信号产生电路产生出执行此条指令所需的全部控制信号，以控制各部件协调工作。

4）内部总线和总线缓冲器

内部总线把 CPU 内各部件和 ALU 连接起来，以实现各部件之间的信息传送。内部总线分为内部数据总线和内部地址总线，它们分别通过数据缓冲器和地址缓冲器与芯片外的系统总线相连。缓冲器用来暂时存放信息（数据或地址），具有驱动放大和隔离功能。

1.2.2 微机的工作过程

计算机之所以能在没有人干预的情况下自动地完成各种工作任务，是因为人们事先为它编制了完成这些任务所需的工作程序，并把程序存放到存储器中，这就是程序存储。计算机的工作过程就是执行程序的过程，控制器按照预先规定好的顺序，从存储器中一条一条地取

出指令、分析指令，根据不同的指令向各个部件发出完成该指令所规定操作的控制信号，这就是程序控制。程序存储和程序控制的概念是美籍匈牙利人约翰·冯·诺依曼提出来的，因此又称为冯·诺依曼概念。当代的计算机，不管是微型机还是大型机，甚至像CRAY等巨型机都是按冯·诺依曼模型工作的，故统称为冯·诺依曼计算机。

下面我们以图1-3所示的简化模型来分析微机的工作过程。假设要完成Y=10+20，结果送30单元的操作。

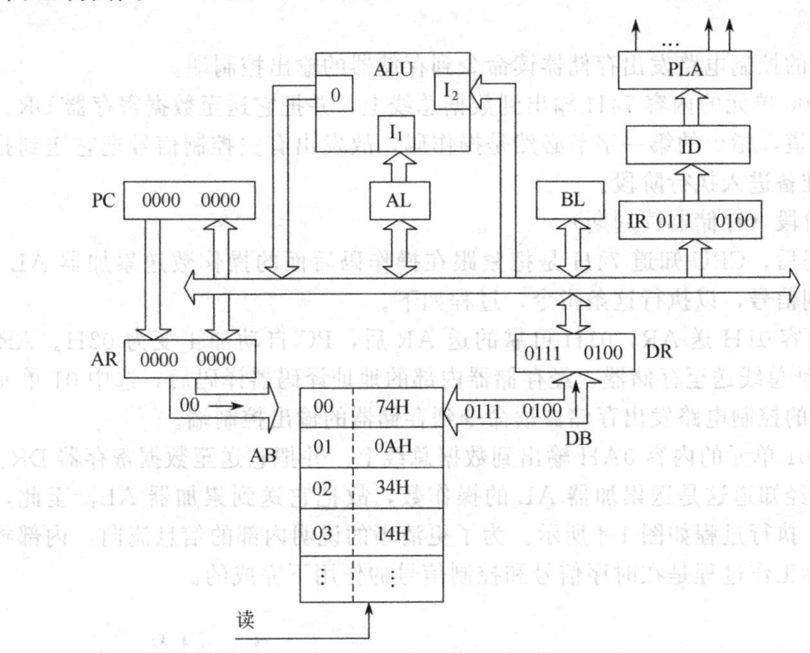

图 1-3 取指阶段执行示意

要完成上述功能，首先要查找指令表（如表1-1所示）找到相关指令，编写程序如下。

```
MOV    AL，10      ；AL=10
ADD    AL，20      ；AL=AL+20=10+20=30
MOV    [30]，AL    ；AL送30单元
HLT                ；系统暂停
```

然后对上述程序进行汇编，翻译成机器码。翻译过程一般通过汇编程序MASM和LINK自动完成。另一种为手工汇编，在这里通过手工方法实现，查表1-1可将上述程序翻译为如下机器代码：

```
MOV    AL，10      ；01110100    00001010    740AH
ADD    AL，20      ；00110100    00010100    3414H
MOV    [30]，AL    ；01010011    00011110    531EH
HLT                ；01000011                43H
```

表 1-1 指令表

功 能	助记符	机器码	说 明
立即数n送AL	MOV AL,n	01110100 n	两字节指令
AL内容加立即数n	ADD AL,n	00110100 n	结果在AL中
AL内容送M为地址的单元	MOV [M],AL	01010011 M	两字节指令
停止操作	HLT	01000011	一字节指令

将机器码从00单元开始存入内存中，如图1-3所示。最后按如下步骤执行程序。

（1）取指阶段（取指周期）

微机接通电源，复位电路使程序计数器 PC（有时也称为指令指针 IP）的内容自动置 0（不同微机，PC 的初值不同，即程序的起始地址不同），它是第一条指令的地址，在时钟脉冲作用下，CPU 开始取指工作，工作过程如图 1-3 所示。

① PC 的内容 00H 送地址寄存器 AR，然后它的内容自动加 1 变为 01H，指向下一个字节。AR 把地址码 00H 通过地址总线送至存储器，经存储器内部的地址译码器译码后，选中 00 单元。

② CPU 内的控制电路发出存储器读命令到存储器的输出控制端。

③ 存储器 00 单元的内容 74H 输出到数据总线上，并把它送至数据寄存器 DR。

④ CPU 知道，指令的第一字节必然是操作码，故发出有关控制信号把它送到指令译码器进行译码，准备进入执行阶段。

（2）执行阶段（存储器读周期）

经指令译码后，CPU 知道 74H 是把紧跟在操作码后面的操作数送累加器 AL 的指令，故发出各种控制信号，以执行这条指令，过程如下。

① PC 的内容 01H 送 AR，01H 可靠的送 AR 后，PC 自动加 1 变为 02H。AR 把地址码 01H 通过地址总线送至存储器，经存储器内部的地址译码器译码后，选中 01 单元。

② CPU 内的控制电路发出存储器读命令到存储器的输出控制端。

③ 存储器 01 单元的内容 0AH 输出到数据总线上。并把它送至数据寄存器 DR。

④ CPU 已经知道这是送累加器 AL 的操作数，故把它送到累加器 AL。至此，第一条指令执行完毕。执行过程如图 1-4 所示。为了更清晰的说明内部的信息流向，内部控制信号均未画出。实际工作过程是在时序信号和控制信号的作用下完成的。

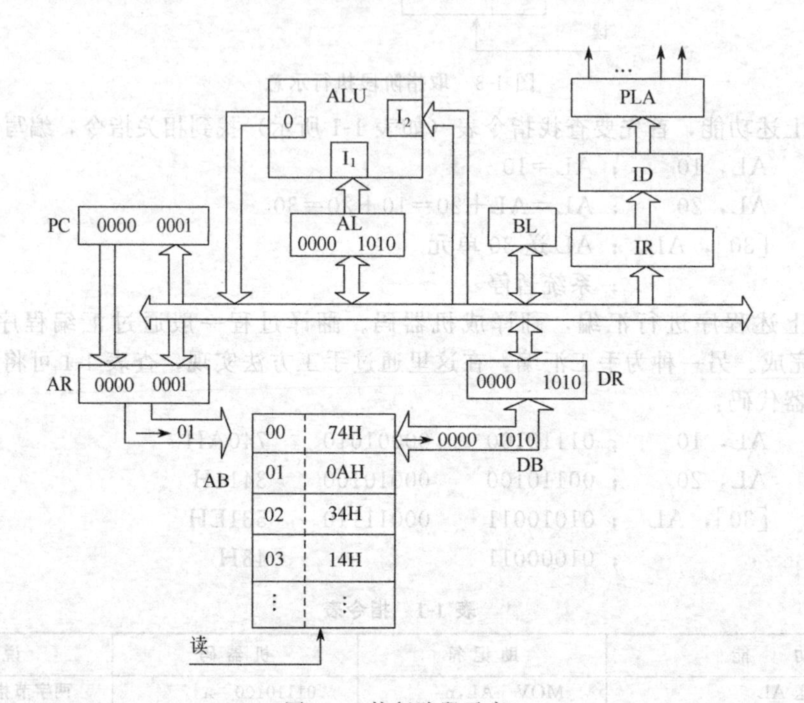

图 1-4　执行阶段示意

CPU 紧接着执行第二条指令，过程类似上述，故简述如下。

PC 的内容 02H 送 AR，PC 内容加 1 变为 03H。AR 把地址码 02H 通过地址总线送至存储器，选中 02 单元，然后，CPU 发出存储器读命令，于是，02 单元的内容 34H 就被读到数据寄存器 DR，CPU 知道这是取指阶段，故把它送到指令译码器，经译码后，CPU 识别出这是一条加法指令，一个加数在累加器 AL，一个加数是紧跟在操作码后面的操作数，故发出执行这条指令的各种控制信号，过程如下。

把 PC 的内容 03H 送 AR，PC 的内容自动加 1 变为 04H。AR 把地址码 03H 通过地址总线送至存储器，选中 03 单元，然后，CPU 内的控制电路发出存储器读命令，通过数据总线把 03 单元的内容 14H 送至 DR，CPU 已经知道这是与累加器 AL 的内容相加的一个操作数，故把它和累加器 AL 的内容 0AH 同时送运算单元 ALU，由 ALU 完成 0AH+14H 的操作，结果送到累加器 AL。至此，第二条指令执行完毕，CPU 紧接着进行第三条指令的取指与译码，过程如下。

把 PC 的内容 04H 送 AR，PC 的内容自动加 1 变为 05H。AR 把地址码 04H 通过地址总线送至存储器，选中 04 单元，然后，CPU 内的控制电路发出存储器读命令，通过数据总线把 04 单元的内容 53H 送至 DR，经译码后，CPU 辨识出这是一条把 AL 中的内容写到存储器中的操作，这个存储单元的地址就是紧跟在操作码后面的操作数，故执行该指令的过程如下。

把 PC 的内容 05H 送 AR，PC 的内容变为 06H。AR 把地址码 05H 通过地址总线送至存储器，选中 05 单元，然后，CPU 内的控制电路发出存储器读命令，通过数据总线把 05 单元的内容 1EH 送至 DR，CPU 已经知道这是存储单元的地址，故把它送到 AR，AR 把地址码 1EH 通过地址总线送至存储器，经存储器内部的地址译码器译码后，选中 1E 单元，然后，CPU 发出存储器写命令，通过数据总线把 AL 中的内容写入 1E 单元。CPU 紧接着取最后一条指令，译码后停止操作。至此程序执行完毕。

从以上分析可知，微机工作的过程，就是一个不断的取指令、指令译码、取操作数、执行运算、送运算结果的循环过程。

1.3 8086/8088 微处理器

8086/8088 微处理器是 Intel 公司推出的第三代微处理器芯片，它们的内部结构基本相同，但外部特性有所不同。8086 对外是 16 位数据线，而 8088 对外是 8 位数据线，因此，在处理 16 位数时，8088 需要两步操作，而 8086 只需一步。8086/8088CPU 内部都采用 16 位结构进行操作，它们都是 40 脚双列直插式封装，对外有 20 根地址线，可直接寻址的地址范围为 2^{20}，即 1M 字节。

1.3.1 8086/8088CPU 的编程结构

（1）8086/8088CPU 的编程结构

编程结构也称为功能结构，是从程序员的角度来看的处理器结构。8086/8088CPU 的编程结构分为两部分：总线接口部件 BIU（Bus Interface Unit）和执行部件 EU（Execution Unit）。基本结构如图 1-5 所示。

1）执行部件

EU 单元负责指令的执行。它包括 ALU（运算器）、通用寄存器和状态寄存器等，主要进行 16 位的各种算术运算及逻辑运算。

2）总线接口部件

BIU 单元负责与存储器和 I/O 接口之间传送数据。它由段寄存器、指令指针、地址加法器和指令队列缓冲器组成。地址加法器将段地址和偏移地址相加，生成 20 位的物理地址。

8086/8088 的 BIU 有如下特点。

① 8086 的指令队列为 6 个字节，8088 的指令队列为 4 个字节。这样，在 EU 执行指令的同时，BIU 可从内存中取下一条指令或下几条指令放在指令队列中。而 EU 执行完一条指

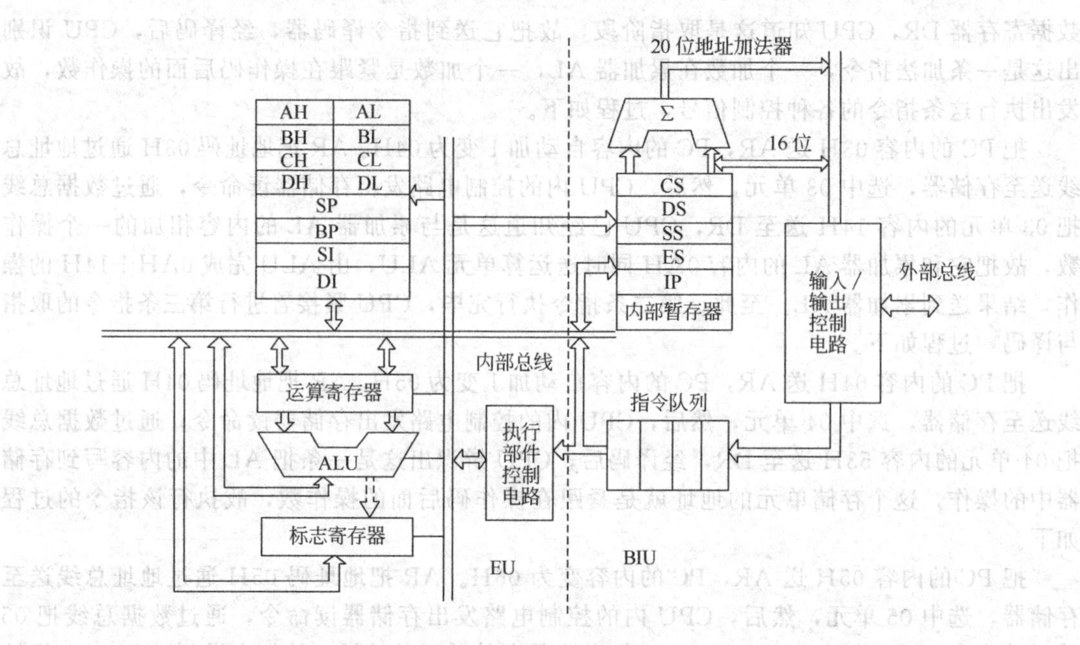

图 1-5　8086/8088CPU 内部功能结构图

令后就可以直接从指令队列中取出下一条指令执行，从而提高了 CPU 的效率。

② 地址加法器用来产生 20 位地址。上面已经提到，8086/8088 可用 20 位地址寻址 1M 字节的内存空间，但 8086/8088 内部所有的寄存器都是 16 位的，所以需要由一个附加的机构来根据 16 位寄存器提供的信息计算出 20 位的物理地址，这个机构就是 20 位的地址加法器。

总线接口部件和执行部件并不是同步工作的，它们按以下流水线技术原则来协调管理。

① 每当 8086 的指令队列中有两个空字节，或者 8088 的指令队列中有一个空字节时，总线接口部件就会自动把指令取到指令队列中。

② 每当执行部件准备执行一条指令时，它会从总线接口部件的指令队列前部取出指令的代码，然后用几个时钟周期去执行指令。在执行指令的过程中，如果必须访问存储器或者输入/输出设备，那么，执行部件就会请求总线接口部件进入总线周期，完成访问内存或者输入/输出端口的操作；如果此时总线接口部件正好处于空闲状态，那么，会立即响应执行部件的总线请求。但有时会遇到这样的情况，执行部件请求总线接口部件访问总线时，总线接口部件正在将某个指令字节取到指令队列中，此时总线接口部件将首先完成这个取指令的操作，然后再去响应执行部件发出的访问总线的请求。

③ 当指令队列已满，而且执行部件又没有总线访问请求时，总线接口部件便进入空闲状态。

④ 在执行转移指令、调用指令和返回指令时，由于程序执行的顺序发生了改变，不再是顺序执行下面一条指令，这时，指令队列中已经按顺序装入的字节就没用了。遇到这种情况，指令队列中的原有内容将被自动消除，总线接口部件会按转移位置往指令队列装入另一个程序段中的指令。

(2) 8086/8088CPU 的内部寄存器

在 8086/8088 微处理器中，有许多不同用途的内部寄存器，这些寄存器在微处理器的工作过程中起着非常重要的作用，也是用汇编语言编程必须用到的。8086/8088 微处理器的内部寄存器结构如图 1-5 所示。

1）数据寄存器

8086/8088有4个16位的数据寄存器，分称AX、BX、CX、DX。它们可以作为16位寄存器使用，也可分为8个8位寄存器来用，其中AX为累加器。在汇编程序中使用时，它们的用途都有所区别，如表1-2所示。

表 1-2 内部寄存器主要用途

寄存器	用途	寄存器	用途
AX	字乘法，字除法，字I/O	CX	串操作，循环次数
AL	字节乘，字节除，字节I/O，十进制算术运算	CL	变量移位，循环控制
AH	字节乘，字节除	DX	字节乘，字节除，间接I/O
BX	转移		

2）段寄存器

8086/8088微处理器内部有4个16位的段寄存器，代码段寄存器CS、数据段寄存器DS、堆栈段寄存器SS和附加段寄存器ES，用于存放不同段的段地址。通常CS存放代码段的段地址，DS和ES存放数据段的段地址，SS存放堆栈段的段地址。由这些段寄存器的内容与指令中给出的偏移地址一起可确定操作数的物理地址。而CS的值则与IP的值一起确定下一条要取出的指令地址。

3）指针寄存器

8086/8088的指针寄存器为16位，共有三个：SP、BP和IP。SP是堆栈指针寄存器，由它和堆栈段寄存器一起来确定栈顶在内存中的位置。BP是基地址指针寄存器，通常用于存放基地址，以使8086/8088的寻址更加灵活。IP是指令指针寄存器，用来控制CPU的指令执行顺序。它和代码段寄存器CS一起可以确定当前所要取的指令的内存地址。顺序执行程序时，CPU每取一个指令字节，IP自动加1，指向下一个要读取的字节。当IP单独改变时，会发生段内转移。当CS和IP同时改变时，会产生段间的程序转移。

4）变址寄存器

SI、DI是变址寄存器，长度均为16位，都用于指令的变址寻址。在进行串操作时，要求SI指向源操作数，DI指向目的操作数。一般情况下，它们可以作为数据寄存器使用。

5）标志寄存器

PSW是处理机状态字，也常称为状态寄存器或标志寄存器，用来存放8086/8088CPU在工作过程中的状态。PSW各位标志如图1-6所示。

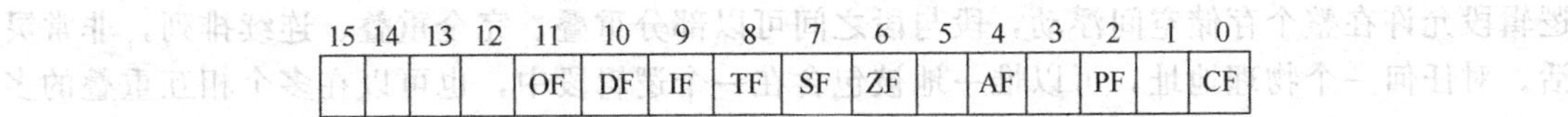

图 1-6 标志寄存器

标志寄存器是一个16位的寄存器，其中9位是有用的标志。在这9位标志中，6位是状态标志（包括CF、PF、AF、ZF、SF、OF），由CPU根据运算结果自动设置，供用户查询使用。3位是控制标志（包括TF、IF、DF），由用户编程设置，起控制作用。标志寄存器中的标志对我们了解8086/8088CPU的工作和用汇编语言编写程序是很重要的。这些标志位的含义如下。

- CF：进位标志位。当做加法时出现最高位进位或做减法时出现最高位借位时，该标志位置1，否则清0。
- PF：奇偶标志位。当结果的低8位中1的个数为偶数时，该标志位置1，否则清0。
- AF：半进位标志位。在加法时，当位3需向位4进位，或在减法时位3需向位4借位时，该标志位就置 1，否则清 0。该标志位通常用于对 BCD 算术运算结果的调整。

• ZF：零标志位。运算结果各位都为 0 时，该标志位置 1，否则清 0。

• SF：符号标志位。当运算结果的最高位为 1 时，该标志位置 1，否则清 0。

• TF：陷阱标志位（单步标志位）。当该位置 1 时，将使 8086/8088 进入单步指令工作方式。在每条指令开始执行以前，CPU 总是先测试 TF 位是否为 1，如果为 1，则在本指令执行后将产生陷阱中断，从而执行陷阱中断处理程序。该程序的首地址由内存的 00004H～00007H 4 个单元提供。该标志通常用于程序的调试。例如，在系统调试软件 DEBUG 中的 T 命令，就是利用它来进行程序的单步跟踪的。

• IF：中断允许标志位。如果该位置 1，则处理器可以响应可屏蔽中断，否则就不能响应可屏蔽中断。

• DF：方向标志位。当该位置 1 时，串操作指令为自动减量指令，即从高地址到低地址处理字符串，否则串操作指令为自动增量指令。

• OF：溢出标志位。在算术运算中，带符号数的运算结果超出了 8 位或 16 位带符号数所能表达的范围时，即字节运算大于＋127 或小于－128 时，字运算大于＋32767 或小于－32768时，该标志位置位。

例如，执行 5439H＋456AH 的操作，则有

```
     0101   0100   0011   1001
 +   0100   0101   0110   1010
 --------------------------------
     1001   1001   1010   0011
```

这时，CF＝0、AF＝1、PF＝1、ZF＝0、SF＝1、OF＝1（两正数相加结果为负）。

1.3.2　存储器组织

对读者来说，要想弄清楚为什么 8086/8088CPU 能寻址 1MB 的内存空间，如何才能确定一个操作数的实际物理地址，都要求读者必须彻底理解以 8086/8088 为 CPU 的存储器组织方式。只有做到了这一点，才能正确地使用存储器。

(1) 分段结构

在本节开始已经提到，8086/8088CPU 对外 20 位地址，可以访问 1MB 的内存空间，可是其内部寄存器都只有 16 位，而 16 位地址最多可以寻址 64K 存储空间。很显然，不采取特殊措施，它是不能寻址 1MB 存储空间的。为此，8086/8088 的存储器组织引入了分段的概念，即将 1MB 的存储空间分为若干个逻辑段，每个逻辑段具有 64KB 的存储空间，每个逻辑段允许在整个存储空间浮动，段与段之间可以部分重叠、完全重叠、连续排列，非常灵活。对任何一个物理地址，可以惟一地被包含在一个逻辑段中，也可以在多个相互重叠的多个逻辑段中。如图 1-7、图 1-8 所示。

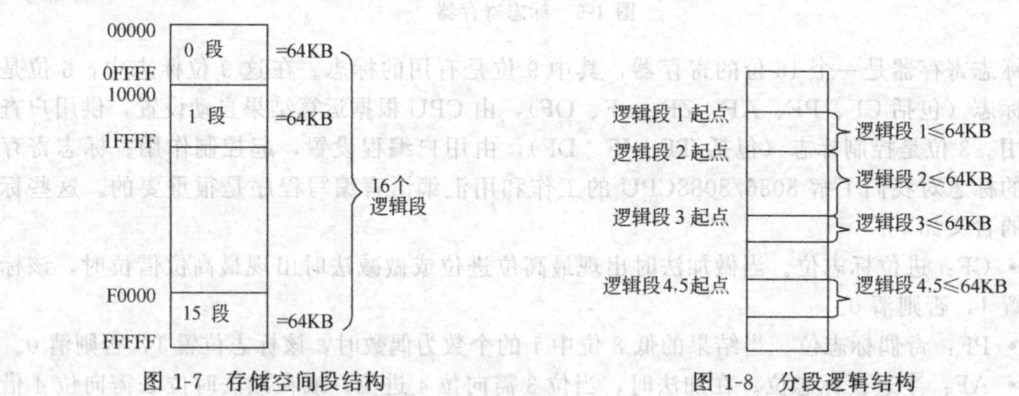

图 1-7　存储空间段结构　　　图 1-8　分段逻辑结构

(2) 段地址、段内地址（偏移地址）和物理地址

采用存储器分段结构以后，任何一个20位的物理地址，都由段地址和段内地址（或称为偏移地址）两部分构成，其中段内地址指出了操作数所在位置距段起始位置的偏移量，段地址和段内地址有时也称为逻辑地址。

一般情况下，操作数的段地址由相应的段寄存器提供，段内地址则由指令的寻址方式提供。具体访问某个存储单元时，可以通过以下地址运算得出要访问的存储单元的物理地址：

物理地址＝段寄存器的内容×16＋段内地址

物理地址的形成过程如图1-9所示。段寄存器的内容×16（相当于左移4位）变为20位，再在低端16位上加上16位的偏移地址，便可得到20位的物理地址。16位的偏移地址有多种产生方法，在下一章中再详细说明。这里仅以8086/8088CPU复位后如何形成启动地址为例，说明物理地址的计算方法。复位时CS的内容为FFFFH，IP的内容为0000H。复位后的启动地址则由CS段寄存器和IP的内容（作为偏移地址）共同决定，即：

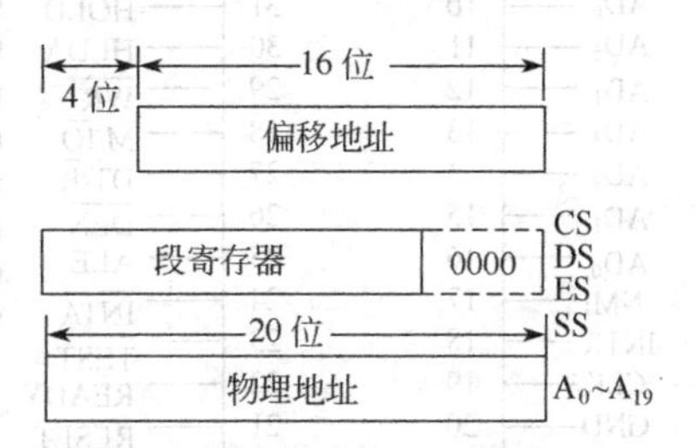

图1-9 物理地址的形成

启动地址＝(CS)×16＋(IP)＝FFFF0H＋0000H＝FFFF0H

对存放在同一段中的操作数来讲，它们的段地址相同，而偏移地址是不同的。8086/8088CPU还规定，对字操作数来讲，要占据连续两个存储单元，其中，低字节占低地址，高字节占高地址。对双字等的存放规律依此类推。

例如，假设有一个字数据4567H存放在数据段，此时DS的值是2000H，如果已知操作数的偏移地址是1000H，则这个字数据的起始物理地址为2000H×16＋1000H＝21000H，占用连续两个单元即21000H和21001H，其中21000H单元的内容是67H（即低字节的值），21001H单元的内容是45H（即高字节的值）。

1.3.3 8086/8088CPU的工作模式与引脚功能

(1) 8086/8088CPU的工作模式

为了适应各种不同的应用场合，8086/8088CPU芯片可工作在两种不同的工作模式下，即最小模式与最大模式。

所谓最小模式，就是系统中只有一个8086/8088微处理器，在这种情况下，所有的总线控制信号都是直接由这片8086/8088CPU产生的，系统中的总线控制逻辑电路被减到最少。该模式适用于规模较小的微机应用系统。

最大模式是相对于最小模式而言的，最大模式用在中、大规模的微机应用系统中。在最大模式下，系统中至少包含两个微处理器，其中一个为主处理器，即8086/8088CPU，其它的微处理器称之为协处理器，它们是协助主处理器工作的。

与8086/8088CPU配合工作的协处理器有两类，一类是数值协处理器8087，另一类是输入输出协处理器8089。其中，前者能实现多种类型的数值运算，如高精度的整型和浮点型数值运算，超越函数（三角函数、对数函数）的计算等。而后者在原理上有点像带有两个DMA通道的处理器，它有一套专门用于输入输出操作的指令系统，可以直接为输入输出设备服务，使主处理器不再承担这类工作，明显提高了主处理器的效率，尤其是在输入输出操作比较频繁的系统中。

(2) 8086/8088的引脚信号和功能

8086/8088CPU芯片都是双列直插式集成电路芯片，都有40个引脚，各引脚的定义如图1-10所示。其中32个引脚在两种工作模式下的名称和功能是相同的，还有8个引脚在不

引脚	8086	8088	引脚	8086	8088	最大模式
1	GND	GND	40	V_{CC}	V_{CC}	
2	AD_{14}	AD_{14}	39	AD_{15}	AD_{15}	
3	AD_{13}	AD_{13}	38	A_{16}/S_3	A_{16}/S_3	
4	AD_{12}	AD_{12}	37	A_{17}/S_4	A_{17}/S_4	
5	AD_{11}	AD_{11}	36	A_{18}/S_5	A_{18}/S_5	
6	AD_{10}	AD_{10}	35	A_{19}/S_6	A_{19}/S_6	
7	AD_9	AD_9	34	$\overline{BHE}/S_7$	$\overline{SS_0}$	
8	AD_8	AD_8	33	$MN/\overline{MX}$	$MN/\overline{MX}$	
9	AD_7	AD_7	32	$\overline{RD}$	$\overline{RD}$	
10	AD_6	AD_6	31	HOLD	HOLD	$(\overline{RQ}/\overline{GT_0})$
11	AD_5	AD_5	30	HLDA	HLDA	$(\overline{RQ}/\overline{GT_1})$
12	AD_4	AD_4	29	$\overline{WR}$	$\overline{WR}$	$(\overline{LOCK})$
13	AD_3	AD_3	28	$M/\overline{IO}$	$M/\overline{IO}$	$(\overline{S_2})$
14	AD_2	AD_2	27	$DT/\overline{R}$	$DT/\overline{R}$	$(\overline{S_1})$
15	AD_1	AD_1	26	$\overline{DEN}$	$\overline{DEN}$	$(\overline{S_0})$
16	AD_0	AD_0	25	ALE	ALE	(QS_0)
17	NMI	NMI	24	$\overline{INTA}$	$\overline{INTA}$	(QS_1)
18	INTR	INTR	23	$\overline{TEST}$	$\overline{TEST}$	
19	CLK	CLK	22	READY	READY	
20	GND	GND	21	RESET	RESET	

图 1-10　8086/8088CPU 引脚功能

同的工作模式下，具有不同的名称和功能。为了减少芯片的引脚，有许多引脚具有双重定义和功能，采用分时复用方式工作，即在不同时刻，这些引脚上的信号是不相同的。

下面，我们分别来介绍这些引脚上的输入输出信号及其功能。

1）两种模式下，名称和功能相同的 32 个引脚

• AD_0～AD_{15}：地址、数据分时复用的输入输出信号线。在 8086 中，AD_{15}～AD_0 为地址/数据复用线；在 8088 中，仅 AD_7～AD_0 为地址/数据复用线，高 8 位为地址线。由于 8086/8088 微处理器只有 40 条引脚，而它的数据线分别为 16/8 位，地址线为 20 位，因此引线数不能满足信号输入输出的要求。于是在 CPU 内部就采用分时多路开关，将 16/8 位地址信号和 16/8 位数据信号通过这 16/8 条引脚输出或输入，利用定时信号来区分目前出现在这些引脚上的是数据信号还是地址信号。在 8086/8088CPU 执行指令过程中，一个总线周期的 T_1 时刻从这 16 条线上送出地址的低 16 位 A_0～A_{15}，而在 T_2、T_3 时刻，才通过这 16/8条线输入输出数据。也就是说，地址信号和数据信号在出现的时序上是有先后次序的，它们不会同时出现。因此，采用这样的复用技术既保证了数据和地址的传输，又大大节省了引脚数量。将来在构成系统时，在 CPU 外部配置一个地址锁存器，把在这 16/8 条引脚上先出现的地址信号锁存起来，用锁存器的输出去选通存储器的单元或外设端口，那么在下一个时序间隔中，这 16/8 条引脚就可以作为数据线进行输入或输出操作了。

需要注意的是，对 8086CPU 来讲，当 $AD_0=0$ 时，也就是对偶地址进行操作时，是通过低 8 位数据线进行的，这时，低 8 位数据线上的数据有效；而当 $AD_0=1$ 时，也就是对奇地址进行操作时，是通过高 8 位数据线进行的，这时，高 8 位数据线上的数据有效。因此，在系统连接时，常把 AD_0 作为低 8 位数据的选通信号，只要 AD_0 为低电平，即表示在这一总线操作的其余状态中，CPU 将通过数据总线的低 8 位和偶地址单元或偶地址端口交换数据。

• A_{16}～A_{19}/S_3～S_6：地址/状态复用、三态输出的引线。在 8086/8088CPU 执行指令过程中，总线周期的 T_1 时刻从这 4 条线上送出地址的最高 4 位 A_{16}～A_{19}，而在 T_2、T_3、T_W、T_4 时刻，则送出状态 S_3～S_6。在这些状态信号里，S_6 始终为低，表示 8086/8088 当前与总线相连，S_5 指示状态寄存器中的中断允许标志的状态，它在每个时钟周期开始时被更新。S_4 和 S_3 用来指示 CPU 现在正在使用的段寄存器，其组合情况如表 1-3 所示。

在CPU进行输入输出操作时，不使用这4位地址，此时，这4条线的输出均为低电平。在一些特殊情况下（如复位或DMA操作时），这4条线还可以处于高阻（浮空或三态）状态。

表 1-3 S_4、S_3 的状态编码

S_4	S_3	所代表段寄存器
0	0	附加段寄存器(ES)
0	1	堆栈段寄存器(SS)
1	0	代码段寄存器(CS)或不使用
1	1	数据段寄存器(DS)

• INTR：可屏蔽中断请求输入信号，高电平有效。CPU在每条指令执行的最后一个状态采样该信号，以决定是否进入中断响应周期。当标志寄存器中的中断允许标志IF=0时，将屏蔽来自这条引脚上中断的请求。

• NMI：非屏蔽中断请求输入信号，边沿触发，正跳变有效。来自这条引脚上的中断请求信号不能用软件予以屏蔽，即不受IF标志的影响。当它由低到高变化时，将使CPU在现行指令执行结束后，执行对应中断类型码为2的非屏蔽中断处理程序。

• $\overline{BHE}/S_7$：高8位数据允许和状态复用信号。在总线周期的T1时刻，8086在$\overline{BHE}/S_7$引脚输出$\overline{BHE}$信号，表示高8位数据线$D_{15}\sim D_8$上的数据有效，而在其它时刻输出S_7，在8088系统中该位未定义。

$\overline{BHE}$信号和AD_0一起控制着存储器和I/O接口与总线上的数据传输形式，具体规定见表1-4。

表 1-4 $\overline{BHE}$和AD_0的代码组合和对应的操作

$\overline{BHE}$	AD_0	操　作	所用数据引脚
0	0	从偶地址单元开始读/写一个字	$AD_{15}\sim AD_0$
0	1	从奇地址单元或端口读/写一个字节	$AD_{15}\sim AD_8$
1	0	从偶地址单元或端口读/写一个字节	$AD_7\sim AD_0$
1	1	无效	—
0	1	从奇地址开始读/写一个字(在第一个总线周期将低8位数据送到$AD_{15}\sim AD_8$,下一个周期将高8位数据送到$AD_7\sim AD_0$)	$AD_{15}\sim AD_0$
1	0		

在8088系统中，第34脚不是$\overline{BHE}/S_7$，而被赋予其它含义。在最大模式时，该脚为高电平；在最小模式时，则为$\overline{SS_0}$，它和$DT/\overline{R}$、$IO/\overline{M}$一起决定8088芯片当前总线周期的读/写动作，如表1-5所示。

表 1-5 $IO/\overline{M}$、$DT/\overline{R}$、$\overline{SS_0}$ 状态编码

$IO/\overline{M}$	$DT/\overline{R}$	$\overline{SS_0}$	性能
1	0	0	中断响应
1	0	1	读I/O端口
1	1	0	写I/O端口
1	1	1	暂停
0	0	0	取指
0	0	1	读存储器
0	1	0	写存储器
0	1	1	无作用

• $\overline{RD}$：读选通输出信号，低电平有效。当其有效时，用以指明要执行一个对内存单元或I/O端口的读（即输入）操作，具体是读内存单元，还是读I/O端口，取决于$IO/\overline{M}$（8086）或$IO/\overline{M}$（8088）控制信号。

• READY：准备就绪输入信号，高电平有效。该引脚接收来自于内存单元或I/O端口向CPU发来的"准备好"状态信号，有效时表明内存单元或I/O端口已经准备好进行读写操作。这是用来协调CPU与内存单元或I/O端口之间进行信息传送的联络信号。当CPU采样READY信号为低时，表明被访问的存储器或I/O还未准备好数据，则CPU需插入等待周期，直至READY变为有效，才可以完成数据传送。

• RESET：复位输入信号，高电平有效。8086/8088CPU要求复位信号至少维持4个时钟周期才能起到复位的效果。复位信号输入之后，CPU结束当前操作，并对处理器的标志寄存器、IP、DS、SS、ES寄存器及指令队列进行清零操作，而将CS设置为FFFFH。当RESET返回低电平时，CPU将重新启动。

• MN/$\overline{\text{MX}}$：工作模式选择输入信号。为高电平（+5V）时，表示工作在最小模式；为低电平（0V）时，表示工作在最大模式。

• $\overline{\text{TEST}}$：测试信号输入引脚，低电平有效。$\overline{\text{TEST}}$信号与 WAIT 指令结合起来使用，CPU 执行 WAIT 指令后处于等待状态，当$\overline{\text{TEST}}$引脚输入低电平时，系统脱离等待状态，继续执行被暂停执行的指令。这个信号在每个时钟周期的上升沿由内部电路进行同步。

• CLK：时钟信号输入端。由它提供 CPU 和总线控制器的定时信号。8086/8088 的标准时钟频率为 5MHz。

• V_{CC}：5V 电源输入引脚。

• GND：接地端。

2）最小模式下的 24～31 引脚

当 8086/8088CPU 的 MN/$\overline{\text{MX}}$引脚固定接+5V 时，它们工作在最小模式下。此时，24～31 共 8 个引脚的名称及功能如下。

• $\overline{\text{IO}}$/M（IO/$\overline{\text{M}}$）：存储器/IO 端口选择信号输出引脚，这是 8086/8088CPU 用来区分是进行存储器访问还是 I/O 访问的控制信号。对 8086CPU 来讲，当该引脚输出低电平时，表明 CPU 要进行 I/O 端口的读写操作；当该引脚输出高电平时，表明 CPU 要进行存储器的读写操作。而 8088 则相反，当该引脚输出高电平时，表明 CPU 要进行 I/O 端口的读写操作；当该引脚输出低电平时，表明 CPU 要进行存储器的读写操作。

• $\overline{\text{WR}}$：写控制信号输出引脚，低电平有效，与$\overline{\text{IO}}$/M（IO/$\overline{\text{M}}$）配合实现对存储单元、I/O 端口所进行的写操作控制。引脚有效时，表示 CPU 正处于写存储器或写 I/O 端口（即输出）的状态。

• DT/$\overline{\text{R}}$：数据收发控制信号输出信号，用以控制数据传送的方向。在使用 8286/8287 作为数据总线收发器时，该信号用于 8286/8287 的方向控制。高电平时，表示数据由 CPU 经总线收发器 8286/8287 输出（即发送），否则，数据传送方向相反（即接收）。

• $\overline{\text{DEN}}$：数据允许输出信号引脚，低电平有效，有效时表示数据总线上有有效的数据。该信号在 CPU 每次访问内存或接口以及在中断响应期间有效，常用作数据总线驱动器的片选信号，表示 CPU 当前准备发送或接收一个数据。

• ALE：地址锁存允许输出信号引脚，高电平有效，当它有效时，表明 CPU 经其地址/数据复用和地址/状态复用引脚送出的是有效的地址信号。该引脚用作地址锁存器 8282/8283 的锁存允许信号，把当前 CPU 输出的地址信息，锁存到地址锁存器 8282/8283 中。

• $\overline{\text{INTA}}$：中断响应信号输出引脚，低电平有效，是 CPU 对外部输入的 INTR 中断请求信号的响应。在中断响应过程中，由$\overline{\text{INTA}}$引脚送出两个连续的负脉冲，用以通知中断源，以便提供中断类型码。

• HOLD：总线保持请求输入信号，高电平有效。当系统中的其它总线部件要占用系统总线时，可通过这个引脚向 CPU 提出请求。

• HLDA：总线保持响应输出信号，高电平有效。这是 CPU 对 HOLD 请求的响应信号，当 CPU 收到有效的 HOLD 信号后，满足一定的条件时就会对其作出响应，这时，一方面使 CPU 与三总线的连接变为高阻状态（即出让总线），同时使 HLDA 变高，表示 CPU 已放弃对总线的控制。而当 CPU 检测到 HOLD 信号变低后，就会立即使 HLDA 变低，同时恢复对三总线的控制。

3）最大模式下的 24～31 引脚

当 8086/8088CPU 的 MN/$\overline{\text{MX}}$引脚接低电平时，它们工作在最大模式下。此时，24～31 共 8 个引脚的名称及功能如下。

• $\overline{S_2}$、$\overline{S_1}$、$\overline{S_0}$：总线周期状态信号输出引脚，这些信号的组合指出了当前总线周期中所进行数据传输的类型。与最小模式不同，在最大模式下，8086/8088CPU没有提供足够的具体的总线操作控制信号（如$\overline{WR}$、ALE、$\overline{INTA}$等），而是由连接在CPU外部的总线控制器8288通过对$\overline{S_2}$、$\overline{S_1}$、$\overline{S_0}$信号的译码来产生对存储单元、I/O端口等的相应控制信号。$\overline{S_2}$、$\overline{S_1}$、$\overline{S_0}$的状态编码与8086/8088CPU的操作的具体关系如表1-6所示。

表1-6 $\overline{S_2}$～$\overline{S_0}$的状态编码

$\overline{S_2}$	$\overline{S_1}$	$\overline{S_0}$	操　作
0	0	0	中断响应
0	0	1	读I/O端口
0	1	0	写I/O端口
0	1	1	暂停
1	0	0	取指
1	0	1	读存储器
1	1	0	写存储器
1	1	1	无作用

• $\overline{RQ}/\overline{GT_0}$、$\overline{RQ}/\overline{GT_1}$：总线请求信号输入/总线允许信号输出引脚。这两个引脚都具有双向功能，既是总线请求输入也是总线允许输出，请求与允许信号在同一引脚上分时传输，方向相反。它们可供CPU以外的两个处理器，用来发出使用总线的请求信号和接收CPU对总线请求信号的应答，其中$\overline{RQ}/\overline{GT_0}$比$\overline{RQ}/\overline{GT_1}$具有更高的优先权，即当两个引脚上同时有请求时，CPU将优先响应来自$\overline{RQ}/\overline{GT_0}$的总线请求。这些引脚内部都有上拉电阻，所以在不使用时可以悬空。

• $\overline{LOCK}$：总线封锁信号，低电平有效。该信号有效时，别的总线控制设备的总线请求信号将被封锁，不能获得对系统总线的控制。它由指令前缀LOCK产生，在LOCK前缀后的一条指令执行完毕后便被撤销。此外，在8086/8088CPU进入中断响应，连续发出的两个中断响应脉冲之间，该信号也自动变为有效，以防止其它总线部件在中断响应过程中占有总线，从而打断中断响应过程。

• QS_1、QS_0：指令队列状态信号输出引脚，这两个信号的组合给出了前一个T状态中指令队列的状态，根据该状态信号的输出，从外部可以了解CPU内部的指令队列状态。QS_1、QS_0的编码如表1-7所示。

表1-7 QS_1、QS_0的状态编码

QS_1	QS_0	性　能
0	0	无操作
0	1	队列中操作码的第一个字节
1	0	队列空
1	1	队列中非第一个操作码字节

1.3.4 系统典型配置

前几节，我们学习了8086/8088CPU的内部结构及其外部引脚功能，知道了在不同的工作模式下，它们的引脚功能有所不同。下面，我们要进一步学习在各种模式下系统的典型配置情况。也就是说，CPU要通过什么方式，外加什么部件，才能完成与三总线的连接。我们以8086CPU为例来看系统的典型配置。

(1) 最小模式下的系统配置

最小模式下的系统典型配置如图1-11所示，这时CPU的MN/$\overline{MX}$接+5V，表示工作在最小模式。除此之外，还需要时钟发生器、地址锁存器和总线收发器。

一片8284A作为时钟发生器，它一方面提供CPU的工作时钟，另一方面还用来对外来的RESET和READY信号进行同步。三片8282作为地址锁存器，ALE信号作为8282的选通输入，用来从CPU的复用引脚中将20位地址分离出来，完成CPU与地址总线的连接。两片8286作为总线收发器，$\overline{DEN}$作为8286输出使能信号，DT/$\overline{R}$作为8286的方向控制信号，通过它们的作用，完成CPU与数据总线的连接并控制双向数据传输。

(2) 最大模式下的系统配置

最大模式下的系统典型配置如图1-12所示。可以看出，这时，除了CPU的MN/$\overline{MX}$接地以外，最大模式和最小模式在配置上的主要差别还在于，此时，要用8288总线控制器来对CPU发出的控制信号进行变换和组合，以得到对存储器或I/O端口的读/写信号和对锁存器8282及总线收发器8286等的控制信号，使它们能够协调工作。例如，最小模式下的

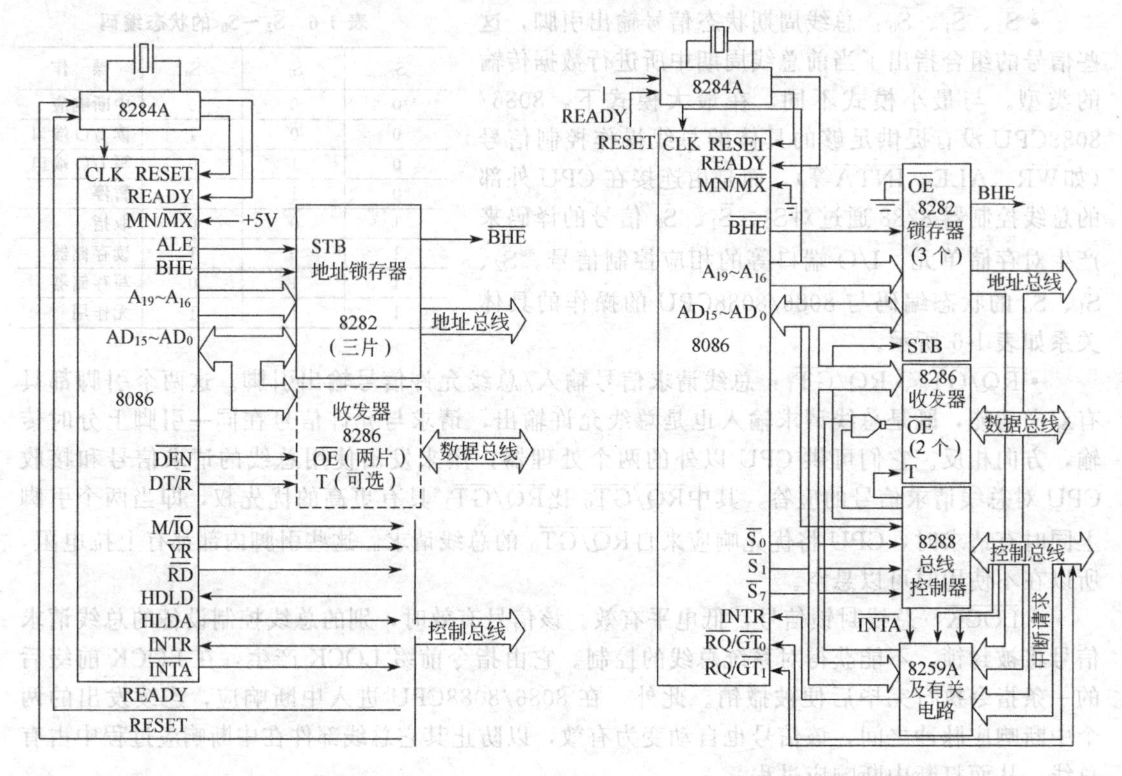

图 1-11　最小模式下的系统典型配置　　　图 1-12　最大模式下的系统典型配置

$\overline{IO}$/M、$\overline{WR}$、$\overline{INTA}$、ALE、DT/$\overline{R}$、$\overline{DEN}$是直接由 CPU 引脚送出，而在最大模式下则由$\overline{S_2}$、$\overline{S_1}$、$\overline{S_0}$ 组合起来通过 8288 来实现，即通过$\overline{S_2}$、$\overline{S_1}$、$\overline{S_0}$ 和 CLK 输入组合，变换输出为 ALE、$\overline{DEN}$、DT/$\overline{R}$、$\overline{INTA}$、$\overline{MRDC}$、$\overline{MWTC}$、$\overline{IORC}$、$\overline{IOWC}$等。

1.4　典型时序分析

1.4.1　基本概念

我们知道，微机系统的工作，必须严格按照一定的时间关系来进行，时序就是计算机操作运行的时间顺序。通过学习时序，可以进一步了解在微机系统的工作过程中，CPU 各引脚信号之间的相对时间关系。由于微处理器内部电路、部件的工作情况用户是看不到的，通过检测 CPU 引脚信号及各信号之间的相对时间关系，是判断系统工作是否正常的一种重要途径。其次，可以深入了解指令的执行过程，使我们在程序设计时，选择合适的指令或指令序列，以尽量缩短程序代码的长度及程序的运行时间。另外，对于学习各功能部件与系统总线的连接及硬件系统的调试，更好地处理微机用于过程控制及解决实时控制的问题也很有意义，因为 CPU 与存储器、I/O 端口协调工作时，存在一个时序上的配合问题。

CPU 定时所用的时间单位一般有三种，即指令周期、总线周期和时钟周期。

(1) 指令周期

CPU 执行一条指令所需要的时间称为一个指令周期（Instruction Cycle）。由于不同的指令有不同的功能，其执行时间也是不相同的。因此，根据指令的不同，指令周期的长短也不同。

(2) 总线周期

每当 CPU 从存储器或 I/O 端口存取一个字节称为一次总线操作，相应于某个总线操作的时间即为一个总线周期（Bus Cycle）。若干个总线周期构成一个指令周期，不同的指令，由于其操作不同，所以包括的总线操作不同，因此，其指令周期中所包含的总线周期数也不相同。基本的总线操作有：存储器读/写、I/O端口读/写等。

(3) 时钟周期

时钟周期是CPU处理动作的最小时间单位，其值等于系统时钟频率的倒数，如系统主频为5MHz，则其时钟周期为$T=1/5MHz=0.2\mu s$。时钟周期又称为T状态，一个基本的总线周期由4个T组成，我们分别称为$T_1 \sim T_4$，在每个T状态下，CPU完成不同的动作。

1.4.2　8086/8088微机系统的基本操作

以8086/8088为CPU构成的微机系统，能够完成的基本操作有：系统的复位与启动操作、暂停操作、总线操作（包括I/O读、I/O写、存储器读、存储器写）、中断操作、最小模式下的总线保持、最大模式下的总线请求/允许。

1.4.3　最小模式下的典型时序

由于8086/8088CPU在不同的工作模式下的芯片引脚和系统配置都不同，因此，它们的具体操作也不同，对应的时序也就不同。8086/8088CPU最小模式下的典型时序有：存储器读写、输入输出、中断响应、系统复位及总线占用操作。下面以8088CPU为例进行时序分析。对8086CPU而言仅个别信号不同。

(1) 存储器读总线操作时序

存储器读总线操作时序如图1-13所示。正常的存储器读总线操作占用4个时钟周期，通常将它们称为4个T状态即$T_1 \sim T_4$。

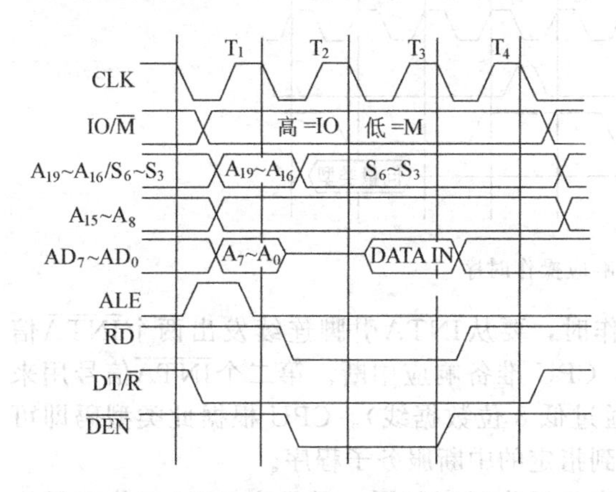

图1-13　存储器读总线操作时序

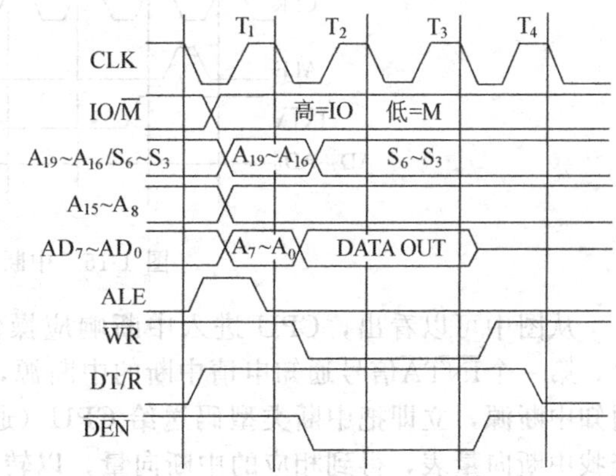

图1-14　存储器写总线操作时序

① T_1状态，$IO/\overline{M}=0$，指出要访问存储器。送地址信号$A_{19} \sim A_0$，地址锁存信号ALE有效，用来控制8282锁存地址。$DT/\overline{R}=0$，控制8286/8287工作在接收状态（读）。

② T_2状态，$A_{19} \sim A_{16}$送状态$S_6 \sim S_3$，$AD_7 \sim AD_0$浮空，准备接收数据。同时，$\overline{RD}=0$，表示要进行读操作，而$\overline{DEN}=0$作为8286/8287的选通信号，允许进行数据传输。

③ T_3状态，从指定的存储单元将数据读出送$AD_7 \sim AD_0$。若存储器速度较慢，不能及时读出数据的话，则通过READY引脚通知CPU，CPU在T_3的前沿采样READY，如果READY=0，则在T_3结束后自动插入1个或几个等待状态T_W，并在每个T_W的前沿检测READY，等到READY变高后，就自动脱离T_W进入T_4。

④ T_4状态，CPU采样数据线，获得数据。$\overline{RD}$、$\overline{DEN}$等信号失效。

(2) 存储器写总线操作时序

存储器写总线操作时序如图1-14所示。基本工作过程与读操作类似，仅个别信号不同。具体如下。

① T_1 状态，$IO/\overline{M}=0$，指出要访问存储器。送地址信号 $A_{19}\sim A_0$，地址锁存信号 ALE 有效，用来控制 8282 锁存地址。$DT/\overline{R}=1$，控制 8286/8287 工作在发送状态（写）。

② T_2 状态，$A_{19}\sim A_{16}$ 送状态 $S_6\sim S_3$，从 $AD_7\sim AD_0$ 上送出要输出的数据，同时，$\overline{WR}=0$，表示要进行写操作，而$\overline{DEN}=0$ 作为 8286/8287 的选通信号，允许进行数据传输。

③ T_3 状态，将数据写入指定的存储单元。若存储器速度较慢，不能及时写入数据的话，则通过 READY 引脚通知 CPU，CPU 在 T_3 的前沿采样 READY，如果 READY＝0，则在 T_3 结束后自动插入 1 个或几个等待状态 T_W，并在每个 T_W 的前沿检测 READY，等到 READY 变高后，就自动脱离 T_W 进入 T_4。

④ T_4 状态，完成了写操作，数据从数据总线上撤销，$\overline{WR}$、$\overline{DEN}$等信号失效。

（3）I/O 读/写总线操作时序

I/O 读/写总线操作时序与存储器读/写总线操作时序类似，区别仅在 $IO/\overline{M}$信号上，这里不再详述。

（4）中断响应操作时序

当有外部中断源通过 INTR 发出中断请求时（可屏蔽中断），CPU 在满足一定的条件之后，如当前指令执行完、允许中断（IF＝1）、经过优先权判别等，就会进入中断响应操作。中断响应操作由两个连续的总线周期组成。时序如图 1-15 所示。

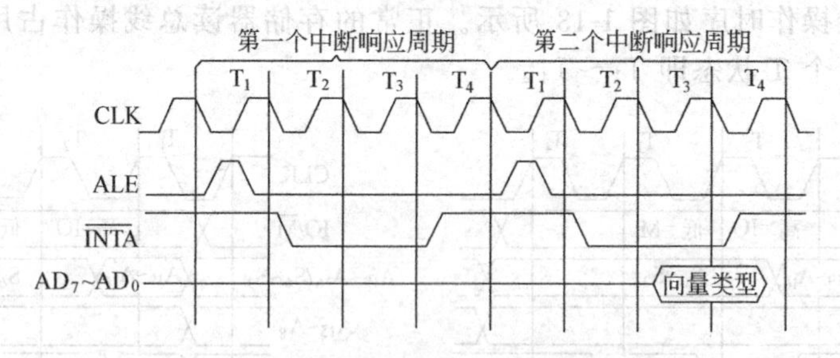

图 1-15　中断响应操作时序

从图中可以看出，CPU 进入中断响应操作时，要从$\overline{INTA}$引脚连续发出两个$\overline{INTA}$信号，第一个$\overline{INTA}$信号通知申请中断的中断源，CPU 准备响应中断。第二个$\overline{INTA}$信号用来通知中断源，立即把中断类型码送给 CPU（通过低 8 位数据线）。CPU 根据此类型码即可查找中断向量表，得到相应的中断向量，以转到指定的中断服务子程序。

需要说明的是，两种工作模式下 CPU 的中断操作时序相同，只是当 CPU 工作在最小模式时，中断响应信号由$\overline{INTA}$引脚送出，而在最大模式时，则是通过$\overline{S_2}$、$\overline{S_1}$、$\overline{S_0}$ 三条引脚发低电平通过总线控制器译码产生的。

（5）系统的复位与启动操作

8086/8088 的复位和启动操作，是通过 RESET 引脚上的触发信号来执行的，当 RESET 引脚上有高电平时，CPU 就结束当前操作，进入初始化（复位）过程，包括把各内部寄存器（除 CS）清 0、标志寄存器清 0、指令队列清 0，将 FFFFH 送 CS。重新启动后，系统从 FFF0H 开始执行指令。重新启动的动作是当 RESET 从高到低跳变时触发 CPU 内部的一个复位逻辑电路，经过 7 个 T 状态，CPU 即自动启动。

复位后的寄存器状态如表 1-8 所示，复位操作时序如图 1-16 所示，具体过程如下。

① 外部复位信号有效。

② CPU 内部用时钟脉冲同步外部复位输入信号，因此内部复位信号须在外部 RESET 有效后的时钟上升沿才有效。

③ $AD_{19}\sim AD_0$ 浮空。

表 1-8 复位后寄存器的状态

寄存器	状态	寄存器	状态	寄存器	状态
F(PSW)	0000H	IP	0000H	ES	0000H
DS	0000H	SS	0000H		
指令队列	空	CS	FFFFH		

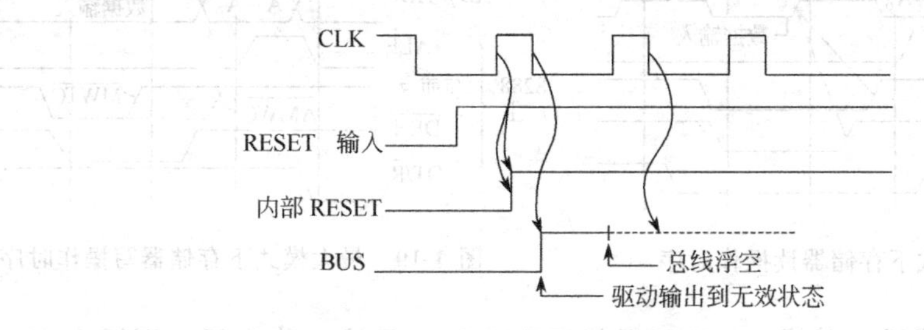

图 1-16 系统复位操作时序

④ $\overline{SS_0}$、IO/$\overline{M}$、DT/$\overline{R}$、$\overline{DEN}$、$\overline{WR}$、$\overline{RD}$、$\overline{INTA}$先变高一段时间，然后再浮空。

(6) 总线保持（总线占用）操作

当系统中有别的总线主设备请求占用总线（如 DMA 操作）时，要通过 HOLD 引脚向 CPU 发出总线请求信号，CPU 收到 HOLD 信号后，在当前总线周期的 T_4 或下一个总线周期的 T_1 的后沿输出保持响应信号 HLDA，紧接着从下一个总线周期开始 CPU 就让出总线。当别的总线主设备占用总线结束时（如外设的 DMA 传送结束），则它要使 HOLD 信号变低，CPU 收到此信号后，在紧接着的时钟下降沿使 HLDA 信号变为无效，重新恢复对总线的控制。这种操作称为总线保持（总线占用）操作，其时序如图 1-17 所示。

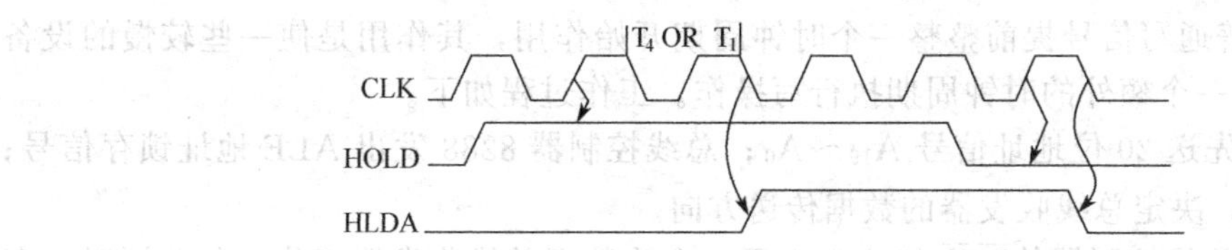

图 1-17 总线保持（总线占用）操作时序

1.4.4 最大模式下的典型时序

最大模式与最小模式相比，主要有以下区别。

① 最大模式下，需要用外加电路对 CPU 发出的控制信号进行变换和组合，以得到对存储器和 I/O 端口的读写信号及对锁存器（8282）和总线收发器的控制信号。这种外加电路就是总线控制器，通常选用 8288。

② 为适应多中断源的需要，常采用中断优先权控制电路（如 Intel 8259A）。

(1) 存储器读操作时序

存储器读操作时序如图 1-18 所示，工作过程如下。

① T_1 状态的下降沿，CPU 发出 20 位地址信息 A_{19}～A_0 和状态信息$\overline{S_2}$～$\overline{S_0}$。总线控制器 8288 对$\overline{S_2}$～$\overline{S_0}$ 进行译码（$\overline{S_2}=1$、$\overline{S_1}=0$、$\overline{S_0}=1$），发出 ALE 信号，锁存地址。根据$\overline{S_2}$～$\overline{S_0}$ 的译码，判断为读操作，DT/$\overline{R}$信号输出低电平，指示总线收发器工作在接收方式。

② T_2 状态的下降沿之后，AD_7～AD_0 切换为数据，8288 发出读存储器命令$\overline{MRDC}$，此命令信号控制对地址选中的存储单元进行读操作。随后，8288 使$\overline{DEN}$有效，选通总线收发器 8286/8287，允许数据输入。

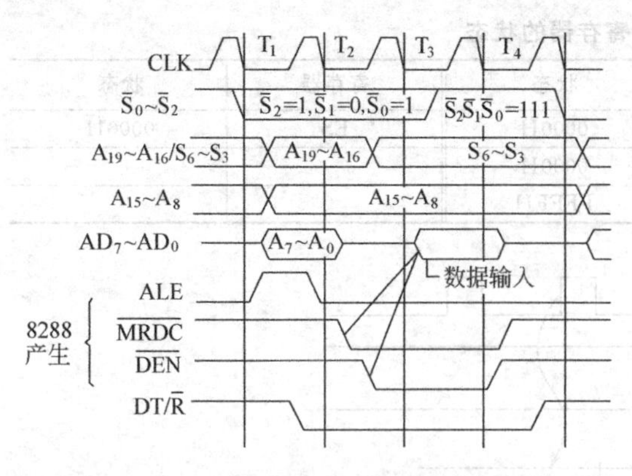

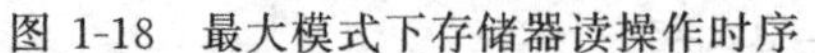

图 1-18 最大模式下存储器读操作时序

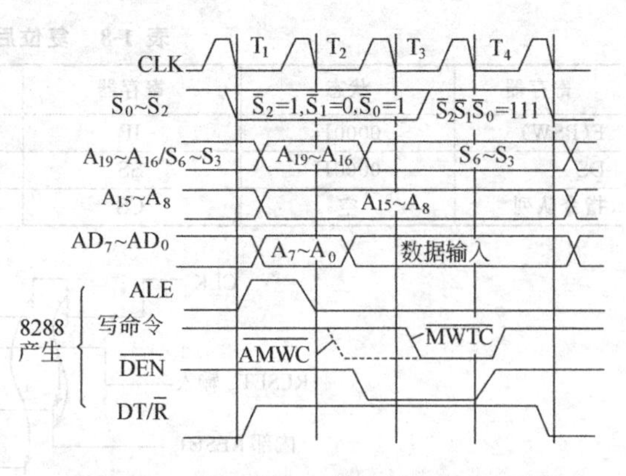

图 1-19 最大模式下存储器写操作时序

③ T_3 状态的下降沿（前沿），CPU 采样 READY 信号线，若为低，则插入 T_W 周期。在 T_W 前沿再采样 READY 信号线……直到 READY 为高电平。此时读出的数据出现在数据总线上。在 T_3 周期后部，$\overline{S_2}$、$\overline{S_1}$、$\overline{S_0}$ 变为 111，表明系统进入了无源状态，为启动下一个总线周期作好准备。

④ 在 T_4 状态开始时（前沿），CPU 读取数据总线上的数据，至此，读操作结束。$\overline{S_2}$、$\overline{S_1}$、$\overline{S_0}$ 按下一个总线周期的操作类型产生变化，从而启动一个新的总线周期。

（2）存储器写操作时序

存储器写操作时序如图 1-19 所示。从图中可看出，在最大模式下，CPU 通过总线控制器为存储器和 I/O 端口提供了两组写信号：一组是普通的存储器写信号$\overline{MWTC}$和普通的 I/O 端口写信号$\overline{IOWC}$，另一组是提前的存储器写信号$\overline{AMWC}$和提前的 I/O 端口写信号$\overline{AIOWC}$，它们比普通写信号提前整整一个时钟周期开始作用，其作用是使一些较慢的设备或存储器可以得到一个额外的时钟周期执行写操作。工作过程如下。

① T_1 状态，先送 20 位地址信号 A_{19}～A_0；总线控制器 8288 发出 ALE 地址锁存信号；DT/$\overline{R}$变为高电平，决定总线收发器的数据传送方向。

② T_2 状态，总线控制器使$\overline{DEN}$输出低电平，允许数据总线收发器工作。与此同时，存储器提前写信号$\overline{AMWC}$为低电平，将要写入的数据送到数据总线上。

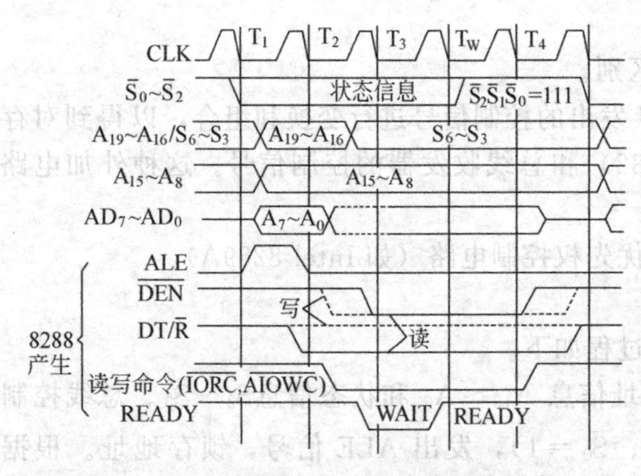

图 1-20 最大模式下 I/O 读写操作时序

③ T_3 状态，系统采样 READY 信号，若为低电平，则会自动插入 T_W 等待周期，直到 READY 变为高电平。并且使普通存储器写信号$\overline{MWTC}$变为低电平，而$\overline{AMWC}$信号比$\overline{MWTC}$信号提前了一个时钟周期，使一些较慢的存储器可以得到一个额外的时钟周期执行写操作。在 T_3 周期后部，$\overline{S_2}$、$\overline{S_1}$、$\overline{S_0}$ 变为 111，表明系统进入了无源状态，为启动下一个总线周期作好准备。

④ T_4 状态，CPU 完成写操作，将地址/数据和地址/状态复用线置为高阻态；撤销$\overline{AMWC}$和$\overline{MWTC}$信号；$\overline{DEN}$变为高电平；$\overline{S_2}$、$\overline{S_1}$、$\overline{S_0}$ 按下一个总线周期的操作类型产生变化，从而启动一个新的总线周期。

（3）I/O 读写操作时序

I/O 读写操作时序如图 1-20 所示。I/O 读写操作的时序和存储器读写操作的时序基本相同。不同之处在于。

① 一般I/O接口的工作速度较慢，因而需插入等待周期T_W。

② T_1期间只发出16位地址信号，A_{19}～A_{16}为0。

③ 8288发出的读/写命令为$\overline{IORC}/\overline{AIOWC}$。

习题与思考题

1. 微型计算机由哪些部件组成？各部件的主要功能是什么？
2. 8086/8088CPU由哪两部分组成？它们的主要功能各是什么？是如何协调工作的？
3. 8086/8088CPU中有哪些寄存器？各有什么用途？标志寄存器F有哪些标志位？各在什么情况下置位？
4. 8086/8088系统中存储器的逻辑地址和物理地址之间有什么关系？表示的范围各为多少？
5. 已知当前数据段位于存储器的A1000H到B0FFFH范围内，问DS=？
6. 某程序数据段中存有两个字数据1234H和5A6BH，若已知DS=5AA0H，它们的偏移地址分别为245AH和3245H，试画出它们在存储器中的存放情况。
7. 8086/8088CPU有哪两种工作模式？它们各有什么特点？
8. 若8086CPU工作于最小模式，试指出当CPU完成将AH的内容送到物理地址为91001H的存储单元操作时，以下哪些信号应为低电平：$M/\overline{IO}$、$\overline{RD}$、$\overline{WR}$、$\overline{BHE}/S_7$、$DT/\overline{R}$？若CPU完成的是将物理地址91000H单元的内容送到AL中，则上述哪些信号应为低电平？若CPU为8088呢？
9. 什么是指令周期？什么是总线周期？什么是时钟周期？它们之间的关系如何？
10. 8086/8088 CPU有哪些基本操作？基本的读/写总线周期各包含多少个时钟周期？什么情况下需要插入T_W周期？应插入多少个T_W取决于什么因素？
11. 试说明8086/8088工作在最大和最小模式下系统基本配置的差异。8086/8088微机系统中为什么一定要有地址锁存器？需要锁存哪些信息？
12. 试简述8086/8088微机系统最小模式下从存储器读数据时的时序过程。
13. 调查当前的微处理器芯片市场，写出1～2款主流芯片的名称、生产厂商及主要技术指标。

本章学习指导

微处理器是构成微型计算机的核心，微型计算机的发展其实质就是微处理器的发展，是一个微处理器更新换代的过程。

作为本书的第一章，我们首先关注微机的结构与组成，这是学习本课程的重要基础，也是以后各章节反复引用的内容。这里有两个基本点。

① 微型计算机的构成。它包括微处理器、存储器、I/O接口和总线，在此基础上再加上外部设备、应用软件等就形成了微机系统。这里微机的结构是我们学习的重点。微处理器、存储器、I/O接口通过数据总线、地址总线和控制总线相互通信，其中数据总线用来传输数据信号，地址总线用来传输地址信号，控制总线用来传输控制信号。在后续章节中，我们会依次详细学习微处理器、存储器、I/O接口等内容，以及如何使用它们构建一个系统。

② 微机的工作过程。按照冯·诺依曼模型，计算机工作的核心就是程序存储和程序控制，微机也不例外。微机的工作过程就是三个步骤，取指令→指令译码→执行指令。在这个过程中，读者最关注的是用什么样的部件、它们如何动作才能完成上述的过程。因此，累加器、寄存器、指令指针、运算器所起的作用是关键的，要逐步学会用动态的观点来分析微机的工作过程。

在掌握了上述的基本知识后，我们要具体了解8086/8088微处理器的结构、功能和操作。8086/8088微处理器是为本书学习选定的背景样机，有了它，才能使我们学习的各种原理和方法有一个实现的平台。

① 编程结构。掌握8086/8088执行部件（EU）和总线接口部件（BIU）的作用以及组成，其中累加器、寄存器、指针是重点，同时物理地址的形成也是需要花大力气去理解的。

由于采用了存储器分段结构（每64K个存储单元为一个段），20位地址码就分成了两部分（段地址和段内地址），其中段地址来自段寄存器（16位），段地址×16即左移4位后就形成段的起始地址（20位）。而偏移地址即段内地址（16位）则非常灵活，可来自IP、SP、寄存器、存储器等，段内地址确定了某一存储单元与段起始地址之间的偏移量。段地址和段内地址通过运算（段地址×16+段内地址）来形成物理地址，只有物理地址才指向惟一的存储单元。

② 引脚功能。学习这部分主要是为以后系统扩展做准备，同时，也有利于对8086/8088CPU内部操作的理解。引脚可分为以下几部分来掌握。

- 数据线：16位/8位，双向传输。
- 地址线：20位，单向传输。
- 控制线：每个引脚作用不同，有输入也有输出。其中，读、写、工作模式选择、中断控制是重点。

③ 基本操作。8086/8088CPU有6种基本操作：系统复位与启动、暂停、总线操作、中断、最小模式下的总线保持和最大模式下的总线请求/允许。其中，总线操作和中断操作是重点，它们涵盖了8086/8088CPU与存储器、外设之间的传输，而这是微机所有操作中最经常也是最重要的操作。对基本操作的学习一要注意工作节拍即时序，二要注意三总线（即数据总线、地址总线和控制总线）上的信号变化与相关作用。

微型计算机概述是本书的开篇之作，它所阐述的基本内容不仅是一些宏观或微观的概念，更重要的是它为后续章节打下了许多基本知识、专业术语和技术基础，尤其是与8086/8088芯片相关的内容，是构成本课程学习的关键。根基不牢势必影响全局，只有认真学习领会，反复琢磨，才能真正掌握其实质。

2 8086/8088 指令系统

大家知道，计算机通过执行程序来完成用户指定的任务。从高级语言的角度来看，程序是由一条条语句组成的（如 read，do…while 等），而从汇编语言的角度来看，程序则是由一条条指令组成的（如 mov，add，jmp 等）。指令就是用户发给计算机的命令，一条指令可以使计算机完成一个或几个操作，多条指令的有序集合就构成一个汇编程序，它可以使计算机完成某一任务。由于指令是直接发给 CPU 执行的，它与 CPU 的硬件结构以及操作有关，所以，不同的 CPU 会有不同的指令集亦称指令系统。本章我们要讲的就是用于 8086/8088CPU 的指令系统。

一条指令通常由两部分组成，分别为操作码和操作数：

操作码	操作数 ……

其中操作码指出本条指令的操作类型，如是数据传送，还是输入输出；而操作数则指出本条指令的操作对象或如何去寻找本次操作的对象。根据指令的不同，操作数可以是一个、两个（其中一个称为源操作数，一个称为目的操作数）或没有（这时往往采用的是默认操作数）。在汇编语言中，操作码是用助记符来描述的，如 MOV、SUB、SHL 等，通过不同的指令助记符，我们就可以知道它要做什么。而操作数则是通过不同的寻址方式来描述的，如 AX、[BX]、[DI+100H] 等，通过不同的书写方式，我们可以区分不同的寻址方式，按照不同的寻址方式的规则，我们就可以找到真正的操作对象。

对以 8086/8088 为 CPU 的微机来讲，指令都是存放在内存代码段中，根据每条指令的功能的不同，一条指令可以占据一个存储单元（8 位）或多个存储单元，我们分称单字节指令或多字节指令。执行指令时，由 CS：IP 的值确定取指令的位置。当指令出现在程序中时，为了方便也经常在操作码前加标号，以指明本指令的位置，同时，也可在操作数的后面加注释，以增强程序的可读性。

2.1 8086/8088 寻址方式

寻址方式就是指令中用于说明如何寻找操作数的方法，掌握了它，我们才能找到正确的操作数。8086/8088 的指令系统中提供了六种不同的寻址方式，这些寻址方式所确定的操作数的来源有两个：CPU 内部寄存器（对应寄存器寻址方式）、存储器（对应立即寻址、直接寻址、寄存器间接寻址、变址寻址和基址加变址寻址）。其中 CPU 内部寄存器是没有存储地址的，仅有寄存器名称，而存储器操作数则既要关注它们的地址，又要关注它们的内容即数值。另外，对输入/输出指令来说，其数据来源于 I/O 端口，可以在指令中直接书写端口地址（对应 8 位地址），也可借助于 DX 寄存器（对应 16 位地址）。

（1）寄存器寻址

这是惟一一种指明的操作数在 CPU 内部寄存器中的寻址方式。在这种寻址方式下，用户直接在指令中书写所需的寄存器名称（如寄存器 AX、BX、CH、DL 等），这些寄存器中的内容就是本次操作的真正的操作数。

例如：MOV　BX，AX　；源操作数就是 AX 中的内容（16 位）

　　　MOV　CL，DH　；源操作数就是 DH 中的内容（8 位）

由于操作数就在CPU内部，因此，采用这种寻址方式，指令执行速度较快，也是使用较多的一种寻址方式。

(2) 立即寻址

这是惟一一种操作数直接出现在指令中的寻址方式。在这种寻址方式下，用户直接在指令中书写所需的常数（二进制/十进制/十六进制，如1001B、75、0FFFAH等），该常数亦称为立即数，它就是本次操作的真正的操作数。

例如：MOV AX，3000H ；源操作数就是3000H

MOV CL，0 ；源操作数就是0

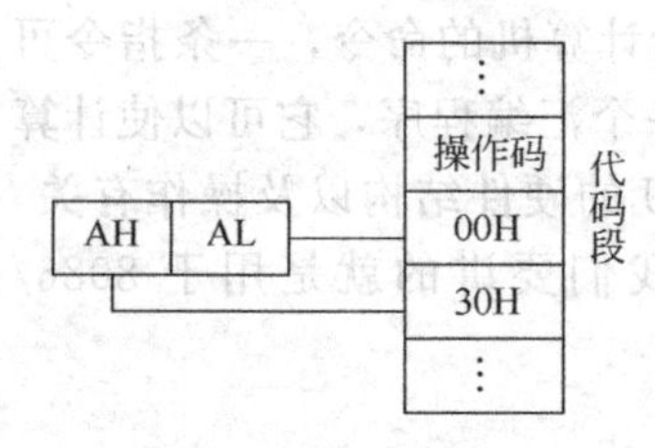

图 2-1 立即寻址

立即数可以是8位的，也可以是16位的。由于立即数直接包含在指令中，因此，它随指令一起被存放在内存代码段中，具体位置就在该指令的操作码的后面，若是8位的立即数就占一个存储单元，若是16位的立即数，则占两个存储单元，低字节在低地址，高字节在高地址。如图2-1所示。

采用立即寻址方式主要用来给寄存器或存储器赋初值。

(3) 直接寻址

在这种寻址方式下，真正的操作数在内存中，而出现在指令中的是操作数的16位偏移地址（通常用方括号括住，注意：不同于立即寻址）。操作数默认在数据段中，其物理地址为

(DS)×16＋16位偏移地址

例如：MOV AX，[2000H] ；源操作数采用的就是直接寻址方式，2000H为源操作数的偏移地址，而段地址来自DS

假设当前(DS)＝3000H，则真正的源操作数在30000H＋2000H＝32000H开始的存储单元中，具体如图2-2所示。

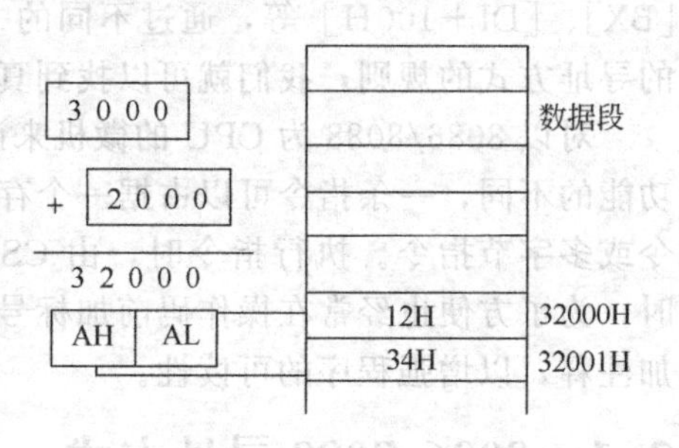

图 2-2 直接寻址

在8086/8088指令系统中，虽然默认操作数在数据段中，但是仍然允许用户使用段超越前缀来指明此时所使用的段寄存器，这时，指令中给出的16位偏移地址就可以与CS、SS或ES的值一起形成真正的操作数的地址。

例如：MOV BX，ES：[3000H]；

ES：就是段超越前缀，指明源操作数在扩展段，其物理地址为：(ES)×16＋3000H

(4) 寄存器间接寻址

在这种寻址方式下，真正的操作数也在内存中，但是，操作数的16位偏移地址不直接出现在指令中，而是由指令中指定的寄存器（用方括号括住，注意：不同于寄存器直接寻址）提供。

四个寄存器SI、DI、BP、BX可以用做寄存器间接寻址。它们又分成两种情况。

① 以SI、DI、BX间接寻址，默认操作数在数据段中，即操作数的物理地址为

(DS)×16＋ SI/DI/BX中的16位偏移地址

例如：MOV AX，[SI]

假设当前(DS)＝3000H，(SI)＝2000H，则真正的源操作数在30000H＋2000H＝32000H开始的存储单元中，如图2-3(a) 所示。

② 以寄存器BP间接寻址，默认操作数在堆栈段中，即操作数的物理地址为

(SS)×16＋BP中的16位偏移地址

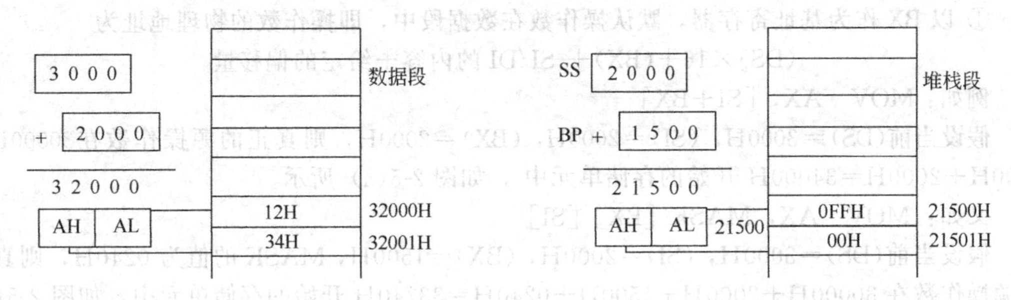

图 2-3(a) 寄存器间接寻址　　　　图 2-3(b) 使用 BP 寄存器间接寻址

如图 2-3(b) 所示。

例如：MOV　AX，[BP]

同样允许在指令中使用段超越，这时按指定的段寄存器与指令中的寄存器相加，形成操作数地址。

例如：MOV　AX，ES：[SI]

(5) 变址寻址

在这种寻址方式下，真正的操作数也在内存中，操作数的 16 位偏移地址也不直接出现在指令中，而是由指令中指定的寄存器（用方括号括住）的内容，加上指令中给出的 8 位或 16 位偏移量确定。也就是说，与寄存器间接寻址方式相比，变址寻址方式在书写时又多了一个偏移量。

四个寄存器 SI、DI、BP、BX 可以用做变址寻址。它们又分成两种情况。

① 以 SI、DI、BX 变址寻址，默认操作数在数据段中，即操作数的物理地址为

(DS)×16＋SI/DI/BX 的内容＋给定的偏移量

例如：MOV　AX，[SI＋2000H]

假设当前(DS)＝3000H，(SI)＝2000H，则真正的源操作数在 30000H＋2000H＋2000H＝34000H 开始的存储单元中，如图 2-4 所示。

② 以寄存器 BP 变址寻址，默认操作数在堆栈段中，即操作数的物理地址为

(SS)×16＋BP 的内容＋给定的偏移量

例如：MOV　AX，100H [BP]

这种书写方式相当于 MOV　AX，[BP＋100H]

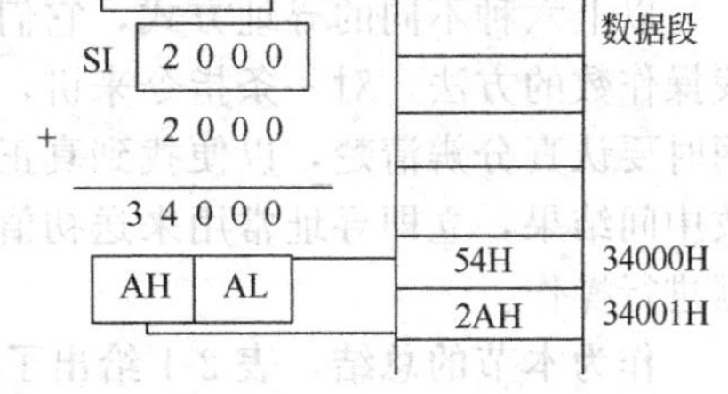

图 2-4　变址寻址

同样允许在指令中使用段超越，这时按指定的段寄存器与指令中的寄存器的内容和给定的偏移量相加，形成操作数地址。

例如：MOV　AX，ES：COUNT [SI]

其中，COUNT 是一个常量标识符（取其值为偏移量）或标号（取其偏移地址为偏移量）。

(6) 基址加变址寻址

把前述的寄存器间接寻址和变址寻址两种方式结合起来就形成了基址加变址寻址方式。

在这种寻址方式下，真正的操作数同样在内存中。这时，通常把 BX 和 BP 看成是基址寄存器，而把 SI、DI 看成是变址寄存器。操作数的 16 位偏移地址也不直接出现在指令中，而是由指令中指定的基址寄存器（用方括号括住）的内容，加上变址寄存器（用方括号括住）的内容，再加上指令中给出的 8 位或 16 位偏移量确定。也就是说，与变址寻址方式相比，基址加变址寻址方式在书写时又多了一个基址寄存器。

根据使用的基址寄存器的不同，它们又分成两种情况。

① 以 BX 作为基址寄存器，默认操作数在数据段中，即操作数的物理地址为

(DS)×16+(BX)+ SI/DI 的内容+给定的偏移量

例如：MOV AX，[SI+BX]

假设当前(DS)＝3000H，(SI)＝2000H，(BX)＝2000H，则真正的源操作数在30000H+2000H+2000H＝34000H 开始的存储单元中，如图 2-5(a) 所示。

又如：MOV AX，MASK [BX] [SI]

假设当前(DS)＝3000H，(SI)＝2000H，(BX)＝1500H，MASK 的值为 0240H，则真正的源操作数在 30000H+2000H+1500H+0240H＝33740H 开始的存储单元中，如图 2-5(b) 所示。

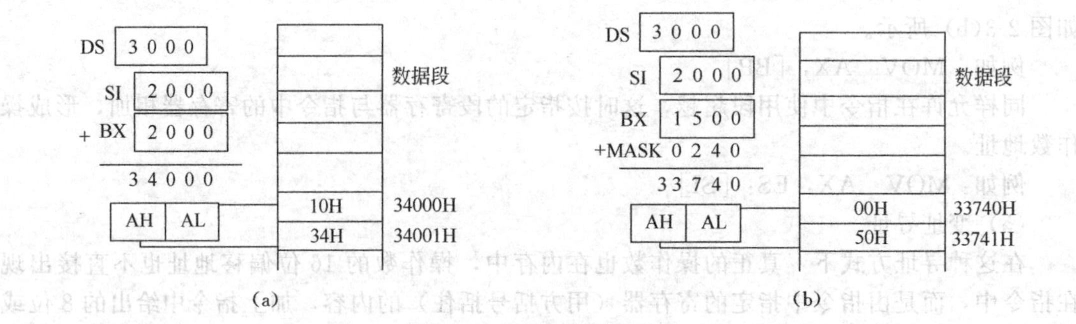

图 2-5 基址加变址寻址

② 以 BP 作为基址寄存器，默认操作数在堆栈段中，即操作数的物理地址为

(SS)×16+(BP)+ SI/DI 的内容+给定的偏移量

例如：MOV AX，[BP+DI]

同样允许在指令中使用段超越，这时按指定的段寄存器与指令中的基址寄存器、变址寄存器的内容和给定的偏移量相加，形成操作数地址。

例如：MOV AX，ES：[SI+BX+VAL]

以上六种不同的寻址方式，它们在指令中有不同的书写形式，分别给出了六种不同的寻找操作数的方法。对一条指令来讲，源操作数和目的操作数可以有各自不同的寻址方式。使用时要认真分辨清楚，以便找到真正的、正确的操作对象。一般来讲，寄存器寻址常用来存放中间结果，立即寻址常用来送初值，其它四种方式常用来对存储器中的原始数据和结果数据进行操作。

作为本节的总结，表 2-1 给出了几种寻址方式的对照。

表 2-1 几种寻址方式对照

指 令	寻址方式		操作数存放位置	
	源操作数	目的操作数	源操作数	目的操作数
MOV AX,[1000H]	直接	寄存器	(DS) * 16+1000H	AX
MOV [BX],1000H	立即	寄存器间接	代码段指令操作码后	(DS) * 16+(BX)
MOV [SI+100H],CL	寄存器	变址	CL	(DS) * 16+(SI)+100H
MOV DX,[BX+DI+20H]	基址加变址	寄存器	(DS) * 16+(BX)+(DI)+20H	DX

2.2 8086/8088 指令系统

8086/8088CPU 的指令系统内容丰富，按功能划分，可以分为以下六组，每一组中都包含有多条指令。

• 数据传送 • 算术运算

- 逻辑运算和移位
- 串操作
- 程序控制
- 标志处理和CPU控制

本节具体介绍8086/8088CPU的指令系统。

2.2.1 数据传送指令

这一组主要包括数据传送、堆栈、交换、寄存器专用传送、地址传送和标志寄存器传送指令。

(1) 数据传送指令

一般格式：MOV OPRD1，OPRD2

功能：OPRD1←(OPRD2)

其中，MOV是指令助记符，OPRD1是目的操作数，OPRD2是源操作数。

MOV指令是使用频率最高的一条指令，执行它，CPU可以把一个字节或一个字的操作数从源传送至目的。其中，源操作数可以是累加器、寄存器、存储器以及立即数，而目的操作数可以是累加器、寄存器和存储器。该指令允许的数据传送方向的示意图如图2-6所示。从图中可以看出，一条MOV指令能实现四个不同方向的数据传送。

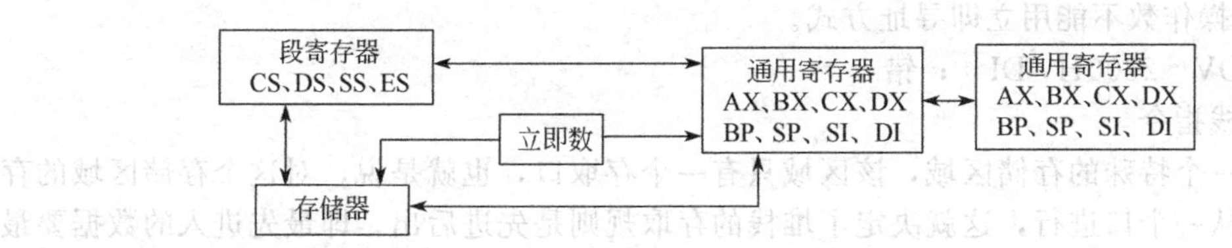

图 2-6 数据传送方向示意

1) CPU内部寄存器（采用寄存器寻址）之间数据的任意传送（除了代码段寄存器CS和指令指针IP以外）。例如：

```
MOV  AL，BL  ；字节
MOV  DL，CH
MOV  SI，DI  ；字
MOV  DS，AX
MOV  DL，BX  ；错，类型不符
```

2) 立即数（采用立即寻址）传送至CPU内部的通用寄存器（即AX、BX、CX、DX、BP、SP、SI、DI），给这些寄存器赋初值。例如：

```
MOV  CL，4  ；字节
MOV  AX，03FFH  ；字
MOV  CL，057BH  ；错，类型不符
```

3) CPU内部寄存器（除了CS和IP以外）与存储器（采用直接寻址、寄存器间接寻址、变址寻址和基址加变址寻址）之间的数据传送。例如：

```
MOV  AL，BUFFER  ；源操作数是直接寻址，字节
MOV  AX，[SI]
MOV  [DI]，CX  ；目的操作数是寄存器间接寻址，字
MOV  SI，BLOCK [BP]
MOV  DS，DATA [SI+BX]  ；源操作数是基址加变址寻址，字
```

4) 立即数传送给存储单元。例如：

```
MOV  [2000]，BYTE  PTR  25H
MOV  WORD  PTR [SI]，35H
```

使用 MOV 指令应注意几个问题。

① 寄存器与存储器传送或寄存器之间传送的指令中，不允许对 CS 和 IP 进行操作。

② 两个存储器操作数之间不允许直接进行数据传送，也就是说，两个操作数中，除立即寻址外必须有一个操作数采用寄存器寻址方式。

需要进行这种传输时，可借助于寄存器完成。如：

MOV　AH，[SI]

MOV　SUM，AH

这两条指令就可以实现：把数据段中以 SI 的值为偏移地址的存储单元中的一个字节，传送到以 SUM 指示的存储单元中。

③ 两个段寄存器之间不能直接传送信息，也不允许用立即寻址方式为段寄存器赋初值。需要进行这种传输时，也可借助于寄存器完成。如：

MOV　AX，0

MOV　DS，AX

这两条指令就可以实现：把立即数 0 送数据段寄存器。

④ 目的操作数不能用立即寻址方式。

如：MOV　2300H，DI　；错

(2) 堆栈指令

堆栈是一个特殊的存储区域，该区域只有一个存取口，也就是说，对这个存储区域的存取操作只能从一个口进行，这就决定了堆栈的存取规则是先进后出，即最先进入的数据要最后才能出来。堆栈设置在堆栈段中，其存取口的段地址由段寄存器 SS 指示，偏移地址则由一个 16 位的堆栈指针 SP 指示。这样，如果段地址不改变的话，只要按照堆栈指针 SP 的值指示的位置进行操作即可，而且每次操作完，CPU 就会自动修改 SP 的值，使其总是保持指向栈顶（即堆栈的存取口），为下次操作作准备，

对堆栈的操作只有两种：入栈即将数据放入堆栈，出栈即将栈顶的数据取出，对应的堆栈指令包括 PUSH 和 POP 两条。

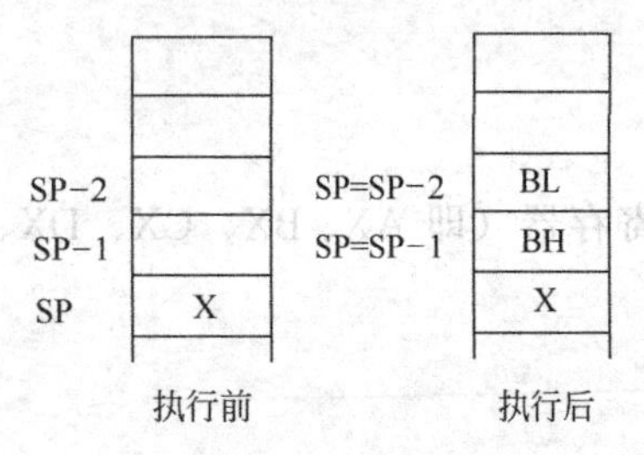

图 2-7　PUSH 指令执行示意

1) 入栈

一般格式：PUSH　OPRD

功能：(OPRD) 入栈

执行步骤为：SP＝SP－1；［SP］＝操作数高 8 位；SP＝SP－1；[SP]＝操作数低 8 位；

例如：PUSH　BX

执行过程为：SP＝SP－1，［SP］＝BH；SP＝SP－1，[SP]＝BL，如图 2-7 所示。

若初始 SP＝1000H，则执行后 SP＝0FFEH

源操作数可以是 CPU 内部的 16 位通用寄存器、段寄存器（CS 除外）和内存操作数（除立即寻址外的所有寻址方式）。注意入栈操作对象必须是 16 位数。

2) 出栈指令 POP

一般格式：POP　OPRD

功能：栈顶的值弹出至 OPRD

执行步骤为：操作数低 8 位＝[SP]；SP＝SP＋1；操作数高 8 位＝［SP］；SP＝SP＋1；

例如：POP　AX

　　　POP　WORD　PTR［BX］

　　　POP　DH　　；错，不能对字节操作

对指令执行的要求和入栈指令一样。

利用堆栈可以实现数据交换、数据保护和数据传递。如在图 2-7 的情况下，执行过 PUSH BX 以后，再执行 POP SI，则实现了将原 BX 的值传到 SI 中。

(3) 交换指令

一般格式：XCHG OPRD1，OPRD2

功能：(OPRD1) 和 (OPRD2) 进行交换

这是一条交换指令，把一个字节或一个字的源操作数与目的操作数相交换。交换能在通用寄存器与累加器之间、通用寄存器之间、通用寄存器与存储器之间进行。但段寄存器不能作为一个操作数。例如：

XCHG AL，CL；如果 (AL)＝12H，(CL)＝34H，指令执行后，(AL)＝34H，(CL)＝12H

XCHG BX，SI

XCHG BX，DATA [DI]

(4) 累加器专用传送指令

与累加器 AX (AL) 相关的专用指令有三种：输入、输出和查表指令。前两种又称为输入输出指令。

1) IN 指令

一般格式：IN AL，n 功能：输入字节 AL←[n]

IN AX，n 功能：输入字 AX←[n+1][n]

IN AL，DX 功能：输入字节 AL←[DX]

IN AX，DX 功能：输入字 AX←[DX+1][DX]

输入指令实现从输入端口输入一个字或一个字节。若输入一个字节，则输入数据传入 AL，若输入一个字，则输入数据传入 AX。若端口地址小于等于 255 时，可将端口地址直接写在指令中，若端口地址超过 255 时，则必须用 DX 保存端口地址，这时最多可寻找 64K 个端口。

值得注意的是，在进行字输入时，需要对连续两个相邻的端口操作，这就对接口的硬件设计提出了较高的要求，即要保证这两个连续的端口指向同一个设备。

例如：IN AL，0F0H ；从 0F0H 端口输入一个字节送 AL

IN AX，12H ；从 12H、13H 端口输入一个字送 AX

IN AL，0FFFFH ；错，16 位的端口地址不能直接写在指令中

应改为MOV DX，0FFFFH

IN AL，DX

2) OUT 指令

一般格式：OUT n，AL 功能：输出字节 AL→[n]

OUT n，AX 功能：输出字 AX→[n+1][n]

OUT DX，AL 功能：输出字节 AL→[DX]

OUT DX，AX 功能：输出字 AX→[DX+1][DX]

输出指令实现将 AL (字节) 或 AX (字) 中的内容传送到一个输出端口。指令的有关说明与 IN 指令相同。

例如：OUT 0AH，AL ；将 AL 中的一个字节从 0AH 端口输出

MOV DX，1000H

MOV DX，AL ；将 AL 中的一个字节从 1000H 端口输出

3) XLAT 指令

一般格式：XLAT

功能：完成一个字节的查表转换。

要求：表的基地址即表头的偏移地址放在BX中，表的长度为256字节。寄存器AL的内容作为要查元素距表头的偏移量，转换后的结果存放在AL中。

例如：MOV　BX，OFFSET　TABLE

　　　IN　　AL，5

　　　XLAT TABLE　；或　XLAT

　　　OUT　1，AL

上述程序段完成：将从5号端口输入的数据经查表转换后从1号端口输出。如果已知TABLE中依次存放着0～9的平方数，当从5号端口输入的数是3时，即可得出3的平方。该指令常用来完成代码转换、数制转换等功能。

(5) 地址传送指令

8086/8088中有三条地址传送指令。

1) LEA

一般格式：LEA　OPRD1，OPRD2

功能：把源操作数OPRD2的地址偏移量传送至目的操作数OPRD1。

要求：源操作数必须是一个内存操作数，目的操作数必须是一个16位的通用寄存器或变址寄存器。这条指令通常用来建立操作所需的地址指针。

例如：LEA　BX，BUFF　；将标号BUFF的偏移地址送到BX

　　　MOV　AL，[BX]　；按指针位置取出一个数据

2) LDS

一般格式：LDS　OPRD1，OPRD2

功能：完成一个地址指针的传送。该地址指针包括段地址和偏移地址两部分，其存放位置由OPRD2指示。指令将段地址送入DS，偏移地址送入OPRD1。

要求：源操作数必须是一个内存操作数，目的操作数必须是一个16位的通用寄存器或变址寄存器。

例如：LDS　SI，[BX]

假设当前(DS)=2000H，(BX)=1000H，则该指令将数据段中由BX所指的连续4个内存单元的值视为32位地址指针，其中高字为段地址部分送入DS，低字为偏移地址部分送入SI。如图2-8所示。

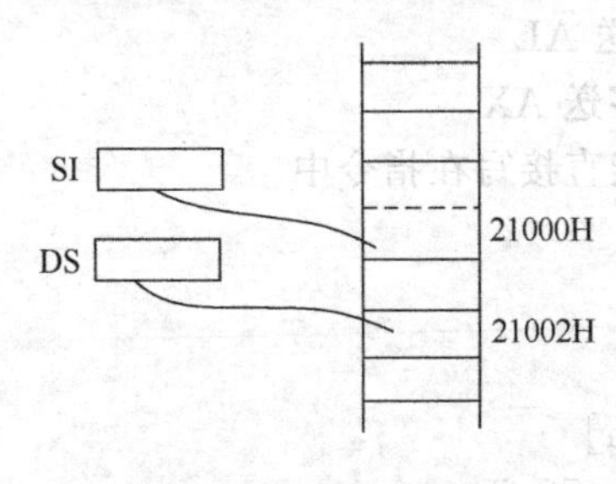

图2-8　LDS指令示意

3) LES

一般格式：LES　OPRD1，OPRD2

功能：完成一个地址指针的传送。该地址指针包括段地址和偏移地址两部分，其存放位置由OPRD2指示。指令将段地址送入ES，偏移地址送入OPRD1。要求同LDS。

例如：LES　DI，[BX+COUNT]

(6) 标志寄存器传送

8086/8088有四条标志传送指令。

1) LAHF

该指令将标志寄存器中的SF、ZF、AF、PF和CF传送至AH寄存器的对应位，空位没有定义，该指令不影响标志位。

2) SAHF

该指令与LAHF正好相反，它将寄存器AH的对应位送至标志寄存器的SF、ZF、AF、

PF 和 CF 位，根据 AH 的内容，影响上述标志位，对 OF、DF 和 IF 无影响。

3）PUSHF

该指令将标志寄存器的值压入堆栈顶部，同时修改堆栈指针，不影响标志位。

4）POPF

该指令将堆栈顶部的一个字，传送到标志寄存器，同时修改堆栈指针，影响标志位。

2.2.2 算术运算指令

8086/8088 指令系统提供加、减、乘、除四种基本算术操作。这些操作都可用于字节或字的运算，也可以用于带符号数与无符号数的运算，其中带符号数用补码表示。同时 8086/8088 指令系统也提供了各种十进制校正指令，故可以对用 BCD 码表示的十进制数进行算术运算。

在 8086/8088 指令系统中，可以参与加、减运算的源操作数和目的操作数如图 2-9 所示。

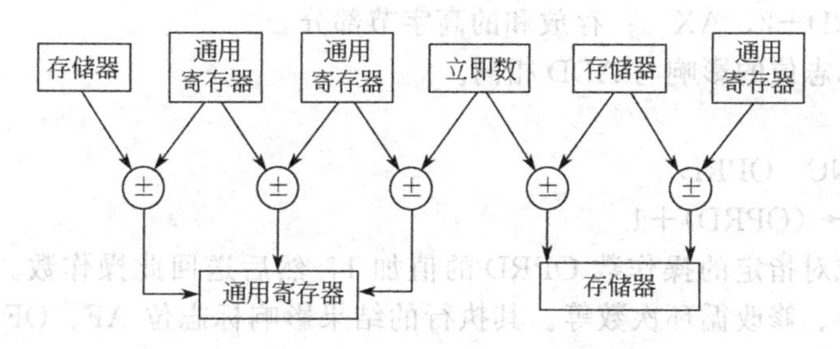

图 2-9 算术运算示意

（1）加法指令

1）加法

一般格式：ADD OPRD1，OPRD2

功能：OPRD1←(OPRD1)＋(OPRD2)

这个指令完成两个操作数相加，结果送至目的操作数 OPRD1。目的操作数可以是累加器、任一通用寄存器以及存储器操作数。

例如：ADD AL，30 ；累加器与立即数相加，8 位

ADD BX，[3000H] ；通用寄存器与存储单元内容相加，16 位

ADD AL，DATA [BX] ；累加器与存储单元内容相加，8 位

ADD SI，AL ；错，变址寄存器与累加器位数不符

ADD WORD PTR BETA[DI]，100 ；存储单元内容与立即数相加，16 位

ADD [SI]，[BX+100H] ；错，两个存储单元内容不能相加

加法指令对标志位 CF、DF、PF、SF、ZF 和 AF 有影响。

2）带进位的加法

一般格式：ADC OPRD1，OPRD2

功能：OPRD1←(OPRD1)＋(OPRD2)＋CF

这条指令与上一条指令相比，只是在两个操作数相加时，要把进位标志 CF 的现行值加上去，结果送至目的操作数，因此称其为带进位的加法。

ADC 指令主要用于多字节运算中。在 8086/8088CPU 中可以直接进行 8 位运算和 16 位运算，但是 16 位二进制数的表示范围仍然是很有限的，为了扩大数的范围，有时仍然需要进行多字节运算。

例 1 有两个 32 位的二进制数，分别放在自 FIRST 和 SECOND 开始的存储区中，每

个数占 4 个存储单元。存放时，低字节在低地址处，高字节在高地址处。要求编程实现它们的相加，结果存放在 THIRD 开始的存储区中。

分析 要完成两个 4 字节的数（32 位）相加，就要分两次进行，先进行低字节相加（16 位），然后再做高字节相加（16 位）。其中，在进行高字节相加时要把低字节相加以后的进位考虑进去，否则将出现运算结果错误。这就要用到带进位的加法指令 ADC。

程序如下。

```
MOV  AX，FIRST       ；取低字节
ADD  AX，SECOND      ；一般加法，完成低字节相加
MOV  THIRD，AX       ；存放和的低字节部分
MOV  AX，FIRST+2     ；取高字节
ADC  AX，SECOND+2    ；带进位的加法，完成高字节相加
MOV  THIRD+2，AX     ；存放和的高字节部分
```

这条指令对标志位的影响与 ADD 相同。

3）增量指令

一般格式：INC OPRD

功能：OPRD←(OPRD)+1

这条指令完成对指定的操作数 OPRD 的值加 1，然后送回此操作数。此指令常用于计数、修改地址指针、修改循环次数等。其执行的结果影响标志位 AF、OF、PF、SF 和 ZF，而对进位标志没有影响。

该指令的操作数可以是通用寄存器，也可以在内存中。

例如：
```
LEA   DI，BUFF   ；设置地址指针
MOV   AL，[DI]   ；取出第一个数
INC   DI         ；修改地址指针
ADD   AL，[DI]   ；与第二个数相加
```

（2）减法指令

1）一般减法

一般格式：SUB OPRD1，OPRD2

功能：OPRD1←(OPRD1)−(OPRD2)

这条指令完成两个操作数相减，结果送至目的操作数 OPRD1。目的操作数可以是累加器、任一通用寄存器以及存储器操作数。

例如：
```
SUB   CX，BX        ；通用寄存器与通用寄存器相减，16 位
SUB   [BP]，CL      ；存储器内容与通用寄存器内容相减，8 位
SUB   1000H，[DI]   ；错，立即数不能做目的操作数
```

减法指令对标志位 CF、DF、PF、SF、ZF 和 AF 有影响。

2）带借位的减法

一般格式：SBB OPRD1，OPRD2 ；

功能：OPRD1←(OPRD1)−(OPRD2)−CF

这条指令与 SUB 相比，只是在两个操作数相减时，还要减去借位标志 CF 的现行值，结果送至目的操作数，因此称其为带借位的减法。

与 ADC 指令类似，本指令主要用于多字节操作数相减的运算。

本指令对标志位的影响同 SUB。

3）减量指令

一般格式：DEC　OPRD

功能：OPRD←(OPRD)－1

这条指令完成对指定的操作数 OPRD 的值减 1，然后送回此操作数。此指令常用于修改地址指针、修改循环次数等。其执行的结果影响标志位 AF、OF、PF、SF 和 ZF，而对进位标志没有影响。

在相减时，把操作数作为一个无符号二进制数来对待。所用的操作数可以是寄存器，也可以是内存操作数。

例如：DEC　BYTE　PTR[SI]

　　　DEC　CX

4）取补指令

一般格式：NEG　OPRD

功能：对操作数取补即：OPRD←0－(OPRD)

这条指令完成对操作数取补的操作，也即用零减去操作数，再把结果送回操作数。

例如：假设（AL)＝00111100B，执行

NEG　AL　；结果（AL)＝11000100B

若在字节操作时对－128，或在字操作时对－32768 取补，则操作数没变化，但标志 OF 置位。

此指令影响标志 AF、CF、OF、PF、SF 和 ZF，且一般总是使标志 CF＝1，只有在操作数为零时，才使 CF＝0。

5）比较指令

一般格式：CMP　OPRD1，OPRD2

功能：(OPRD1)－(OPRD2)

比较指令完成两个操作数相减，使结果反映在标志位上，但并不送回结果，因此也称为不带回送的减法。例如：

CMP　AL，100　；累加器与立即数相比较

CMP　DX，DI　；寄存器与寄存器相比较

CMP　CX，COUNT[BP]　；寄存器与内存操作数相比较

CMP　DATA，100　；内存操作数与立即数相比较

比较指令主要用于比较两个数之间的关系，即两者是否相等或两者中哪一个大。

• 在比较指令之后，根据 ZF 标志即可判断两者是否相等。

若两者相等，相减以后结果为零即 ZF＝1，反之为 0。

若两者不相等，则可在比较指令之后利用其它标志位的状态来确定两者的大小。

• 如果是两个无符号数进行比较，则在比较指令之后，可以根据 CF 标志的状态判断两数 大小。例如：

CMP　AX，BX　；AX 与 BX 相比较

若结果没有产生借位（CF＝0)，则 AX≥BX；若产生了借位（CF＝1)，则 AX<BX。

• 如果是两个带符号数进行比较，则在比较指令之后，可以根据 OF 标志和 SF 标志的状态判断两数大小。例如：

CMP　AX，BX　；AX 与 BX 相比较

若结果 OF⊕SF＝0，则 AX≥BX；反之，若 OF⊕SF＝1，则 AX<BX。

（3）乘法指令

8086/8088 的乘法指令分为无符号数乘法指令和带符号数乘法指令两类。

1）无符号数乘法指令

一般格式：MUL　OPRD　　；OPRD 为源操作数

功能：AX ←(AL)×(OPRD)　；8 位

　　DX，AX ←(AX)×(OPRD)　；16 位

该指令可以完成字节与字节相乘、字与字相乘，且默认的一个源操作数放在 AL 或 AX 中，另一个源操作数由指令给出。8 位数相乘，结果为 16 位数，放在 AX 中，16 位数相乘结果为 32 位数，高 16 位放在 DX，低 16 位放在 AX 中。当结果的高半部分不为 0，则标志位 CF=1，OF=1（表示在 AH 或 DX 中包含有结果的有效数）；否则，CF 和 OF 将清 0。

注意：源操作数不能为立即数。

例如：MOV　AL，FIRST；

　　MUL　SECOND　；结果为 AX=FIRST * SECOND

　　MOV　　AX，THIRD；

　　MUL　AX　　；结果 DX：AX=THIRD* THIRD

2）带符号数乘法指令

一般格式：IMUL　OPRD　　；OPRD 为源操作数

功能：AX ←(AL)×(OPRD)　；8 位

　　DX，AX ←(AX)×(OPRD)　；16 位

这是一条用于带符号数的乘法指令，同 MUL 一样可以进行字节与字节、字和字的乘法运算，且默认的一个源操作数放在 AL 或 AX 中，另一个源操作数由指令给出，结果放在 AX 或 DX、AX 中。当结果的高半部分不是结果的低半部分的符号扩展时，标志位 CF 和 OF 将置位（表示在 AH 或 DX 中包含有结果的有效数）；否则，CF 和 OF 清 0。

（4）除法指令

1）无符号数除法指令

一般格式：DIV　OPRD　；OPRD 为源操作数

功能：商在 AL，余数在 AH ←(AX)÷(OPRD)　；字节

　　商在 AX，余数在 DX ←(DX,AX)÷(OPRD)　；字

在除法指令中，默认的被除数必须为 AX 或 DX：AX。在字节运算时被除数在 AX 中；字运算时被除数为 DX：AX 构成的 32 位数。除法运算中，源操作数可为除立即寻址方式之外的任何一种寻址方式，且指令执行对所有的标志位都无定义。

2）带符号数除法

一般格式：IDIV　OPRD　；OPRD 为源操作数

功能：商在 AL，余数在 AH ←(AX)÷(OPRD)　；字节

　　商在 AX，余数在 DX ←(DX,AX)÷(OPRD)　；字

该指令的执行过程同 DIV 指令，但 IDIV 指令认为操作数的最高位为符号位，除法运算的结果商的最高位也为符号位。

由于除法指令中的字节运算要求被除数为 16 位数，而字运算要求被除数是 32 位数，在 8086/8088 系统中往往需要用符号扩展的方法取得被除数所要的格式，因此指令系统中包括了两条符号扩展指令。

3）字节扩展指令

一般格式：CBW

该指令执行时，将 AL 寄存器的最高位扩展到 AH，即若 $D_7=0$，则 AH=0；否则 AH=0FFH。

这条指令能在两个字节相除之前，产生一个双倍长度的被除数。

4）字扩展指令

一般格式：CWD

该指令执行时，将 AX 寄存器的最高位扩展到 DX，即若 $D_{15}=0$，则 DX＝0；否则 DX＝FFFFH。

这条指令能在两个字相除之前，产生一个双倍长度的被除数。

CBW、CWD 指令不影响标志位。

例如，计算 Y＝X/(A＋B)，其中，X、A、B 均为 16 位无符号数。

```
MOV  BX，A
ADD  BX，B
MOV  AX，X  ；被除数送 AX
CWD         ；扩展至 32 位送 DX：AX
DIV  BX
```

(5) 十进制调整指令

计算机中的算术运算，都是针对二进制数的运算，而人们在日常生活中习惯使用十进制。为此在 8086/8088 指令系统中，针对用 BCD 码表示的十进制数的算术运算，有一类十进制调整指令，通过调整，使得计算的结果仍然是用 BCD 码表示的十进制数。

我们知道，用 BCD 码表示十进制数，就是用四位二进制数表示一个十进制数。对 BCD 码来讲，它们在计算机中有两种存放方法：一种为压缩 BCD 码，即规定每个字节存放两位 BCD 码；另一种称为非压缩 BCD 码，即用一个字节存放一位 BCD 码，在这字节的高四位用 0 填充。例如，十进制数 25D，表示为压缩 BCD 码时为 25H；表示为非压缩 BCD 码时要占用两个字节 0205H。

相关的十进制调整指令见表 2-2。注意 DAA、DAS、AAA 和 AAS 这四条指令均对 AL 的值进行调整。AAM 指令将 AX 中的积调整为非压缩的 BCD 形式，结果存入 AX 中。AAD 把 AX 中存放的非压缩 BCD 数被除数调整为二进制数，以进行除法运算，使除法的结果为 BCD 数。

表 2-2　十进制调整指令

指令格式	指令说明	指令格式	指令说明
DAA	压缩的 BCD 码加法调整	AAS	非压缩的 BCD 码减法调整
DAS	压缩的 BCD 码减法调整	AAM	乘法后的 BCD 码调整
AAA	非压缩的 BCD 码加法调整	AAD	除法前的 BCD 码调整

我们以加法为例来看看调整的过程。例如：对压缩 BCD 码

```
ADD  AL，BL
DAA
```

若执行前 AL＝28H，BL＝68H，则执行 ADD 后 AL＝90H 且 AF＝1；再执行 DAA 指令进行调整即 AL＝(AL)＋6，正确的结果为 AL＝96H，CF＝0，AF＝1。

又如，对非压缩 BCD 码

```
ADD  AL，CL
AAA
```

若执行前 AL＝07，CL＝09，则执行 ADD 后，AL＝10H 且 AF＝1；再执行 AAA 指令进行调整即 AL＝(AL)＋6，AH＝(AH)＋1，AL＝(AL)∧0FH，正确的结果为 AH＝01H，AL＝06H，CF＝1，AF＝1。

注意：用 BCD 码进行乘除法运算时，一律使用无符号数形式，因而 AAM 和 AAD 应固定地出现在 MUL 之后和 DIV 之前。

2.2.3 逻辑运算和移位指令

这一组指令包括逻辑运算、移位和循环移位指令三部分。

(1) 逻辑运算指令

1) 逻辑非

一般格式：NOT OPRD

功能：OPRD ←(OPRD)的反码

这条指令对操作数求反，然后送回原处，操作数可以是寄存器或存储器内容。例如：NOT AL。

此指令对标志无影响。

2) 逻辑与

一般格式：AND OPRD1，OPRD2

功能：OPRD1←(OPRD1)∧(OPRD2)

这条指令对两个操作数进行按位的逻辑“与”运算。只有相“与”的两位全为1，“与”的结果才为1；否则“与”的结果为0。“与”以后的结果送回目的操作数。

其中目的操作数OPRD1可以是累加器、任一通用寄存器或内存操作数（所有寻址方式）。源操作数OPRD2可以是立即数、寄存器，也可以是内存操作数（所有寻址方式）。

此指令执行以后，标志CF＝0，OF＝0。标志PF、SF、ZF反映操作的结果，对标志AF未定义。

“与”操作指令主要用在使一个操作数中的若干位维持不变，而若干位置为0的场合。这时，要维持不变的这些位与“1”相“与”；而要置为0的这些位与“0”相“与”。另外，通过操作数自己和自己相“与”，操作数不变，但可以使进位标志CF清0。

例如：AND AL，0FH ；取AL的低4位

AND SI，SI ；清除CF

AND AX，8000H；取AX的最高位

3) 测试指令

一般格式：TEST OPRD1，OPRD2

功能：(OPRD1)∧(OPRD2)

本指令能完成与AND指令相同的操作，结果反映在标志位上，但并不送回。即TEST指令不改变操作数的值。

通常是在不希望改变原有的操作数的条件下，用来检测某一位或某几位的情况时采用本指令。一般是通过使用立即数进行测试，立即数中哪一位为1，表示对哪一位进行测试。编程时可在这条指令后面加上条件转移指令。

例 若要检测AL中的最低位是否为1，为1则转移，可用以下指令

```
        TEST    AL，01H  ；取AL的最低位检测
        JNZ     THERE    ；ZF＝0时转移，说明最低位是1
        …
THERE：…
```

若要检测CX中的内容是否为0，为0则转移，可用以下指令

```
        TEST    CX，0FFFFH ；检测CX的值
        JZ      THERE      ；ZF＝1时转移，说明CX的值为0
        …
THERE：…
```

4) 逻辑或

一般格式：OR　OPRD1，OPRD2

功能：OPRD1←(OPRD1)∨(OPRD2)

这条指令对两个操作数进行按位的逻辑“或”运算。进行“或”运算的两位中的任一个为1（或两个都为1）时，则“或”的结果为1；否则为0。运算的结果送回目的操作数。

其中目的操作数OPRD1可以是累加器、任一通用寄存器或内存操作数（所有寻址方式）。源操作数OPRD2可以是立即数、寄存器，也可以是内存操作数（所有寻址方式）。

此指令执行以后，标志CF=0，OF=0。标志PF、SF、ZF反映操作的结果，对标志AF未定义。

“或”运算主要应用于要求使一个操作数中的若干位维持不变，而另外若干位为1的场合。这时，要维持不变的这些位与“0”相“或”；而要置为“1”的这些位与“1”相“或”。利用“或”运算，还可以对两个操作数进行组合，也可以对某些位置位。另外，一个操作数自身相“或”，不改变操作数的值，但可使进位标志CF=0。

例如：OR AX，0FFFH；将AX的低12位置1

下列程序段完成拼字操作

```
AND  AL，0FH   ；取AL的低4位，高4位为0
AND  AH，0F0H  ；取AH的高4位，低4位为0
OR   AL，AH    ；将AL的低4位与AH的高4位拼字
```

5）异或

一般格式：XOR　OPRD1，OPRD2

功能：OPRD1←(OPRD1)⊕(OPRD2)

这条指令对两个指定的操作数进行按位的“异或”运算。进行“异或”运算的两位不相同时（即一个为1，另一个为0），“异或”的结果为1；否则为0。“异或”运算的结果送回目的操作数。

其中，目的操作数OPRD1可以是累加器，可以是任一个通用寄存器，也可以是一个内存操作数（全部寻址方式）。源操作数可以是立即数、寄存器，也可以是内存操作数（所有寻址方式）。

此指令执行以后，标志CF=0，OF=0。标志PF、SF、ZF反映操作的结果，对标志AF未定义。

若要求一个操作数中的若干位维持不变，而若干位取反，可用“异或”运算来实现。要维持不变的这些位与“0”相“异或”；而要取反的那些位与“1”相“异或”。当一个操作数自身做“异或”运算时，由于每一位都相同，则“异或”结果必为0，且使进位标志CF也为0，这是使操作数的初值置为0的常用的有效的方法。

例如：
```
XOR  CL，0FH   ；使CL的低4位取反，高4位不变
XOR  SI，SI    ；使SI清0
```

值得注意的是，逻辑运算类指令中，单操作数指令NOT的操作数不能为立即数，双操作数逻辑运算指令中，必须有一个操作数为寄存器寻址方式，且目的操作数不能为立即数。

（2）移位指令

移位是计算机的一个特有操作，通过移位有时可以实现一些特别的功能。8086/8088指令系统中提供了两类移位指令。

1）算术/逻辑移位指令

① 算术左移或逻辑左移指令

一般格式：SAL/SHL　OPRD，M

功能：(OPRD)算术左移/逻辑左移M位

② 算术右移指令

一般格式：SAR　OPRD，M

功能：(OPRD) 算术右移 M 位

③ 逻辑右移指令

一般格式：SHR　OPRD，M

功能：(OPRD) 逻辑右移 M 位

以上三条指令中的 M 是移位次数，可以是 1 或由寄存器 CL 的值指示。这些指令可以对寄存器操作数或内存操作数进行指定的移位，可以进行字节或字操作。

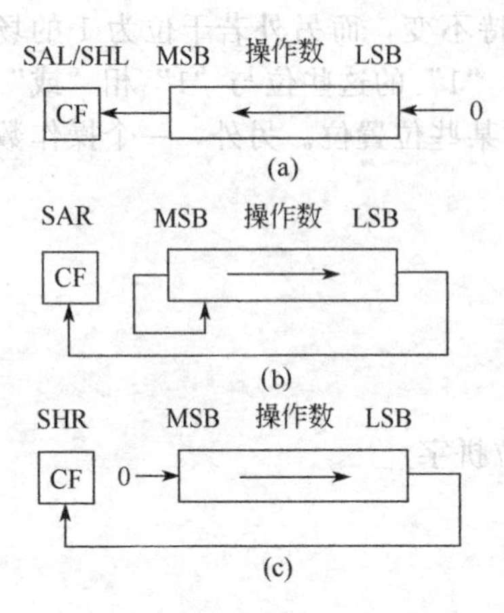

图 2-10　算术/逻辑移位指令

SAL 和 SHL 这两条指令，在功能上是完全相同的。每移位一次在右面补零，而最高位进入标志位 CF。如图 2-10(a) 所示。

在移位次数为 1 的情况下，若移位完了以后，操作数的最高位与标志位 CF 不相等，则溢出标志 OF＝1；否则 OF＝0。标志位 PF、SF、ZF 表示移位以后的结果。

SAR 每移位一次，使操作数右移一位，但保持符号位不变，最低位移至标志 CF。如图 2-10(b) 所示。指令影响标志位 CF、OF、PF、SF 和 ZF。

SHR 每移位一次，使操作数右移一位，最低位移至标志 CF，最左位补 0。如图 2-10(c) 所示。在指定的移位次数为 1 时，若移位以后，操作数的最高位与次最高位不同，则标志 OF＝1，反之，OF＝0。

例 2　操作数左移一位，只要左移以后的数未超出一个字节或一个字的表达范围，则原数的每一位的权增加了一倍，相当于原数乘 2。右移一位相当于除以 2。我们就可以采用移位和相加的办法来实现 AL×10 的操作，请看以下程序段。

```
MOV   AH，0    ；为保证结果完整，先将 AL 中的字节扩展为字
SAL   AX，1    ；X×2
MOV   BX，AX   ；移至 BX 中暂存
SAL   AX，1    ；X×4
SAL   AX，1    ；X×8
ADD   AX，BX   ；X×10
```

2）循环移位指令

8086/8088CPU 提供了四条循环移位指令

一般格式：ROL　OPRD，M　　功能：(OPRD) 循环左移 M 位

一般格式：ROR　OPRD，M　　功能：(OPRD) 循环右移 M 位

一般格式：RCL　OPRD，M　　功能：(OPRD) 带进位循环左移 M 位

一般格式：RCR　OPRD，M　　功能：(OPRD) 带进位循环右移 M 位

以上四条指令中的 M 是移位次数，可以是 1 或由寄存器 CL 的值指示。

前两条循环指令，未把标志位 CF 包含在循环的环中，后两条把标志位 CF 包含在循环的环中，作为整个循环的一部分。

循环移位指令可以对字节或字进行操作。操作数可以是寄存器操作数，也可以是内存操作数。

ROL 指令，每移位一次，把最高位一方面移入标志 CF，另一方面返回操作数的最低位。如图 2-11(a) 所示。当规定的移位位数为 1 时，若移位以后的操作数的最高位不等于标

志位 CF，则溢出标志 OF=1；否则 OF=0。这可以用来表示循环移位前后的符号位是否相同。ROL 指令只影响标志位 CF 和 OF。

ROR 指令，每移位一次，操作数的最低位一方面传送至标志 CF，另一方面循环回操作数的最高位，如图 2-11(b) 所示。

当规定的移位位数为 1 时，若循环移位后操作数的最高位与它的次高位不相等，则标志位 OF=1；否则 OF=0。这可以用来表示循环移位前后的符号位是否相同。此指令只影响标志 CF 和 OF。

RCL 指令是把标志位 CF 包含在循环中的左循环移位指令。每移位一次，则操作数的最高位传送至标志 CF，而原有的标志 CF 中的内容，传送到操作数的最低位。如图 2-11(c) 所示。只有在规定移位位数为 1 时，若循环移位以后的操作数的最高位与标志 CF 不相等时，则标志 OF=1；否则 OF=0。这可以用来表示循环移位以后的符号位与原来的是否相同。这个指令只影响标志位 CF 和 OF。

RCR 指令是把标志位 CF 包含在循环中的右循环移位指令。每移位一次，标志位 CF 中的原内容传送至操作数的最高位，而操作数的最低位送至标志 CF。如图 2-11(d) 所示。只有当规定的移位位数为 1 时，在循环移位以后，若操作数的最高位与次高位不相等，则标志 OF=1；否则 OF=0。这可以用来表示循环移位前后的符号位是否相同。本指令只影响标志 CF 和 OF。

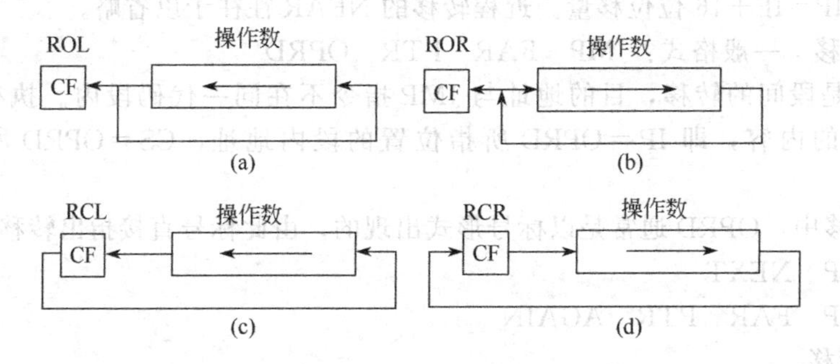

图 2-11 循环移位指令

例 3 有一个四字节数，它们存放在以 FIRST 开始的连续的内存单元中。要求将这个四字节数整个左移一位后，存放在 SECOND 开始的存区中。

分析 我们知道，一条指令可以实现 16 位数的移位。可以先使低 16 位左移一位，这时，低 16 位中的最高位 D_{15} 移至了进位标位 CF 中，再把高 16 位采用带进位的大循环左移一位即可。

程序如下。

```
MOV  AX, FIRST        ；取低字
SAL  AX, 1            ；左移一位
MOV  SECOND, AX       ；存低字
MOV  AX, FIRST+2      ；取高字
RCL  AX, 1            ；带进位循环左移一位
MOV  SECOND+2, AX     ；存高字
```

2.2.4 程序控制指令

该类指令主要是用来控制程序转移。我们知道，8068/8088CPU 使用 CS 寄存器和 IP 指令指针的值来寻址，用以取出指令并执行。而转移类指令通过改变 CS、IP 的值，来达到改

变程序执行顺序的目的。

转移有段内转移和段间转移之分。所谓段内转移是指转移指令与转移到的位置在同一代码段中，因此，在转移中段地址不变，仅需改变 IP 的值；而段间转移是指转移指令与转移到的位置不在同一代码段中，因此，在转移中，CS 和 IP 的值均需发生改变。

(1) 无条件转移指令

一般格式：JMP OPRD

功能：控制程序无条件地转移到由 OPRD 指示的位置

该指令分直接转移和间接转移两种。直接转移又可分短程（SHORT）、近程（NEAR）和远程（FAR）3 种形式。

1) 直接转移

直接转移的 3 种形式如下。

① 短程转移 一般格式：JMP SHORT OPRD

② 近程转移 一般格式：JMP NEAR PTR OPRD 或 JMP OPRD；NEAR 可省略

短程转移和近程转移均属段内转移。在短程转移中目的地址与 JMP 指令所处地址的距离应在−128~127 范围之内，执行该指令时仅需修改 IP 的值，即 IP＝IP＋8 位位移量；近程转移的目的地址与 JMP 指令也应处于同一代码段范围之内，执行该指令时也仅需修改 IP 的值，但此时 IP＝IP＋16 位位移量。近程转移的 NEAR 往往予以省略。

③ 远程转移 一般格式：JMP FAR PTR OPRD

远程转移是段间的转移，目的地址与 JMP 指令不在同一代码段内。执行该指令时要修改 CS 和 IP 的内容，即 IP＝OPRD 所指位置的段内地址，CS＝OPRD 所指位置的段地址。

在直接转移中，OPRD 通常是以标号形式出现的，由此标号直接指出转移的位置。

例如：JMP NEXT

JMP FAR PTR AGAIN

2) 间接转移

间接转移指令的 OPRD 一般是一个存储器操作数，可以由直接寻址方式或寄存器间接寻址方式给出。这时，真正的转移位置由存储器中的内容确定。同样分为两种类型。

① 段内间接转移

一般格式：JMP WORD PTR OPRD

例如：JMP WORD PTR[SI]

该指令首先按（DS）×16＋(SI) 的值找到操作数位置，然后，取出一个字送 IP，从而实现段内转移。

另一形式为：JMP OPRD ；OPED 为一寄存器名

此时，将寄存器的值作为新的 IP 的值以实现转移。

② 段间间接转移

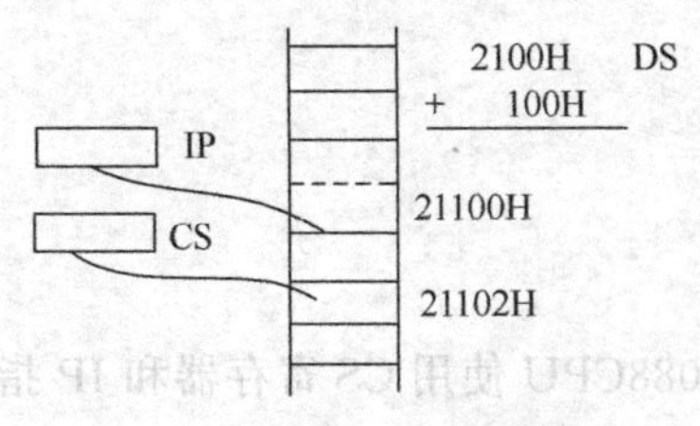

图 2-12 段间间接转移

一般格式：JMP DWORD PTR OPRD

例如：JMP DWORD PTR[100H]

该指令首先按（DS）×16＋100H 的值找到操作数位置，然后，取出第一个字送 IP，取出第二个字送 CS，从而实现段间转移。如图 2-12 所示。

值得注意的是，采用段内间接转移方式时，一定要事先在存储器的指定位置存放好要转向的段内地址，而采用段间间接转移方式时，一定要事先在存储器的指定位置存放好要转向的段地址（放在高字地址）和段内地址（放在低字地址）。否则，将出现错误的转移。

(2) 条件转移指令

8086/8088 指令系统中有 18 条不同的条件转移指令。它们可以根据标志寄存器中各标志位的状态，或两数比较的结果，或测试的结果决定程序是否进行转移。

条件转移指令只能实现段内转移，要求目的地址必须与转移指令在同一代码段内，并且以当前指针寄存器 IP 的值为基准，在－128～＋127 的范围之内转移。因此条件转移指令的转移范围是有限的，不像 JMP 指令那样可以转移到内存的任何一个位置上。条件转移指令格式以及相应的操作如表 2-3 所示。

表 2-3 条件转移指令表

汇编格式	操作	汇编格式	操作
判别标志位转移指令		JAE/JNB OPRD	高于等于或不低于转移
JZ/JE/JNZ/JNE OPRD	结果为零/结果不为零转移	JB/JNAE OPRD	小于或不大于等于转移
JS/JNS OPRD	结果为负数/结果为正数转移	JBE/JNA OPRD	小于等于或不大于转移
		带符号数比较转移指令	
JP/JPE/JNP/JPO OPRD	结果奇偶校验为偶/结果奇偶校验为奇转移	JG/JNLE OPRD	高于或不低于等于转移
		JGE/JNL OPRD	高于等于或不低于转移
JO/JNO OPRD	结果溢出/结果不溢出转移	JL/JNGE OPRD	小于或不大于等于转移
JC/JNC OPRD	结果有进位(借位)/结果无进位(借位)转移	JLE/JNG OPRD	小于等于或不大于转移
		测试转移指令	
不带符号数比较转移指令		JCXZ OPRD	CX＝0 时转移
JA/JNBE OPRD	高于或不低于等于转移		

条件转移指令常用来进行条件判断，从而实现程序的分支。

例如：
```
CMP   AL，0     ；(AL)与0做比较
JAE   DONE      ；大于等于0则转移
MOV   DL，1     ；否则，DL置1
…
DONE：…
```

例 4 在内存某一缓冲区中存放着 10 个用非压缩 BCD 码表示的十进制数。要求把它们分别转换为 ASCII 码，转换完后放在另一缓冲区中。

分析 要将 BCD 码转换为 ASCII 码，只需将相应的 BCD 码加 30H 即可。

```
        LEA   SI，BCDBUFF   ；设源数据的地址指针
        MOV   CX，10        ；设计数初值
        LEA   DI，ASCBUF    ；设存放目的数据的地址指针
AGAIN： MOV   AL，[SI]      ；取BCD码
        OR    AL，30H       ；转换成ASCII码
        MOV   [DI]，AL      ；存入
        INC   DI            ；修改指针
        INC   SI            ；修改指针
        DEC   CX            ；计数值减1
        JNZ   AGAIN         ；判别计数器的值到0了吗？没到则转去继续
```

(3) 循环控制指令

对于需要重复进行的操作，微机系统可通过循环程序结构来进行，8086/8088 指令系统为了简化程序设计，设置了一组循环指令，这组指令主要对 CX 和标志位 ZF 进行测试，确

定是否循环，指令格式及功能如表 2-4 所示。需要注意的是，在使用这组指令前，要事先把循环控制次数放入 CX 寄存器中。

表 2-4　循环控制指令表

指令格式	执行操作
LOOP　OPRD	CX=CX−1，若 CX≠0，则循环
LOOPNZ/LOOPNE　OPRD	CX=CX−1，若 CX≠0 且 ZF=0，则循环
LOOPZ/LOOPE　OPRD	CX=CX−1，若 CX≠0 且 ZF=1，则循环

例 5　已知有一首地址为 ARRAY 的存有 M 个字数据的数组，试编写一段程序，求出该数组的所有数据之和（不考虑溢出），并把结果存入 TOTAL 中。

程序段如下。

```
        MOV     CX，M
        MOV     AX，0          ；累加和送初值
        MOV     SI，0          ；地址指针送初值
START：ADD     AX，ARRAY[SI]  ；累加
        ADD     SI，2          ；修改地址指针
        LOOP    START          ；(CX)−1→CX，(CX) 不为 0 时循环
        MOV     TOTAL，AX
```

例 6　有一字符串，存放在 ASCII STR 开始的内存区域中，字符串的长度为 L。要求在字符串中查找空格（ASCII 码为 20H），找到则继续运行，否则转到 NOTFOUND 去执行。实现上述功能的程序段如下。

```
            MOV      CX，L
            MOV      SI，−1
            MOV      AL，20H
NEXT：      INC      SI
            CMP      AL，ASCII STR[SI]
            LOOPNZ   NEXT               ；未找到或还未检测完时循环
            JNZ  NOTFOUND               ；已检测完但未找到，则转移
            …                           ；已找到
NOTFOUND：…
```

（4）调用和返回指令

对于较复杂的工作来说，有时常常要使用主、子程序结构。这时，通常把一些需要重复做的工作设计为子程序，通过主程序来调用它们。对于这种特殊情况，8086/8088 指令系统中专门设计了一组指令即调用和返回指令，来完成主程序对子程序的调用和子程序返回主程序。

CALL 指令用来调用一个过程或子程序。RET 指令与其配合实现从过程或子程序返回主程序。由于过程或子程序有段间（即远程 FAR）和段内（即近程 NEAR）之分，所以 CALL 指令也有 FAR（段间调用）和 NEAR（段内调用）之分，这由被调用过程的定义所决定。当过程或子程序与主程序在同一代码段时为段内，反之为段间。因此，对应的 RET 指令也分段间返回与段内返回两种。

1）调用指令

一般格式：段内调用　CALL　NEAR　PTR　OPRD；其中 NEAR 可省略

　　　　　段间调用　CALL　FAR　PTR　OPRD

调用指令属直接转移范畴。其中 OPRD 为被调用的过程或子程序的首地址，通常是以标号形式出现的，由此标号直接指出调用的位置。但是，调用指令与转移指令又有所不同，它在转移的同时，增加了一个保存返回地址的动作，以此为子程序的返回作准备。

具体操作是：在段内调用时，CALL 指令首先将当前 IP 内容压入堆栈，然后控制转向由 OPRD 指示的位置。在段间调用时，CALL 指令先把 CS 压入堆栈，再把 IP 压入堆栈。然后控制转向由 OPRD 指示的位置。

2）返回指令

一般格式：　RET

　　　　　　RET　n

对应段内调用，当执行 RET 指令时，CPU 自动从栈顶取出一个字放入 IP，从而实现返回；对应段间调用，当执行 RET 指令时，CPU 先自动从栈顶取出一个字放入 IP 中，然后从栈顶中再取出第二个字放入 CS 中，从而实现返回。

而执行 RET　n 指令，在按 RET 正常返回后，再做 SP＝SP＋n 的操作，这时，要求 n 为偶数。该指令一般用在有参数传递的场合。

(5) 中断指令和中断返回指令

8086/8088 指令系统中专门设计了几条用于中断操作的指令，包括 INT N，INTO 和 IRET。中断作为一种常用的输入输出控制方式，在本书的第 6 章有专门的讲述。

1）中断指令

一般格式：INT　N

功能：响应 N 号中断。

利用该指令可以实现软件中断，这时，N 给出了中断类型码。如 DOS 功能调用时，使用了 INT 21H 等。

2）溢出中断

一般格式：INTO

功能：对溢出情况进行中断响应。这是根据运算结果作出的判别而采用的处理方式，一般由 CPU 自动进行。

3）中断返回

一般格式：IRET

功能：从中断服务子程序返回主程序。

由于中断响应是一个较复杂的过程，CPU 采用了特殊的处理方法来实现它，因此，在中断服务子程序执行完以后，需要用一条特殊的返回指令即 IRET 才能实现正确地返回。这条指令与一般的返回指令 RET 有所不同，除了返回功能外，它还多了恢复标志寄存器内容的动作。

2.2.5 串操作类指令

串操作类指令可以用来实现内存区域的数据串操作。这些数据串可以是字节串，也可以是字串。在这一部分，我们主要介绍几类串操作指令以及与串操作指令配合使用的重复指令前缀。

(1) 重复指令前缀

串操作类指令可以与重复指令前缀配合使用，从而使操作得以重复进行，及时停止。重复指令前缀的几种形式如表 2-5 所示。在这里要提醒大家注意，对于重复指令前缀的学习，要了解它的含义、前缀执行和退出的条件以及影响的指令等三个问题。

(2) 串指令

串指令共有五种，具体见表 2-6。

表 2-5 重复指令前缀

汇编格式	执行过程	影响指令
REP	(1)若(CX)=0,则退出;(2)CX=CX-1;(3)执行后续指令;(4)重复(1)~(3)	MOVS,STOS,LODS
REPE/REPZ	(1)若(CX)=0 或 ZF=0,则退出;(2)CX=CX-1;(3)执行后续指令;(4)重复(1)~(3)	CMPS,SCAS
REPNE/REPNZ	(1)若(CX)=0 或 ZF=1,则退出;(2)CX=CX-1;(3)执行后续指令;(4)重复(1)~(3)	CMPS,SCAS

表 2-6 串操作指令

功能	指令格式	执行操作
串传送	MOVS DST,SRC	由操作数说明是字节或字操作;其余同 MOVSB 或 MOVSW
	MOVSB	[(ES:DI)]←[(DS:SI)];SI=SI±1,DI=DI±1;REP 控制重复前两步
	MOVSW	[(ES:DI)]←[(DS:SI)];SI=SI±2,DI=DI±2;REP 控制重复前两步
串比较	CMPS DST,SRC	由操作数说明是字节或字操作;其余同 CMPSB 或 CMPSW
	CMPSB	[(ES:DI)]-[(DS:SI)];SI=SI±1,DI=DI±1;重复前缀控制前两步
	CMPSW	[(ES:DI)]-[(DS:SI)];SI=SI±2,DI=DI±2;重复前缀控制前两步
串搜索	SCAS DST	由操作数说明是字节或字操作;其余同 SCASB 或 SCASW
	SCASB	AL-[(ES:DI)];DI=DI±1;重复前缀控制前两步
	SCASW	AX-[(ES:DI)];DI=DI±2;重复前缀控制前两步
存串	STOS DST	由操作数说明是字节或字操作;其余同 STOSB 或 STOSW
	STOSB	AL→[(ES:DI)];DI=DI±1;重复前缀控制前两步
	STOSW	AX→[(ES:DI)];DI=DI±2;重复前缀控制前两步
取串	LODS SRC	由操作数说明是字节或字操作;其余同 LODSB 或 LODSW
	LODSB	[(DS:SI)]]→AL;SI=SI±1;重复前缀控制前两步
	LODSW	[(DS:SI)]→AX;SI=SI±2;重复前缀控制前两步

对串指令的学习要注意以下几个问题。

① 各指令所使用的默认寄存器是：SI（源串串首的偏移地址）、DI（目的串串首的偏移地址）、CX（字串长度）、AL/AX（存取或搜索的默认值）。

② 源串默认在数据段，目的串在附加段。

③ 方向标志与地址指针的修改。DF=1 时，则修改地址指针时用减法，表明数据串的传送是按照地址减少的方向进行的，此时，SI 的初始值应指向源串的最高偏移地址；DF=0 时，则修改地址指针时用加法，表明数据串的传送是按照地址增加的方向进行的，此时，SI 的初始值应指向源串的最低偏移地址。

MOVS、STOS、LODS 指令不影响标志位。

1）MOVS 指令

把数据段中由 SI 间接寻址的一个字节（或一个字）传送到附加段中由 DI 间接寻址的一个字节单元（或一个字单元）中去，然后，根据方向标志 DF 及所传送数据的类型（字节或字）对 SI 及 DI 进行修改，在指令重复前缀 REP 的控制下，可将数据段中的整串数据传送到附加段中去。该指令不影响标志位。

例 7 在数据段中有一字符串，其长度为 17，要求把它们传送到附加段中的一个缓冲区中，其中源串存放在数据段中从符号地址 MESS1 开始的存储区域内，每个字符占一个字节；MESS2 为附加段中用以存放字符串区域的首地址。实现上述功能的程序段如下。

```
LEA   SI, MESS1    ; 置源串偏移地址
LEA   DI, MESS2    ; 置目的串偏移地址
MOV   CX, 17       ; 置串长度
```

```
        CLD                   ；方向标志复位
        REP    MOVSB          ；字符串传送
```

2）CMPS 指令

把数据段中由 SI 间接寻址的一个字节（或一个字）与附加段中由 DI 间接寻址的一个字节（或一个字）进行比较操作，使比较的结果影响标志位，然后根据方向标志 DF 及所进行比较的操作数类型（字节或字）对 SI 及 DI 进行修改，在指令重复前缀 REPE/REPZ 或者 REPNE/REPNZ 的控制下，可在两个数据串中寻找第一个不相等的字节（或字），或者第一个相等的字节（或字）。

例 8 在数据段中有一字符串，其长度为 17，存放在数据段中从符号地址 MESS1 开始的区域中；同样在附加段中有一长度相等的字符串，存放在附加段中从符号地址 MESS2 开始的区域中，现要求找出它们之间不相匹配的位置。实现上述功能的程序段如下。

```
        LEA    SI，MESS1      ；装入源串偏移地址
        LEA    DI，MESS2      ；装入目的串偏移地址
        MOV    CX，17         ；装入字符串长度
        CLD                   ；方向标志复位
        REPE   CMPSB
```

上述程序段执行之后，SI 或 DI 的内容即为两字符串中第一个不匹配字符的下一个字符的位置。若两字符串中没有不匹配的字符，则当比较完毕后，CX=0，退出重复操作状态。

3）SCAS 指令

用由指令指定的关键字节或关键字（分别存放在 AL 或 AX 寄存器中），与附加段中由 DI 间接寻址的字节串（或字串）中的一个字节（或字）进行比较操作，使比较的结果影响标志位，然后根据方向标志 DF 及所进行操作的数据类型（字节或字）对 DI 进行修改，在指令重复前缀 REPE/REPZ 或 REPNE/REPNZ 的控制下，可在指定的数据串中搜索第一个与关键字节（或字）匹配的字节（或字），或者搜索第一个与关键字节（或字）不匹配的字节（或字）。

例 9 在附加段中有一个字符串，存放在以符号地址 MESS2 开始的区域中，长度为 17，要求在该字符串中搜索空格符（ASCII 码为 20H）。实现上述功能的程序段如下。

```
        LEA    DI，MESS2      ；装入目的串偏移地址
        MOV    AL，20H        ；装入关键字节
        MOV    CX，17         ；装入字符串长度
        CLD
        REPNE  SCASB
```

上述程序段执行之后，DI 的内容即为相匹配字符的下一个字符的地址，CX 中剩下还未比较的字符个数。若字符串中没有所要搜索的关键字节（或字），则当搜查完之后即(CX)=0 时退出重复操作状态。

4）STOS 指令

把指令中指定的一个字节或一个字（分别存放在 AL 或 AX 寄存器中），传送到附加段中由 DI 间接寻址的字节内存单元（或字内存单元）中去，然后，根据方向标志 DF 及所进行操作的数据类型（字节或字）对 DI 进行修改操作。在指令重复前缀的控制下，可连续将 AL（AX）的内容存入到附加段中的一段内存区域中去。该指令不影响标志位。

例 10 要对附加段中从 MESS2 开始的 5 个连续的内存字节单元进行清 0 操作，可用下列程序段实现。

```
        LEA    DI，MESS2      ；装入目的区域偏移地址
```

```
MOV    AL, 00H        ; 为清0操作准备
MOV    CX, 5          ; 设置区域长度
CLD
REP    STOSB
```

5）LODS指令

把数据段中由SI间接寻址的一个字节（或一个字）传送到AL或AX寄存器中，然后，根据方向标志DF及所进行操作的数据类型（字节或字）对DI进行修改操作。在指令重复前缀的控制下，可连续将由SI间接寻址的一个字节（或一个字）传送到AL或AX寄存器中。该指令不影响标志位。

2.2.6 标志处理和CPU控制类指令

这一组指令包括两类：标志处理指令和CPU控制指令。标志处理指令用来设置标志，主要对CF、DF和IF三个标志进行。CPU控制指令用以控制CPU的工作状态，它们不影响标志位。这里，我们仅列出了一些常用指令，具体见表2-7所示。

表2-7 标志处理和CPU控制类指令

汇编语言格式	执行操作
标志处理指令	
STC	置进位标志，CF=1
CLC	清进位标志，CF=0
CMC	进位标志取反
CLD	清方向标志，DF=0
STD	置方向标志，DF=1
CLI	关中断标志，IF=0，不允许中断
STI	开中断标志，IF=1，允许中断
CPU控制类指令	
HLT	使处理器处于停止状态，不执行指令
WAIT	使处理器处于等待状态，TEST线为低时，退出等待
ESC	使协处理器从系统指令流中取得指令
LOCK	封锁总线指令，可放在任一条指令前作为前缀
NOP	空操作指令，常用于程序的延时和调试

习题与思考题

1. 假定DS=2000H，ES=2100H，SS=1500H，SI=00A0H，BX=0100H，BP=0010H，数据变量VAL的偏移地址为0050H，其数值为100H，请指出下列指令源操作数是什么寻址方式？源操作数在哪里？如在存储器中请写出其物理地址是什么。

   (1) MOV AX, 0ABH　　(2) MOV AX, [100H]
   (3) MOV AX, VAL　　(4) MOV BX, [SI]
   (5) MOV AL, VAL[BX]　　(6) MOV CL, [BX][SI]
   (7) MOV VAL[SI], BX　　(8) MOV [BP][SI], 100

2. 设有关寄存器及存储单元的内容如下

   DS=2000H，BX=0100H，AX=1200H，SI=0002H，[20100H]=12H，[20101H]=34H，[20102H]=56H，[20103H]=78H，[21200H]=2AH，[21201H]=4CH，[21202H]=B7H，[21203H]=65H。

   试说明下列各条指令单独执行后相关寄存器或存储单元的内容。

   (1) MOV AX, 1800H　　(2) MOV AX, BX
   (3) MOV BX, [1200H]　　(4) MOV DX, 1100H[BX]
   (5) MOV [BX][SI], AL　　(6) MOV AX, 1100H[BX][SI]

3. 假定 BX=00E3H，字变量 VALUE=79H，确定下列指令执行后的结果［操作数均为无符号数。对(3)、(6) 写出相应标志位的状态］。

(1) ADD　VALUE，BX　　(2) AND　BX，VALUE

(3) CMP　BX，VALUE　　(4) XOR　BX，0FFH

(5) DEC　BX　　(6) TEST　BX，01H

4. 已知 SS=0FFA0H，SP=00B0H，先执行两条把 8057H 和 0F79H 分别进栈的 PUSH 指令，再执行一条 POP 指令，试画出堆栈区和 SP 内容变化的过程示意图（标出存储单元的地址）。

5. 已知程序段如下

```
MOV   AX，1234H
MOV   CL，4
ROL   AX，CL
DEC   AX
MOV   CX，4
MUL   CX
```

试问：(1) 每条指令执行后，AX 寄存器的内容是什么？(2) 每条指令执行后，CF、SF 及 ZF 的值分别是什么？(3) 程序运行结束时，AX 及 DX 寄存器的值为多少？

6. 写出实现下列计算的指令序列（假定 X、Y、Z、W、R 都为字变量）。

(1) Z=W+(Z+X)　　(2) Z=W−(X+6)−(R+9)

(3) Z=(W×X)/(R+6)　　(4) Z=((W−X)/5×Y)×2

7. 假定 DX=1100100110111001B，CL=3，CF=1。试确定下列各条指令单独执行后 DX 的值。

(1) SHR　DX，1　　(2) SHL　DL，1

(3) SAL　DH，1　　(4) SAR　DX，CL

(5) ROR　DX，CL　　(6) ROL　DL，CL

(7) RCR　DL，1　　(8) RCL　DX，CL

8. 已知 DX=1234H，AX=5678H。试分析下列程序执行后 DX、AX 的值各是什么？该程序完成了什么功能？

```
MOV   CL，4
SHL   DX，CL
MOV   BL，AH
SHL   AX，CL
SHR   BL，CL
OR    DL，BL
```

9. 试分析下列程序段

```
ADD   AX，BX
JNC   L2
SUB   AX，BX
JNC   L3
JMP   SHORT  L5
```

如果 AX、BX 的内容给定如下

	AX	BX
(1)	14C6H	80DCH
(2)	B568H	54B7H

问该程序在上述情况下执行后，程序转向何处？

10. 编写一段程序，比较两个 5 字节的字符串 OLDS 和 NEWS，如果 OLDS 字符串不同于 NEWS 字符串，则执行 NEW_LESS，否则顺序执行。

11. 若在数据段中从字节变量 TABLE 相应的单元开始存放了 0～15 的平方值，试写出包含有 XLAT 指令的指令序列查找 N（0～15）的平方（设 N 的值存放在 CL 中）。

12. 有两个双字数据串分别存放在 ASC1 和 ASC2 中（低字放低地址），求它们的差，结果放在 ASC3 中

（低字放低地址）。

```
ASC1    DW    578, 400
ASC2    DW    694, 12
ASC3    DW    ?,?
```

13. 下列程序在什么情况下调用子程序 SUB1？在什么情况下调用子程序 SUB2？

```
        LEA  BX, DATA
        MOV  AL, [BX]
        TEST  AL, 01H
        JNZ  L1
        CALL  SUB1
        JMP  L2
    L1: CALL SUB2
    L2: HLT
```

14. 采用串操作指令将 BUFF 开始的 100 个单元中写入 AAH，并将该数据块复制至 DATA 开始的存区。编写程序段完成上述功能。

本章学习指导

计算机语言分成三个层次：机器语言、汇编语言和高级语言。除高级语言外，机器语言和汇编语言都与使用的具体计算机相关，也就是说，在不同的计算机上，有不同的机器语言和汇编语言。本章讲的指令系统，就是应用于 8086/8088 微处理器汇编语言程序的指令集。指令是用户发给计算机的一个命令，它可以使计算机完成某一个或几个操作。汇编程序就是指令的一个有序集合，它可以使计算机完成某一项任务。从以上关系中，我们可以看出，学习指令系统是编写汇编程序的基础，只有很好的掌握了指令系统，才能编写出符合要求的并能完成指定任务的程序。

8086/8088CPU 的指令系统比较庞大，分成多个功能组，在使用上也非常灵活，如何很好的掌握它们呢？对初学者来说，要从以下几个方面入手。

① 基本指令格式。对每一条指令来讲，首先要会书写它，这就要求掌握指令的书写格式，包括助记符、源和目的操作数的格式等。如果指令书写的格式不正确，则连基本的汇编步骤都不能通过，更不会产生可执行文件，这就意味着编写的程序不能被执行。

② 指令的功能。在书写正确的基础上，要认真了解每一条指令都能完成什么功能，也就是说，CPU 执行了这条指令，它能完成什么动作。这是保证在编程序时能按要求动作选择指令的基础。例如，明明是要做输入操作，却错选了输出指令，这样，编的程序无论如何是不能完成规定动作的，有时甚至会差之千里。

③ 操作的对象是什么。每条指令都有相应的操作对象，对 8086/8088CPU 的指令系统来讲，其操作对象来自以下几个地方。

• CPU 内部的寄存器，如 AX、BX、CX、DX、SI、DI 等。由于这些寄存器就在 CPU 内部，CPU 对它们可以直接操作，不需访问存储器或 I/O 口，因此，操作速度相对较快。不足的是，它们的数量有限。

• 存储器中。这里的存储器指的是计算机的内存或称主存，对 8086/8088 系统来讲，其内存容量为 1MB，相应的地址码为 20 位，分为两部分，段地址和段内地址（亦称偏移地址）。另外，8086/8088 对存储器的操作可以是字节/字/双字等，因此对存储器中的操作数，一定要有两个要素才能惟一确定，即存放地址（含段地址和段内地址两项）和数据类型（字节/字/双字等）。

• 外部设备。只有 IN、OUT 指令才能与外部设备打交道，完成输入或输出的操作。操作是通过相应的端口地址来完成的。

④ 如何找到操作对象。寻址方式提供了寻找操作对象的方法。学习者要花较大的气力认真的领悟每一种寻址方式。如果指令中采用了不正确的寻址方式，就无法按设计找到正确的操作对象，从而导致处理上的错误。例如，MOV AX，[BX] 和 MOV AX，BX，从源操作数来看，前者是寄存器间接寻址，完成的是将数据段中以 BX 的内容为偏移地址的存储单元中的一个字传送到 AX，而后者是寄存器寻址，完成的是将 CPU 内部的 BX 寄存器的值传送到 AX。从中不难看出，由于书写上增加的方括号，就使得两条指令的操作结果差之千里。因此，掌握不同的寻址方式的书写以及它们是如何确定操作数位置的，是学好寻址方式的关键。8086/8088CPU 的指令系统提供了 6 种不同的寻址方式，除寄存器寻址方式下操作数是在 CPU 内部的寄存器中外，其余 5 种寻址方式下的操作数均在内存中，但是它们可能存放在不同的段（包括代码段、数据段、扩展段和堆栈段）。

上述四点是学好指令系统的核心，希望读者能在学习的过程中反复加深对它们的理解，同时从对它们的理解中巩固新学的知识。学好了指令系统，就为下一章的汇编程序设计打下了一个良好的基础。

3 汇编语言程序设计

用指令的助记符、符号地址、标号、伪指令等符号书写程序的语言称为汇编语言。用这种汇编语言书写的程序称为汇编语言源程序或称源程序。把汇编语言源程序翻译成在机器上能执行的机器语言程序（目的代码程序）的过程叫做汇编，完成汇编过程的系统程序称为汇编程序。

为了使汇编程序在汇编时能按用户的要求去产生正确的目标代码，我们在编写汇编语言源程序时，首先要有一个完整的符合规范要求的程序结构；其次，在源程序中，除了使用上章学习过的 8086/8088 指令系统中的指令外，还需加入一些特殊的符号、运算符和命令等，这些特殊的符号、运算符和命令由汇编程序在汇编的过程中识别并执行，从而完成诸如数据定义、标号/变量/常量的分类、地址计算、指定段寄存器、过程定义等功能。虽然它们执行的结果并不影响最后的目标文件，但是对目标文件的产生来讲，却是必不可少的。为此，本章从汇编语言的语句格式入手，首先学习构成汇编语言的基本元素与常用的伪指令，然后，通过典型例题，详细学习如何进行汇编语言程序设计。

3.1 汇编语言的基本元素

3.1.1 汇编语言的语句格式

由汇编语言编写的源程序是由许多语句（也可称为汇编指令）组成的。每个语句由 1～4 个部分组成，其格式是

[标识符] 指令助记符 [操作数] [；注释]

其中用方括号括起来的部分，可以有也可以没有。每部分之间用空格（至少一个）分开，一行最多可有 132 个字符。

(1) 标识符

标识符是给指令或某一存储单元地址所起的名字，要求以字母或·开头，后跟下列字符

字母：A～z；数字：0～9；特殊字符：?、@、—、$ 。

数字不能作标识符的第一个字符，而圆点仅能用作第一个字符。标识符最长为 31 个字符。当标识符后跟冒号时，表示是标号。它代表该行指令的起始地址，其它指令可以引用该标号作转移的符号地址。当标识符后不带冒号时，表示变量。伪指令前的标识符不加冒号。

(2) 指令助记符

指令助记符表示不同操作的指令，可以是 8086/8088CPU 的指令助记符，也可以是伪指令。如果指令带有前缀（如 LOCK、REP、REPE/REPZ、REPNE/REPNZ），则指令前缀和指令助记符要用空格分开。

(3) 操作数

操作数是指令操作的对象。按照指令的不同要求，操作数可能有一个、两个或者没有。操作数可以是常数、寄存器名、标号、变量，也可以是表达式。当操作数超过一个时，操作数之间应用逗号分开。例如

```
        RET                  ；无操作数
COUNT:  INC   CX             ；一个操作数
        MOV   CX，DI         ；两个操作数
        MOV   AX，[BP+4]     ；第二个操作数为表达式
```

如果是伪指令，则可能有多个操作数，例如

COST DB 3，4，5，6，7 ；5个操作数

（4）注释

注释是为源程序所加的说明，用于提高程序的可读性。在注释前面要加分号，注释一般位于操作数之后一行的末尾，也可单独列一行。汇编程序对注释不作处理，也不产生目标代码，仅在列源程序清单时列出，供编程人员阅读，例如

；以下为显示程序

IN AL，PORTB ；读B口数据到AL中

3.1.2 汇编语言的运算符

汇编语言的运算符是汇编程序在汇编时计算的。与运算指令不同，运算指令是在程序运行时计算的。汇编语言的运算符有算术运算符（如＋、－、×、/等），逻辑运算符（AND、OR、XOR、NOT），关系运算符（EQ、NE、LT、GT、LE、GE），取值运算符和属性运算符。前面三种运算符与高级语言中的运算符类似，后两种运算符是8086/8088汇编语言特有的。下面对常用的几种运算符做一介绍。

（1）算术运算符、逻辑运算符和关系运算符

1）算术运算符包括＋、－、×、/、MOD等。这类运算符可以应用于数字操作数，结果也是数字的。当它们应用于存储器操作数时，只有＋、－运算符有意义。

例如 MOV AL，[BX＋DI]

2）逻辑运算符包括AND、OR、NOT等。这类运算符只能对数字进行操作，且结果也是数字的。存储器操作数不能进行逻辑运算。

例如 AND DX，PORT AND 0FFH

第二个AND是逻辑运算符，在汇编时，汇编程序首先计算PORT AND 0FFH，产生一个立即数作为指令的源操作数。而第一个AND是指令助记符，在程序执行到AND指令时，DX的内容与上述立即数相“与”，结果存入DX中。

注意：逻辑运算符可以和指令助记符书写形式相同，但是它们的作用不同。作为运算符时，它们是在汇编时由汇编程序计算的；而作为指令助记符时，则是在程序运行时计算的。

3）关系运算符包括LT、GT、GE等。通过这类运算符连接的两个操作数，必须都是数字操作数或是同一段内的存储器操作数。关系运算的结果是，若关系为假（关系不成立），则结果为0；若关系为真，则结果为0FFFFH。

一般情况下不独立使用关系运算符，常与其它运算符组合起来使用。

例如 MOV BX，（（PORT LT 5）AND 20）OR（（PORT GE 5）AND 30）

当PORT的值小于5时，上述指令汇编为 MOV BX，20

否则汇编为 MOV BX，30

（2）取值运算符SEG、OFFSET、$、TYPE、SIZE和LENGTH

1）SEG和OFFSET

这两个运算符分别给出一个变量或标识符（标号）的段地址和偏移地址。

例如数据定义为 SLOT DW 25，12A0H

则 MOV AX，SEG SLOT ；将SLOT标识符所在段的段地址送入AX寄存器

MOV AX，OFFSET SLOT ；将SLOT标识符的偏移地址送入AX寄存器

2）$运算符

该运算符给出当前所在存储区位置的偏移地址。

例如 BLOCK DB ‘HELLO!’

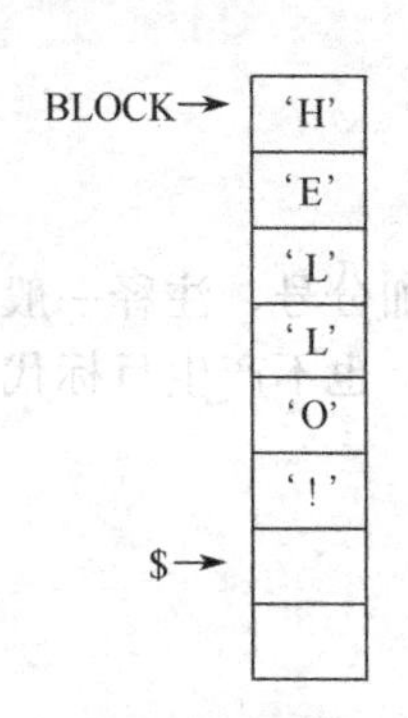

图 3-1　$运算示意图

NUM　EQU　$-BLOCK

此时，$的值是'!'字符的下一个单元的偏移地址，而 NUM 的值是 6。示意图如图 3-1 所示。

3) TYPE 运算符

TYPE 运算符返回一个表示存储器操作数类型的数值。各种存储器地址操作数类型部分的值如表 3-1 所示。

注意，字节、字和双字的类型部分分别是它们所占的字节数，而标号的类型的值无实际意义。

4) LENGTH 和 SIZE

这两个运算符只应用于数据存储器操作数，即用 DB/DW/DD 等且用 DUP 定义的操作数。

表 3-1　存储器操作数的类型属性及返回值

字　节	1	字	2	双字	4
NEAR	−1	FAR		−2	

LENGTH 运算返回一个与存储器操作数相联系的基本数据个数，SIZE 运算返回一个为存储器操作数分配的字节（即单元）个数。

它们之间的关系为　SIZE(X)＝LENGTH(X) * TYPE(X)

例如，若数据定义为　MULT _ WORD DW 50DUP（0）

则　LENGTH(MULT _ WORD)＝50

　　SIZE(MULT _ WORD)＝100

(3) 合成运算符 PTR 和 THIS

合成运算符用来给指令中的操作数指定一个临时属性，而暂时忽略该操作数的原有属性。

1) PTR 运算符

一般格式：类型　PTR　表达式

PTR 运算符建立一个新的存储器操作数，该操作数与由表达式所表示的存储器操作数有相同的段地址和偏移地址，但类型不同。值得注意的是，PTR 运算符并不分配新的存储单元，它仅给已分配的存储器操作数另外一个意义。

例如　SLOT　DW　25

此时 SLOT 已定义成字单元。若我们想取出它的第一个字节内容，则可用 PTR 对其操作，使它暂时改变为字节单元，即

```
MOV   AL, BYTE  PTR  SLOT
```

又如　MOV [BX], 5

对该指令，汇编程序不能确定传送的是一个字节还是一个字。若是一个字节，则应写成

```
MOV  BYTE  PTR [BX], 5
```

若是字，则应写成 MOV　WORD　PTR [BX], 5

2) THIS 运算符

该运算符像 PTR 一样可用来建立一个特殊类型的存储器操作数，而不为它重新分配存储单元。新的存储器操作数的段地址和偏移地址部分就是下一个能分配的存储单元的段地址和偏移地址。

例如　MY _ NUM　EQU　THIS　BYTE

　　　MY _ WORD　DW　?

这时，新建立的 MY_NUM 具有字节类型，但与 MY_WORD 具有相同的段地址和偏移地址。

3.1.3　表达式

表达式是由运算符和操作数组成的序列，在汇编时，它产生一个确定的值。这个值可以仅表示一个常量，相应的表达式称为常量表达式；也可以表示一个存储单元的偏移地址，相应的表达式称为地址表达式。

有关运算符，我们已在上一小节中已经作了详细的讨论，下面我们着重讨论操作数，操作数通常有下列几种类型。

（1）常数

汇编语言语句中出现的常数（或常量）可以有 7 种。

① 二进制数　二进制数字后跟字母 B，如 01000001B。

② 八进制数　八进制数字后跟字母 Q 或 O，如 202Q 或 202O。

③ 十进制数　十进制数字后跟 D 或不跟字母，如 85D 或 85。

④ 十六进制数　十六进制数字后跟 H，如 56H、0FFH。注意，当数字的第一个字符是 A～F 时，在字符前应添加一个数字 0，以示和变量的区别。

⑤ 十进制浮点数　浮点十进制数的一个例子是 25E-2。

⑥ 十六进制实数　十六进制实数后跟 R，数字的位数必须是 8、16 或 20。在第一位是 0 的情况下，数字的位数可以是 9、17 或 21，如 0FFFFFFFFR。

以上第⑤、⑥两种数字格式只允许在 MASM 中使用。

⑦ 字符和字符串　字符和字符串要求用单引号括起来，如‘BD’。

（2）常量操作数

常量操作数是一个数值操作数，它一般是常量或者是表示常量的标识符，如 100、PORT、VAL 等。常量操作数可以是数字常量操作数或字符串常量操作数，其中前者可采用二进制、八进制、十进制或十六进制等进位计数形式；而后者所对应的常量值为相应字符的 ASCII 码。常量操作数是出现在程序中的确定值，它在程序运行期间其数值不会发生变化。

（3）存储器操作数

存储器操作数是一个地址操作数，即该操作数代表一个存储单元的地址，通常以标识符的形式出现，如 BUFF、SUM、TABLE、AGAIN 等。

存储器操作数可以分为变量及标号两种类型。如果存储器操作数所代表的是某个数据在数据段、附加段或堆栈段中的地址，那么这个存储器操作数就称为变量；如果存储器操作数所代表的是某条指令代码在代码段中的地址，那么这个存储器操作数就称为标号。也就是说变量是数据存储单元的符号地址，而标号则是指令代码的符号地址。变量所对应的存储单元内容在程序运行过程中是可以改变的，因此，变量通常用来存放结果；而标号则通常作为转移指令或调用指令的目标操作数，在程序运行过程中不能改变。

对任意一个存储器操作数来讲，它一定具有以下三方面的属性。

① 段地址　存储器操作数所对应的存储单元所在段的段地址。

② 偏移地址　存储器操作数所对应的存储单元在所在段内的偏移地址。

③ 类型　变量的类型是相应存储单元所存放的数据字节数；而标号的类型则反映了相应存储单元地址在作为转移或调用指令的目标操作数时的寻址方式，这时可有两种情况，即 NEAR 和 FAR。

NEAR 类型是指转移指令或调用指令与此标号所指向的语句或过程在同一个代码段内，此时，转移到或调用此标号所对应的指令时，只需改变指令指针寄存器 IP 的值，而不必改变段寄存器 CS 的值，亦称为段内转移或段内调用；FAR 类型是指转移指令或调用指令与此标号所指向的语句或过程不在同一个代码段内，此时，要转移到或调用此标号所对应的指令时，不仅需改变指令指针寄存器 IP 的值，同时还需要改变段寄存器 CS 的值，亦称为段间转移或段间调用。标号的默认类型为 NEAR。

(4) 常量表达式

常量表达式通常由常量操作数及运算符构成，在汇编时，产生一个常量。例如 PORT_VAL+1、PORT_VAL AND 20H 等。另外，两个存储器操作数的差也是一个常量表达式，表示这两个存储器操作数所对应的两个存储单元之间的字节数。由取值运算符作用于存储器 操作数所形成的表达式也是常量表达式，例如 OFFSET SUM、SEG SUM、TYPE CYCLE 等。

(5) 地址表达式

地址表达式通常由存储器操作数、常量与运算符构成，但由存储器操作数构成地址表达式时，其运算结果必须有明确的物理意义，即有确定的地址及类型。

例如　SUM+2、CYCLE-5

表达式 SUM+2、CYCLE-5 的值仍然是一个存储器操作数，该存储器操作数的段地址与类型分别与存储器操作数 SUM 及 CYCLE 相同，但偏移地址分别比 SUM 及 CYCLE 大 2 或小 5。

而两个存储器操作数的乘积就没有意义，因为乘完以后的地址是在哪一个段，它的偏移地址及类型均无从确定。

3.1.4 汇编语言程序汇编步骤

汇编语言程序要能在机器上运行，必须将汇编语言源程序汇编成可执行程序，为此必须完成以下几个步骤，其过程如图 3-2 所示。

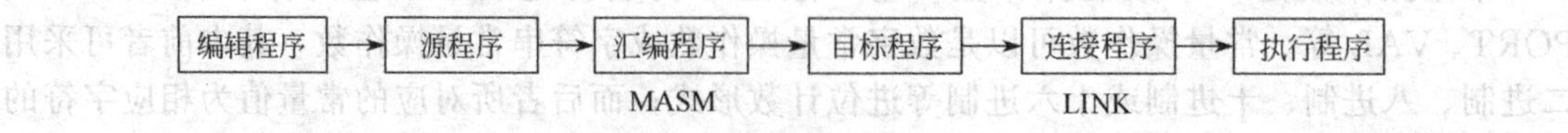

图 3-2 汇编语言程序建立及汇编连接过程

(1) 编写源程序

在弄清问题的要求，确定方案后，汇编语言程序设计者便可依据前面的指令系统和汇编语言的规定，逐个模块地编写汇编语言源程序。通常使用编辑软件（如 EDLIN、EDIT 或其它软件），将源程序输入到计算机中。汇编语言源程序的扩展名为 .ASM 。

(2) 汇编

利用汇编程序或宏汇编程序（ASM 或 MASM）对汇编语言源程序进行汇编，产生扩展名为 .OBJ 的可重定位的目的代码。

同时，如果需要，宏汇编还可以产生扩展名为 .LST 的列表文件和扩展名为 .CRF 的交叉参考文件。前者列出汇编产生的目的代码及与之有关的地址、源语句和符号表；后者再经 CREF 文件处理可得各定义符号与源程序行号的对应清单。

在对源程序进行汇编过程中，汇编程序会对源程序中的非逻辑性错误给出显示，例如，源程序中使用了非法指令、标号重复、相对转移超出转移范围等。利用这些提示，设计者需修改源程序，以消除这些语法上的错误。

程序设计者在改正源程序中的错误过程中，重新编辑源程序，形成新的 .ASM 文件。然后重新汇编，直到汇编程序显示无错误为止。

(3) 连接

利用连接程序（LINK）可将一个或多个 .OBJ 文件进行连接，生成扩展名为 .EXE 的可执行文件。在连接过程中，LINK 同样会给出错误提示。设计者应根据错误提示，分析发生错误的原因，并修改源程序，然后重复前面的过程——汇编、连接，最后得到 .EXE 可执行文件。

（4）调试

对于稍大一些的程序来说，经过上述步骤所获得的 .EXE 文件，在运行过程中难免有错。也就是说，前面只能发现一些明显的语法上的错误。而对程序的逻辑错、能否达到预期的功能均无法得知。因此，必须对可执行文件（.EXE 文件）进行调试。通过调试来证明程序确实能达到预期的功能且没有漏洞。

调试汇编程序最常用的工具是动态调试程序 DEBUG。

动态调试程序 DEBUG 有许多功能可以很好地支持设计者对程序的调试，如从某地址运行程序、设置断点、单步跟踪等均十分有用。

程序调试通过则可进入试运行。在试运行过程中不断进行观察、测试，发现问题及时解决，最后完成软件设计。

3.2 伪指令

伪指令用来对汇编程序的汇编过程进行控制，如定义段、对存储空间进行分配、设定段寄存器、定义过程等处理。虽然其书写格式和一般指令类似，但结果很不一致。伪指令是在汇编过程中由汇编程序解释执行，不产生目标代码；而一般指令要产生目标代码，直接命令 CPU 去执行操作。

伪指令很多，这里仅介绍常用的几种。

3.2.1 定义数据伪指令

该类伪指令用来定义存储空间及其所存数据的长度。

· DB：定义字节，即每个数据是 1 个字节。

· DW：定义字，即每个数据是 2 个字节。低字节在低地址，高字节在高地址。

· DD：定义双字，即每个数据是 2 个字。低字在低地址，高字在高地址。

另有，DQ：定义 4 字长。DT：定义 10 个字节长，用于压缩式十进制数。

需要定义多个数据时，数据与数据之间用“,”分隔。仅需定义一个存储区而不确定数据时，可用“?”。需要重复定义数据时，则可以用 DUP（）操作符。

一般格式：重复数 DUP（数据，数据，……）

例如　DATA　DB 5，‘F’，8，100；表示从 DATA 单元开始，连续存放 5、46H、8、100，共占 4 个存储单元

NUM　DW　7，28A5H；表示从 NUM 单元开始，连续存放两个字，共占 4 个存储单元

TABLE　DW　?　；表示在 TABLE 单元中存放的内容是随机的

BUFF　DB　3DUP(0)　；表示以 BUFF 为首地址的 3 个存储单元中存放数据 0

DATA →	5
	‘F’
	8
	100
NUM →	7
	0
	A5H
	28H
TABLE →	××
BUFF →	0
	0
	0

图 3-3　数据存放示意图

对应上述数据定义伪指令，汇编程序在数据区的数据存放示意图如图 3-3 所示。

如有以下数据定义：

ARR1　DB　100 DUP(3,5,2DUP(10),35),24,‘NUM’请大家思考，数据区的数据存放形式该是怎样的呢？

3.2.2 符号定义伪指令 EQU、PURGE 及＝

① EQU 伪指令给符号定义一个值。在程序中，凡是出现该符号的地方，汇编时均用其值代替。

一般格式：标识符 EQU 表达式

如 TIMES EQU 50

DATA DB TIMES DUP（?）

上述两个语句实际等效于这样一条语句：DATA DB 50 DUP（?）

② PURGE 伪指令用来释放由 EQU 伪指令定义的变量，这样这些变量就可以被重新定义。

如 PURGE TIME

TIME EQU 100

用 EQU 伪指令定义的变量值在程序运行过程中不能改变，若要改变这些变量的值必须先由 PURGE 伪指令释放，再重新定义。

③“＝”伪指令也可给变量赋值。使用“＝”伪指令定义的变量值不用释放就可重新定义。

一般格式：标识符 ＝ 表达式

如 COUNT＝100

DATA DB COUNT DUP（?）；相当于 DATA DB 100 DUP（?）

COUNT＝20

SUM＝COUNT×2 ；SUM 的值是 40

3.2.3 段定义伪指令 SEGMENT 和 ENDS

一个完整的汇编语言源程序通常由几个段组成，如堆栈段、数据段和代码段等。每一段均需用段定义伪指令进行定义，以便汇编程序在生成目标代码和连接时进行区别并将各同名段进行组合。

段定义由两条伪指令配合完成。

一般格式：段名 SEGMENT ［定位类型］［组合类型］［类别］

段名 ENDS

SEGMENT 和 ENDS 应成对使用，缺一不可，它们之前的段名应保持一致。SEGMENT 表示一段的开始，ENDS 则表示一段的结束。

伪指令各部分书写规定如下。

① 段名 段名是用户给所定义的段所起的名称，段名不可省略。例如

```
DATA    SEGMENT
BUFF        DW      20DUP（?）
DATA        ENDS
```

［定位类型］［组合类型］［类别］是可选项，是赋予段名的属性，可以省略。

② 定位类型 定位类型表示该段起始地址位于何处，它可以是字节型（BYTE），表示段起始地址可位于任何地方；可以是字型（WORD），表示段起始地址必须位于偶地址，即地址码的最后一位是 0（二进制）；也可以是节型（PARA），表示段起始地址必须能被 16 除尽（一节为 16 个字节）；也可以是页型的（PAGE），表示段起始地址可被 256 除尽（一页为 256 个字节）；缺省时，定位类型默认为 PARA 型。

③ 组合类型 组合类型用于告诉连接程序，该段和其它段的组合关系。连接程序可以根据定义的组合类型将不同模块的同名段进行组合，如连接在一起或重叠在一起等。组合类型有以下几种。

NONE 表明本段与其它段逻辑上不发生关系，当组合类型项省略时，便默认为这一组合类型。

PUBLIC 表明该段与其它模块中用PUBLIC说明的同名段连接成一个逻辑段，程序运行时装入同一个物理段中，使用同一个段地址。

STACK 每个程序模块中，必须有一个堆栈段。因此，连接时，将具有STACK类型的同名段连接成一个大的堆栈，由各模块共享。运行时，SS和SP指向堆栈的开始位置。

COMMON 表明该段与其它模块中由COMMON说明的所有同名段连接时，被重叠放在一起，其长度是同名段中最长者的长度。这样可使不同模块的变量或标号使用同一个存储区域，便于模块间通信。

MEMORY 由MEMORY说明的段在连接时，被放在所装载程序的最后存储区（最高地址）。若几个段都有MEMORY组合类型，则连接程序以首先遇到的具有MEMORY组合类型的段为准，其它段则认为是COMMON型的。

AT表达式 表明该段的段地址是表达式所给定的值。这样，在程序中就可由用户直接来定义段地址。但这种方式不适用于代码段。

④ 类别 是用单引号括起来的字符串，以表明该段的类别，如代码段（CODE）、数据段（DATA）、堆栈段（STACK）等。当然也允许用户在类别中用其它的名，这样，连接程序在连接时便将同类别的段（但不一定同名）放在连续的存储区内。

上述的组合类型便于多个模块的连接。若程序仅有一个模块，即只包括代码段、数据段和堆栈段时，为了和其它段有区别，除了堆栈段可用STACK说明外，其它段的组合类型、类别均可省略。

3.2.4 段寄存器定义伪指令ASSUME

段寄存器定义伪指令ASSUME用来通知汇编程序，哪一个段寄存器是哪段的段寄存器，以便对源程序中使用变量或标号的指令汇编出正确的目标代码。

一般格式：ASSUME 段寄存器：段名 [，段寄存器：段名，……]

在段定义伪指令SEGMENT后，应紧接着加一条ASSUME伪指令，以便告诉汇编程序，相应段的段地址应存于哪一个段寄存器中。由于ASSUME伪指令只是指明某一个段地址应存于哪个段寄存器中，并没有包含将段地址送入该寄存器的操作（代码段除外），因此要将真实段地址装入段寄存器还需用汇编指令来实现。例如

```
DATA    SEGMENT
    AB  DB  12，45
DATA    ENGS
CODE  SEGMENT
    ASSUME    CS：CODE，DS：DATA   ；指定段寄存器
    MOV       AX，DATA          ；DATA段地址送AX
    MOV      DS，AX             ；本指令执行完之后，DS才有实际的数据段段地址
CODE ENDS
```

当程序运行时，由于DOS的装入程序负责把CS初始化成正确的代码段地址，SS初始化为正确的堆栈段地址，因此用户在程序中就不必设置。但是，在装入程序中DS寄存器由于被用作其它用途，因此，在用户程序中必须用两条指令对DS进行初始化，以装入用户的数据段地址。当使用附加段时，也要用MOV指令给ES赋段地址。

3.2.5 过程定义伪指令PROC和ENDP

在程序设计中，可将具有一定功能的程序段设计成一个过程或称子程序，它可以被别的程序调用（用CALL指令）。使用过程要求先定义，后使用。

一个过程由伪指令 PROC 和 ENDP 来定义，其格式为

```
过程名    PROC [类型]
           过程体
过程名    ENDP
```

其中过程名是用户为过程所起的名称，不能省略且前后要一致。过程的类型有两种：近过程（类型为 NEAR）和远过程（类型为 FAR）。前者表示段内调用，后者为段间调用。如果类型缺省，则该过程就默认为近过程。ENDP 表示过程结束。要求 PROC 和 ENDP 要配对使用。

请读者注意，过程体内至少应有一条 RET 指令，以便返回被调用处。过程可以嵌套，即一个过程可以调用另一个过程，过程也可以递归使用，即过程可以调用过程本身。

例如一个延时 100ms 的过程，可定义如下。

```
DELAY   PROC
        MOV        BL，10       ；循环延时 10ms
AGAIN：MOV    CX，2801
WAIT1：LOOP    WAIT1
        DEC    BL
        JNZ    AGAIN
        RET
DELAY   ENDP
```

上述过程为近过程，在接口程序中，常用于软件延时。改变 BL 和 CX 中的值即可改变延时时间。

远过程调用时，被调用过程必定不在本段内。例如，有两个程序段，其结构如下。

```
CODE1       SEGMENT
ASSUME      CS：CODE1
FARPROC     PROC  FAR ；定义一个远过程
            …
            RET
FARPROC     ENDP
CODE1       ENDS
CODE2       SEGMENT
ASSUME      CS：CODE2
NEARPROC  PROC   NEAR；定义一个近过程
            …
            RET
NEARPROC  ENDP
CALL      FARPROC   ；调用 FARPROC 过程
…
CALL      NEARPROC   ；调用 NEARPROC 过程
…
CODE2     ENDS
```

CODE1 段中的 FARPROC 过程被另一段 CODE2 调用，故为远过程；CODE2 段内的 NEARPROC 仅被本段调用，故为近过程。

值得注意的是，过程的定义和过程的调用是两个不同的概念，一个过程在定义时它并没

有被执行，只有执行了 CALL 指令去调用它时，过程才被真正执行。这里，用 PROC 和 ENDP 仅是定义一个过程，但是，一个过程如果没有被定义的话，它是不能被调用的。记住，使用过程一定要先定义，后调用。

3.2.6 宏指令

在用汇编语言书写的源程序中，若有的程序段要多次使用，为了简化程序书写，该程序段可以用一条宏指令来代替，而汇编程序汇编到该宏指令时，仍会产生源程序所需的代码。与过程类似，使用宏指令要求先定义，后引用。

定义宏指令的一般格式：宏指令名 MACRO [形式参数表]

```
                      宏体
                      ENDM
```

这里，宏指令名由用户定义，将来引用时就采用此名。[形式参数表] 可有可无，表中可以仅有一个参数，也可以有多个。在有多个形式参数的情况下，各参数之间应用逗号分开。要求 MACRO 和 ENDM 要配对使用。例如

```
SHIFT  MACRO
       MOV    CL，4
       SAL    AL，CL
ENDM
```

这样就定义了一条宏指令 SHIFT，它的功能是使 AL 中的内容左移 4 位。定义以后，凡是要使 AL 中内容左移 4 位的操作都可用一条宏指令 SHIFT 来代替。

```
如     MOV   AL，FIRST
       SHIFT  ；宏引用，将 FIRST 单元的内容左移 4 位
又如   SHIFTX   MACRO   X，Y  ；形式参数 X，Y
           MOV    CL，Y
           SAL    X，CL
ENDM
```

这样就定义了一条宏指令 SHIFTX，它的功能是使 X 中的内容左移 Y 位。引用时实参数与形式参数在顺序上要一一对应。

如　SHIFTX FIRST，2　；宏引用，将 FIRST 的内容左移 2 位

宏指令与过程有许多类似之处。它们都是一段相对独立的、完成某种功能的、可供调用的程序模块，定义后可多次调用。但在形成目标代码时，过程只形成一段目标代码，调用时就转去执行一次。而宏指令是将形成的目标代码插到主程序引用的地方，引用几次形成几次目标代码。因此，前者占内存少，但执行速度稍慢；后者刚好相反。

3.2.7 定位伪指令 ORG

ORG 伪指令规定了在当前段内程序或数据代码存放的起始偏移地址。

一般格式：ORG [表达式]

功能：用语句中表达式的值作为起始偏移地址，在此后的程序或数据代码将连续存放，除非遇到另一个新的 ORG 语句。例如

```
DATA    SEGMENT
BUFF1   DB  23，56H，‘EOF’
  ORG   2000H
BUFF2   DB‘STRING’
DATA    ENDS
```

上述变量定义中，BUFF1 从 DATA 段偏移地址为 0 的单元开始存放；而 BUFF2 则从

DATA段偏移地址为2000H的单元开始存放，两者不是连续存放。

3.2.8 汇编结束伪指令END

一般格式：END [表达式]

功能：表示源程序的结束，令汇编程序停止汇编。其中表达式表示该汇编程序的启动地址，一般情况下，是本程序的第一条可执行指令的标号。

例如 END START ；汇编结束，该程序的启动地址为START标号指向的位置，要求任何一个完整的汇编源程序均应在源程序的最后有END伪指令

3.3 汇编程序设计

一个完整的汇编语言源程序通常由若干段组成，其中，程序存放在代码段，原始数据与结果数据等存放在数据段，需要时还要定义堆栈段和附加段。为了使汇编程序能正常进行汇编，要求用户书写的源程序符合一定的格式。

一般来讲，一个汇编语言源程序的结构框架如下

```
DATA    SEGMENT                              ;
        …                                    ;    定义数据
        DATA   ENDS
CODE   EGMENT
  ASSUME  CS：CODE，DS：DATA                 ；定义段寄存器
ABC     PROC
        …                                    ;    定义过程
ABC     ENDP
FID     MICRO
        …                                    ;    定义宏指令
        ENDM
BEGIN：MOV   AX，DATA
        MOV  DS，AX                          ；给DS赋初值
        …                                    ;      编写的程序
        MOV  AH，4CH
        INT 21H                              ；返回DOS
CODE    ENDS
        END     BEGIN
```

上述结构框架中，各标识符均由用户自己指定。其中，代码段必不可少，其它各部分根据需要可有可无。如果要用到堆栈段和附加段，同样要定义段寄存器并为SS和ES赋初值。

从程序设计的角度来看，汇编语言编写的程序与高级语言编写的程序类似，也可分为顺序程序、分支程序、循环程序和子程序。但是，在如何选择使用指令方面，编写汇编语言程序又有着很大的灵活性和技巧性，相同的工作可以使用不同的指令来完成。因此，要想设计出满意的程序，就需要我们去反复思考，认真比较，不断优化调整。下面，我们就分别介绍如何设计这四种不同结构的程序。

3.3.1 顺序程序设计

顺序程序是没有分支、没有循环的直线运行程序，程序的执行按照IP内容自动增加的顺序进行，不带任何逻辑判断，也不包含重复执行的循环部分，程序走向单一。顺序程序虽然单独使用的较少，但往往作为子程序或程序的某一段使用，也是进行程序设计的基本功。

例1 已知0~9的平方值连续存在以SQTAB开始的存储区域中，编程求SUR单元内

容 X 的平方值，并放在 DIS 单元中。假定 $0\leqslant X\leqslant 9$ 且为整数。

分析　这是一个查表问题。解这个问题，关键在两方面：①找到平方表的首地址；②根据 X 的值，找到对应的 X^2 在表中的位置，该位置我们可以由表的首地址加上 X 单元的内容得到，然后，通过传送指令取出相应内容即可。

程序如下。

```
DATA      SEGMENT
          SUR DB ?
          DIS DB ?
          SQTAB  DB 0, 1, 4, 9, 16, 25, 36, 49, 64, 81
DATA      ENDS
CODE      SEGMENT
          ASSUME  CS: CODE, DS: DATA
BEGIN: MOV     AX, DATA
          MOV     DS, AX          ; 给 DS 赋初值
          LEA     BX, SQTAB       ; 设置地址指针，指向平方表的首地址
          MOV     AH, 0
          MOV     AL, SUR         ; 取 SUR 单元的值送 AL
          ADD     BX, AX          ; 找到相应平方值在表中的位置
          MOV     AL, [BX]        ; 取出相应平方值
          MOV     DIS, AL         ; 结果送 DIS 单元
          MOV     AH, 4CH
          INT     21H             ; 返回 DOS
CODE      ENDS
          END     BEGIN
```

上述程序中间一段也可以用查表指令实现，程序如下。

```
LEA     BX, SQTAB       ; 取表头
MOV     AL, SUR         ; 要查的值送 AL
XLAT                    ; 实现查表，结果在 AL 中
MOV     DIS, AL         ; 送结果至 DIS 单元
```

例 2　已知 $Z=(X+Y)-(W+Z)$，其中 X、Y、Z、W 均为用压缩 BCD 码表示的十进制数，写出计算 Z 的程序。

分析　这也是一种典型的顺序程序，但要注意的是，对用 BCD 码表示的数相加、相减后，要进行相应的十进制调整。

程序如下。

```
MOV     AL, Z
MOV     BL, W
ADD     AL, BL          ; AL=W+Z
DAA                     ; 进行十进制调整
MOV     BL, AL          ; 暂时保存
MOV     AL, X
MOV     DL, Y
ADD     AL, DL          ; AL=X+Y
DAA                     ; 进行十进制调整
```

```
SUB     AL, BL          ; AL=(X+Y)-(Z+W)
DAS                     ; 进行十进制调整
MOV     Z, AL           ; 结果送 Z
```

3.3.2 分支程序设计

如果在程序执行的过程中要进行某种条件判断，根据判断的结果来决定所做的动作，这样就出现了分支结构。

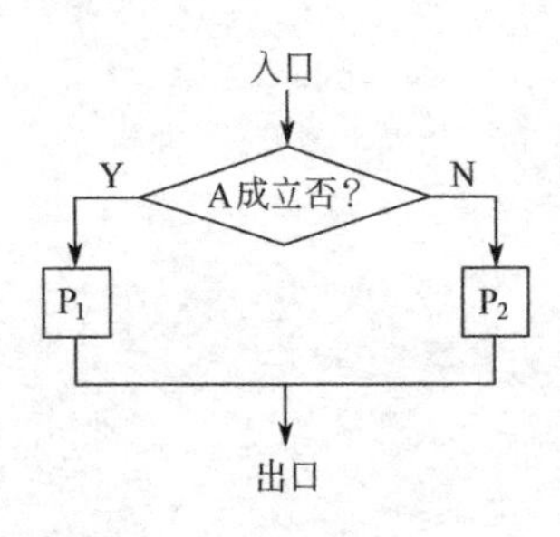

图 3-4 分支程序示意

分支程序的执行流程如图 3-4 所示，首先进行逻辑判断，若条件 A 成立，则执行程序段 P_1；否则执行程序段 P_2，由此形成程序的分支。一般情况下，程序段 P_1 和 P_2 是择一执行而不同时执行的，为此，在进行分支程序设计时，要注意在适当的地方增加必要的转移指令。

例 3 试编写程序段，实现符号函数。变量 X 的符号函数可表示为

$$Y=\begin{cases}1, & X>0\\ 0, & X=0\\ -1, & X<0\end{cases}$$

分析 这是一个典型的分支结构。一次条件判别可以形成两个分支，要形成三个分支，需要进行两次条件判别。

首先判别 X 是否等于 0，如果不等于 0，再判别是否大于 0。

程序如下

```
DATA      SEGMENT
          X    DW   ?
          Y    DW   ?
DATA      ENDS
CODE      SEGMENT
          ASSUME  CS: CODE, DS: DATA
BEGIN:    MOV     AX, DATA
          MOV     DS, AX         ; 给 DS 赋初值
          MOV     AX, X          ; 取原始数据
          CMP     AX, 0          ; 判别是 0 吗?
          JZ      ZERO           ; 是 0 则转移到 ZERO 标号处执行
          JNS     PLUS           ; 不是 0，则进一步判别，是正数则转移到 PLUS 标
                                   号处执行
          MOV BX, -1             ; 否则就是负数，-1 送 BX
          JMP  CONT1             ; 转向存放结果
ZERO:     MOV BX, 0              ; 是 0，0 送 BX
          JMP  CONT1             ; 转向存放结果
PLUS:     MOV BX, 1              ; 是正数，1 送 BX
CONT1:    MOV   Y, BX            ; 存放结果
          MOV  AH, 4CH
          INT  21H               ; 返回 DOS
CODE      ENDS
          END    BEGIN
```

提醒大家思考：在这个程序中，如果缺少 JMP CONT1 这两条指令，会出现什么结果？

例 4 将内存数据区中从 STR1 开始的字节数据块传送到 STR2 指示的另一区域中，数据块长度由 STRCOUNT 指示。

分析 首先要判别源数据块与目的数据块地址之间有没有重叠。若没有地址重叠，则可直接用串操作实现；若地址有重叠，则还要再判断源地址＋数据块长度是否小于目的地址，若是，则可按地址增量方式进行，否则要修改指针指向数据块底部，采用地址减量方式传送。

程序如下。

```
DATA        SEGMENT
STR         DB    1000 DUP (?)
STR1        EQU     STR              ；定义源数据块首地址
STR2        EQU     STR+25           ；定义目的数据块首地址
STRCOUNT    DB  ?                    ；定义数据块长度
DATA        ENDS
CODE        SEGMENT
            ASSUME CS：CODE，DS：DATA，ES：DATA
GOO         PROC    FAR
START：     PUSH    DS
            SUB     AX，AX
            PUSH    AX                       ；返回 DOS
            MOV     AX，DATA
            MOV     DS，AX
            MOV     ES，AX
            MOV     CX，STRCOUNT             ；送数据长度
            MOV     SI，STR1                 ；设置源数据指针
            MOV     DI，STR2                 ；设置目的数据指针
            CLD                              ；DF=0，增量修改地址指针
            PUSH    SI                       ；保护 SI
            ADD     SI，STRCOUNT-1
            CMP     SI，DI                   ；判断源地址加数据块长度是否小于目
                                              的地址
            POP     SI                       ；恢复 SI
            JL      OK                       ；小于目的地址，转移
            STD                              ；DF=1，减量修改地址指针
            ADD     SI，STRCOUNT-1           ；修改指针指向数据块底部
            ADD     DI，STRCOUNT-1           ；修改指针指向数据块底部
OK：        REP     MOVSB                    ；块传送
            RET
GOO         ENDP
CODE        ENDS
            END     START
```

3.3.3 循环程序设计

在实际应用中，往往要求某个有规律的操作重复执行多次，这时候就可利用循环程序结

构来减少源程序的长度，缩短目标代码的字节数。

循环程序是经常遇到的程序结构，一个循环结构通常由以下几个部分组成。

① 循环初始化部分。在循环初始化部分，一般要进行地址指针、循环次数及某标志的设置，相关寄存器的清零等操作。只有正确地进行了初始化设置，循环程序才能正确运行，及时停止。

② 循环体。循环体是要求重复执行的程序段部分，对应于要求重复执行的有规律的操作。

③ 循环控制部分。程序的运行每进行一次循环，由该部分修改循环次数并判断控制循环的条件是否满足，以决定是继续循环执行循环体内的程序段还是退出循环。

④ 循环结束部分。循环程序执行完毕之后，可用循环结束部分来进行循环的后续处理，如保存循环运行结果等。

循环程序有两种结构形式，一种是 DO-UNTIL 结构，另一种是 DO-WHILE 结构。前者是在执行循环体之后，再判断循环控制条件是否满足，若满足条件，则继续执行循环操作，否则退出循环，如图 3-5(a) 所示。而后者则是把循环控制部分放在循环体的前面，先判断执行循环体的条件，满足条件就执行循环体，否则就退出循环，如图 3-5(b) 所示。这两种结构可根据具体情况选择使用，由上述示意图可以看出，DO-WHILE 结构的循环程序，其循环体有可能并不执行，而 DO-UNTIL 循环程序的循环体至少必须执行一次。

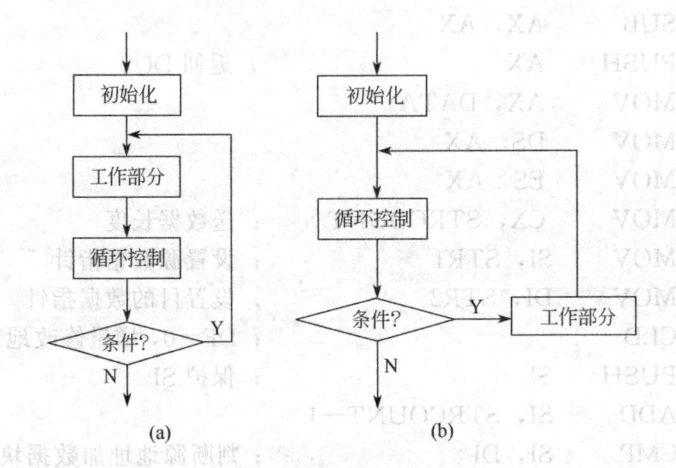

图 3-5 循环结构示意

需要强调的是，循环程序要解决的是一类有规律的重复操作，因此，在设计循环程序时，要花大力气找出重复工作的规律来，同时，又要解决如何实现这样既重复又有规律的操作。为此，在循环程序的循环体中，往往有一些修改某个变量值的指令，通过这样的动作，使得每次执行循环体时，虽然执行的指令相同，但是执行的结果却不同。另外，在循环程序中，用以控制循环的条件也是多种多样的，其选择也很灵活，可以是循环的次数，也可以是问题中的一些条件，都需要我们分析比较，尽量采用一种效率高的方法来实现。

下面通过一些典型例题说明循环程序的一般设计方法。

例 5 将内存数据段从 TABLE 开始的连续 100 个单元中依次写入 0AAH，然后逐个读出进行检查，若发现有错，则置 Flag=1，反之，置 Flag=0。试编写程序。

分析 首先设置地址指针，通过循环往指定存储区重复写入 0AAH。然后，再通过循环逐个读出与 0AAH 进行判别，如果发现有错，则退出循环，在 Flag 单元置 1；如果直到循环结束都没有发现有错，就说明全对，在 Flag 单元置 0。

```
MY-DATA     SEGMENT
    TABLE   DB   100 DUP (?)
    FLAG   DB   ?
MY-DATA  ENDS
CODE  SEGMENT
   ASSUME  CS: CODE, DS: MY-DATA
BEGIN:      MOV    AX, MY-DATA
            MOV    DS, AX
            LEA     BX, TABLE                       ; 设置地址指针
            MOV     CX, 100                         ; 设置循环次数
AGAIN:      MOV   BYTE PTR [BX], 0AAH               ; 写入数据
            INC     BX                              ; 修改地址指针，以便指向下一
                                                      个数
            LOOP   AGAIN                            ; 控制循环
            LEA     BX, TABLE                       ; 重新设置地址指针
            MOV    CX, 100                          ; 重新设置循环次数
AGAIN1:     CMP   BYTE   PTR [BX], 0AAH             ; 进行比较
            JNE    ERR                              ; 不相等，转向 ERR
            INC     BX                              ; 相等，修改地址指针，以便指
                                                      向下一个数
            LOOP   AGAIN1                           ; 控制循环
            MOV   FLAG, 0                           ; 全对
            JMP   DONE                              ; 转向结束
 ERR:       MOV   FLAG, 1                           ; 有错
DONE:       MOV     AX, 4C00H
            INT    21H
CODE:       ENDS
            END    BEGIN
```

上述两个循环也可以合成一个来做，留给大家思考。

例 6 设内存数据段从 BUFF 开始的单元中依次存放着 30 个 8 位无符号数，求它们的和并放在 SUM 单元中，试编写程序。

分析 这是一个求累加和的程序。为此，我们要设置一个地址指针，初值指向 BUFF，另外要设置一个存放累加和的寄存器，初值设置为 0。这里，重复性的工作是累加和＋ X→累加和，每完成一次累加，要修改地址指针，以便指向下一个数。循环控制次数为 30。

程序如下。

```
MY-DATA   SEGMENT
      BUFF  DB   12, 34, 0,…, 68
      SUM   DW ?
MY-DATA   ENDS
CODE   SEGMENT
   ASSUME   CS: CODE, DS: MY-DATA
BEGIN:       MOV     AX, MY-DATA
```

```
            MOV    DS, AX
            LEA    SI, BUFF        ；设置地址指针
            MOV    CX, 30          ；设置循环次数
            XOR    AX, AX          ；设置累加和初值，30个8位数相加和可能
                                     超出8位
AGAIN:      ADD    AL, [SI]        ；实现8位数累加
            ADC    AH, 0           ；如有进位加在高8位中
            INC    SI              ；修改地址指针，以便指向下一个数
            LOOP   AGAIN           ；控制循环
            MOV    SUM, AX         ；保存结果
            MOV    AX, 4C00H
            INT    21H
 CODE       ENDS
            END    BEGIN
```

下面的程序段也可以完成以上循环部分的工作。

```
        MOV SI, 0                ；设置地址指针的偏移量
        MOV  CX, 30
        XOR  AX, AX
AGAIN:  ADD  AL, BUFF [SI]       ；实现8位数累加
        ADC  AH, 0
        INC  SI                  ；修改地址指针的偏移量，以便指向下一个数
        DEC CX
        JNZ  AGAIN               ；控制循环
```

这时，我们在地址指针的设置以及循环控制方法上作了一些改进，采用变址寻址来确定操作数，采用条件判别来控制循环。这几种方法都是编写循环程序的常用方法。

例7 已知有一组字数据，存放在数据段ARRAY开始的存区，数据个数由COUNT变量的值指示，编写程序段找出其中的最大数，存放在MAX中。

分析 这是一个寻找最大元的程序，相应算法也可用于寻找最小元。

假设有 N 个数据 a_1、a_2、…、a_n，设置一个工作单元T，首先把 a_1 放入T，然后进入循环。重复性的工作是：把T与 a_i 做比较，若T小，则将 a_i 送入T中，若T大，则不送，然后修改地址指针与下一个数比较。这种工作一直做到全部数据都比较完为止（共进行 $N-1$ 次）。这时，T中就是所有数据中最大的一个。

程序如下

```
      MOV  BX, OFFSET ARRAY  ；设置地址指针
      MOV   CX, COUNT-1      ；设置循环次数
      MOV  AX, [BX]          ；取第一个字数据送AX
      INC  BX
      INC  BX                ；修改地址指针，因为是字数据要占两个单元
NEXT: CMP   AX, [BX]         ；与下一个数相比较
      JAE  LL                ；大于等于则转移
      MOV   AX, [BX]         ；小于，修改AX的值
LL:   INC  BX
      INC  BX                ；修改地址指针
```

```
        LOOP   NEXT                     ；控制循环
        MOV   MAX，AX                   ；保存结果
```

如果要求寻找最小元，程序该怎样修改？大家还可以进一步思考：如何同时寻找最大元和最小元？

例 8 已知数据段定义如下。

```
DATA      SEGMENT
  BUFF   DW X1，X2，X3，…，Xn
  COUNT   EQU   $－BUFF
  PLUS   DB  ?
  ZERO   DB  ?
  MINUS   DB   ?
DATA   ENDS
```

要求在上述给定个数的 16 位数据串中，找出大于零、等于零和小于零的数据个数，并紧跟着原串存放在 PLUS、ZERO 和 MINUS 单元中。

分析 这是一个典型的统计工作。此时，我们要设立 3 个计数器，分别用来存放统计出的大于零、等于零和小于零的数据个数，这些计数器的初值均送 0。

循环体是一个分支结构，按照地址指针的值取出一个数，经两次判别，区分出该数是大于零、等于零还是小于零，并分别在相应的计数器中进行统计即做加 1 的操作。

程序如下。

```
DATA   SEGMENT
  BUFF   DW    X1，X2，X3，…，Xn
  COUNT   EQU   $－BUFF ；COUNT 的值是 BUFF 缓冲区所占的单元数
  PLUS   DB  ?
  ZERO   DB  ?
  MINUS   DB   ?
DATA   ENDS
CODE   SEGMENT
ASSUME      CS：CODE，DS：DATA
BEGIN：MOV   AX，DATA
        MOV   DS，AX
        MOV   CX，COUNT     ；CX 的值是数据所占的单元数，每个数据占用两个
        SHR   CX，1         ；存储单元，右移相当于除以 2，刚好等于原始数据的个数
        MOV   DX，0         ；计数器赋初值
        MOV   AX，0         ；计数器赋初值
        LEA   BX，BUFF      ；设地址指针
AGAIN：CMP   WORD  PTR [BX]，0
        JGE   PLU           ；≥0，转移
        INC   AH            ；<0，在计数器中进行统计
        JMP   NEXT
PLU：   JZ    ZER           ；＝0，转移
        INC   DL            ；>0，在计数器中进行统计
        JMP   NEXT
ZER：   INC   DH            ；＝0，在计数器中进行统计
```

```
NEXT： INC   BX
       INC   BX            ；修改的地址指针
       LOOP AGAIN          ；控制循环
       MOV  PLUS，DL       ；送统计结果
       MOV  ZERO，DH
       MOV  MINUS，AH
       MOV  AX，4C00H
       INT        21H
CODE   ENDS
       END  BEGIN
```

例 9 利用转移地址表实现分支。这类程序在处理输入输出时会经常使用。

要求 根据从 PORT 口输入的数据各位被置位情况，控制转移到 8 个程序段 $P_1 \sim P_8$ 之一去执行，即 D_0 为 1 则转向 P_1 执行，D_1 为 1 则转向 P_2 执行等。转移地址表的结构如表 3-2 所示，流程图见图 3-6。

表 3-2 程序段 $P_1 \sim P_8$ 的入口地址表

SR0	程序段 P_1 的入口偏移地址
SR1	程序段 P_2 的入口偏移地址
SR2	程序段 P_3 的入口偏移地址
⋮	⋮
SR6	程序段 P_7 的入口偏移地址
SR7	程序段 P_8 的入口偏移地址

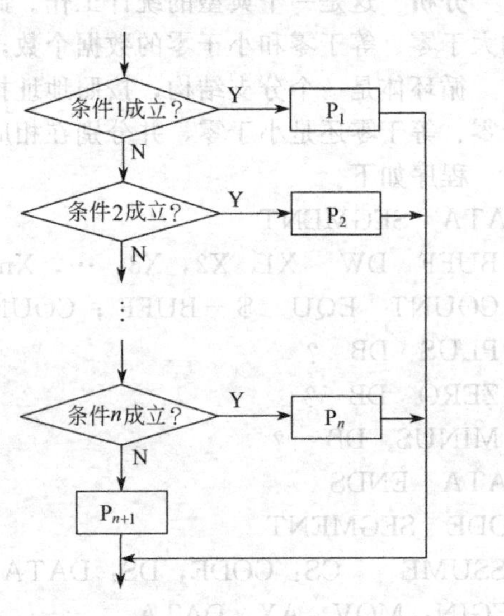

图 3-6 散转分支示意

分析 这种多分支结构也称为散转。对于这种程序的关键要找出每种情况的转移地址，从表 3-2 的结构可以看出

转移地址所在位置的偏移地址＝表基地址＋偏移量 i

而偏移量 i 可由输入的各位所在位置×2 求得（因为每个转移地址的偏移地址是 16 位，要占用两个存储单元），例如，D_0 位为 1 时，偏移量 i 为 0；D_1 位为 1 时，偏移量 i 为 2，依此类推。这样，我们从最低位开始判别，每次通过×2 来修改偏移量 i，最后通过变址寻址方式实现转移即可。

具体程序如下。

```
DATA     SEGMENT
  BASE     DW  SR0，SR1，SR2，SR3，SR4，
               SR5，SR6，SR7
  PORT     EQU   0FFH；定义口地址
DATA   ENDS
```

```
CODE   SEGMENT
  ASSUME  CS: CODE, DS: DATA
BEGIN:   MOV    AX, DATA
         MOV    DS, AX
         MOV    BX, 0                       ; 偏移量i初值为0
         IN     AL, PORT                    ; 输入数据
GETBI:   ROR    AL, 1                       ; 右移,判别最低位是否1
         JC     GETAD                       ; 是1则控制转移
         CMP    BX, 0
         JNZ    YIWEI
         MOV    BX, 1                       ; 设置×2运算的初值
YIWEI:   SHL    BX                          ; 偏移量i×2
         JMP    GETBI                       ; 控制循环判断下一位
GETAD:  JMP    WORD  PTR BASE [BX]          ; 实行散转
P1:             …
P2:             …
                …
P8:             …
       MOV   AH, 4CH
       INT   21H
CODE   ENDS
       END   BEGIN
```

根据跳转表构成方法不同，实现分支的方法也有所改变，下面有几个问题希望大家思考。

① 若跳转表地址由段地址和偏移地址四个字节构成，程序应如何实现？

② 若跳转表中的内容由JMP OPRD指令构成，表的结构应如何组织、程序如何实现？

③ 上述程序中若不用跳转表间接跳转，而改为通过寄存器间接跳转，程序如何变动？

例10 阅读下列程序，指出该程序完成了什么工作。

```
DATA     SEGMENT
   ORG      1000H
  ADDR     DW      ?
  COUNT     DW      ?
DATA   ENDS
PROGRAM   SEGMENT
  ASSUME        CS: PROGRAM, DS: DATA
  START:  MOV    AX, DATA
          MOV    DS, AX
          MOV    CX, 0
          MOV    AX, ADDR
  REPEAT: TEST   AX, 0FFFFH
          JZ     EXIT
          SHR    AX, 1
          JNC    NEXT
```

```
            INC    CX
  NEXT:     JMP    REPEAT
  EXIT:     MOV    COUNT，CX
            MOV    AX，4C00H
            INT    21H
PROGRAM     ENDS
            END    START
```

该程序的功能是：统计在数据段1000H（ADDR）单元开始存放的16位数据中1的个数，并将统计结果存入COUNT单元中。

本题采用的方法是：每次进入循环先判断结果是否为0，若为0，则结束；否则循环统计。而不是控制做16次循环，每次将最低位移入CF中进行测试并统计。大家可以思考，这两种方式除了程序结构不同以外，还有什么不同？

例11 要求从0FFH端口输入一组100个字符，若该字符是数字，则转换成数值后以非压缩BCD码的形式存放在以DATA开始的存区，并统计输入的数字的个数，存放在NUM单元中。

分析 首先，如何确定输入的是数字？这时需要判别：'0'⩽X⩽'9'。然后考虑如何将ASCII码转换成非压缩BCD码？有以下两种方法可以选用。

X AND 0FH 或 X－30H

程序如下。

```
MY-DATA     SEGMENT
  DATA      DB     100 DUP（?）
  NUM       DB         ?
MY-DATA     ENDS
MY-PROG   SEGMENT
ASSUME  CS：MY-PROG，DS：MY-DATA
START：  MOV  AX，MY-DATA
         MOV  DS，AX
         MOV  CX，100
         MOV  DH，0              ；计数器送初值
         LEA  DI，DATA
AGAIN：  IN   AL，0FFH
         CMP  AL，'0'            ；
         JB   NEXT               ；小于'0'，不是数字转移
         CMP  AL，'9'            ；大于等于'0'，再与'9'比较
         JA   NEXT               ；大于'9'，不是数字转移
         SUB  AL，'0'            ；确定是数字，求相应的非压缩BCD码
         MOV  [DI]，AL           ；存入缓冲区（* *）
         INC  DH                 ；进行统计
         INC  DI
NEXT：   LOOP AGAIN
         MOV  NUM，DH             ；送统计结果
         MOV  AX，4C00H
         INT    21H
```

```
MY-PROG  ENDS
         END    START
```

若本题又要求将 DATA 中存放的数字在 LED 显示器（共阴极）上显示输出（口地址为 0AAH），程序可作如下修改。

在数据段中增加显示代码表

```
BCD-LED  DB  40H，79H，24H，30H，…，10H ；分别对应 0～9 的 LED 显示代码
```

在代码段循环体中将非压缩 BCD 码存入缓冲区后（见 * * 处），增加如下程序段

```
LEA      BX，BCD-LED      ；转换表的表头送 BX
XLAT                      ；查表转换
OUT 0AAH，AL              ；显示输出
```

思考：

① 若题目没有明确告知输入的字符个数，仅以‘＄’表示输入结束，程序如何修改？

② 若题目要求以压缩 BCD 码形式存放，程序又该如何修改？

在实际应用中，有些问题较复杂，一重循环不够用，必须使用多重循环实现，这些循环是一层套一层的，外层称为外循环，内层称为内循环。典型的应用是在延时程序中。

例 12 软件延时程序

```
DELAY    PROC
TIME：   MOV     DX，3FFH
TIME1：  MOV     AX，0FFFFH
TIME2：  DEC     AX
         NOP
         JNZ     TIME2
         DEC     DX
         JNZ     TIME1
         DEC     BX
         JNZ     TIME
         RET
DELAY    ENDP
```

通过执行这个程序所需的时间达到延时的目的。注意：这里 BX 是入口参数，可由 BX 控制延时时间。如：假定 DELAY 是延时 100ms 的程序，则延时 10s 的程序可写为

```
    MOV     BX，100
    CALL    DELAY     ；延时 10 秒
```

例 13 在数据段从 BUFFER 开始顺序存放着 100 个无符号 16 位数，现要编写程序将这 100 个字数据从大到小排序。

分析 实现排序的方法有许多，我们以冒泡法为例来实现。算法如下。

假设有 N 个数据：a_1、a_2、…、a_n。每次固定从第一个数据开始，依次进行相邻数据的比较，如发现前面的数据小，就进行数据交换，直到比完为止。这样，就选出了一个当前最小的数据并存放在数组的最后。下一次仍从第一个数据开始比较，但比较次数减 1。这种比较一共进行 $N-1$ 轮，而每次比较的次数则从 $N-1$ 依次递减到 1。这样，就完成了 a_1、a_2、…、a_n 从大到小的排序。

程序段如下。

```
        LEA     DI，BUFFER      ；设地址指针
        MOV     BL，99          ；设比较次数
```

```
NEXT0: MOV  SI, DI        ; 每轮固定从第一个数据开始
       MOV  CL, BL        ; 进入一轮比较
NEXT3: MOV  AX, [SI]      ; 取一个数
       ADD  SI, 2         ; 修改地址指针，因为是字数据，因此要加2
                          ; 修改
       CMP  AX, [SI]      ; 与下一个数比较
       JNC  NEXT5         ; 大于等于时不交换
       MOV  DX, [SI]      ; 小于时进行交换
       MOV  [SI-2], DX
       MOV  [SI], AX
NEXT5: DEC  CL            ; 比较次数减1
       JNZ  NEXT3         ; 没比完则循环
       DEC  BL            ; 比完了，进入下一轮
       JNZ  NEXT0
       HLT
```

3.3.4 子程序设计

子程序是程序设计中经常使用的程序结构，通过把一些固定的、经常使用的功能做成子程序的形式，可以使源程序及目标程序大大缩短，提高程序设计的效率和可靠性。在8086/8088系统中，子程序和过程的含义是一致的。

对于一个子程序，应该注意它有以下几方面的属性。

① 子程序的名称。每个子程序必须有一个标识符作为它的名称，子程序的名称是被调用的凭证及子程序之间相互区别的依据，汇编后，它表示该子程序的第一条指令代码的第一个字节的地址。

② 子程序的功能。

③ 子程序的入口参数和出口参数。入口参数是由主程序传给子程序的参数，而出口参数是子程序运算完传给主程序的结果。主、子程序之间正是有了这样的数据传递，才使得每次调用会有不同的结果。

④ 子程序所使用的寄存器和存储单元。为了避免与主程序使用上的冲突，在子程序中使用的寄存器和存储单元往往需要保护，这样就可以保证返回主程序后，不影响主程序的运行。

正如前述，主程序与子程序之间有参数交换的问题，调用时，主程序有初始数据要传给子程序，返回时，子程序要将运行结果传给主程序。实现参数传递一般有三种方法。

① 利用寄存器。这是一种最常见的方法，也是效率最高的方法。如果寄存器的数量足够用的话，应首选此种方法。

② 利用数据段或附加段中的存储单元。这种参数传递的方法，要求事先把所需传递的参数定义在数据段或附加段中，这样，主、子程序均可对其进行操作，从而实现它们之间的数据交换。

③ 利用堆栈。这种方法要在调用前将参数压入堆栈，在子程序运行时从堆栈中取出参数，返回主程序时一般要使用RET N指令，其中N是传递的参数数量。特别要提醒的是，使用该方法必须对堆栈结构非常清楚，了解参数存放的确切位置才能正确运行，否则会出现无法预料的问题。

下面我们通过实例说明子程序设计及参数传递方法。

例14　用子程序的方法实现两个六字节数相加。原始数据分别存放在ADD1和ADD2

开始的存区，结果存放在 SUM 单元。

分析 子程序功能：完成一个字节数的加法。要求：入口参数 SI、DI 分别指向源操作数，BX 指向存放结果的单元。

主程序调用六次子程序。程序如下。

```
DATA        SEGMENT
    ADD1        DB      FEH，86H，7CH，35H，68H，77H
    ADD2        DB      45H，BCH，7DH，6AH，87H，90H
    SUM         DB      6 DUP (0)
    COUNT       DB      6
DATA        ENDS
CODE        SEGMENT
    ASSUME    CS：CODE，DS：DATA
    ；入口参数：SI，DI，BX    出口参数：SI，DI，BX
SUBADD  PROC                        ；定义过程，完成一个字节相加
        MOV     AL，[SI]            ；取一个字节
        ADC     AL，[DI]            ；因为是多字节加法，因此用 ADC 指令实现加法
        MOV     [BX]，AL            ；保存结果
        INC     SI                  ；修改指针
        INC     DI
        INC     BX
        RET                         ；返回主程序
SUBADD  ENDP
MADD：  MOV     AX，DATA
        MOV     DS，AX
        MOV     SI，OFFSET ADD1；设置地址指针
        MOV     DI，OFFSET ADD2
        MOV     BX，OFFSET SUM
        MOV     CX，COUNT
        CLC                         ；CF 置 0，为第一个 ADC 指令作准备
 AGAIN：CALL    SUBADD              ；调用过程
        LOOP    AGAIN
        MOV     AX，4C00H
        INT     21H
CODE    ENDS
        END   MADD
```

例 15 把数据段中的字变量 NUMBER 的值，转换为 4 个用 ASCII 码表示的 16 进制数码串，存放在 STRING 开始的存区。

分析 设计一个子程序，完成将 AL 中的 16 进制数转换成 ASCII 码，结果仍在 AL 中。转换公式如下。

如果 AL 中的数字是小于 10 的，则 AL+ ‘0’ 即可；对于大于 10 的数，要转换成字母。如果转换成小写字母的话，仅需 AL－10 ＋ ‘a’。如果要转换成大写字母，可以是 AL－10 ＋ ‘A’ 或者 AL+‘0’＋7（因为大写字母的 ASCII 码比数字的 ASCII 码大 7）。本题转换成小写字母。主程序只要从低位开始每次取出一位 16 进制数，调用子程序完成转

换后按次序保存结果即可。

程序如下。

```
DATA    SEGMENT
   NUMBER     DW     25AFH       ；定义原始数据
   STRING     DB     4 DUP（?）   ；保存转换后的 ASCII 码
DATA    ENDS
CODE    SEGMENT
   ASSUME    CS：CODE，DS：DATA
HEXD    PROC                     ；定义过程
        CMP      AL，10
        JB       ADDZ            ；<10，转移
        ADD      AL，'a' －10     ；≥10，转换成小写字母
        JMP      HUI
ADDZ：  ADD      AL，'0'          ；转换成 0～9 的 ASCII 码
 HUI：  RET
HEXD    ENDP
BEGIN： MOV      AX，DATA
        MOV      DS，AX
        LEA      DI，STRING＋3    ；从最低位开始转换并存放
        MOV      AX，NUMBER
        MOV      DX，AX
        MOV      CX，4           ；循环做 4 次
AGAIN： AND      AX，0FH          ；取 16 进制数据的最低位
        CALL     HEXD            ；调用子程序
        MOV      [DI]，AL         ；保存结果
        DEC   DI                 ；修改地址指针
        PUSH     CX              ；保存循环控制变量的值（因为移位指令中要
                                   用到 CL）
        MOV      CL，4            ；重新给 CL 赋值
        SHR      DX，CL           ；将 16 进制数据的下一位右移到最低 4 位，
        MOV      AX，DX
        POP      CX              ；恢复循环控制变量的值
        LOOP   AGAIN
        MOV   AH，4CH
        INT   21H
CODE    ENDS
        END      BEGIN
```

例 16 求数的阶乘。按照阶乘的定义：

$$n! = \begin{cases} n\times(n-1)! \\ 1 \end{cases}$$

分析 这是一个递归定义式，在程序设计时，采用子程序的递归调用形式。

程序如下。

```
DATA    SEGMENT
  NUM        DB  5
  FNUM        DW  ?
DATA        ENDS
CODE        SEGMENT
  ASSUME    CS: CODE, DS: DATA
FACTOR      PROC
            CMP     AX, 0
            JNZ     IIA
            MOV     AX, 1
            RET
IIA:        PUSH    AX
            DEC     AL
            CALL    FACTOR
            POP     CX
            MUL     CL
            RET
FACTOR      ENDP
BEGIN:      MOV     AX, DATA
            MOV     DS, AX
            MOV     AH, 0
            MOV     AL, NUM
            CALL    FACTOR
            MOV     FNUM, AX
            MOV     AX, 4C00H
            INT     21H
CODE        ENDS
            END     BEGIN
```

3.3.5 MASM与高级语言的接口

MASM可以与多种高级语言混合编程，一般来讲，在高级语言中使用汇编语言主要有以下几个原因。

① 为了提高程序某些关键部分的执行速度。

② 完成一些高级语言中难以实现的功能。

③ 使用已经开发的汇编语言模块。

由于不同的微处理器有不同的汇编指令，我们仅对通用的8086/8088/80286微处理器，并在MS-DOS操作系统下，汇编语言与Turbo C的接口进行介绍。另外，要实现这种接口，除了Turbo C系统外，还应有Microsoft公司出版的MASM4.0以上版本的宏汇编编译程序，以便编译汇编语言程序。

(1) Turbo C与汇编语言的接口方法

当Turbo C调用汇编语言程序时，汇编程序指令序列应当具备一定的顺序，该顺序可描述为：正文段描述；段模式；组描述；进栈；程序体；退栈；正文段结束。如果一组汇编程序不符合上面顺序，则Turbo C将不能对其进行调用，下面通过一个实例来说明Turbo C调用汇编语言的方法。

设有一个 Turbo C 程序从键盘上获得两个数，并将其传给汇编语言子程序 ASMTC. ASM 完成两个数相乘并返回乘积，然后在 Turbo C 程序中将结果显示在屏幕上。

先建立一个 Turbo C 主程序 EXAM3-1. C 如下。

```
include 〈stdio. h〉
int asmtc (int, int, long *);
main ()
{
int i, j;
long k;
printf (" Please input i, j = ?");
scanf ("%d,%d", &i, &j);
asmtc (i, j, &k);
printf (" the %d times %d is %ld \ n ", i, j, k);
getch ( );
} ;
```

其中 asmtc () 是调用汇编语言子程序的函数，该函数中包括三个参数，前两个为整型数，第三个为长整型数指针，可以通过三个参数的传递方法来弄清 Turbo C 与汇编语言的各种参数传递。

由上述 Turbo C 主程序调用的汇编语言 ASMTC. ASM 的子程序如下。

```
PUBLIC _asmtc
_TEXT   SEGMENT   BYTE   PUBLIC   'CODE'
DGROUP   GROUP _DATA, _BSS
_DATA   SEGMENT   WORD   PUBLIC 'DATA'
_DATA   ENDS
_BSS   SEGMENT   WORD   PUBLIC 'BSS'
_BSS   ENDS
ASSUME CS: _TEXT, DS: DOROUP, SS: DOROUP
_asmtc proc near
push    bp
mov     bp, sp
push    si
mov     ax, [bp+4]        /*得到第一个参数 i*/
mov     bx, [bp+6]        /*得到第二个参数 j*/
mul     bx                /*两数相乘*/
mov     si, [bp+8]        /*得到参数 k 的地址*/
mov     [si], ax          /*送乘积的低位两个字节*/
inc     si
inc     si
mov     [si], dx          /*送乘积的高位两个字节*/
pop     si
pop     bp
ret
_asmtc endp
```

```
_ TEXT ENDS
    END
```

其中有几个不同的段模式，汇编语言的段模式用于存放不同类型的数据或信息，在不同的 Turbo C 语言模式下，汇编语言的段模式是不同的。本书仅介绍常用的 Turbo C 小模式（small 模式）的情况。

TEXT 段是一个代码段，它以 _ TEXT SEGMENT BYTE PUBLIC ‘CODE’ 开始，以 _ TEXT ENDS 结束。DATA 段用来存放所有初始化了的全程数据和静态数据，它以 _ DATA SEGMENT WORD PUBLIC ‘DATA’ 开始，以 _ DATA ENDS 结束。BSS 段用来存放未初始化的静态数据，它以 _ BSS SEGMENT WORD PUBLIC ‘BSS’ 开始，以 _ BSS ENDS 结束。组描述是指将各段放在同一组中，这样允许通过用同一段寄存器访问一组里的各段。如 GROUP _ DATA，_ BSS。需要指出的是，在汇编语言中用 ASSUME 伪指令时，DS、SS 都应指向 DGROUP。

由 Turbo C 调用的汇编程序结构中还有一个问题就是参数传递。参数的传递包括两个方面，一个是从 Turbo C 语言程序中向汇编子模块传递参数，另一个是从汇编语言向 Turbo C 调用程序退回参数。Turbo C 程序向汇编程序的参数传递是通过栈操作进行的，先传递的参数被最后压入堆栈，最后一个进入堆栈的参数总是在内存的低端。Turbo C 不同类型的参数占用堆栈的字节数如表 3-3、表 3-4 所示。

表 3-3 数据类型占用堆栈字节数

数据类型	字节数	数据类型	字节数	数据类型	字节数
Char	2	Int	2	Float	4
Unsigned char	2	Unsigned int	2	Double	8
Short	2	Long	4	Near	2
Unsigned short	2	Unsigned long	4	Far	4

表 3-4 Turbo C 数据类型与汇编语言返回值对应关系

数据类型	返回值寄存器	数据类型	返回值寄存器
Char	AX	Float	高位字节在 DX 中，低位字节在 AX 中
Unsigned	AX	Double	值的地址在 AX 中
Int	AX	Struct&Union	值的地址在 AX 中
Unsigned	AX	Near	AX
Long	高位字节在 DX 中，低位字节在 AX 中	Far	DX 中为段地址，AX 中为偏移量
Unsigned	高位字节在 DX 中，低位字节在 AX 中		

（2）自动产生汇编语言的框架

Turbo C 提供了一种自动产生汇编语言框架的方法使用更加方便。下面举例说明。

首先用 Turbo C 写一个与调用汇编程序的函数名相同的空函数，如

```
asmtc ( )
{
}
```

给此函数取名 ASMTC. C（取名可以任意）并存起来，然后使用 tcc-S asmtc

进行编译，编译后自动生成一个名为 ASMTC. ASM 的文件，该文件的格式如下。

```
        ifndef ?? version
? debug     macro
        endm
```

```
        endif
        ? debug S "asmtc. c"
TEXT    segment  byte public "CODE"
DGROUP  group _DATA, _BSS
        Assume      cs: _TEXT, ds: DGROUP, ss: DGROUP
_TEXT   ends
_DATA   segment word public 'DATA'
d@      label byte
d@      label word
_DATA ends _
_BSS    segment word public 'BSS'
b@      label  byte
b@      label   word
? debugC E9797B9E180761736D74632E63
_BSS   ends
_TEXT  segment byte public 'CODE';   ? debug L 1
_asmtc proc near
@1:
;       ? debug L 3
        ret
_asmtc  endp
_TEXT  ends
        ? debug C E9
_DATA segment word public 'DATA'
s@      label byte
_DATA  ends
_TEXT  segment byte public 'CODE'
_TEXT  ends
       public _asmtc
       end
```

在这个框架式汇编语言程序中，向产生的汇编语言框架中“@1:”后插入汇编语言程序。程序应包括以下内容。

① 开始时将 BP 寄存器的内容保护入栈，再将栈指针 SP 送入 BP 中。

② 如汇编语言程序中还使用了其它寄存器，也需保护入栈。

③ 接收由主程序传递的参数。

④ 接下来才是实现具体功能的汇编程序。

用 TCC 命令的-S 选择项产生汇编语言框架的方法既方便又准确，因此作为推荐方法。

(3) 编译、连接、运行接口程序

编写了汇编语言程序和调用它的 Turbo C 主程序，接下来就是怎样将它们进行编译、连接成可执行文件。

① 用 MASM 宏汇编程序编译产生的汇编语言子程序，确保编译中无错误，编译后生成一个 . OBJ 的目标文件。上例产生的目标文件为 ASMTC. OBJ。

② 在 Turbo C 中建立一个项目文件，文件内容应包括要编译的 Turbo C 源文件名和汇

编语言目标文件名。上例建立了一个 EXAM. PRJ 的项目文件。

③ 将 Turbo C 集成开发环境中 Options/Linker/Case-sensitive link 开关置为 off。

④ 用 F9 编译连接，可生成一个可执行文件，上例生成的执行文件为 EXAM. EXE。

3.3.6 DOS 功能调用

大家知道，计算机通常由操作系统管理，操作系统为用户提供了使用各种系统资源的接口，用户不需要具体掌握这些接口的地址以及输入输出数据的格式，直接执行操作系统提供的命令即可。但是，在运行用户程序时，DOS 将操作权交给了用户程序，这时，用户程序需要与键盘、显示器等系统资源打交道时该怎么办呢？为此，DOS 将一些常用的与输入输出设备等相关的功能以子程序的形式提供给用户使用。这些程序是 DOS 系统的一部分，随着 DOS 系统驻留内存，并提供规定的接口格式供用户调用。这组功能调用涉及内容很多，我们仅介绍系统功能调用中常用的与基本输入输出相关的内容，其它功能可查阅相关书籍。

系统功能调用的步骤如下。

① 送入口参数；② 功能调用号送 AH；③ 执行 INT 21H；④ 保护出口参数。

其中，步骤①和④视具体情况可有可无，步骤②和③是必有的。

(1) 键盘输入（调用号：1）

功能：等待键盘输入，直到按下一个键。入口参数：无

出口参数：键入键的 ASCII 码放在 AL 中，并在屏幕当前光标处显示该键。

例如

```
MOV    AH，1
INT    21H
```

(2) 控制台输入但无显示（调用号：7）

功能：等待键盘输入，直到按下一个键。入口参数：无

出口参数：键入键的 ASCII 码放在 AL 中，但不在屏幕当前光标处显示该键。

该调用与 1 号调用的区别仅在输入字符不在显示器上显示。往往用于输入密码等。

(3) 字符串输入（调用号：10）

功能：等待从键盘输入一串字符到存储区的数据段，直到按下回车结束输入。

入口参数：DS：DX 指向键盘接收字符串缓冲区的首地址，该缓冲区的第一个字节是由用户设置的可输入字符串的最大字符数（含回车）。

出口参数：存放输入字符串缓冲区的第二个字节是实际输入的字符数（不含回车），实际输入的字符串从该缓冲区的第三个字节处开始存放。

例如

```
DATA   SEGMENT
BUF   DB   20，21   DUP (?)
DATA   ENDS
…
MOV   DX，OFFSET   BUFF
MOV   AH，10   ；接收键盘输入的字符串送 BUFF 缓冲区
INT    21H
```

(4) 字符输出（调用号：2）

功能：在屏幕的光标处显示单个字符。

入口参数：要显示字符的 ASCII 码放在 DL 中。出口参数：无。

例如

```
MOV    DL，'D'
MOV    AH，2H
INT    21H
```

(5) 字符串输出（调用号：9）

功能：在屏幕上当前光标处输出存储在内存数据段的一串字符串，该字符串以‘$’结束。

入口参数：DS：DX 指向欲显示字符串的首地址。出口参数：无。

```
例如    MOV    AH，09
        MOV    DX，OFFSET MESSAGE
        INT    21H ；将DS：DX所指缓冲区的字符串显示在屏幕上
```

（6）程序结束（调用号：4CH）

功能：返回 DOS。

入口参数：无。出口参数：无。

```
例如    MOV    AH，4CH
        INT    21H
```

例 17　在屏幕上显示 What's your name?，用户输入自己的名字###后显示：Welcome ###。

```
DATA    SEGMENT
  MEG  DB   'What's your name ?', 13, 10, '$'
   MEG1  DB   `Welcome $´
  BUF  DB  30, ? , 30 DUP (0) ；定义输入缓冲区
DATA  ENDS
CODE  SEGMENT
      ASSUME CS：CODE，DS：DATA
START：     MOV AX，DATA
            MOV  DS，AX
            LEA  DX，MEG
            MOV  AH，9
            INT  21H   ；显示提示信息 What's your name ?
            LEA  DX，BUF
            MOV  AH，10
            INT  21H          ；接收键盘输入姓名
            LEA  DX，MEG1
             MOV  AH，9
             INT  21H           ；显示欢迎信息 Welcome
             XOR  BH，BH
             MOV   BL，BUF+1
             MOV   [BX+BUF+2]，'$'    ；在输入的姓名之后加'$'
             LEA  DX，BUF+2            ；输出姓名
             MOV  AH，9
             INT  21H
             MOV  AH，4CH
             INT  21H
CODE    ENDS
             END    START
```

例 18　下面的程序要从键盘重复接收一字符送 BUFF 开始的缓冲区，直到接收到回车符 0DH 为止。补充完善程序。

```
DATA      SEGMENT
        BUFF  DB  128 DUP (0)
DATA      ENDS
CODE      SEGMENT
  ASSUME  CS: CODE, DS: DATA
START:     MOV AX, DATA
           MOV DS, AX
           ________
LOP:       ________
           INT 21H
           MOV [SI], AL
           ________
           ________
           JNE  LOP
           MOV  AH, 4CH
          INT  21H
CODE       ENDS
           END  START
```

习题与思考题

1. 下列语句在存储器中分别为变量分配多少字节空间？画出存储空间的分配图。

```
VAR1    DB    10, 2
VAR2    DW    5    DUP (?), 0
VAR3    DB    'HOW ARE YOU?', '$', 3 DUP (1, 2)
VAR4    DD    -1, 1, 0
```

2. 假定 VAR1 和 VAR2 为字变量，LAB 为标号，试指出下列指令的错误之处。

   (1) ADD VAR1, VAR2　　(2) SUB AL, VAR1
   (3) JMP LAB [CX]　　(4) JNZ VAR1
   (5) MOV [1000H], 100　　(6) SHL AL, 4

3. 对于下面的符号定义，指出下列指令的错误。

```
A1    DB?
A2    DB  10
K1    EQU    1024
```

   (1) MOV K1, AX　　(2) MOV A1, AX
   (3) CMP A1, A2　　(4) K1 EQU 2048

4. 数据定义语句如下所示：

```
FIRST    DB    90H, 5FH, 6EH, 69H
SECOND   DB    5 DUP (?)
THIRD    DB    5 DUP (?)
```

   由 FIRST 单元开始存放的是一个四字节的十六进制数（低位字节在前），要求：编一段程序将这个数逻辑左移两位后存放到自 SECOND 开始的单元，逻辑右移两位后存放到自 THIRD 开始的单元（注意保留移出部分）。

5. 在当前数据区从 400H 开始的 256 个单元中存放着一组数据，试编程序将它们顺序搬移到从 A000H 开始的顺序 256 个单元中。

6. 试编程序将当前数据区从 BUFF 开始的 4K 个单元中均写入 55H，并逐个单元读出比较，看写入的与读出的是否一致。若全对，则将 ERR 单元置 0H；如果有错，则将 ERR 单元置 FFH。

7. 在上题中，如果发现有错时，要求在 ERR 单元中存放出错的数据个数，程序该如何修改？
8. 试编写程序段，完成将数据区从 0100H 开始的一串字节数据逐个从 F0H 端口输出，已知数据串以 0AH 为结束符。
9. 内存中以 FIRST 和 SECOND 开始的单元中分别存放着两个 4 位用压缩 BCD 码表示的十进制数，低位在前。编程序求这两个数的和，仍用压缩 BCD 码表示，并存到以 THIRD 开始的单元。
10. 设字变量单元 A、B、C 存放有三个数，若三个数都不为零，则求三个数的和，存放在 D 中；若有一个为零，则将其余两个也清零，试编写程序。
11. 试编程序，统计由 TABLE 开始的 128 个单元中所存放的字符“A”的个数，并将结果存放在 DX 中。
12. 试编制一个汇编语言程序，求出首地址为 DATA 的 1000 个字数组中的最小偶数，并把它存放于 MIN 单元中。
13. 在上题中，如果要求同时找出最大和最小的偶数，并把它们分别存放于 MAX 和 MIN 单元中，试完成程序。
14. 在 DATA 字数组中存放有 100H 个 16 位补码数，试编写一程序求它们的平均值，放在 AX 中，并求出数组中有多少个数小于平均值，将结果存于 BX 中。
15. 编写一个子程序，对 AL 中的数据进行偶校验，并将经过校验的结果放回 AL 中。
16. 利用上题的子程序，对 DATA 开始的 256 个单元的数据加上偶校验，试编程序。
17. 试编写程序实现将键盘输入的小写字母转换成大写字母并输出。
18. 试编写程序完成从键盘接收 20 个字符，按键入顺序查找最大的字符，并显示输出。
19. 编写汇编程序，接收从键盘输入的 10 个数，输入回车符表示结束，然后将这些数加密后存于 BUFF 缓冲区中。加密表为

    输入数字：0，1，2，3，4，5，6，7，8，9；密码数字：7，5，9，1，3，6，8，0，2，4
20. 有一个 100 个字节的数据表，表内元素已按从大到小的顺序排列好，现给定一元素，试编程序在表内查找，若表内已有此元素，则结束；否则，按顺序将此元素插入表中适当的位置，并修改表长。
21. 在当前数据段（DS），偏移地址为 DATAB 开始的顺序 80 个单元中，存放着某班 80 个同学某门考试成绩。按要求编写程序。

    ① 编写程序统计≥90 分；80～89 分；70～79 分；60～69 分；<60 分的人数各为多少，并将结果放在同一数据段、偏移地址为 BTRX 开始的顺序单元中。

    ② 试编程序，求该班这门课的平均成绩为多少，并放在该数据段的 AVER 单元中。

本章学习指导

本章学习的最终目标是能编写出完整的汇编语言程序，以完成指定的工作任务。

汇编语言是介于高级语言和机器语言之间的一种符号语言，它不同于机器语言的原因是计算机不能直接识别并执行。它不同于高级语言的原因是，它仍需要直接与处理器或存储器等打交道，而没有完全独立于计算机。因此，用汇编语言编写好的源程序，需要通过一个称为汇编程序（或宏汇编）的翻译（这个过程称为汇编），才能使它成为二进制的目标代码（即 .exe 程序）交给计算机去执行。在这个过程中，为了使汇编程序能按用户的要求去产生正确的目标代码，在编写汇编语言程序时，除了使用上一章讲过的指令系统外，还需加入一些特殊的命令（包括标识符、运算符和伪指令等），与指令的执行不同（指令由 CPU 执行的），这些命令是由汇编程序在汇编的过程中识别并执行的，它们本身并不产生目标代码。但是，对于一个完整的汇编程序来讲，它们又是必不可少的。这部分命令有很多，主要分成三大类。

① 标识符。主要用在两个地方，第一是变量名/常量名，如 COUNT、VAL 等，第二是标号，如 AGAIN、NEXT 等，标号指出了程序的起始位置或程序转移的位置，使用标号，使得程序便于阅读，也避免了具体地址码的计算。

② 运算符。我们主要关注一些特殊的运算符，如 SEG、OFFSET、PTR、LENGTH

等，通过这些运算符的运算，使得汇编程序可以取得段地址、偏移地址、数据的属性或基本数据个数等，在很多场合下，它们都是必不可少的重要运算。

③ 伪指令。在众多伪指令中，我们同样关注一些关键内容。

• 数据定义。通过它来定义所需的原始数据以及结果数据存放的位置与类型。这里涉及两个方面：数据存放位置（通常用标识符指示，如 BUFF、TAB），数据的类型（字节、字、双字等，由伪指令 DB、DW、DD 等指示）。

• 段和段寄存器定义。段起始指令 SEGMENT 和段结束指令 ENDS 用来定义一个段。一般程序通常包括数据段和代码段，数据定义在数据段，程序定义在代码段，每一段均需用此伪指令单独定义。段寄存器定义 ASSUME 出现在代码段的开始，用来指示各段寄存器的作用，从而确定段地址。

• 过程定义。对程序中出现的每一个过程（或称子程序）均需用一对伪指令来定义，这一对伪指令称为过程起始 PROC 和过程结束 ENDP。

• 汇编结束。这条伪指令 END 出现在整个汇编语言程序的最后，用来告诉汇编程序，全部源程序结束了。

从程序的结构来看，汇编语言程序和高级语言程序相同，也分为顺序结构、分支结构、循环结构和子程序。从程序设计的思想或算法来看，两者也没有什么差别，即相同的算法，高级语言能实现，汇编语言也能实现。但是实现的方法却大不相同，如 X=A+B，在高级语言中，仅需要一条赋值语句即可，而在汇编语言中，却需要一段程序，比如

```
MOV    AX, A
ADD    AX, B
MOV    X, AX
```

在这个过程中，每一个操作（取数、相加、存结果）都需编程通过相关指令完成，有时还需通过设备完成，这就要用到与微处理器/微计算机硬件相关的知识，这点也是学好汇编语言的关键。也恰恰是由于这种关系，同样的工作，用汇编语言编写的程序其运行速度要远远快于用高级语言编写的程序，使得它更适合于监控、测试等实时性要求高的应用场合。

从本书的定位出发，在汇编语言程序设计中，我们侧重在与输入/输出、监控、数据处理、代码转换相关的应用，更复杂的汇编语言程序设计可参考相关的专门教材。程序设计涉及两个方面的能力，即读程序和编程序。前者要求给出一个程序，你能读懂它完成了什么样的功能，如对哪里存放的多少数据进行了什么样的处理，结果放在什么地方（注意，决不是每条指令的简单注释）。而后者则要求能按用户的需求，编写出完整的程序，包括原始数据的定义、数据结构设计、结果的处理等。两者相比，当然后者略难一些。本书选择一些最典型的应用作为例题，通过分析、编程，对最常用的基本方法和技巧进行了详细而具体的实现，读者要花力气去认真学习、思考，从读出发，逐步到模仿，再发展到应用，通过这样一个过程，一定能掌握汇编程序的基本要求，以满足后续章节学习的需要。

4 存储器系统

4.1 概述

在现代计算机中，存储器是其核心组成部分之一，对微型计算机也不例外。因为有了它，计算机才具有“记忆”功能，才能把程序及数据的代码保存起来，才能使计算机系统脱离人的干预而自动完成信息处理的功能。

衡量存储器的性能指标主要有三个：容量、速度和成本。存储器系统的容量越大，表明其能够保存的信息量越多，相应计算机系统的功能就越强，因此存储容量是存储器系统的第一性能指标。在计算机的运行过程中，CPU 需要与存储器进行大量的信息交换的操作，一般情况下，相对于高速的 CPU，存储器的存取速度总要慢 1～2 个数量级，这就影响到整个系统的工作效率，因此，存储器的速度快慢是存储器系统的又一性能指标。同时，组成存储器的位成本也是衡量存储器系统的重要性能指标。为了在一个存储器系统中兼顾以上三个方面的指标，目前在计算机系统中通常采用三级存储器结构，即使用高速缓冲存储器、主存储器和辅助存储器，由这三者构成一个统一的存储系统。从整体看，其速度接近高速缓存的速度，其容量接近辅存的容量，而位成本则接近廉价慢速的辅存平均价格。

本章重点介绍半导体存储器的工作原理、计算机主存的构成和工作过程、存储器的层次结构、高速缓冲存储器的基本原理以及虚拟存储器的有关知识。

4.1.1 存储器分类

随着计算机系统结构的发展和器件的发展，存储器的种类日益繁多，分类的方法也有很多种，可按存储器的存储介质划分，按存取方式划分，按存储器在计算机中的作用划分等。

(1) 按构成存储器的器件和存储介质分类

按构成存储器的器件和存储介质的不同主要可分为：半导体存储器、光电存储器、磁表面存储器以及光盘存储器等。目前，绝大多数计算机使用的都是半导体存储器。

(2) 按存取方式分类

按对存储器的存取方式可分为随机存取存储器、只读存储器等。

1) 随机存储器 RAM (Random Access Memory)

随机存储器（又称读写存储器）指通过指令可以随机地、个别地对各个存储单元进行访问，一般来讲，访问所需时间基本固定，而与存储单元地址无关。通常意义上的随机存储器多指读写存储器，在一切计算机系统中，不论是大、中、小型及微型计算机的主存储器主要采用随机存储器，用户编写的程序和数据等均存放在 RAM 中。

按照存放信息的方式不同，随机存储器又可分为静态和动态两种。静态 RAM 是以双稳态元件作为基本的存储单元来保存信息，因此，其保存的信息在不断电的情况下，是不会被破坏的。而动态 RAM 是靠电容来存放信息的，由于电容的充放电功能，使得这种存储器中存放的信息会随着时间的流逝而丢失，因此必须定时进行刷新。

2) 只读存储器 ROM (Read Only Memory)

只读存储器是一种在微机系统的在线操作过程中，对其内容只能读出不能写入的存储器。它通常用来存放固定不变的程序、汉字字型库、字符及图形符号等。

随着半导体技术的发展，只读存储器也出现了不同的种类，如可编程序的只读存储器

PROM（Programmable ROM），可擦除的可编程的只读存储器 EPROM（Erasible Programmable ROM）和 EEPROM（Electric Erasible Programmable ROM）以及掩膜型只读存储器 MROM（Masked ROM）等。近年来发展起来的快擦型存储器（Flash Memory）具有 EEPROM 的特点。

（3）按在计算机中的作用分类

按在计算机中的作用可以分为主存储器（内存）、辅助存储器（外存）、缓冲存储器等。主存储器速度快，但容量较小，每位价格较高。辅存速度慢，容量大，每位价格低。缓冲存储器用在两个不同工作速度的部件之间，在交换信息过程中起缓冲作用。

（4）按掉电时所存信息是否容易丢失分类

按掉电时所存信息是否容易丢失可分成易失性存储器和非易失性存储器。如半导体存储器（DRAM、SRAM），停电后信息会丢失，属易失性。而磁带和磁盘等磁表面存储器，属非易失性。

存储器分类如下所示。

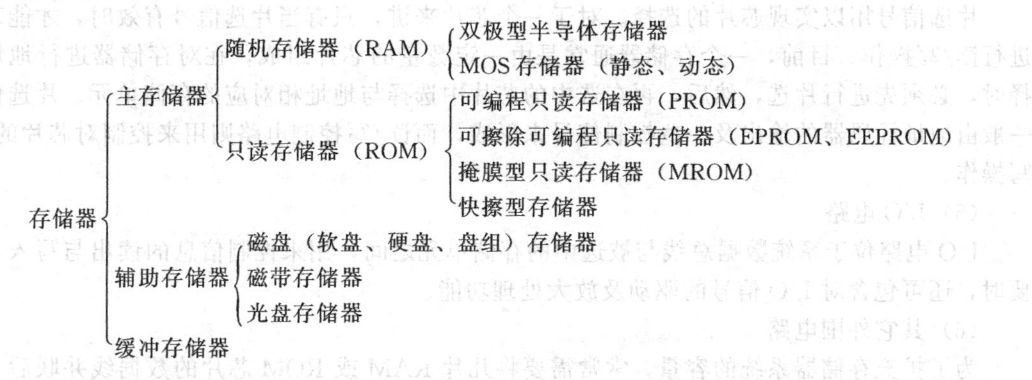

4.1.2 存储器系统结构

在微型计算机系统中，存储器是很重要的组成部分，虽然存储器的种类很多，但它们在系统中的整体结构及读/写的工作过程是基本相同的。一般情况下，一个存储器系统由以下几部分组成。

（1）基本存储单元

一个基本存储单元可以存放一位二进制信息，其内部具有两个稳定的且相互对立的状态，并能够在外部对其状态进行识别和改变。比如说，作为双稳态元件的触发器，其内部具有“0”与“1”两个对立的状态，并且这两个状态可由外部识别或改变，因而它可以作为一种基本存储单元；又如磁性材料中的一个磁化单元，具有正向及反向磁化两个对立的状态，并且可以通过外部电路识别或改变其磁化的方向，因而，它也可以用来作为一种基本存储单元。不同类型的基本存储单元，决定了由其所组成的存储器件的类型不同。

（2）存储体

一个基本存储单元只能保存一位二进制信息，若要存放 $M\times N$ 个二进制信息，就需要用 $M\times N$ 个基本存储单元，它们按一定的规则排列起来，由这些基本存储单元所构成的阵列称为存储体或存储矩阵。如 8K×8 表示存储体中一共 8K 个存储单元，每个存储单元存放 8 位数据，依此类推。

微型计算机系统的内部存储器是按字节组织的，每个字节由 8 个基本的存储单元构成，能存放 8 位二进制信息，CPU 把这八位二进制信息作为一个整体来进行处理。一般情况下，在 $M\times N$ 的存储矩阵中，N 等于 8 或 8 的倍数及分数，对应微机系统的字长，而 M 则表示了存储体的大小，由此决定存储器系统的容量。

（3）地址译码器

由于存储器系统是由许多存储单元构成的，每个存储单元一般存放8位二进制信息，为了加以区分，我们必须首先为这些存储单元编号，即分配给这些存储单元不同的地址。CPU要对某个存储单元进行读/写操作时，必须先通过地址总线，向存储器系统发出所需访问存储单元的地址码。地址译码器的作用就是用来接收CPU送来的地址信号并对它进行译码，选择与此地址码相对应的存储单元，以便对该单元进行读/写操作。

存储器地址译码一般采用双译码方式，这时，将地址码分为两部分：一部分送行译码器（又叫X译码器），行译码器输出行地址选择信号；另一部分送列译码器（又叫Y译码器），列译码器输出列地址选择信号。行列选择线交叉处即为所选中的内存单元，这种方式的特点是译码输出线较少。例如假定地址信号为10位，分成两组，每组5位，则行译码后的输出线为$2^5=32$根，列译码输出线也为$2^5=32$根，共64根译码输出线。因此，容量较大的存储器系统，一般都采用双译码方式。

（4）片选与读/写控制电路

片选信号用以实现芯片的选择。对于一个芯片来讲，只有当片选信号有效时，才能对其进行读/写操作。目前，一个存储器通常是由一定数量的芯片组成，在对存储器进行地址选择时，必须先进行片选，然后，再在选中的芯片中选择与地址相对应的存储单元。片选信号一般由地址译码器的输出及一些控制信号来形成，而读/写控制电路则用来控制对芯片的读/写操作。

（5）I/O电路

I/O电路位于系统数据总线与被选中的存储单元之间，用来控制信息的读出与写入，必要时，还可包含对I/O信号的驱动及放大处理功能。

（6）其它外围电路

为了扩充存储器系统的容量，常常需要将几片RAM或ROM芯片的数据线并联后与双向的数据线相连，这就要用到三态输出缓冲器。

对不同类型的存储器系统，有时还需要一些特殊的外围电路，如动态RAM中的预充电及刷新操作控制电路等，这也是存储器系统的重要组成部分。

4.2　读写存储器RAM

RAM意指随机存取存储器，其工作特点是：在微机系统的工作过程中可以随机地对其中的各个存储单元进行读写操作。按其工作原理不同，随机存储器又分为静态RAM与动态RAM两种。

4.2.1　静态RAM

（1）基本存储单元

静态RAM的基本存储单元是由两个增强型的NMOS反相器交叉耦合而成的触发器，每个基本的存储单元由六个MOS管构成，所以，静态存储电路又称为六管静态存储电路。

图4-1为六管静态存储单元的原理示意图。其中T_1、T_2为控制管，T_3、T_4为负载管，T_5、T_6为门控管。这个电路具有两个相对的稳定状态，若T_1管截止则A=1（高电平），它使T_2管开启，于是B=0（低电平），而B=0又进一步保证了T_1管的截止。所以，这种状态在没有外触发的条件下是稳定不变的。同样，T_1管导通即A=0（低电平），T_2管截止即B=1（高电平）的状态也是稳定的。因此，可以用这个电路的两个相对稳定的状态来分别表示逻辑“1”和逻辑“0”。

当把触发器作为存储电路时，就要使其能够接收外界来的触发控制信号，用以读出或改变该存储单元的状态。

在进行写入操作时，写入信号自I/O线及$\overline{I/O}$线输入，如要写入“1”，则I/O线为高电平而$\overline{I/O}$线为低电平，它们通过T_7、T_8管和T_5、T_6管分别与A端和B端相连，使A=1，B=0，即强迫T_2管导通，T_1管截止，相当于写入“1”；若要写入“0”，则$\overline{I/O}$线为高电平而I/O线为低电平，使T_1管导通，T_2管截止即A=0，B=1。同样，写入的信息可以保持住，一直到输入新的信息为止。

在进行读操作时，只要某一单元被选中，相应的T_5、T_6、T_7、T_8均导通，A点与B点分别通过T_5、T_6管与D_0及$\overline{D_0}$相通，D_0及$\overline{D_0}$又进一步通过T_7、T_8管与I/O及$\overline{I/O}$线相通，即将该单元的状态传送到I/O及$\overline{I/O}$线上。

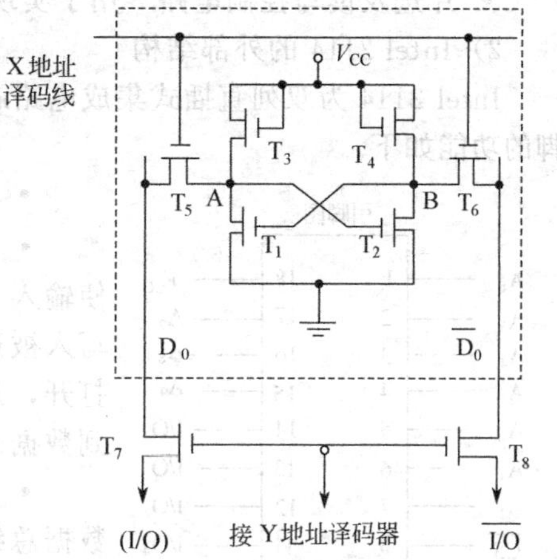

图 4-1 六管静态存储单元

由此可见，这种存储电路只要不掉电，写入的信息不会消失，同时，其读出过程也是非破坏性的，即信息在读出之后，原存储电路的状态不变。

(2) 静态RAM存储器芯片Intel 2114

Intel 2114是一种1K×4位的静态RAM存储器芯片，其最基本的存储单元就是如上所述的六管存储电路，其它的典型芯片有Intel 6116/6264/62256等。

1) 芯片的内部结构

如图4-2所示为Intel 2114静态存储器芯片的内部结构框图，它包括下列几个主要组成部分。

- 存储矩阵　Intel 2114内部共有4096个存储电路，排成64×64的矩阵形式。
- 地址译码器　Intel 2114的存储容量为1Kb，因此，地址译码器的输入为10根线，采用两级译码方式，其中6根用于行译码，4根用于列译码。
- I/O控制电路　分为输入数据控制电路和列I/O电路，用于对信息的输入/输出进行缓冲和控制。

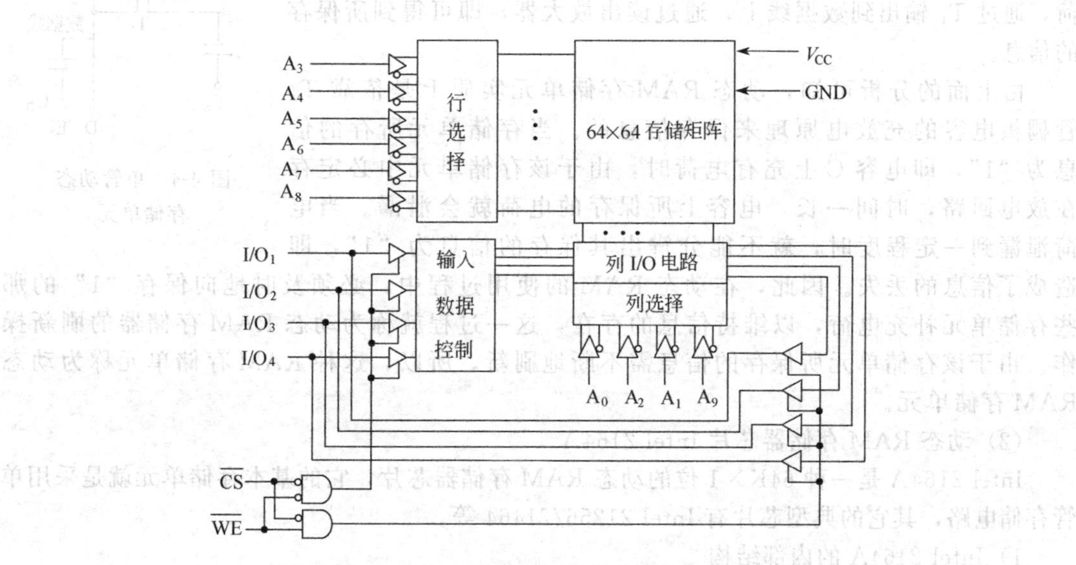

图 4-2 Intel 2114静态存储器芯片的内部结构框图

- 片选及读写控制电路　用于实现对芯片的选择及读写控制。

2）Intel 2114 的外部结构

Intel 2114 为双列直插式集成电路芯片，共有 18 个引脚，引脚分布如图 4-3 所示，各引脚的功能如下。

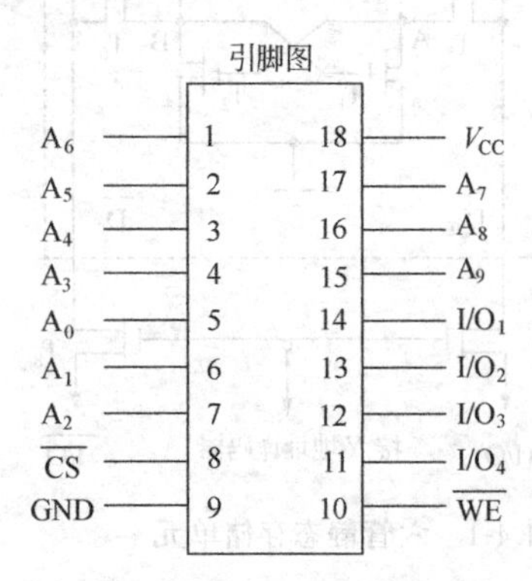

图 4-3　Intel 2114 引脚图

- $A_0 \sim A_9$　10 根地址信号输入引脚。
- $\overline{WE}$　读写控制信号输入引脚，当$\overline{WE}$为低电平时，使输入三态门导通，信息由数据总线通过输入数据控制电路写入被选中的存储单元；当$\overline{WE}$为高电平时，则输出三态门打开，从所选中的存储单元读出信息，通过列 I/O 电路，送到数据总线。该引脚通常接控制总线的$\overline{WR}$。
- $I/O_1 \sim I/O_4$　4 根数据输入输出信号引脚，构成系统数据总线与存储器芯片中各单元之间的数据信息传输通道。
- $\overline{CS}$　片选信号输入引脚，低电平有效，只有当该引脚有效（亦即芯片被选中）时，才能对相应的存储器芯片进行读/写操作。该引脚通常接高位地址译码器的输出。
- V_{CC}　+5V 电源。
- GND　地。

4.2.2　动态 RAM

（1）动态 RAM 基本存储单元

静态 RAM 的基本存储单元是一个 RS 触发器，因此，其状态是稳定的，但由于每个基本存储单元需由 6 个 MOS 管构成，就大大地限制了 RAM 芯片的集成度。为提高芯片的集成度，必须将组成 RAM 基本存储单元的 MOS 管减少，由此演变成动态 RAM 的基本存储单元。如图 4-4 所示，就是一个动态 RAM 的基本存储单元，它由一个 MOS 管 T_1 和位于其栅极上的分布电容 C 构成。当栅极电容 C 上充有电荷时，表示该存储单元保存信息“1”。反之，当栅极电容上没有电荷时，表示该单元保存信息“0”。在进行写操作时，字选择线为高电平，T_1 管导通，写信号通过位线存入电容 C 中；在进行读操作时，字选择线仍为高电平，存储在电容 C 上的电荷，通过 T_1 输出到数据线上，通过读出放大器，即可得到所保存的信息。

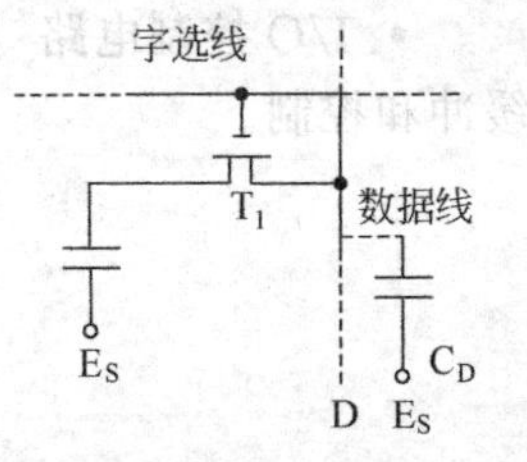

图 4-4　单管动态存储单元

由上面的分析可知，动态 RAM 存储单元实质上是依靠 T_1 管栅极电容的充放电原理来保存信息的。当存储单元所存的信息为“1”，即电容 C 上充有电荷时，由于该存储单元中必定存在放电回路，时间一长，电容上所保存的电荷就会泄漏。当电荷泄漏到一定程度时，就不能分辨出其保存的信息为“1”，即造成了信息的丢失。因此，在动态 RAM 的使用过程中，必须及时地向保存“1”的那些存储单元补充电荷，以维持信息的存在，这一过程就称为动态 RAM 存储器的刷新操作。由于该存储单元所保存的信息需不断地刷新，所以，这种 RAM 存储单元称为动态 RAM 存储单元。

（2）动态 RAM 存储器芯片 Intel 2164A

Intel 2164A 是一种 64K×1 位的动态 RAM 存储器芯片，它的基本存储单元就是采用单管存储电路，其它的典型芯片有 Intel 21256/21464 等。

1）Intel 2164A 的内部结构

Intel 2164A 动态 RAM 存储器芯片的内部结构如图 4-5 所示，其主要组成部分如下。

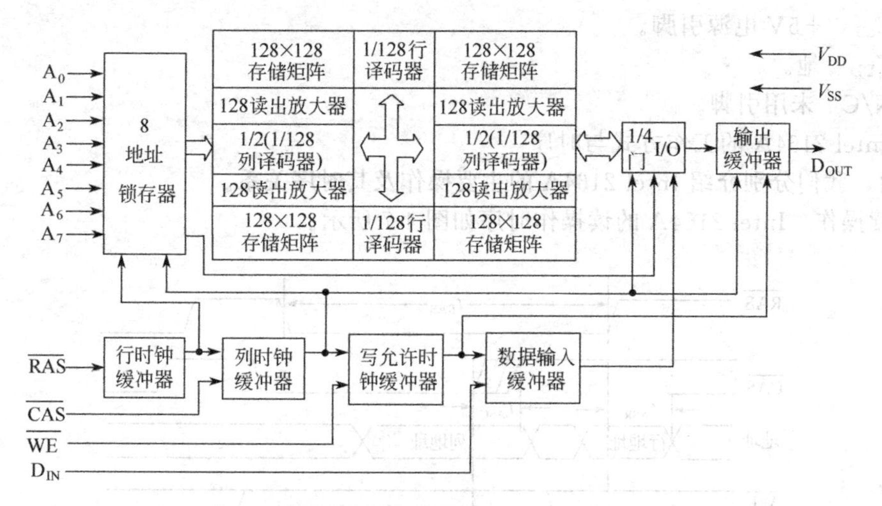

图 4-5 Intel 2164A 内部结构

- 存储体 64K×1 的存储体由 4 个 128×128 的存储阵列构成。
- 地址锁存器 由于 Intel 2164A 采用双译码方式，故其 16 位地址信息要分两次送入芯片内部。但由于封装的限制，这 16 位地址信息必须通过同一组引脚分两次接收，因此，在芯片内部有一个能保存 8 位地址信息的地址锁存器。
- 数据输入缓冲器 用以暂存输入的数据。
- 数据输出缓冲器 用以暂存要输出的数据。
- 1/4 I/O 门电路 由行、列地址信号的最高位控制，能从相应的 4 个存储矩阵中选择一个进行输入/输出操作。
- 行、列时钟缓冲器 用以协调行、列地址的选通信号。
- 写允许时钟缓冲器 用以控制芯片的数据传送方向。
- 128 读出放大器 与 4 个 128×128 存储阵列相对应，共有 4 个 128 读出放大器，它们能接收由行地址选通的 4×128 个存储单元的信息，经放大后，再写回原存储单元，是实现刷新操作的重要部分。
- 1/128 行、列译码器 分别用来接收 7 位的行、列地址，经译码后，从 128×128 个存储单元中选择一个确定的存储单元，以便对其进行读/写操作。

2) Intel 2164A 的外部结构

Intel 2164A 是具有 16 个引脚的双列直插式集成电路芯片，其引脚分别如图 4-6 所示，各引脚的功能如下。

引脚	编号	编号	引脚
N/C	1	16	V_{SS}
D_{IN}	2	15	$\overline{CAS}$
$\overline{WE}$	3	14	D_{OUT}
$\overline{RAS}$	4	13	A_6
A_0	5	12	A_3
A_2	6	11	A_4
A_1	7	10	A_5
V_{DD}	8	9	A_7

图 4-6 Intel 2164A 引脚

- A_0～A_7 地址信号的输入引脚，用来分时接收 CPU 送来的 8 位行、列地址。
- $\overline{RAS}$ 行地址选通信号输入引脚，低电平有效，兼作芯片选择信号。当$\overline{RAS}$为低电平时，表明芯片当前接收的是行地址。
- $\overline{CAS}$ 列地址选通信号输入引脚，低电平有效，有效时表明当前正在接收的是列地址（此时$\overline{RAS}$应保持为低电平）。
- $\overline{WE}$ 写允许控制信号输入引脚，当其为低电平时，执行写操作；否则，执行读操作。
- D_{IN} 数据输入引脚。
- D_{OUT} 数据输出引脚。

- V_{SS} +5V 电源引脚。
- V_{DD} 地。
- N/C 未用引脚。

3）Intel 2164A 的工作方式与时序

下面，我们分别介绍 Intel 2164A 的主要操作及其时序关系。

① 读操作 Intel 2164A 的读操作时序如图 4-7 所示。

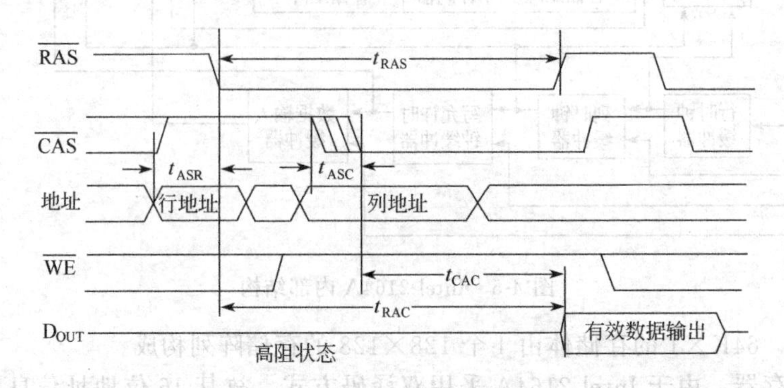

图 4-7 Intel 2164A 读操作的时序

从上述时序图中可以看出，读周期是由行地址选通信号$\overline{RAS}$有效开始的，为了能使行地址可靠地锁存，通常希望行地址能先于$\overline{RAS}$信号有效，并且行地址必须在$\overline{RAS}$有效后再维持一段时间。同样，为了保证列地址的可靠锁存，列地址也应领先于列地址锁存信号$\overline{CAS}$有效，且列地址也必须在$\overline{CAS}$有效后再保持一段时间。

要从指定的单元中读取信息，必须在$\overline{RAS}$有效后，使$\overline{CAS}$也有效。由于从$\overline{RAS}$有效起到指定单元的信息读出送到数据总线上需要一定的时间，因此，存储单元中信息读出的时间就与$\overline{CAS}$开始有效的时刻有关。

存储单元中信息的读写，取决于控制信号$\overline{WE}$。为实现读出操作，要求$\overline{WE}$控制信号无效，且必须在CAS有效前变为高电平。

② 写操作 Intel 2164A 的写操作时序如图 4-8 所示。要选定需写入的单元，对RAS和$\overline{CAS}$信号的要求同读操作。值得注意的是，控制信号WE必须在CAS有效前先有效，并且在$\overline{CAS}$有效后，还必须保持一段时间。要写入的信息，必须在$\overline{CAS}$有效前送到数据输入引脚D_{IN}，并且在$\overline{CAS}$有效后再继续保持一段时间。满足上述要求之后，就可以把在D_{IN}上的信息，写入到指定的单元中去。

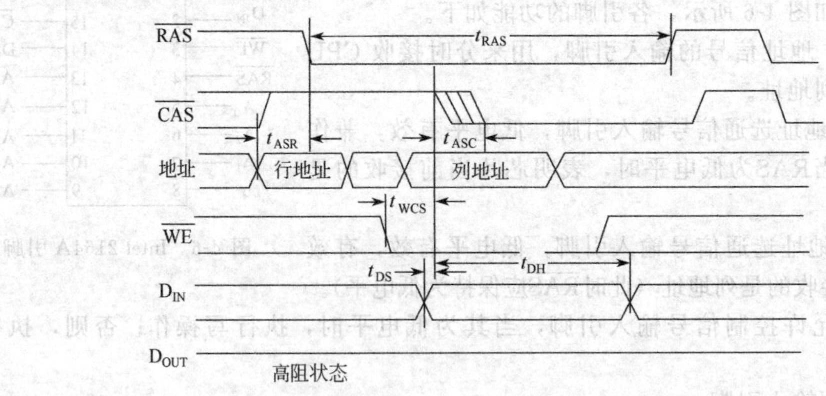

图 4-8 Intel 2164A 写操作的时序

③ 刷新操作　Intel 2164A 内部有 4×128 个读出放大器，在进行刷新操作时，芯片只接收从地址总线上发来的行地址（其中 RA_7 不起作用），由 RA_0～RA_6 共七根行地址线在四个存储矩阵中各选中一行，共 4×128 个单元，分别将其中所保存的信息输出到 4×128 个读出放大器中，经放大后，再写回到原单元，即可实现 512 个单元的刷新操作。这样，经过 128 个刷新周期就可完成整个存储体的刷新。

虽然，读操作、写操作、读-修改-写操作均可实现刷新，但推荐使用只加行地址的刷新方法，因为它可降低功耗 20%。只加行地址的刷新操作时序如图 4-9 所示。

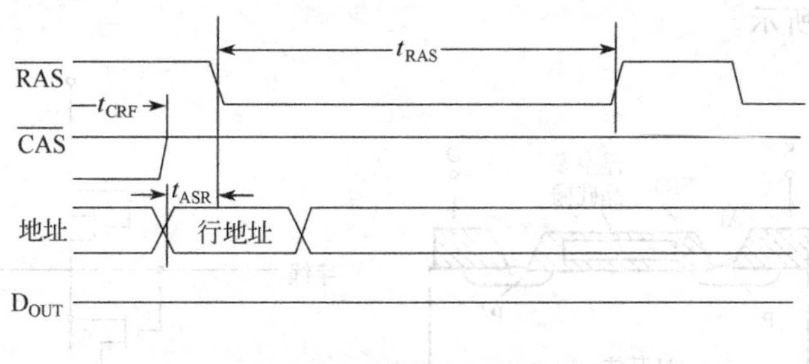

图 4-9　Intel 2164A 惟$\overline{RAS}$有效刷新操作的时序

有关上述时序图中参数的具体值，请参考有关的技术手册。

4.3　只读存储器 ROM

4.3.1　掩模 ROM

如图 4-10 所示，是一个简单的 4×4 位的 MOS ROM 存储阵列。这时，两位地址输入经译码后，输出四条字选择线，每条字选择线选中一个字，此时位线的输出即为这个字的每一位。很明显，在图示的存储阵列中，有的列连有管子，而有的列没有连管子，这是在制造时由二次光刻版的图形（掩模）所决定的，因此这种 ROM 称为掩模 ROM。

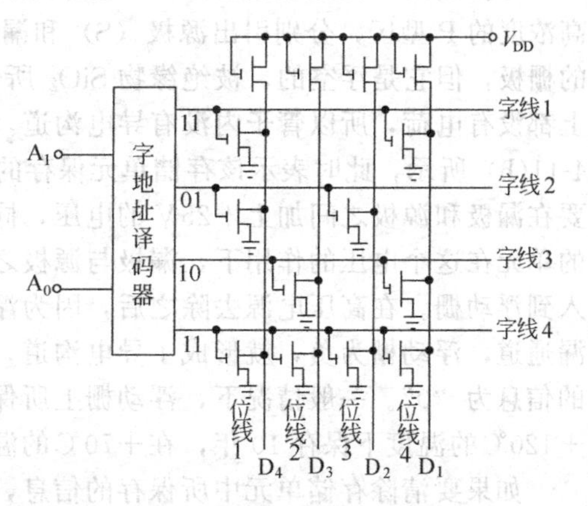

图 4-10　简单的 4×4 位的 MOS ROM 存储阵列

在图中，若输入的地址码为 00，则选中第一条字线，使其输出为高电平。此时，若有管子与其相连（如位线 1 和位线 4），则相应的 MOS 管就导通，因此，这些位线的输出就是低电平，表示逻辑“0”；若没有管子与其相连的位线（如位线 2 和位线 3），则输出就是高电平，表示逻辑“1”。由此可知，该存储阵列所保存的信息取决于制造工艺，一旦芯片制成后，用户是无法变更其结构的。更重要的是，这种存储单元中保存的信息，在电源消失后，也不会丢失，将永远保存下去。

4.3.2　可编程的 ROM

可编程的 ROM 又称为 PROM，是一种可由用户通过简易设备写入信息的 ROM 器件，我们以二极管破坏型 PROM 为例来说明其存储原理。

这种 PROM 存储器在出厂时，存储体中每条字线和位线的交叉处都是两个反向串联的二极管的 PN 结，字线与位线之间不导通，此时，意味着该存储器中所有的存储内容均为“0”。如果用户需要写入程序，则要通过专门的 PROM 写入电路，产生足够大的电流把要写入“1”的那个存储位上的二极管击穿，造成这个 PN 结短路，只剩下顺向的二极管跨连字线和位线，这时，此位就意味着写入了“1”。读出的操作同掩模ROM。

对PROM来讲，这个写入的过程称之为固化程序。由于击穿的二极管不能再正常工作，所以这种ROM器件只能固化一次程序，数据写入后，就不能再改变了。

4.3.3 可擦除可编程序的ROM

（1）基本存储电路

可擦除可编程的ROM又称为EPROM。为了便于用户根据需要来保存或修改ROM中的信息，在20世纪70年代初期，就发展了一种EPROM电路，它的基本存储单元的结构和工作原理如图4-11所示。

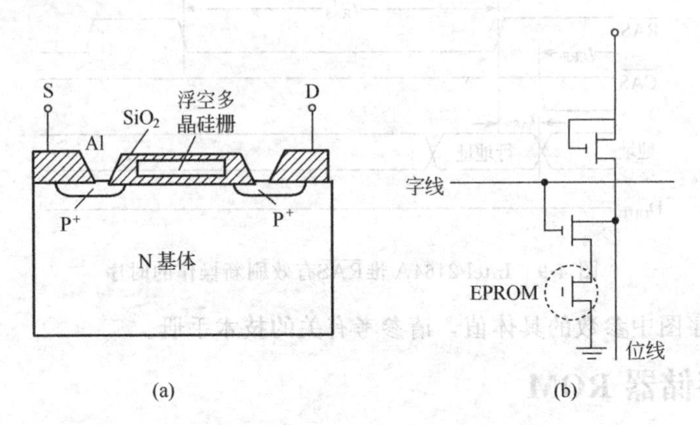

图4-11 P沟道EPROM结构示意图

与普通的P沟道增强型MOS电路相似，这种EPROM电路在N型的基片上扩展了两个高浓度的P型区，分别引出源极（S）和漏极（D），在源极与漏极之间有一个由多晶硅做成的栅极，但它是浮空的，被绝缘物SiO_2所包围。在芯片制作完成时，每个单元的浮动栅极上都没有电荷，所以管子内没有导电沟道，源极与漏极之间不导电，其相应的等效电路如图4-11(b)所示，此时表示该存储单元保存的信息为“1”；若要使该单元保存信息“0”，则只要在漏极和源极之间加上+25V的电压，同时加上编程脉冲信号（宽度约为50ns），所选中的单元在这个电压的作用下，漏极与源极之间被瞬时击穿，就会有电子通过SiO_2绝缘层注入到浮动栅。在高压电源去除之后，因为浮动栅被SiO_2绝缘层包围，所以注入的电子无泄漏通道，浮动栅为负，就形成了导电沟道，从而使相应的单元导通，此时说明该单元所保存的信息为“0”。一般情况下，浮动栅上所保存的负电荷是不会泄漏的，据研究表明，它能在+120℃的温度下保存10年，在+70℃的温度下保存100年。

如果要清除存储单元中所保存的信息，就必须设法将其浮动栅上的负电荷释放掉。实验证明，当用一定波长的紫外线照射浮动栅时，负电荷便可以获取足够的能量，摆脱SiO_2的包围，以光电流的形式释放掉，这时，原来存储的信息也就不存在了。然后，该单元又可根据实际需要写入新的信息。

由这种存储单元所构成的ROM存储器芯片，在其上方有一个石英玻璃的窗口，紫外线正是通过这个窗口来照射其内部电路而擦除信息的，一般擦除信息需用紫外线照射15～20分钟。由于擦除及写入的过程是在特殊的装置和特殊的条件下进行，而且速度很慢，故这种电路在微机系统中应用时，只用作ROM器件。

（2）EPROM芯片Intel 2716

Intel 2716是一种2K×8位的EPROM存储器芯片，双列直插式封装，24个引脚，其最基本的存储单元就是采用如上所述的带有浮动栅的MOS管，其它的典型芯片有Intel 2732/27128/27512等。

1）芯片的内部结构

Intel 2716 存储器芯片的内部结构框图如图 4-12(b) 所示，其主要组成部分如下。

- 存储阵列　Intel 2716 存储器芯片的存储阵列由 2K×8 个带有浮动栅的 MOS 管构成，共可保存 2K×8 位二进制信息。
- X 译码器　又称为行译码器，可对 7 位行地址进行译码。
- Y 译码器　又称为列译码器，可对 4 位列地址进行译码。
- 输出允许、片选和编程逻辑　用以实现片选及控制信息的读/写。
- 数据输出缓冲器　实现对输出数据的缓冲。

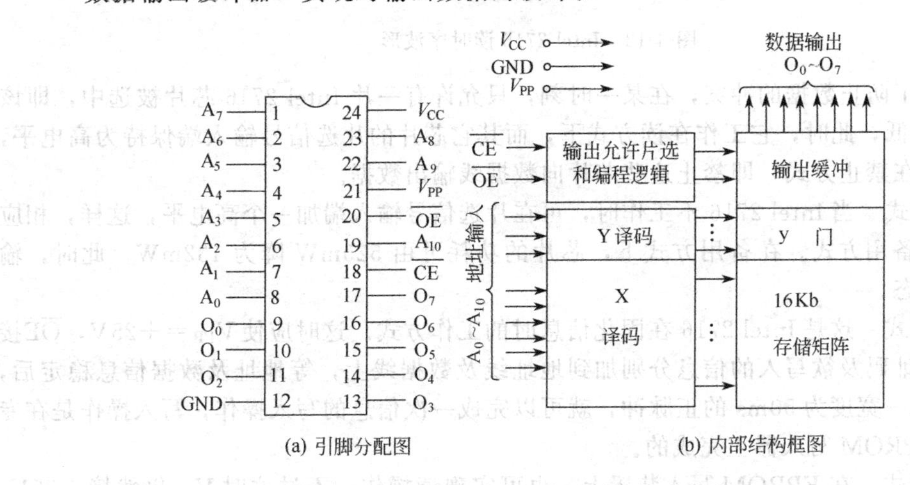

(a) 引脚分配图　　(b) 内部结构框图

图 4-12　Intel 2716 的内部结构及引脚分配

2）芯片的外部结构

Intel 2716 有 24 个引脚，其引脚分配如图 4-12(a) 所示，各引脚的功能如下。

- A_0～A_{10}　地址信号输入引脚，可寻址芯片的 2K 个存储单元。
- O_0～O_7　双向数据信号输入输出引脚。
- $\overline{CE}$　片选信号输入引脚，低电平有效，只有当该引脚转入低电平时，才能对相应的芯片进行操作。通常接高位地址译码器的输出。
- $\overline{OE}$　数据输出允许控制信号引脚，输入，低电平有效，用以允许数据输出。通常接控制总线的$\overline{RD}$。
- V_{CC}　+5V 电源，用于在线的读操作。
- V_{PP}　+25V 电源，用于在专用装置上进行写操作。
- GND　地。

3）Intel 2716 的工作方式与操作时序

① 读方式　这是 Intel 2716 连接在微机系统中的主要工作方式。在读操作时，片选信号$\overline{CE}$应为低电平，输出允许控制信号$\overline{OE}$也为低电平，因为只有当它为低电平时，才能把要读出的数据送至数据总线，其时序波形如图 4-13 所示。

从时序图中可以看出，读周期由地址有效开始，经时间 t_{ACC}后，所选中单元的内容就可由存储阵列中读出，但能否送至外部的数据总线，还取决于片选信号$\overline{CE}$和输出允许信号$\overline{OE}$。时序中规定，必须从$\overline{CE}$有效经过 t_{CE}时间以及从$\overline{OE}$有效经过时间 t_{OE}，芯片的输出三态门才能完全打开，数据才能送到数据总线。上述时序图中参数的具体值，请参考有关的技术手册。

② 禁止方式　当系统中有两片或两片以上的 Intel 2716 时，其数据输出可以接到同一个

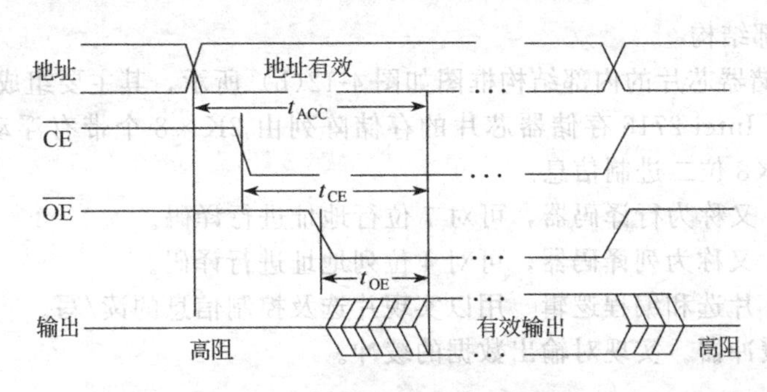

图 4-13 Intel 2716 读时序波形

数据线上，为了防止数据的冲突，在某一时刻，只允许有一片 Intel 2716 芯片被选中，即该芯片的$\overline{CE}$端为低，此时，它工作在读方式下，而其它芯片的片选信号输入端保持为高电平，这些芯片工作在禁止方式，即禁止这些芯片向数据线输出数据。

③ 备用方式 当 Intel 2716 不工作时，可在片选信号输入端加一个高电平，这样，相应芯片即工作在备用方式。在备用方式下，芯片的功耗可由 525mW 降为 132mW。此时，输出端呈高阻状态。

④ 写入方式 这是 Intel 2716 在固化信息时的工作方式。这时应使 V_{PP}＝＋25V，$\overline{OE}$接高电平，将地址码及欲写入的信息分别加到地址线及数据线上，等地址及数据信息稳定后，在$\overline{CE}$端上输入一宽度为 50ms 的正脉冲，就可以完成一次信息的写入操作，写入操作是在专门的设备即 EPROM 写入器上完成的。

⑤ 校核方式 在 EPROM 写入装置上，也可实现读操作，不过这时 V_{PP}仍然接＋25V，这种操作方式一般用于检验所写入信息的正确性，所以又称为校核方式。

⑥ 编程 Intel 2716 在出厂时或在擦除后，所有单元的所有位的信息全为“1”，只有经过编程才能使“1”变成“0”。编程是以存储单元为单位进行的，此时，V_{PP}端必须接＋25V，$\overline{OE}$接高电平，要编程写入的数据接至 2716 的数据输出线。当地址和数据稳定以后，在$\overline{CE}$输入端加一个 50ms 的正脉冲。在这个脉冲过后，存储的内容就变成了“0”。

需要提醒的是，EPROM 芯片的种类很多，虽然它们的基本操作相差不大，但是其编程所需的电压却有所不同（如 16K×8 位的芯片 Intel27128 就规定为＋21V），使用时要特别当心，以免损坏芯片。

4.3.4 电可擦除可编程序的 ROM

电可擦除可编程序的 ROM（Electronic Erasible Programmable ROM）也称为 EEPROM，即 E^2PROM。E^2PROM 管子的结构示意图如图 4-14 所示。它的工作原理与 EPROM 类似，当浮动栅上没有电荷时，管子的漏极和源极之间不导电，若设法使浮动栅带上电荷，则管子就导通。在 E^2PROM 中，使浮动栅带上电荷和消去电荷的方法与 EPROM 中是不同的。在 E^2PROM 中，漏极上面增加了一个隧道二极管，它在第二栅与漏极之间的电压 V_G 的作用下（在电场的作用下），可以使电荷通过它流向浮动栅（即起编程作用）；若 V_G 的极性相反也可以使电荷从浮动栅流向漏极（起擦除作用），而编程与擦除所用的电流是极小的，可用极普通的电源供给 V_G。

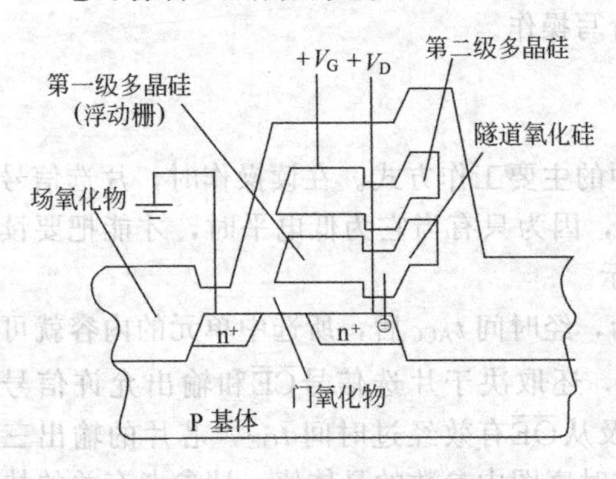

图 4-14 E^2PROM 结构示意图

E^2PROM的另一个优点是：擦除可以按字节分别进行（不像EPROM，擦除时把整个芯片的内容全变成“1”）。由于字节的编程和擦除都只需要10ms，并且不需特殊装置，因此可以进行在线的编程写入。常用的典型芯片有2816/2817/2864等。

4.3.5　快擦型存储器

随着计算机日趋小型化，半导体存储器市场也朝着高集成度、多功能、低功耗、高速度和小型化发展。快擦型存储器（Flash Memory）是不用电池供电的、高速耐用的非易失性半导体存储器，它以性能好、功耗低、体积小、重量轻等特点活跃于便携机（膝上型、笔记本型等）存储器市场，但价格较贵。

快擦型存储器具有EEPROM的特点，又可在计算机内进行擦除和编程，它的读取时间与DRAM相似，而写时间与磁盘驱动器相当。目前的快擦型存储器有5V或12V两种供电方式。对于便携机来讲，用5V电源更为合适。快擦型存储器操作简便，编程、擦除、校验等工作均已编成程序，可由配有快擦型存储器系统的中央处理机予以控制。

快擦型存储器可替代EEPROM，在某些应用场合还可取代SRAM，尤其是对于需要配备电池后援的SRAM系统，使用快擦型存储器后可省去电池。快擦型存储器的非易失性和快速读取的特点，能满足固态盘驱动器的要求，同时，可替代便携机中的ROM，以便随时写入最新版本的操作系统。快擦型存储器还可应用于激光打印机、条形码阅读器、各种仪器设备以及计算机的外部设备中。典型的芯片有27F256/28F016/28F020等。

4.4　存储器芯片扩展及其与CPU的连接

4.4.1　存储器芯片与CPU的连接

在微型计算机中，CPU对存储器进行读写操作，首先要由地址总线给出地址信号，然后要发出相应的读/写控制信号，最后才能在数据总线上进行信息交流。所以，存储器芯片与CPU的连接，主要有以下三个部分：地址线的连接、数据线的连接、控制线的连接。

在连接中要考虑的问题有以下几个方面。

（1）CPU总线的负载能力

CPU在设计时，一般输出线的直流负载能力为带一个TTL负载。现在的存储器一般都为MOS电路，直流负载很小，主要的负载是电容负载，故在小型系统中，CPU是可以直接与存储器相连的，而在较大的系统中，就要考虑CPU能否带得动，需要时就要加上缓冲器，由缓冲器的输出再带负载。

（2）CPU的时序和存储器的存取速度之间的配合问题

CPU在取指和存储器读或写操作时，是有固定时序的，用户要据此来确定对存储器存取速度的要求，或在存储器已经确定的情况下，考虑是否需要T_w周期以及如何实现。

（3）存储器的地址分配和片选问题

内存通常分为RAM和ROM两大部分，而RAM又分为系统区（即机器的监控程序或操作系统占用的区域）和用户区，用户区又要分成数据区和程序区，ROM的分配也类似，所以内存的地址分配是一个重要的问题。另外，目前生产的存储器芯片，单片的容量仍然是有限的，通常总是要由许多片才能组成一个存储器，这里就有一个如何产生片选信号的问题。

（4）控制信号的连接

CPU在与存储器交换信息时，通常有以下几个控制信号（对8088/8086来说）：$\overline{IO}/M$（$IO/\overline{M}$）、$\overline{RD}$、$\overline{WR}$以及WAIT信号。这些信号如何与存储器要求的控制信号相连，以实现所需的控制功能也是要考虑的问题。

4.4.2 存储器芯片的扩展

如上所述，计算机的内存一般都同时包含 ROM 和 RAM，并且要求容量也很大，单片存储器芯片往往不能满足需求，这时，就需要用到多片芯片的连接与扩展。通常，存储器芯片扩展的方法有以下两种。

(1) 存储器芯片的位扩充

如果存储器芯片的容量满足存储器系统的要求，但其字长小于存储器系统的要求，这时，就需要用多片这样的芯片通过位扩充的方法来满足存储器系统对字长的要求。

例 1 用 1K×4 位的 2114 芯片构成 1K×8 位的存储器系统。

分析 由于每个芯片的容量为 1K，故满足存储器系统的容量要求。但由于每个芯片只能提供 4 位数据，故需用 2 片这样的芯片，它们分别提供 4 位数据至系统的数据总线，以满足存储器系统的字长要求。

设计时，先将每个芯片的 10 位地址线按引脚名称一一并联，然后按次序逐根接至系统地址总线的低 10 位。而数据线则按芯片编号连接，1 号芯片的 4 位数据线依次接至系统数据总线的 $D_0 \sim D_3$，2 号芯片的 4 位数据线依次接至系统数据总线的 $D_4 \sim D_7$。两个芯片的 $\overline{WE}$ 端并在一起后接至系统控制总线的存储器写信号（如 CPU 为 8086/8088，也可由 $\overline{WR}$ 和 $\overline{IO}/M$ 或 $IO/\overline{M}$ 的组合来承担），这样才能保证只有当 CPU 对存储器进行读/写操作时芯片工作。它们的 $\overline{CS}$ 引脚也分别并联后接至地址译码器的输出，而地址译码器的输入则由系统地址总线的高位来承担。具体连线见图 4-15。

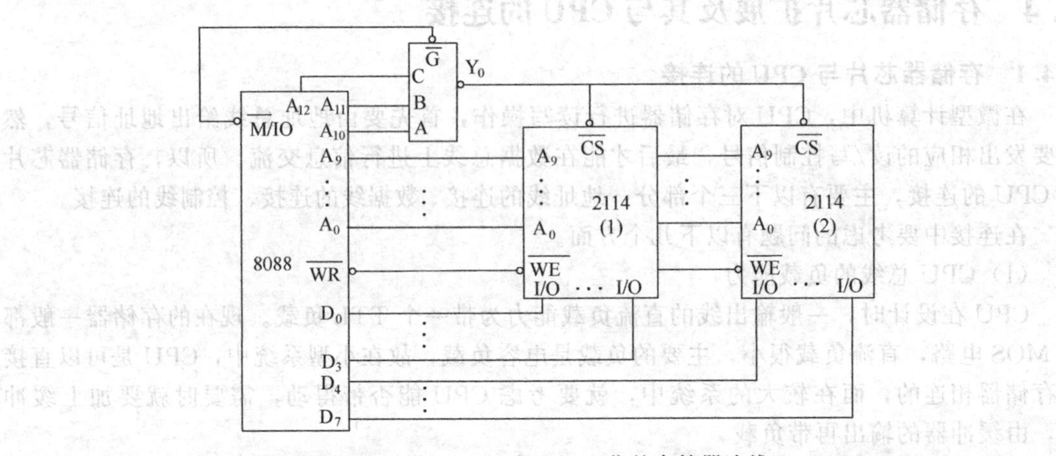

图 4-15 用 2114 组成 1K×8 位的存储器连线

当存储器工作时，系统根据高位地址的译码同时选中两个芯片，而地址码的低位也同时到达每一个芯片，从而选中它们的同一个单元。在读写信号的作用下，两个芯片的数据同时读出，送上系统数据总线，产生一个字节的输出，或者同时将来自数据总线上的字节数据写入存储器。

根据硬件连线图，我们还可以进一步分析出该存储器的地址分配范围（假设只考虑 16 位地址）如下：

地 址 码	芯片的地址范围
A_{15} … A_{12} A_{11} A_{10} A_9 … A_0	
× 0 0 0 0 0	0000H
⋮	⋮
× 0 0 0 1 1	03FFH

注：×表示可以任选值，在这里我们均选 0。

这种扩展存储器的方法就称为位扩展，它可以适用于多种芯片，如可以用 8 片 2164A 组成一个 64K×8 位的存储器等。

(2) 存储器芯片的字扩充

如果存储器芯片的字长符合存储器系统的要求，但其容量太小，就需要使用多片这样的芯片通过字扩充（或容量扩充）的方法来满足存储器系统对容量的要求。

例 2 用 2K×8 位的 2716A 存储器芯片组成 8K×8 位的存储器系统。

分析 由于每个芯片的字长为 8 位，故满足存储器系统的字长要求。但由于每个芯片只能提供 2K 个存储单元，故需用 4 片这样的芯片，以满足存储器系统的容量要求。

同位扩充方式相似，设计时，先将每个芯片的 11 位地址线按引脚名称一一并联，然后按次序逐根接至系统地址总线的低 11 位。再将每个芯片的 8 位数据线依次接至系统数据总线的 $D_0 \sim D_7$。两个芯片的 $\overline{OE}$ 端并在一起后接至系统控制总线的存储器读信号（这样连接的原因同位扩充方式），而它们的 $\overline{CE}$ 引脚分别接至地址译码器的不同输出，地址译码器的输入则由系统地址总线的高位来承担。具体连线见图 4-16。

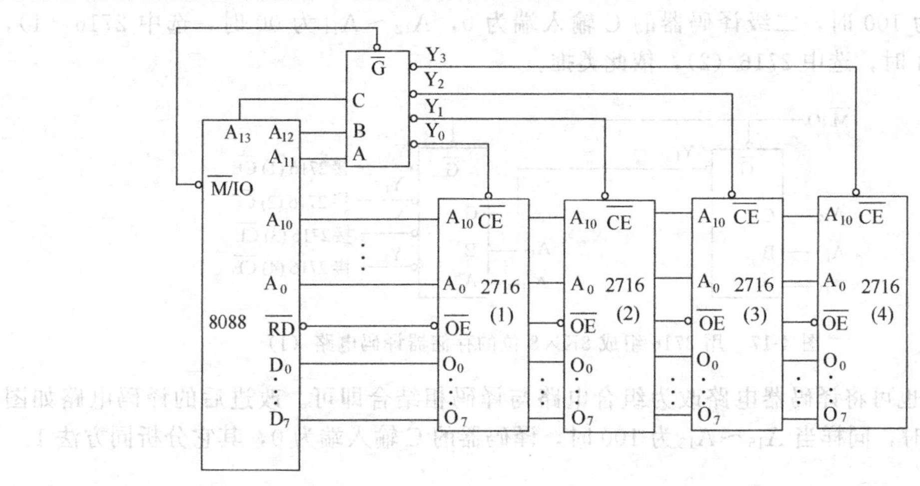

图 4-16 用 2716A 组成 8K×8 位的存储器连线

当存储器工作时，根据高位地址的不同，系统通过译码器分别选中不同的芯片，低位地址码则同时到达每一个芯片，选中它们的相应单元。在读信号的作用下，选中芯片的数据被读出，送上系统数据总线，产生一个字节的输出。

同样，根据硬件连线图，我们也可以进一步分析出该存储器的地址分配范围（假设只考虑 16 位地址）如下：

地址码									芯片的地址范围	对应芯片编号
A_{15}	…	A_{13}	A_{12}	A_{11}	A_{10}	A_9	…	A_0		
×		0	0	0	0	0		0	0000H	2716(1)
		⋮							⋮	
×		0	0	0	1	1		1	07FFH	
×		0	0	1	0	0		0	0800H	2716(2)
		⋮							⋮	
×		0	0	1	1	1		1	0FFFH	
×		0	1	0	0	0		0	1000H	2716(3)
		⋮							⋮	
×		0	1	0	1	1		1	17FFH	
×		0	1	1	0	0		0	1800H	2716(4)
		⋮							⋮	
×		0	1	1	1	1		1	1FFFH	

注：×表示可以任选值，在这里我们均选 0。

改进 1　从以上地址分析可知，此存储器的地址范围是 0000H～1FFFH。如果系统规定存储器的地址范围从 0800H 开始并要连续存放，那么，对以上硬件连线图该如何改动呢？

分析　由于低位地址仍从 0 开始，因此低位地址的连接可以不动，仍直接接至芯片组。于是，要改动的是译码器和高位地址的连接。我们可以将 4 个芯片的片选输入端分别接至译码器的 Y_1～Y_4 输出端，即当 A_{13}～A_{11} 为 001 时，选中 2716（1），则该芯片组的地址范围为 0800H～0FFFH；当 A_{13}～A_{11} 为 010 时，选中 2716（2），则该芯片组的地址范围为 1000H～17FFH；当 A_{13}～A_{11} 为 011 时，选中 2716（3），则该芯片组的地址范围为 1800H～1FFFH；当 A_{13}～A_{11} 为 100 时，选中 2716（4），则该芯片组的地址范围为 2000H～27FFH。同时，保证高位地址为 0（即 A_{15}、A_{14} 为 0）。这样，此存储器的地址范围就是 0800H～27FFH 了。

改进 2　如果要求存储器首地址为 8000H，硬件设计又该如何修改？

分析　仍然只需改动译码电路。

方法 1　将译码器电路改为二级译码即可。改进后的译码电路如图 4-17 所示，此时，当 A_{15}～A_{13} 为 100 时，二级译码器的 C 输入端为 0，A_{12}～A_{11} 为 00 时，选中 2716（1），A_{12}～A_{11} 为 01 时，选中 2716（2），依此类推。

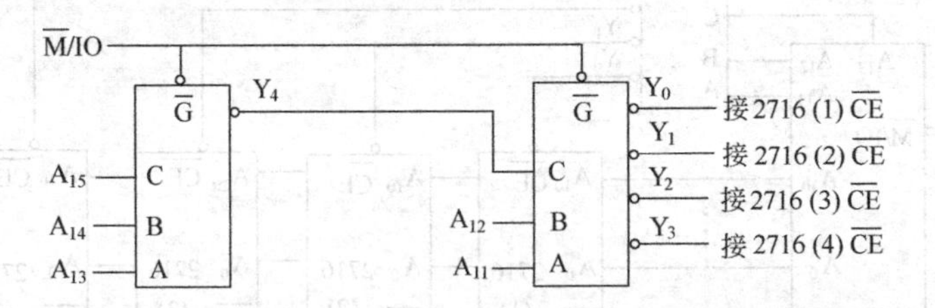

图 4-17　用 2716 组成 8K×8 位的存储器译码电路（1）

方法 2　也可将译码器电路改为组合电路与译码相结合即可。改进后的译码电路如图 4-18所示。此时，同样当 A_{15}～A_{13} 为 100 时，译码器的 C 输入端为 0，其它分析同方法 1。

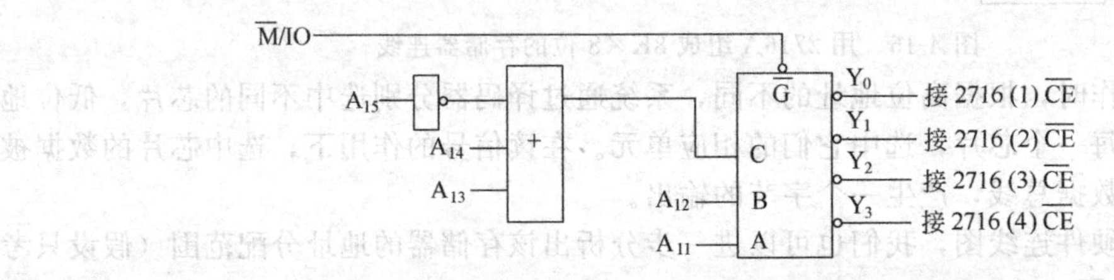

图 4-18　用 2716 组成 8K×8 位的存储器译码电路（2）

以上两种情况下各芯片的地址分配留做大家自己思考。

这种扩展存储器的方法就称为字扩展，它同样可以适用于多种芯片，如可以用 8 片 27128（16K×8 位）组成一个 128K×8 位的存储器等。

（3）同时进行位扩充与字扩充

在有些情况下，存储器芯片的字长和容量均不符合存储器系统的要求，这时就需要用多片这样的芯片同时进行位扩充和字扩充，以满足系统的要求。

例 3　用 1K×4 位的 2114 芯片组成 2K×8 位的存储器系统。

分析　由于芯片的字长为 4 位，因此首先需用采用位扩充的方法来提供 8 位数据，即用两片芯片组成 1K×8 位的存储器。由于系统要求的存储器容量是 2K×8 位，很明显，一组芯片是不够的，所以，还需采用字扩充的方法来扩充容量，为此，我们可以使用两组经过上述位扩充的芯片组来完成。

每个芯片的10根地址信号引脚宜接至系统地址总线的低10位，以实现芯片内部寻址1K个单元，每组两个芯片的4位数据线分别接至系统数据总线的高/低四位。为了实现组的选择，用地址码的A_{10}、A_{11}经译码后的输出，分别作为两组芯片的片选信号，每个芯片的$\overline{WE}$控制端直接接到CPU的读写控制端上，以实现对存储器的读写控制。具体的硬件连线如图4-19所示。

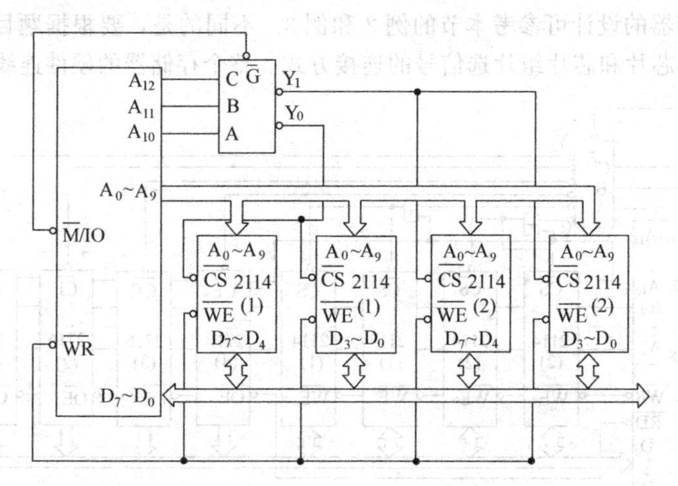

图4-19 用2114组成2K×8位的存储器连线

当存储器工作时，根据高位地址的不同，系统通过译码器分别选中不同的芯片组，低位地址码则同时到达每一个芯片组，选中它们的相应单元。在读/写信号的作用下，选中芯片组的数据被读出，送上系统数据总线，产生一个字节的输出，或者将来自数据总线上的字节数据写入芯片组。

同样，根据硬件连线图，可以进一步分析出该存储器的地址分配范围（假设只考虑16位地址）如下：

地址码								芯片的地址范围	对应芯片编号
A_{15}	…	A_{13}	A_{12}	A_{11}	A_{10}	A_9	… A_0		
×		×	0	0	0	0	0	0000H	2114(1)
		⋮						⋮	
×		×	0	0	0	1	1	03FFH	
×		×	0	0	1	0	0	0400H	2114(2)
		⋮						⋮	
×		×	0	0	1	1	1	07FFH	

注：×表示可以任选值，在这里我们均选0。

以上例子所采用的片选控制的译码方式称为全译码方式，这种译码电路较复杂，但由此选中的每一组的地址是确定且惟一的。有时，为方便起见，也可以不用全译码方式，而直接用高位地址（如A_{10}～A_{15}中的任一位）来控制片选端。例如用A_{10}来控制，如图4-20所示。

粗看起来，这两组的地址分配与全译码时相同，但是当用A_{10}这一个信号作为片选控制时，只要$A_{10}=0$，A_{11}～A_{12}可为任意值都选中第一组；而只要$A_{10}=1$，A_{11}～A_{15}可为任意值都选中第二组。所以，它们的地址有很大的重叠区（每一组占有32K地址）。但在实际使用时，只要我们了解这一点，是不妨碍正确使用的。这种片选控制方式称为线选法。

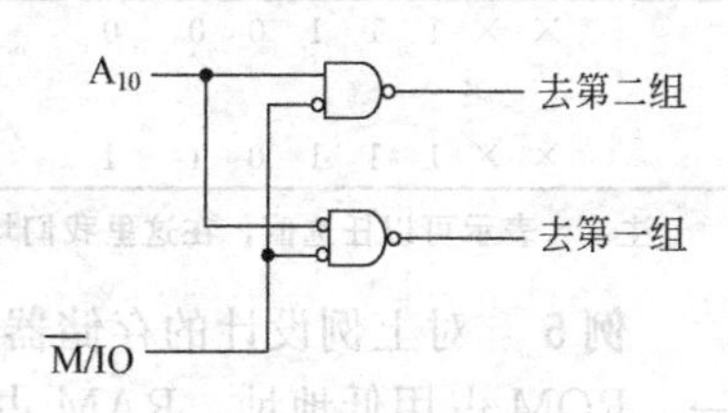

图4-20 线选法示例

线选法节省译码电路，设计简单，但必须注意此时芯片的地址分布以及各自的地址重叠区，以免出现错误。线选法适用于小系统。

例 4　一个存储器系统包括 2K RAM 和 8K ROM，分别用 1K×4 位的 2114 芯片和 2K×8 位的 2716 芯片组成。要求 ROM 的地址从 1000H 开始，RAM 的地址从 3000H 开始。试完成硬件连线及相应的地址分配表。

分析　该存储器的设计可参考本节的例 2 和例 3。不同的是，要根据题目的要求，按规定的地址范围设计各芯片和芯片组片选信号的连接方式。整个存储器的硬件连线如图 4-21 所示。

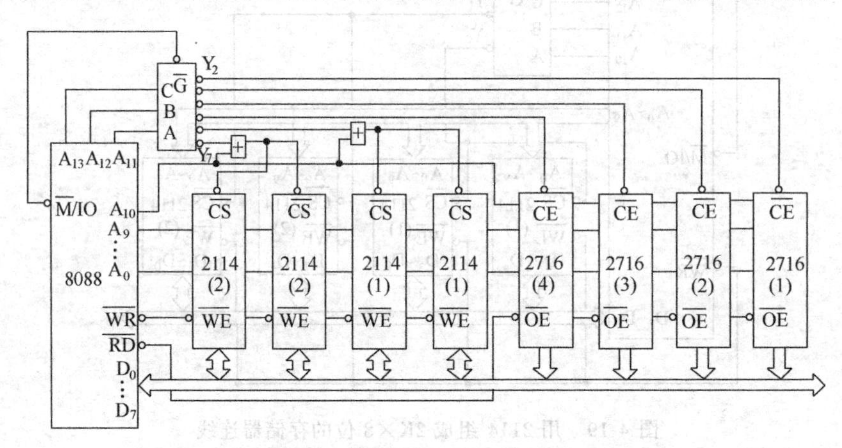

图 4-21　2K RAM 和 8K ROM 存储器系统连线图

该存储器的工作过程这里就不详细分析了，读者可以参考例 2 和例 3 自己去思考。根据硬件连线图，我们可以分析出该存储器的地址分配范围（假设只考虑 16 位地址）如下：

地　址　码	芯片的地址范围	对应芯片编号
A_{15} A_{14} A_{13} A_{12} A_{11} A_{10} A_9…A_0		
× × 0 1 0 0 0　0	1000H	
⋮	⋮	2716(1)
× × 0 1 0 1 1　1	17FFH	
× × 0 1 1 0 0　0	1800H	
⋮	⋮	2716(2)
× × 0 1 1 1 1　1	1FFFH	
× × 1 0 0 0 0　0	2000H	
⋮	⋮	2716(3)
× × 1 0 0 1 1　1	27FFH	
× × 1 0 1 0 0　0	2800H	
⋮	⋮	2716(4)
× × 1 0 1 1 1　1	2FFFH	
× × 1 1 0 0 0　0	3000H	
		2114(1)
× × 1 1 0 0 1　1	33FFH	
× × 1 1 1 0 0　0	3800H	
⋮	⋮	2114(2)
× × 1 1 1 0 1　1	3BFFH	

注：×表示可以任选值，在这里我们均选 0。

例 5　对上例设计的存储器，现在要求存储器地址从 8000H 开始连续存放且地址码惟一，ROM 占用低地址，RAM 占用高地址，硬件连线该如何修改？相应的地址分配又如何？

分析　这时，可采用分级译码和组合电路相结合的方法实现，其中片选产生电路设计如

图 4-22 所示。

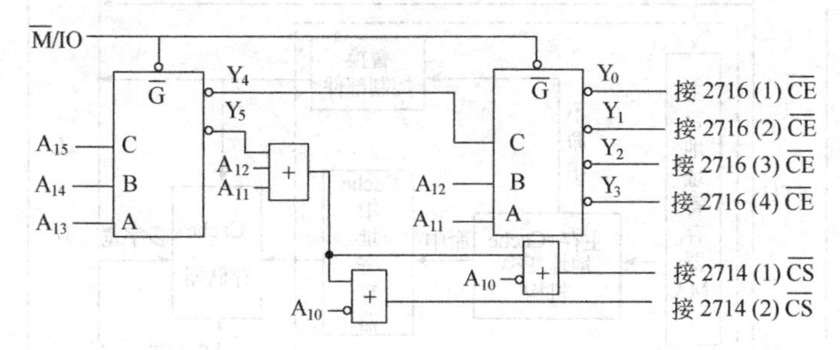

图 4-22 2K RAM 和 8K ROM 存储器系统片选产生电路图

经分析可知，各芯片的地址分配如下。

2716(1)：8000H～87FFH；2716(2)：8800H～8FFFH；2716(3)：9000H～97FFH；2716(4)：9800H～9FFFH；2114(1)：A000H～A3FFH；2114(2)：A400H～A7FFH。

以上只是给出了一种设计方法，大家还可以考虑更多的实现方法。

4.5 高速缓冲存储器 Cache

4.5.1 主存-Cache 层次结构

目前计算机使用的内存主要为动态 RAM，它具有价格低，容量大的特点，但由于是用电容存储信息，所以存取速度难以提高，而 CPU 的速度提高很快，例如，100MHz 的 Pentium 处理器平均每 10ns 就能执行一条指令，而 DRAM 的典型访问速度是 60～120ns。这样，慢速的存储器限制了高速 CPU 的性能，严重影响了计算机的运行速度，并限制了计算机性能的进一步发展和提高。

在半导体存储器中，虽然双极型静态 RAM 的存取速度可与 CPU 速度处于同一数量级，但这种 RAM 价格较贵，功耗大，集成度低，要达到与动态 RAM 相同的容量时，其体积就比较大，因而不可能将存储器都采用静态 RAM。因此就产生出一种分级处理的办法，即在主存和 CPU 之间加一个容量相对小的双极型静态 RAM 作为高速缓冲存储器（简称 Cache），如图 4-23 所示。这样，将 CPU 对内存的访问转为 CPU 对 Cache 的访问，以提高系统效率。

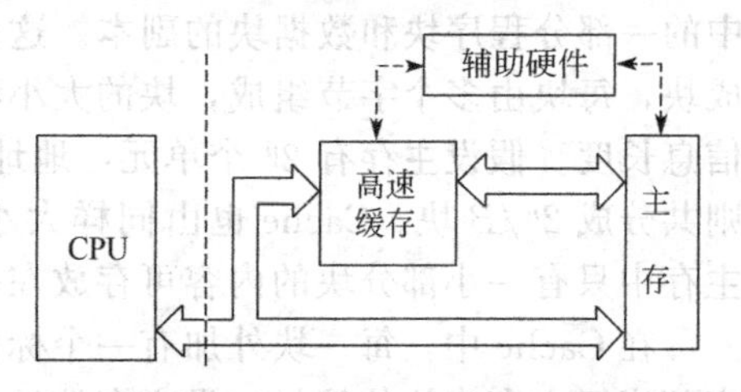

图 4-23 主存-Cache 层次示意图

对大量典型程序的运行情况分析结果表明，在一个较短的时间内，由程序产生的地址往往集中在存储器逻辑地址空间的很小范围内，因此对这些地址的访问就自然具有时间上集中分布的倾向。数据的这种集中倾向虽不如指令明显，但对数组的存储和访问以及工作单元的选择也可以使存储器地址相对集中。这种对局部范围的存储器地址频繁访问，而对此范围以外的地址则访问甚少的现象，称为程序访问的局部性。根据程序的局部性原理，在主存和 CPU 之间设置 Cache，把正在执行的指令地址附近的一部分指令或数据的副本从主存装入 Cache 中，供 CPU 在一段时间内使用，是完全可行的。

管理这两级存储器的部件为 Cache 控制器，CPU 和主存之间的数据传输都必须经过 Cache 控制器（见图 4-24），Cache 控制器将来自 CPU 的数据读写请求，转向 Cache 存储器，如果数据块已在 Cache 中，称为一次命中。命中时，如果是做读操作，则 CPU 直接从 Cache 中读数据。如果是做写操作，则 CPU 不但要把新的内容写入 Cache 中，同时还必须写入主存，使主存和 Cache 内容同时修改，保证主存和副本内容一致。由于 Cache 速度与

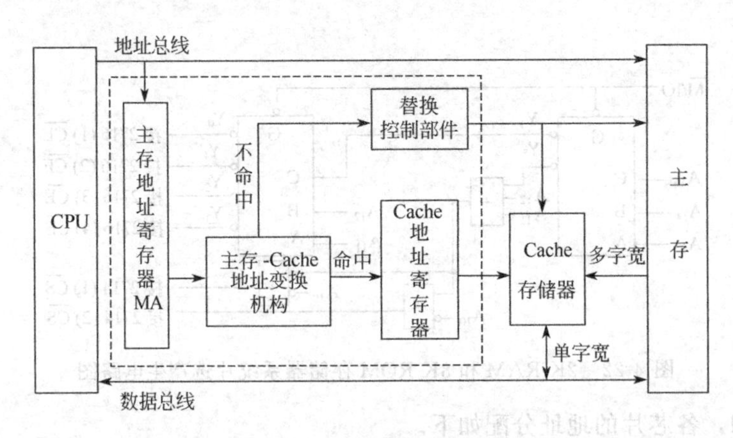

图 4-24 Cache存储系统基本结构

CPU速度相匹配，因此不需要插入等待状态，故CPU处于零等待状态，也就是说CPU与Cache达到了同步。若数据块不在Cache中，称为一次失败。失败时，如果是做读操作，则CPU需从主存读取信息的同时，Cache替换部件把该地址所在的那块存储内容从主存拷贝到Cache中。如果是做写操作，很多计算机系统只向主存写入信息，不必同时把这个地址单元所在的整块内容调入Cache存储器。这时，CPU必须在其机器周期中插入等待周期。

目前，Cache存储器容量主要有256KB和512KB等。这些大容量的Cache存储器，使CPU访问Cache的命中率高达90%至99%，大大提高了CPU访问数据的速度，提高了系统的性能。因此，从CPU的角度来看，这种主存-Cache层次的速度接近于Cache，容量与每位价格则接近于主存，因此解决了速度与成本之间的矛盾。

4.5.2 Cache的基本工作原理

在主存-Cache存储体系中，所有的程序和数据都在主存中，Cache存储器只是存放主存中的一部分程序块和数据块的副本。这是一种以块为单位的存储方式，Cache和主存均被分成块，每块由多个字节组成，块的大小称为“块长”，块长一般取一个主存周期所能调出的信息长度。假设主存有2^n个单元，地址码为n位，将主存分块（block），每块有B个字节，则共分成$2^n/B$块。Cache也由同样大小的块组成，由于其容量小，所以块的数目小得多，主存中只有一小部分块的内容可存放在Cache中。

在Cache中，每一块外加有一个标记，指明它是主存的哪一块的副本，所以该标记的内容相当于主存中块的编号。设主存地址为n位，且$n=M+b$，则可得出：主存的块数为2^M，块内字节数为2^b。Cache的地址码为（$N+b$）位，Cache的块数为2^N，块内字节数与主存相同。当CPU发出读请求时，将主存地址M位（或M位中的一部分）与Cache某块的标记相比较，根据其比较结果是否相等而区分出两种情况：当比较结果相等时，说明需要的数据已在Cache中，那么直接访问Cache就行了，在CPU与Cache之间，通常一次传送一个字；当比较结果不相等时，说明需要的数据尚未调入Cache，那么就要把该数据所在的整个字块从主存一次调进来。

Cache的容量和块的大小是影响Cache效率的重要因素，通常用“命中率”来测量Cache的效率。命中率指CPU所要访问的信息在Cache中的比率，而将所要访问的信息不在Cache中的比率称为失效率。一般来说，Cache的存储容量比主存的容量小得多，但不能太小，太小会使命中率太低；也没有必要过大，过大不仅会增加成本，而且当容量超过一定值后，命中率随容量的增加将不会有明显增长。

在从主存读出新的字块调入Cache存储器时，如果遇到Cache存储器中相应的位置已被其它字块占有，那么就必须去掉一个旧的字块，这称为替换。这种替换应该遵循一定的规则，最好能使被替换的字块是下一段时间内估计最少使用的，这些规则称为替换策略或替换算法，由替换部件加以实现。

目前微机中，Cache存储器一般装在主机板上。为了进一步提高存取速度，在Intel 80486CPU中就集成了8KB的数据和指令共用的Cache，在PentiumCPU中集成了8KB的数据Cache和8KB的指令Cache，与主机板上的Cache存储器形成两级Cache结构。CPU工作时，首先在第一级Cache（微处理器内的Cache）中查找数据，如果找不到，则在第二级Cache（主机板上的Cache）中查找，若数据在第二级Cache中，Cache控制器在传输数据的同时，修改第一级Cache；如果数据既不在第一级Cache也不在第二级Cache中，Cache控制器则从主存中获取数据，同时将数据提供给CPU并修改两级Cache。

第一、二级Cache结合，提高了命中率，加快了处理速度，使CPU对Cache的操作命中率高达98%以上。

4.5.3 地址映像

为了把数据放到Cache中，必须应用某种函数关系把主存地址映像到Cache中定位，这称作地址映像。当数据按这种映像关系装入Cache后，系统在执行程序时，应将主存地址变换为Cache地址，这个变换过程叫做地址变换。由于Cache的存储空间较小，其地址的位数也较少，而主存的存储空间较大，其地址的位数也较多，因此，Cache中的一个存储块要与主存中的若干个存储块相对应，即若干个主存地址将映像成同一个Cache地址。根据不同的地址对应方法，地址映像的方式通常有直接映像、全相联映像和组相联映像三种。

(1) 直接映像

每个主存地址映像到Cache中的一个指定地址的方式称为直接映像。在直接映像方式下，主存中某存储单元的数据只可调入Cache中的一个固定位置，如果主存中另一个存储单元的数据也要调入该位置，则将发生冲突。实现直接映像的一般方法是，将主存块地址对Cache的块号取模，即可得到Cache中的块地址，这相当于将主存的空间按Cache的大小进行分区，每区内相同的块号映像到Cache中相同的块的位置。

例如，一个Cache的大小为2K字，每个块为16字，这样Cache中共有128个块。假设主存的容量是256K字，则共有16384个块。主存的字地址将有18位。在直接映像方式下，主存中的第0～127块映像到Cache中的第0～127块，第128块则映像到Cache中的第0块，第129块映像到Cache中的第1块，依次类推。

由以上示例可以看出，这种映像关系为取模的关系，即主存中的第i块信息映像到Cache中第i mod 128块中。一般地，如果Cache被分成2^N块，主存被分成同样大小的2^M块，则主存与Cache中块的对应关系如图4-25所示。直接映像函数可定义为：

$$j=i \bmod 2^N$$

其中j是Cache中的块号；i是主存中的块号。

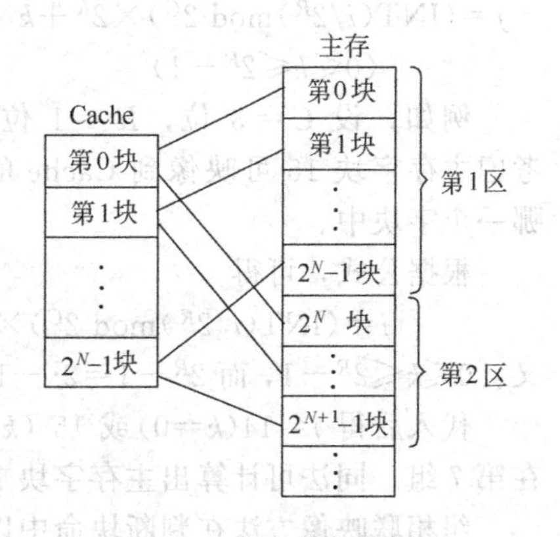

图 4-25 直接映像示意图

在这种映像方式中，主存的第0块、第2^N块、第2^{N+1}块…，只能映像到Cache的第0块，而主存的第1块、第2^N+1块、第$2^{N+1}+1$块…，只能映像到Cache的第1块，依次类推。直接映像函数的优点是实现简单，只需利用主存地址按某些字段直接判断，即可确定所需字块是否已在Cache存储器中。

直接映像是一种最简单的地址映像方式，它的地址变换速度快，而且不涉及其它两种映像方法中的替换策略问题。但是这种方式缺点是不够灵活，因为主存的 2^{M-N} 个字块只能对应惟一的 Cache 存储器字块，即使 Cache 存储器中有许多别的地址空着也不能占用，这使得 Cache 存储空间得不到充分利用，并降低了命中率。尤其是当程序往返访问两个相互冲突的块中的数据时，Cache 的命中率将急剧下降。

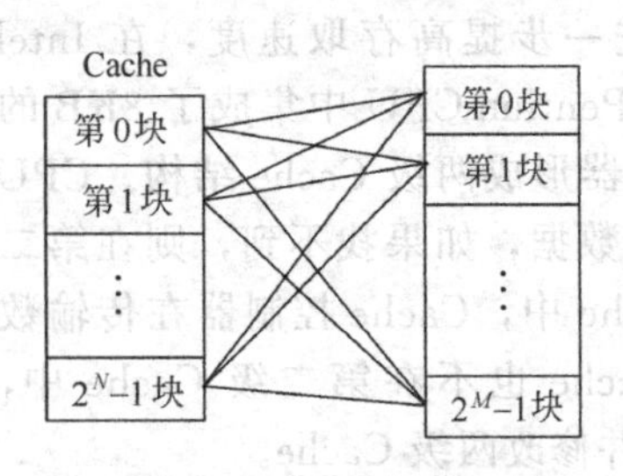

图 4-26　全相联映像示意图

(2) 全相联映像

全相联映像方式是最灵活但成本最高的一种方式，如图 4-26所示，它允许主存中的每一个字块映像到 Cache 存储器的任何一个字块位置上，也允许从确实已被占满的 Cache 存储器中替换出任何一个旧字块。当访问一个块中的数据时，块地址要与 Cache 块表中的所有地址标记进行比较以确定是否命中。在数据块调入时，存在着一个比较复杂的替换策略问题，即决定将数据块调入 Cache 中什么位置，将 Cache 中哪一块数据调出到主存。

全相联方法只有在 Cache 中的块全部装满后才会出现块冲突，所以块冲突的概率低，Cache 的利用率高。但全相联 Cache 中块表查找的速度慢，由于 Cache 的速度要求高，因此全部比较和替换策略都要用硬件实现，控制复杂，实现起来也比较困难。

这是一个理想的方案，但实际上由于它的成本太高而不能采用。

(3) 组相联映像

组相联映像方式是全相联映像和直接映像的一种折衷方案。这种方法将存储空间分成若干组，各组之间是直接映像，而组内各块之间则是全相联映像。如图 4-27 所示，在组相联映像方式下，主存中存储块的数据可调入 Cache 中一个指定组内的任意块中。它是上述两种映像方式的一般形式，如果组的大小为 1 时就变成了直接映像；如果组的大小为整个 Cache 的大小时就变成了全相联映像。

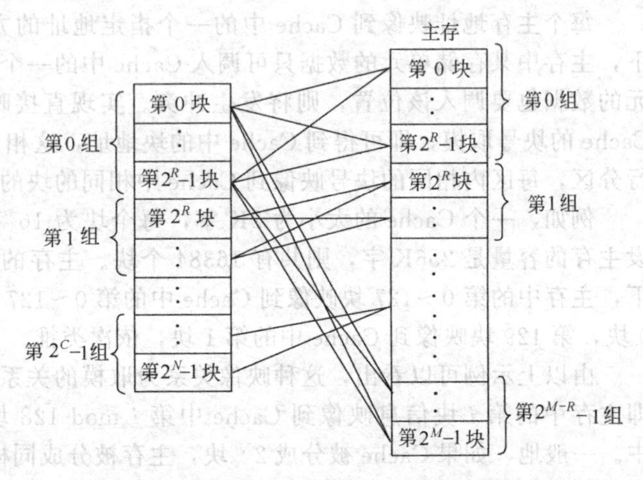

图 4-27　组相联映像示意图

例如，把 Cache 子块分成 2^C 组，每组包含 2^R 个字块，那么，主存字块 $M_M(i)$ $(0\leqslant i\leqslant 2^M-1)$ 可以用下列映像函数映像到 Cache 字块 $M^N(j)$ $(0\leqslant j\leqslant 2^N-1)$ 上：

$$j=(\mathrm{INT}(i/2^R)\bmod 2^C)\times 2^R+k$$
$$(0\leqslant k\leqslant 2^R-1)$$

例如，设 $C=3$ 位，$R=1$ 位，考虑主存字块 15 可映像到 Cache 的哪一个字块中。

根据公式，可得

$$j=(\mathrm{INT}(i/2^R)\bmod 2^C)\times 2^R+k=(7\bmod 2^3)\times 2^1+k=7\times 2+k=14+k$$

又：$0\leqslant k\leqslant 2^R-1$，而 $2^R-1=2^1-1=1$，即 $k=0$ 或 1

代入后得 $j=14(k=0)$ 或 15 $(k=1)$。所以主存字块 15 可映像到 Cache 字块 14 或 15，在第 7 组。同法可计算出主存字块 17 可映像到 Cache 的第 0 块或第 1 块，在第 0 组。

组相联映像方法在判断块命中以及替换算法上都要比全相联映像方法简单，块冲突的概率比直接映像方法的低，其命中率也介于直接映像和全相联映像方法之间。

值得一提的是，Cache 的命中率除了与地址映像的方式有关外，还与 Cache 的容量有关，Cache 容量大，命中率高，但达到一定容量后，命中率的提高就不明显了。

4.5.4 替换策略

当新的主存字块需要调入Cache存储器而它的可用位置又已被占满时，就产生替换策略问题。常用的两种替换策略是：先进先出（FIFO）策略和近期最少使用（LRU）策略。

（1）先进先出（FIFO）策略

FIFO（First In First Out）策略总是把一组中最先调入Cache存储器的字块替换出去，它不需要随时记录各个字块的使用情况，所以实现容易，开销小。

（2）近期最少使用（LRU）策略

LRU（Least Recently Used）策略是把一组中近期最少使用的字块替换出去，这种替换策略需随时记录Cache存储器中各个字块的使用情况，以便确定哪个字块是近期最少使用的字块。LRU替换策略的平均命中率比FIFO要高，并且当分组容量加大时，能提高该替换策略的命中率。

LRU是最常使用的一种替换策略，其实现方法是：把组中各块的使用情况记录在一张表上（如图4-28所示），并把最近使用过的块放在表的最上面。设组内有8个数据块，其地址编号为0、1、…、7。从图中可以看到，7号数据块在最下面，所以当要求替换时，首先更新7号数据块的内容；如要访问7号数据块，则将7写到表的顶部，其它号向下顺移。接着访问5号数据块，如果此时命中，不需要替换，也要将5移到表的顶部，其它号向下顺移。6号数据块是以后要首先被替换的……

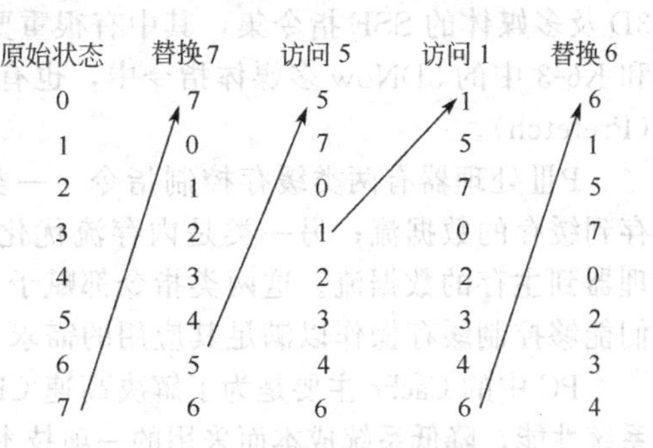

图4-28 LRU算法替换登记表

LRU策略的另一种实现方法是：对Cache存储器中的每一个字块都附设一个计数器，记录其被使用的情况。每当Cache中的一块数据被命中时，比命中块计数值低的数据块的计数器均加1，而命中块的计数器则清0。显然，采用这种计数方法，各数据块的计数值总是不相同的。一旦不命中的情况发生时，新数据块就要从主存调入Cache存储器，以替换计数值最大的那片存储区。这时，新数据块的计数值为0，而其余数据块的计数值均加1，从而保证了那些活跃的数据块（即经常被命中或最近被命中的数据块）的计数值要小，而近来越不活跃的数据块的计数值越大。这样，系统就可以根据数据块的计数值来决定先替换谁。

采用高速缓冲器组成的主存-Cache存储体系，CPU访问主存操作的90%在高速缓存中进行，这样一方面大大缩短了CPU访问主存的等效时间，有效地提高了机器的运算速度，另一方面可以降低CPU对主存速度的要求，从而降低主存的造价，弥补引入Cache存储器后增加的成本，使得主存-Cache存储体系平均每位价格仍接近于单一的主存每位价格，提高了机器的性能价格比。

4.5.5 PⅢ中采用的Cache技术

在本节的开头曾提到，为了提高CPU访问存储器的速度，在486和Pentium机中都设计了一定容量的数据Cache和指令Cache（L1），并且还可以使用处理器外部的第二级Cache（L2）。Pentium Pro在片内第一级Cache的设计方案中，也分别设置了指令Cache与数据Cache。指令Cache的容量为8KB，采用2路组相联映像方式。数据Cache的容量也为8KB，但采用4路组相联映像方式。它采用了内嵌式或称捆绑式L2 Cache，大小为256KB或512KB。此时的L2已经用线路直接连到CPU上，益处之一就是减少了对急剧增多L1 Cache的需求。L2 Cache还能与CPU同步运行，即当L1 Cache不命中时，立刻访问L2 Cache，不产生附加延迟。

PⅡ是 Pentium Pro 的改进型，同样有 2 级 Cache，L1 为 32KB（指令和数据 Cache 各 16KB）是 Pentium Pro 的两倍，L2 为 512KB。PⅡ与 Pentium Pro 在 L2 Cache 的不同是由于制作成本的原因。此时，L2 Cache 已不在内嵌芯片上，而是与 CPU 通过专用 64 位高速缓存总线相联，与其它元器件共同被组装在同一基板上，即“单边接触盒”上。

PⅢ也是基于 Pentium Pro 结构为核心，它具有 32KB 非锁定 L1 Cache 和 512KB 非锁定 L2 Cache。L2 可扩充到 2MB，具有更合理的内存管理，可以有效地对大于 L2 缓存的数据块进行处理，使 CPU、Cache 和主存存取更趋合理，提高了系统整体性能。在执行视频回放和访问大型数据库时，高效率的高速缓存管理使 PⅢ避免了对 L2 Cache 的不必要的存取。由于消除了缓冲失败，多媒体和其它对时间敏感的操作性能更高了。对于可缓存的内容，PⅢ通过预先读取期望的数据到高速缓存里来提高速度，这一特色提高了高速缓存的命中率，减少了存取时间。

为进一步发挥 Cache 的作用，改进内存性能并使之与 CPU 发展同步来维护系统平衡，一些制造 CPU 的厂家增加了控制缓存的指令。Intel 公司也在 PⅢ处理器中新增加了 70 条 3D 及多媒体的 SSE 指令集，其中有很重要的一组指令是缓存控制指令。AMD 公司在 K6-2 和 K6-3 中的 3DNow 多媒体指令中，也有从 L1 数据 Cache 中预取最新数据的数据预取指令（Prefetch）。

PⅢ处理器有两类缓存控制指令。一类是数据预存取（Prefetch）指令，能够增加从主存到缓存的数据流；另一类是内存流优化处理（Memory Streaming）指令，能够增加从处理器到主存的数据流。这两类指令都赋予了应用开发人员对缓存内容更大的控制能力，使他们能够控制缓存操作以满足其应用的需求，同时也提高了 Cache 的效率。

PC 中的 Cache 主要是为了解决高速 CPU 和低速 DRAM 内存间速度匹配的问题，是提高系统性能，降低系统成本而采用的一项技术。随着 CPU 和 PC 的发展，20 年来，现在的 Cache 已成为 CPU 和 PC 不可缺少的组成部分，是广大用户衡量系统性能优劣的一项重要指标。

4.6 虚拟存储器

4.6.1 主存-辅存层次结构

衡量存储器有三个指标：容量、速度和每位的价格。一般来讲，速度高的存储器，每位价格也高，因此容量不能太大。早期计算机主存容量很小（如几千字节），程序与数据从辅存调入主存是由程序员自己安排的，程序员必须花费很大精力和时间把大程序预先分成块，确定好这些程序块在辅存中的位置和装入主存的地址，而且还要预先安排好程序运行时，各块如何和何时调入调出。现代计算机主存储器容量已达几十兆字节，甚至达到几百兆字节，但是程序对存储容量的要求也提高了，因此仍存在存储空间的分配问题。

操作系统的形成和发展使得程序员尽可能摆脱主、辅存之间的地址定位，同时形成了支持这些功能的“辅助硬件”，通过软件、硬件结合，把主存和辅存统一成了一个整体，如图 4-29 所示。这时，由主存-辅存形成了一个存储层次，即存储系统。主存-辅存层次解决了存储器的大容量要求和低成本之间的矛盾，从整体看，其速度接近于主存的速度，其容量则接近于辅存的容量，而每位平均价格也接近于廉价的慢速的辅存平均价格。

4.6.2 虚拟存储器的基本概念

（1）什么叫虚拟存储器（Virtual Memory）

虚拟存储器是建立在主存-辅存物理结构基础之上，由附加硬件装置及操作系统存储管理软件组成的一种存储体系，它将主存和辅存的地址空间统一编址，形成一个庞大的存储空间。在这个大空间里，用户自由编程，完全不必考虑程序在主存是否装得下，或者放在辅存的程序将来在主存中的实际位置。编好的程序由计算机操作系统装入辅助存储器，程序运行

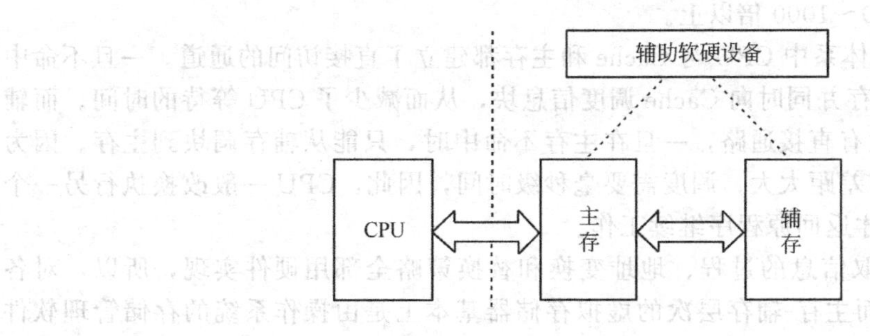

图 4-29 主存-辅存层次结构

时，附加的辅助硬件机构和存储管理软件会把辅存的程序一块块自动调入主存由 CPU 执行，或从主存调出。用户感觉到的不再是处处受主存容量限制的存储系统，而是好像具有一个容量充分大的存储器。因为实质上 CPU 仍只能执行调入主存的程序，所以这样的存储体系称为“虚拟存储器”。

(2) 虚地址和实地址

虚拟存储器的辅存部分也能让用户像内存一样使用，用户编程时指令地址允许涉及辅存大小的空间范围，这种指令地址称为“虚地址”（即虚拟地址）或叫“逻辑地址”，虚地址对应的存储空间称为“虚存空间”或叫“逻辑空间”。而实际的主存储器单元的地址则称为“实地址”（即主存地址）或叫“物理地址”，实地址对应的是“主存空间”，亦称物理空间。显然，虚地址范围要比实地址大得多。

虚拟存储器的用户程序以虚地址编址并存放在辅存里，程序运行时，CPU 以虚地址访问主存，由辅助硬件找出虚地址和物理地址的对应关系，判断由这个虚地址指示的存储单元的内容是否已装入主存，如果在主存，CPU 就直接执行已在主存的程序；如果不在主存，就要进行辅存内容向主存的调度，这种调度同样以程序块为单位进行。计算机系统存储管理软件和相应的硬件把欲访问单元所在的程序块从辅存调入主存，且把程序虚地址变换成实地址，然后再由 CPU 访问主存。虚拟存储器程序执行中，各程序块在主存和辅存之间进行自动调度和地址变换，主存、辅存形成一个统一的有机体，对于用户是透明的。由于 CPU 只对主存操作，虚拟存储器的存取速度主要取决于主存而不是慢速的辅存，同时又具有辅存的容量和接近辅存的成本。

(3) 虚拟存储器和 Cache 存储器

虚拟存储器和主存-Cache 存储器是两个不同存储层次的存储体系。在概念上两者有不少相同之处：它们都把程序划分为一个个数据块，运行时都能自动地把数据块从慢速存储器向快速存储器调度，数据块的调度都采用一定的替换策略，新的数据块将淘汰最不活跃的旧的数据块以提高继续运行时的命中率，新调入的数据块需按一定的映像关系变换地址后，才能确定其在存储器的位置等等。但是，由主存-辅存组成的虚拟存储器和主存-Cache 存储器亦有很多不同之处。

① Cache 存储器采用与 CPU 速度匹配的快速存储元件弥补了主存和 CPU 之间的速度差距，而虚拟存储器虽然最大限度地减少了慢速辅存对 CPU 的影响，但它的主要功能是用来弥补主存和辅存之间的容量差距，具有提供大容量和程序编址方便的优点。

② 两个存储体系均以数据块作为存储层次之间基本信息的传送单位，Cache 存储器每次传送的数据块是定长的，只有几十字节，而虚拟存储器数据块划分方案很多，有页、段等等，长度均在几百字节至几百 K 字节左右。

③ CPU 访问快速 Cache 存储器的速度比访问慢速主存快 5～10 倍。虚拟存储器中主存

的速度要比辅存缩短 100～1000 倍以上。

④ 主存-Cache 存储体系中 CPU 与 Cache 和主存都建立了直接访问的通道。一旦不命中时，CPU 就直接访问主存并同时向 Cache 调度信息块，从而减少了 CPU 等待的时间。而辅助存储器与 CPU 之间没有直接通路，一旦在主存不命中时，只能从辅存调块到主存。因为辅存的速度相对 CPU 的差距太大，调度需要毫秒级时间，因此，CPU 一般改换执行另一个程序，等到调度完成后才返回原程序继续工作。

⑤ Cache 存储器存取信息的过程、地址变换和替换策略全部用硬件实现，所以，对各类程序员均是透明的。而主存-辅存层次的虚拟存储器基本上是由操作系统的存储管理软件并辅助一些硬件来进行数据块的划分和主存-辅存之间的调度，所以对设计存储管理软件的系统程序员来说，它是不透明的，而对广大用户，因为虚拟存储器提供了庞大的逻辑空间可以任意使用，所以对应用程序员是透明的。

4.6.3 页式虚拟存储器

以页为基本信息传送单位的虚拟存储器称为页式虚拟存储器。不同类型的计算机，其页面大小的设置也不等，一般一页包括 512 字节～几千字节，通常是 2 的整数次幂。页式虚拟存储器的主存和虚拟存储空间划分成大小相等的页，主存空间地址从 0 页开始按页顺序编号。假设内存容量为 64K，地址长 16 位，每页有 2^{11}（2K）字节，主存划分成 32 页，如图 4-30 所示。

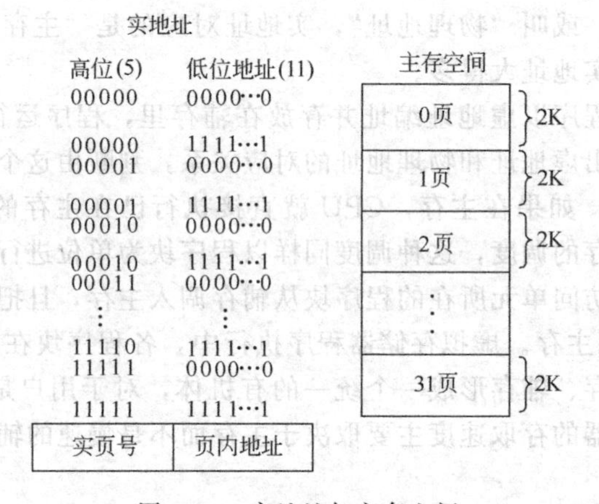

图 4-30　实地址与主存空间

实地址低 11 位编码从全 0 开始到全 1 为止，正好指示一页的存储范围，称为页内地址，页内地址描述存储单元在一页内的序号。实地址的高 5 位编码从 00000～11111，正好与所在主存的页顺序号一致，称为实页号。所以页式虚拟存储器的实地址由两部分组成：实页号＋页内地址。页内地址的长度由页面的大小而定，实页号的长度则取决于主存的容量。

采用页式虚拟存储器的计算机，编写程序时，用户使用虚地址，程序由操作系统装到辅存中。虚拟空间也按页划分，故虚地址由虚页号和页内地址两部分组成，因为主存、虚存的页面大小一致，所以实地址和虚地址的页内地址部分的长度一致，由于虚存空间要比主存大得多，所以虚页号要比实页号地址长。CPU 访问主存时送出的是程序虚地址。计算机必须判断该地址的存储内容是否已在主存里，如果不在的话，需要将所在页的内容按存储管理软件的规定调入指定的主存页后才能被 CPU 执行；如果在的话，就要找出在主存的哪一页。为此，通常需要建立一张虚地址页号与实地址页号的对照表，记录程序的虚页面调入主存时被安排在主存中的位置，这张表叫页表（Page Table）。

页表是存储管理软件根据主存运行情况自动建立的，对程序员完全透明。内存中有固定的区域存放页表。每个程序都有一张页表，如图 4-31(a)。页表按虚页号顺序排列，页表的长度等于该程序的虚页数。每一虚页的状态占据页表中一个存储字，叫页表信息字。页表信息字的主要内容有：装入位、修改位、替换控制位、实页号等。装入位是1时表示该虚页的内容已从辅存调入主存，页面有效；为0时则相反，表示页面无效，即主存中尚未调入这一页。修改位记录虚页内容在主存中是否被修改过，如果修改过，这页在主存被新页覆盖时要把修改的内容写回到虚存去。替换控制位与替换策略有关，比如采用前述 LRU 替换策略时，替换控制位就可以用作计数位，记录这页在主存时被 CPU 调用的历史，反映这页在主存的活跃程度。实页号指示管理软件将该虚页分配在主存的位置，即实地址页号。页表信息字中还可以根据要求设置其它控制位。

根据图 4-31(a) 程序 A 的页表设置可知，程序 A 占据 4 页虚存空间，0～3 号虚页将在主存中第 1、3、8、4 页定位，如图 4-31(b) 所示。虚页在实存空间的分布不一定是连续的，可以在主存任意页面定位。页表确定了程序虚页地址在实存空间的定位关系，根据页表就可以完成虚地址和实地址之间的转换了。

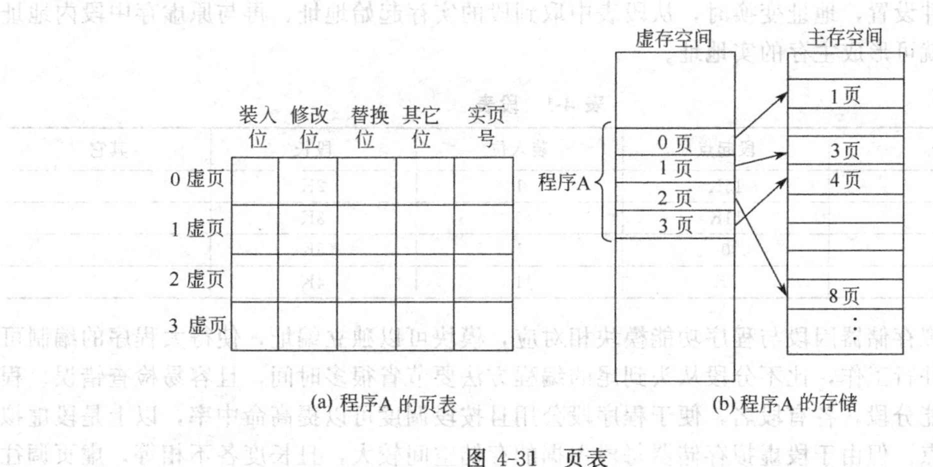

(a) 程序A 的页表　　(b) 程序A 的存储

图 4-31 页表

假设页表是保存或已调入主存储器中，那么，CPU 在访问存储器时，首先要查页表，即使页面命中，也得先访问一次主存去查页表，然后再访问主存才能取得数据，这就相当于主存速度降低了一倍。如果页面失效，则要进行页面替换和页面修改，访问主存的次数就更多了。因此，一般把页表的最活跃部分存放在快速存储器中组成快表，这是减少时间开销的一种方法。此外，在一些影响工作速度的关键部分也可以引入硬件的支持。

页式虚拟存储器每页长度固定且可以顺序编号，页表设置很方便，程序运行时只要主存有空页就能进行页调度，操作简单，开销少，所以页式虚拟存储器得到广泛应用。另一方面由于页长度固定，程序不可能正好是页面的整数倍，使最后一页的零头无法利用而造成浪费。同时，机械的划页无法照顾程序内部的逻辑结构，几乎不可能出现一页正好是一个逻辑上独立的程序段，指令或数据跨页的状况会增加查页表次数和页面失效的可能性，这是页式虚拟存储器欠缺之处。

4.6.4 段式虚拟存储器

现在程序编制大都采用模块化设计方法，一个复杂的程序按其逻辑功能分解成一系列相互关联且功能独立的简单模块，一个程序的执行过程即是从一个功能模块转到另一功能模块执行的过程。段式虚拟存储器是适应模块化程序的一种虚拟存储器，它的存储空间不是机械的按固定长度的页划分，而是随程序的逻辑结构而定，每一段即是一个程序过程模块或一个子程序或一个数组、一张表格等，程序员把所需的段连接起来就组成一个完整的程序。很显

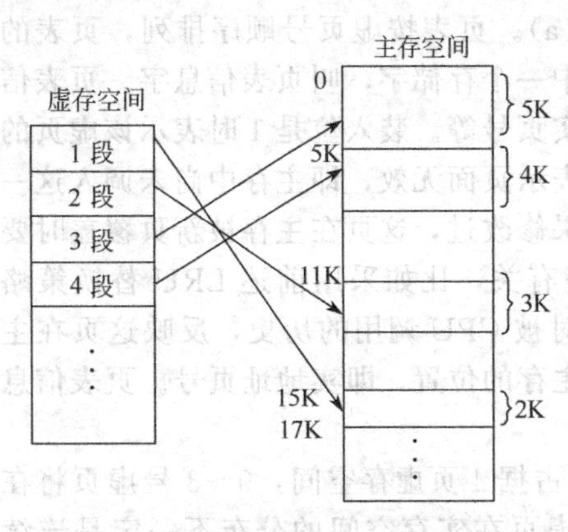

图 4-32　段式虚拟存储器段分布图

然，在这里，每一段长度不相等。段式虚拟存储器的段分布如图 4-32 所示。此时，程序仍在虚拟空间编址，但段地址各自从 0 开始且可以装入主存的任意位置。如段 2，其虚地址从 0～3K，段长为 3K，放在实存地址 11K 起始的单元内。同样，段虚地址向实地址的映像关系需要有一张段表指示。段表放在主存中，其主 要内容有段号、段起点、装入位、段长等如表 4-1 所示。段号是程序分段的序号，也是段功能名称的代号，一般有其程序上的逻辑含义，相邻段并非一定是顺序执行的段号。段起点指明该段将在实存空间的起始位置。装入位的含意与页表的相同，为 1 时表示此段已装入主存，为 0 则表示尚未装入。段长指出段程序模块的长度以便到实存选择合适的定位空间。此外，段表同样由存储管理软件设置，地址变换时，从段表中取到段的实存起始地址，再与原虚存中段内地址部分相结合就可形成主存的实地址。

表 4-1　段表

段号	段起点	装入位	段长	其它
1	15K	1	2K	
2	11K	1	3K	
3	0	1	5K	
4	5K	1	4K	

段式虚拟存储器因段与程序功能模块相对应，模块可以独立编址，使得大程序的编制可以多人分段并行工作，比不分段从头到尾的编程方法要节省很多时间，且容易检查错误。程序按逻辑功能分段，各有段名，便于程序段公用且按段调度可以提高命中率，以上是段虚拟存储器的优点。但由于段虚拟存储器每段占据的存储空间较大，且长度各不相等，虚页调往主存时，主存空间的分配工作比较复杂，段与段之间的存储空间常常不好利用而造成浪费，这是段式虚拟存储器的不足之处。

4.6.5　段页式虚拟存储器

段页式虚拟存储器是段式虚拟存储器和页式虚拟存储器的结合。在这种方式中，把程序按逻辑单位分段后，再把每段分成固定大小的页，程序对主存的调入调出是按页面进行的，但它又可以按段实现共享和保护。

在段页式虚拟存储系统中，每道程序是通过一个段表和一组页表来进行定位的。段表中的每个表目对应一个段，每个表目有一个指向该段的页表的起始地址（页号）及该段的控制保护信息。由页表指明该段各页在主存中的位置以及是否已装入、已修改等标志。CPU 访问时段表指示每段对应的页表地址，每一段的页表确定页在实存空间的位置，最后与页内地址拼接确定 CPU 要访问的单元物理地址。

段页式虚拟存储器综合了段式和页式结构的优点，是一种较好的虚拟存储体系结构。目前，大中型机一般都采用这种段页式存储管理方式。

习题与思考题

1. 存储器的哪一部分用来存储程序指令及像常数和查找表一类的固定不变的信息？哪一部分用来存储经常改变的数据？
2. 术语“非易失性存储器”是什么意思？PROM 和 EPROM 分别代表什么意思？

3. 微型计算机中常用的存储器有哪些？它们各有何特点？分别适用于哪些场合？
4. 现代计算机中的存储器系统采用了哪三级分级结构？主要用于解决存储器中存在的哪些问题？
5. 试比较静态 RAM 和动态 RAM 的优缺点，并说明有何种方法可解决掉电时动态 RAM 中信息的保护。
6. 计算机的电源掉电后再接电时（系统中无掉电保护装置），存储在各类存储器中的信息是否仍能保存？试从各类存储器的基本原理上来分析说明。
7. 什么是存储器的位扩充和字扩充方式？它们分别用在什么场合？
8. 要用 64K×1 位的芯片组成 64K×8 位的存储器需要几片芯片？
   要用 16K×8 位的芯片组成 64K×8 位的存储器需要几片芯片？
9. 试画出容量为 4K×8 位的 RAM 硬件连接图（CPU 用 8088，RAM 用 2114），要求 RAM 地址从 0400H 开始，并写出各芯片的地址分配范围。
10. 试画出容量为 12K×8 位的 ROM 硬件连接图（CPU 用 8088，EPROM 用 2716），并写出各芯片的地址分配范围。
11. 在上题的基础上，若要求 ROM 地址区从 1000H 开始，硬件设计该如何修改？并写出各芯片的地址分配范围。若要求 ROM 地址区从 C000H 开始，硬件设计又该如何修改？并写出各芯片的地址分配范围。
12. 一台 8 位微机系统（CPU 为 8088）需扩展内存 16K，其中 ROM 为 8K，RAM 为 8K。ROM 选用 EPROM2716，RAM 选用 2114，地址空间从 0000H 开始，要求 ROM 在低地址，RAM 在高地址，连续存放。试画出存储器组构图，并写出各芯片的地址分配范围。
13. 试画出容量为 32K×8 位的 ROM 连接图（CPU 用 8088，ROM 地址区从 8000H 开始），并写出各芯片的地址分配范围（EPROM 用 8K×8 位的 2764，地址线 $A_0 \sim A_{12}$，数据线 $O_0 \sim O_7$，片选 $\overline{CE}$，输出允许：$\overline{OE}$）。
14. 什么是高速缓冲存储器？在微机中使用高速缓冲存储器的作用是什么？
15. 何谓高速缓冲存储器的命中？试说明直接映像、全相联映像、组相联映像等地址映像方式的基本工作原理。
16. 什么是虚拟存储器？它的作用是什么？

本章学习指导

存储器系统是微型计算机的重要组成部分，其中容量、成本和速度是衡量存储器系统的重要指标。现代微型计算机的存储器系统采用了分级结构，即主存-辅存-高速缓存（Cache）三级结构。其中主存-辅存结构，通过海量存储器（外存）扩展了主存的容量，解决了容量不足的问题，主存-Cache 结构，则通过增加小容量的高速缓冲存储器，解决了主存与 CPU 之间速度不匹配的问题。而辅存和小容量 Cache 成本也不高，这样，上述存储器系统在速度、容量和成本之间建立了很好的统一。本章从存储器的分类和结构出发，重点学习与主存相关的内容，达到能用指定的芯片构建一个符合客户要求的存储器系统。

主存（亦称内存）位于计算机内部，CPU 可以直接对其进行操作。用户编写的程序、数据都要先存入内存，而 CPU 的运算结果也要存入内存。目前，内存主要采用半导体存储器，以大规模集成电路芯片的形式出现，类型有只读存储器 ROM 和随机存储器 RAM。在学习中，读者可以重点关注以下几个方面。

① ROM 和 RAM 的特点。这是两种不同类型的存储器，它们各有特点但又存在许多方面的不同。

• 存贮原理不同。由于单位存储电路结构不同，因此 ROM 中存放的信息原则上仅能读出而不能写入（对 EPROM 等芯片来说，虽然可以多次写入，但擦除的操作是需要有特殊设备的）。RAM 作为随机存储器，在计算机工作的过程中，可以随机地读出或写入数据。

• 作用不同。ROM 在内存中主要承担系统程序或数据的存储，这些内容在机器运行的过程中用户可以使用但不能改变，RAM 则主要承担用户程序和数据的存储，在机器运行过程中可以随时写入/读出。

② 静态和动态 RAM。同为 RAM，静态和动态又是不同的，前者采用双稳态电路存储数据，后者采用电容存储数据。由于电容具有充放电的功能，因此对动态 RAM 需要定时刷新（即每隔一段时间将全部数据读出再写入），但它的优点是集成度高。微机中的内存主要使用动态 RAM（DRAM），一般应用系统扩展则主要使用静态 RAM（SRAM）。

③ 存储器芯片。存储器芯片是构成存储器的核心。与芯片的内部结构相比，我们重点关注芯片的引脚和使用。容量和字长是存储器芯片的重要指标，其中容量与芯片的地址码位数相关，字长则与芯片的数据线位数相关，如 8K×8 位的芯片，表示容量为 8K（地址码为 13 位），每个存储单元中存放 8 位 2 进制数（数据线为 8 位）。除此之外，存储器芯片的引脚还有读/写、输出使能、片选等。

④ 存储器组构。一个实用的存储器往往不是使用一片存储器芯片就可以实现的，一般需要采用多种芯片通过扩充的方法来完成。扩充的方法主要有两种。

• 位扩充。适用于芯片的容量满足要求，而字长不够的场合。这时需要用几片芯片通过位扩充的方法进行组构（连线特点：地址线、读/写信号线、片选线并联，数据线组合）。

• 字扩充。适用于芯片的字长满足要求，而容量不够的场合。这时要用几片芯片通过扩充的方法进行组构（连线特点：地址线、数据线、读/写信号线并联，片选线单独）。

以上两种方法可以混合使用，这时可先选用位扩充方法形成芯片组，以满足字长要求，然后再采用字扩充的方法来满足容量要求，如 16K×1 芯片，构成 32K×8 的存储器，可先用 8 片芯片通过位扩充成 16K×8，再用两组这样的组合通过字扩充形成 32K×8。也可用其它芯片扩充，形成更大容量的存储器。

Cache 是位于 CPU 与主存之间的一个小容量高速存储器（目前 CPU 内部也有相应的 Cache），主要起缓存作用，采用一定的映射方法和替换策略后，可以使 CPU 对存储器的大部分操作由主存转向 Cache，从而提高了计算机的工作效率。而虚拟存储器则是在引入海量辅存后所采用的一种存储体系（包括主存、辅存、存储管理软件与附加硬件），在它的支持下，用户使用有限容量的内存就像使用无限容量的辅存一样，完全不用考虑存储器容量的大小以及存储管理的问题，为计算机的使用提供了极大的方便。

在本章的学习过程中，除了基本原理外，大家要投入相当的精力（参考书中的例子）去进行存储器组构的硬件设计，通过不同情况，不同规格芯片的扩充，来掌握存储器的使用以及与 CPU 的联系。同时，认真体会主存-Cache-辅存三级存储结构的特点以及为存储器的使用和管理所带来的优势。

5 定时与计数

5.1 概述

5.1.1 定时与计数问题的提出

定时与计数是计算机经常面临的工作，它不仅应用在计算机内部，同时也广泛应用在各种不同领域的实际系统中，如定时中断、定时检测、定时扫描等，还有些场合要求能对外部事件计数。实现定时与计数的方法通常有两种：软件方法和硬件方法。其中前者通过用户编制的程序来完成，如延时子程序，这个程序段本身没有具体的执行目的，但由于执行每条指令都需要时间，则执行一个程序段就需要一个固定的时间。通过正确地挑选指令和安排循环次数很容易实现软件定时，软件定时占用 CPU，降低了 CPU 的利用率。而后者则通过完全的硬件连接或软/硬件的结合来完成，包含简单硬件定时和可编程硬件定时两种方式。其中简单硬件定时可以采用小规模集成电路器件（例如 555），外接部分定时部件（电阻和电容）构成。这样的定时电路简单而且通过改变电阻和电容，可以使定时在一定的范围内改变，但不能由指令来控制和改变。可编程定时器电路的定时值及其范围，可以很容易地由软件来确定和改变，所以使用灵活，功能更强。

本章主要讲授如何采用定时器/计数器芯片，通过软/硬件的结合来实现定时/计数操作。虽然定时与计数是两个完全不同的操作，也分别适用于不同的场合。但是，从电路实现的角度来看，这两者又有着非常一致的地方。定时器内部通常是由计数器组成，而计数器是由外部计数脉冲触发而进行计数的，这时我们就可以通过统计计数脉冲的个数来达到计数的目的。同时，如果计数脉冲是周期相同的精确的时钟信号时，还可通过计数脉冲的个数与计数脉冲的周期相乘来达到定时的目的。

5.1.2 端口的概念

要构成一个实际的微型计算机系统，除了微处理器以外，还必须有各种扩展部件和输入/输出接口电路，这些扩展部件包括存储器、中断控制器、DMA 控制器、定时/计数器等，它们可以提供使微机正常工作所需要的辅助电路；而输入输出接口电路通常包括并行接口、串行接口、专用接口等，通过这些接口电路，微机可以接收外部设备送来的信息或将信息发送给外部设备。

一般情况下，这些扩展部件和接口电路都是以集成电路芯片的形式出现，为了提供 CPU 与它们直接进行操作的“通道”，每个部件或接口内部都包含有一组寄存器，这些寄存器通常称为端口，每个端口有一个端口地址，如图 5-1 所示。当 CPU 与它们进行通信时，不同的信息通过不同的端口地址与不同的寄存器进行交互。

端口通常分为三类：用来传输数据的称为数据端口；用来存放设备或者部件状态的称为状态端口；用来存放 CPU 发出的命令的称为控制端口。CPU 通过数据端口完成数据传输，因此，数据端口一般是可读可写的；通过状态端口可以检测外设和接口部件当前的状态，因此，状态端口一般是只读的；通过控制端口传输命令以便控制接口和设备的动作，因此，控制端口一般是只写的。

在 8086/8088 微机系统中，用户可以通过输入指令（IN AL，PORT）和输出指令（OUT PORT，AL）直接对端口进行操作。

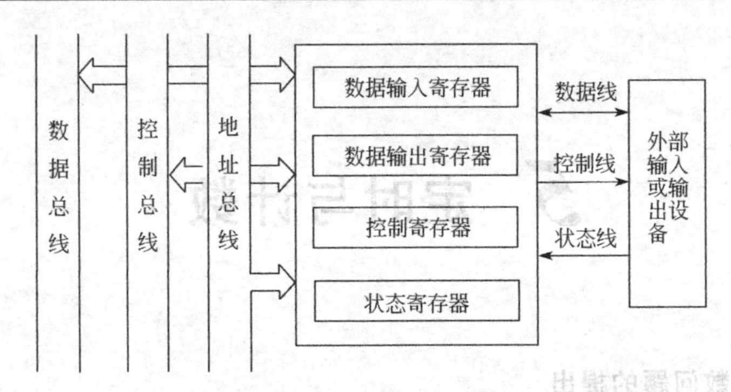

图 5-1　端口结构示意

5.2　可编程定时器/计数器芯片 Intel 8253

8253 是 Intel 系列的可编程定时器/计数器芯片，使用单一＋5V 电源，是 24 个引脚的双列直插式器件，其改进型为 Intel 8254。其它公司的定时/计数芯片有 Zilog-CTC，Motolora的 MC6840 等。

5.2.1　8253 的功能与结构

（1）8253 的主要功能

- 有 3 个独立的 16 位计数器通道。
- 每个计数器都可以按照二进制或二-十 进制（BCD 码）计数。
- 每个计数器的计数速率可高达 2MHz。
- 每个通道有 6 种工作方式，可由程序设置和改变。
- 所有的输入输出都与 TTL 兼容。

（2）8253 的内部结构

8253 的内部结构如图 5-2 所示，主要由以下部分组成，各部分的功能如下。

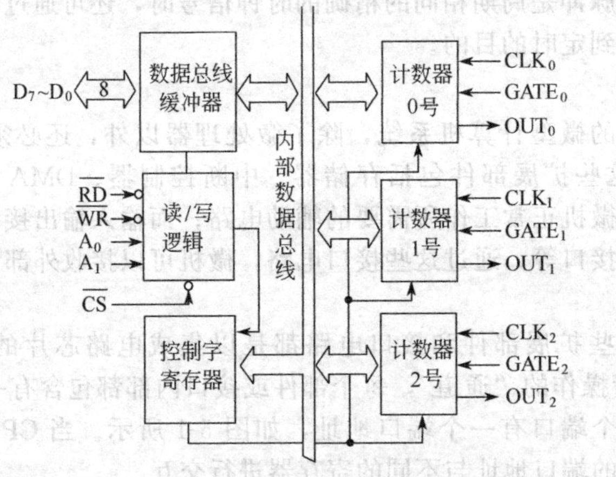

图 5-2　8253 的内部结构

1）数据总线缓冲器。这是 8253 与 CPU 数据总线连接的 8 位、双向、三态缓冲器。CPU 用输入输出指令对 8253 进行读写的所有信息都是通过该缓冲器传送的，内容如下。

- CPU 在初始化编程时写入 8253 的控制字。
- CPU 向 8253 的某一通道写入的计数值。
- CPU 从某一个通道读取的计数值。

2）读/写控制逻辑。这是 8253 内部操作的控制部分。它接收输入的信号（$\overline{CS}$、$\overline{WR}$、

$\overline{RD}$、A_1、A_0），以实现片选、内部通道选择（见表 5-1）以及对相关端口的读/写操作。

表 5-1 端口地址

A_1	A_0	端口
0	0	通道 0
0	1	通道 1
1	0	通道 2
1	1	控制端口

3）控制字寄存器。在对 8253 进行初始化编程时，该寄存器存放由 CPU 写入的控制字，由此控制字来决定所选中通道的工作方式。此寄存器只能写入不能读出。

4）计数器 0，计数器 1，计数器 2。这是三个独立的计数器/定时器通道，各自可按不同的工作方式工作。

每个通道内部均包含一个 16 位计数初值寄存器、一个 16 位减法计数器和一个 16 位锁存器。其中，计数初值寄存器用来存放初始化编程时由 CPU 写入的计数初值。减法计数器从计数初值寄存器中获得计数初值，进行减法计数，当预置值减到 0 或 1（视工作方式而定）时，OUT 输出端的输出信号将有所变化。正常工作时，锁存器中的内容随减法计数器的内容而变化，当有通道锁存命令时，锁存器便锁定当前内容以便 CPU 读取，CPU 可用输入指令读取任一计数器的当前计数值，通道锁存器中的内容被 CPU 读走之后，就自动解除锁存继续随减法计数器而变化。

值得注意的是，这些 16 位的寄存器也可以当 8 位的寄存器使用，此时仅有低 8 位有效。

(3) 8253 的引脚功能

8253 是具有 24 个引脚的双列直插式集成电路芯片，其引脚分布如图 5-3 所示。8253 芯片的 24 个引脚除电源及接地引脚外，按功能可分为两组，一组面向三总线即数据总线、控制总线和地址总线，另一组面向外部操作。

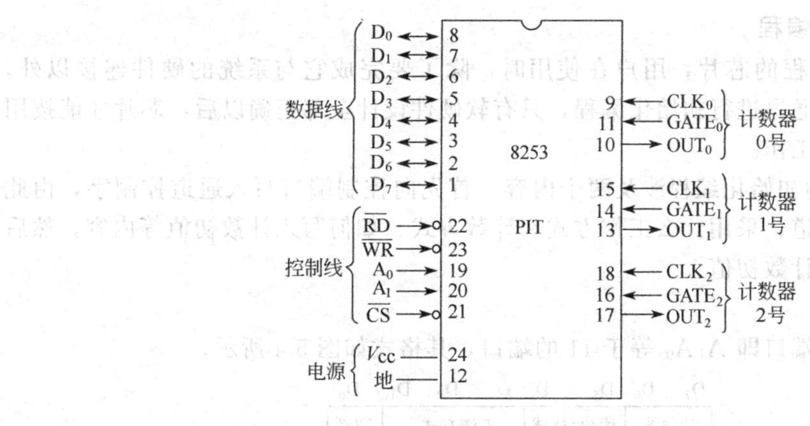

图 5-3 8253 的引脚

面向三总线的引脚信号有以下几个。

• $D_0 \sim D_7$ 双向、三态数据线，用来与系统的数据总线连接，传送控制、数据及状态信息。

• $\overline{RD}$ 读控制信号输入引脚，低电平有效。有效时表示 CPU 要读取 8253 中某个通道计数器的当前值。

• $\overline{WR}$ 写控制信号输入引脚，低电平有效。有效时表示 CPU 要对 8253 中某个通道计数器写入计数初值或向控制寄存器写入控制字。

• A_1，A_0 芯片内部端口地址信号输入引脚，它们的组合用以选择 8253 芯片的通道及控制字寄存器，一般可直接接至系统地址总线的 A_1、A_0 位。

• $\overline{CS}$　片选控制信号输入引脚，低电平有效，有效时CPU可以对该片8253进行操作。该引脚一般接至高位地址译码器的某一输出。

$\overline{RD}$、$\overline{WR}$、$\overline{CS}$以及A_1、A_0引脚的组合决定了CPU对8253各个通道及控制寄存器的读/写操作，具体情况如表5-2所示。

表5-2　8253的操作选择

$\overline{CS}$	$\overline{RD}$	$\overline{WR}$	A_1	A_0	寄存器选择和操作
0	1	0	0	0	写入计数器0
0	1	0	0	1	写入计数器1
0	1	0	1	0	写入计数器2
0	1	0	1	1	写入控制寄存器
0	0	1	0	0	读计数器0
0	0	1	0	1	读计数器1
0	0	1	1	0	读计数器2
0	0	1	1	1	无操作(3态)
1	×	×	×	×	禁止(3态)
0	1	1	×	×	无操作(3态)

面向外部操作的引脚信号有三组，每一组对应一个通道。由于三个通道的对外操作引脚完全一样，因此我们以一组为例来介绍。

• CLK　通道的计数脉冲输入引脚。8253规定，加在CLK引脚的输入计数脉冲信号的频率不得高于2.6MHz，即计数脉冲的周期不能小于380ns。

• GATE　门控信号输入引脚。这是控制计数器工作的一个外部信号，其作用与选中的工作方式有关，一般情况下，当GATE引脚为低（无效）时，通常都是禁止计数器工作的；只有当GATE引脚为高时，才允许计数器工作。

• OUT　标志通道定时/计数操作特点的输出信号引脚，输出信号的波形由通道的工作方式确定。用户可用此输出信号触发其它电路工作。

5.2.2　8253的初始化编程

8253作为一个可编程的芯片，用户在使用时，除了要完成它与系统的硬件连接以外，还必须逐一对要使用的通道进行初始化编程，只有软硬件设计全部正确以后，芯片才能按用户指定的工作要求进行工作。

对8253某一通道的初始化编程涉及两个内容：首先向控制端口写入通道控制字，由此控制字确定选中哪个通道、采用什么工作方式和计数方式、如何写入计数初值等内容，然后向选中的通道端口写入计数初值。

(1) 8253的控制字

控制字要写入控制端口即A_1A_0等于11的端口，其格式如图5-4所示。

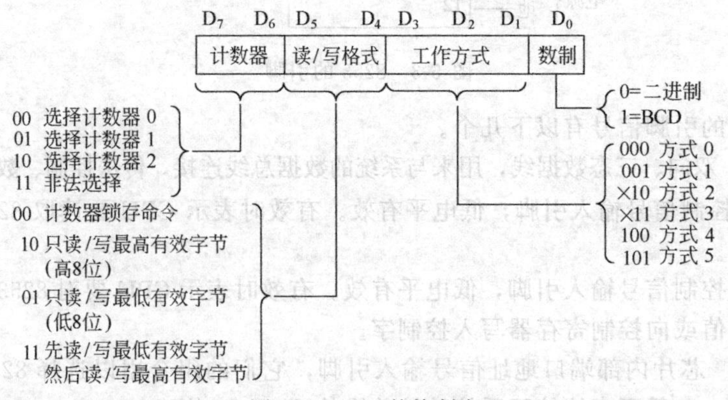

图5-4　8253的控制字

① 计数器选择（D_7D_6）。由这两位的编码决定当前选择的是哪一个通道工作。当 D_7D_6＝00、01、10 时分别选中通道 0、通道 1 和通道 2，D_7D_6＝11 为非法选择。

② 数据读/写格式（D_5D_4）。D_5D_4 的编码决定了对选中通道的数据读/写方式。

一种是要对选中的通道写入计数初值。当计数初值小于 255 时，可以选择采用 8 位计数，令 D_5D_4＝01，这样，在控制字写入后，再通过一条写指令就可以完成将计数初值写入选中的通道，此时写入的数据进入通道计数器的低 8 位，高 8 位自动置 0。如果计数初值较大，就要选择采用 16 位计数，这又分成两种情况：当计数初值的低 8 位为全 0 时，可令 D_5D_4＝10，这样，在控制字写入后，再通过一条写指令将计数初值的高 8 位写入选中的通道，此时写入的数据进入通道计数器的高 8 位，低 8 位就自动为 0，从而形成一个完整的 16 位计数值；对一般情况，可令 D_5D_4＝11，这样，在控制字写入后，再通过两条写指令将计数初值写入选中的通道，第一条指令将计数初值的低 8 位写入通道计数器的低 8 位，第二条指令将计数初值的高 8 位写入通道计数器的高 8 位，从而形成一个完整的 16 位计数值。

另一种是要读取当前通道计数值，令 D_5D_4＝00，这样，在控制字写入后，8253 就将选中通道的当前计数值送入锁存器，用户可以通过两条读指令将计数值读出，第一条指令读出的是计数值的低 8 位，第二条指令读出的是计数值的高 8 位。

③ 工作方式（$D_3D_2D_1$）。由这三位的编码决定选中通道的工作方式。通常取 $D_3D_2D_1$＝000～101 时分别对应方式 0～方式 5。

④ 数制选择（D_0）。8253 的每个通道有两种计数方式，一种是按二进制计数，另一种是按二-十进制（即 BCD 码方式）计数。D_0＝0 表示按二进制计数，这时，写入的计数初值的范围为 0000H～FFFFH，其中 0000H 是最大值，代表 65536。D_0＝1 表示按二-十进制（即 BCD 码方式）计数，这时，写入的计数初值（要求是 BCD 码形式）的范围为 0000～9999，其中，0000 是最大值，代表 10000。

(2) 通道初始化编程的步骤

对 8253 某一通道的初始化编程需要以下两步。

① 向控制端口写入通道控制字，指定选中的通道并规定通道的工作方式等信息。

② 根据控制字的规定，向选中的通道端口写入计数初值。

- 若控制字规定只写低 8 位，则写入的为计数值的低 8 位，高 8 位自动置 0。
- 若控制字规定只写高 8 位，则写入的为计数值的高 8 位，低 8 位自动置 0。
- 若控制字规定要分两次写入 16 位计数值，则先写入低 8 位，再写入高 8 位。

值得注意的是，如果要使用一片 8253 的多个通道，则对每一个通道都要单独进行初始化编程。其中控制字都是写入控制端口，而计数初值则要分别写入不同的通道端口地址。

例 1　若选用通道 0，工作在方式 1，按二进制计数，计数值为 5080。设端口地址为 F8H～FBH，完成初始化编程。

分析　确定通道控制字：00110010B

初始化程序段为

```
MOV    AL,    32H
OUT    0FBH,  AL     ；控制字写入控制口
MOV    AX,    5080   ；二进制形式的数据
OUT    0F8H,  AL     ；先写低 8 位，写入通道 0
MOV    AL,    AH
OUT    0F8H,  AL     ；后写高 8 位，写入通道 0
```

在上题中，如果要求用通道 1，采用二-十进制计数，计数初值和工作方式不变，完成初始化程序。

分析　确定通道控制字：01110011B

初始化程序段为

```
MOV    AL，  73H
OUT    0FBH，  AL  ；控制字写入控制口
MOV    AL，  80H   ；BCD码形式的数据
OUT    0F9H，  AL  ；先写低8位，写入通道1
MOV    AL，  50H   ；BCD码形式的数据
OUT    0F9H，  AL  ；后写高8位，写入通道1
```

例2　若对一片8253同时选用两个通道工作，其中通道0工作在方式0，计数值为65536。通道2工作在方式5，计数值为127，设端口地址为00H～03H，完成初始化编程。

分析　对通道0：确定通道控制字：00110000B；计数初值为0

对通道2：确定通道控制字：10011010B

初始化程序段为

```
MOV    AL，  30H
OUT    03H，  AL   ；控制字写入控制口
MOV    AX，  0     ；二进制形式的数据
OUT    00H，  AL   ；先写低8位，写入通道0
MOV    AL，  AH
OUT    00H，  AL   ；后写高8位，写入通道0
MOV    AL，  9AH
OUT    03H，  AL   ；控制字写入控制口
MOV    AL，  127   ；二进制形式的数据
OUT    02H，  AL   ；只写低8位，写入通道2
```

此时，对通道0的初始化也可以用下列程序完成。

```
MOV    AL，  20H   ；采用16位计数，只写高8位，低8位自动置0
OUT    03H，  AL   ；控制字写入控制口
MOV    AL，  0     ；二进制形式的数据
OUT    00H，  AL   ；只写高8位，写入通道0
```

(3) 读取通道当前的计数值

8253任一通道的当前计数值，CPU都可用输入指令读取。由于8253的通道计数器是16位的，要分两次读至CPU，为避免在CPU的两次读出过程中，由于计数器的瞬间变化而造成的读出数据错误，在进行读出操作前必须对相应通道进行锁存，锁存的办法有两种。

① 利用GATE信号使计数过程暂停。

② 向8253的控制口写入一个令通道锁存器锁存的控制字。8253的每一个通道都有一个输出锁存器（16位），平时，它的值随通道计数器的值变化，当向通道写入锁存的控制字时，它把计数器的当前值锁存。接着CPU就可以通过IN指令分两次从通道端口读取锁存器中的值，先读出的是低8位，后读出的是高8位。当对计数器重新编程或CPU读取了计数值后，则自动解除锁存状态，锁存器的值又随计数器的值变化。

例3　若8253的端口地址为FFF0H～FFF3H，要读取通道1的16位计数值送CX寄存器。

分析　控制字：0100××××B

```
程序段为  MOV    AL，  40H    ；计数器1的锁存命令
          MOV    DX，  0FFF3H
```

```
        OUT     DX,     AL          ；写入控制字寄存器
        MOV     DX,     0FFF1H
        IN      AL,     DX          ；读低8位
        MOV     CL,     AL          ；存于CL中
        IN      AL,     DX          ；读高8位
        MOV     CH,     AL          ；存于CH中
```

5.2.3 8253的工作方式

8253共有6种工作方式，各工作方式下的工作状态是不同的，输出的波形也不同，其中门控信号的作用比较灵活，但无论是按哪种方式工作均需遵守下列原则。

• 控制字写入控制字寄存器后，所有的控制逻辑电路立即复位，OUT输出进入初始状态。

• 写入计数初值后，须经过时钟信号CLK的一个上升沿和一个下降沿之后，减1计数器才开始工作。

• 通常在时钟信号的上升沿时8253采样GATE信号，GATE信号有电平触发和边沿触发两种（方式0、4为电平触发，方式1、5为边沿触发，方式2、3可为两者之一）。在边沿触发时，GATE信号可为很窄的脉冲信号，而在电平触发时GATE信号需保持一定宽度。

• 减1计数器的“减1”动作发生在CLK信号的下降沿。

我们可以把8253的6种工作方式分成三类，方式0和方式4是一类（软件触发方式），方式1和方式5是一类（硬件触发方式），方式2和方式3是一类（周期性信号方式）。

（1）方式0和方式4

方式0的基本工作波形如图5-5所示，方式4的基本工作波形如图5-6所示。

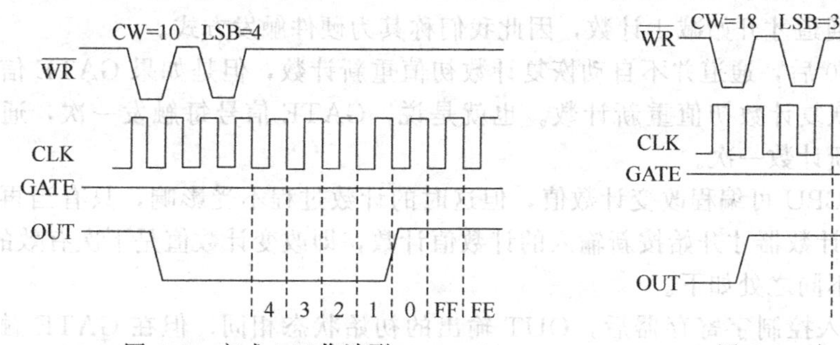

图5-5 方式0工作波形

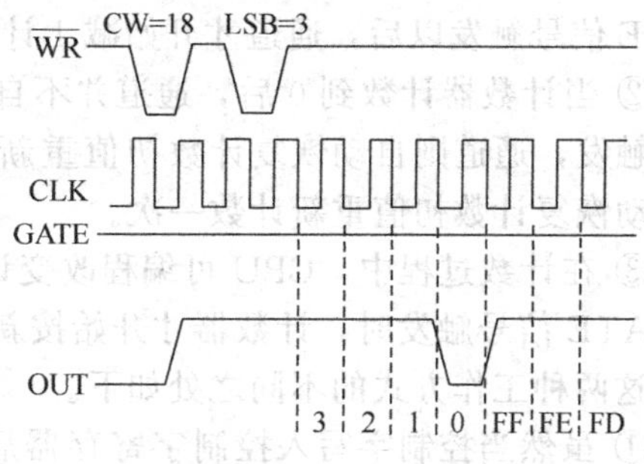

图5-6 方式4工作波形

对照这两个工作波形，我们不难看出这两种工作方式的相同之处。

① 当控制字写入控制字寄存器，接着再写入计数初值后，通道开始减1计数，要求此时GATE信号一直保持高电平。

② 计数器只计一遍数。当计数到0后，通道并不自动恢复计数初值重新计数，只有在用户重新编程写入新的计数值后，通道才开始新的计数，因此我们称其为软件触发方式。

③ 通道是在写入计数值后的下一个时钟脉冲才将计数值装入计数器开始计数。因此，如果设置计数初值为N，则输出信号OUT是在$N+1$个CLK周期后才有变化。

④ 在计数过程中，可由门控信号GATE控制暂停。当GATE＝0时，计数暂停，OUT输出不变，当GATE变高后继续计数。

⑤ 在计数过程中可以改变计数值。若是8位计数，在写入新的计数值后，计数器将立即按新的计数值重新开始计数。如果是16位计数，在写入第一个字节后，计数器停止计数，在写入第二个字节后，计数器按照新的计数值开始计数，即改变计数值是立即有效的。

这两种工作方式的不同之处如下。

① 当控制字写入控制字寄存器后，OUT 输出的初始状态不同。方式 0 是由高电平变低电平，而方式 4 则是由低电平变高电平。

② 计数到“0”时 OUT 输出的变化不同。方式 0 是使 OUT 输出变高并保持不变等待下次软件触发，方式 4 则是使 OUT 输出一个 CLK 的负脉冲后变高并保持不变等待下次软件触发。

由于方式 0 和方式 4 工作波形的特点，使用时，它们通常用来产生对设备的启动信号或向 CPU 发出的请求信号。

（2）方式 1 和方式 5

方式 1 的基本工作波形如图 5-7 所示，方式 5 的基本工作波形如图 5-8 所示。

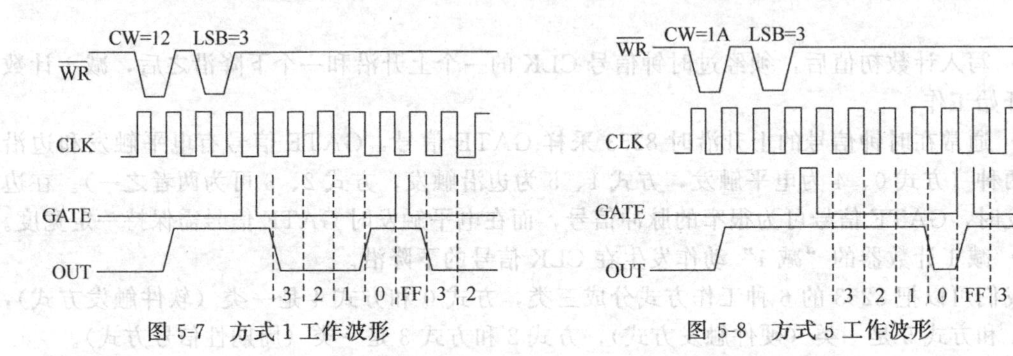

图 5-7 方式 1 工作波形　　图 5-8 方式 5 工作波形

对照这两个工作波形，我们不难看出这两种工作方式的相同之处。

① 当控制字写入控制字寄存器，接着再写入计数初值后，通道并不开始计数，只有在 GATE 信号触发以后，通道才开始减 1 计数，因此我们称其为硬件触发方式。

② 当计数器计数到 0 后，通道并不自动恢复计数初值重新计数，但是如果 GATE 信号再次触发，通道则自动恢复计数初值重新计数。也就是说，GATE 信号每触发一次，通道就自动恢复计数初值重新计数一次。

③ 在计数过程中，CPU 可编程改变计数值，但这时的计数过程不受影响，只有当再次由 GATE 信号触发时，计数器才开始按新输入的计数值计数，即改变计数值是下次有效的。

这两种工作方式的不同之处如下。

① 虽然当控制字写入控制字寄存器后，OUT 输出的初始状态相同，但在 GATE 触发以后，OUT 输出的状态不同，方式 1 是由高电平变低电平，而方式 5 则保持为高电平。

② 计数到“0”时 OUT 输出的变化不同。方式 1 是使 OUT 输出变高并保持不变等待下次硬件触发，方式 5 则是使 OUT 输出一个 CLK 周期的负脉冲后变高并保持不变等待下次硬件触发。

如果我们再仔细观察一下可以发现，在得到有效的触发条件以后，方式 0 和方式 1 的工作波形一样，方式 4 和方式 5 的工作波形一样。不同的是，方式 0 和方式 4 是通过编程写入计数初值来触发，而方式 1 和方式 5 是通过 GATE 引脚的触发脉冲来触发的，这也是我们所说的软件触发和硬件触发。

CW=14 LSB=3
WR
CLK
GATE
OUT
3 2 1 3 2 1 3

图 5-9 方式 2 工作波形

（3）方式 2 和方式 3

方式 2 的基本工作波形如图 5-9 所示，方式 3 的基本工作波形如图 5-10 所示。这是 8253 六种工作方式中唯一两种可以产生连续周期性输出波形的工作方式。

对照这两个工作波形，我们不难看出这两种工作方式的相同之处。

① 当控制字写入控制字寄存器后，OUT输出的初始状态相同都是由低变高。接着再写入计数初值后，通道开始减1计数，要求此时GATE信号一直保持高电平。

② 当计数到1或0后，通道会自动恢复计数初值重新开始计数，从而产生连续周期性输出波形，如果设置计数初值为N，则周期为N个CLK。

③ 在计数过程中，可由门控信号GATE控制停止计数。当GATE＝0时，停止计数，OUT输出变高，当GATE变高后，计数器将重新装入计数初值开始计数。

④ 在计数过程中可以改变计数值，如果此时GATE维持为高，这对正在进行的计数过程没有影响，但在计数到1或0后，通道自动恢复计数初值重新开始计数时将按新的计数值计数。但如果此时GATE出现上升沿，那么，在下一个CLK周期，新的计数值将被装入计数器开始计数。

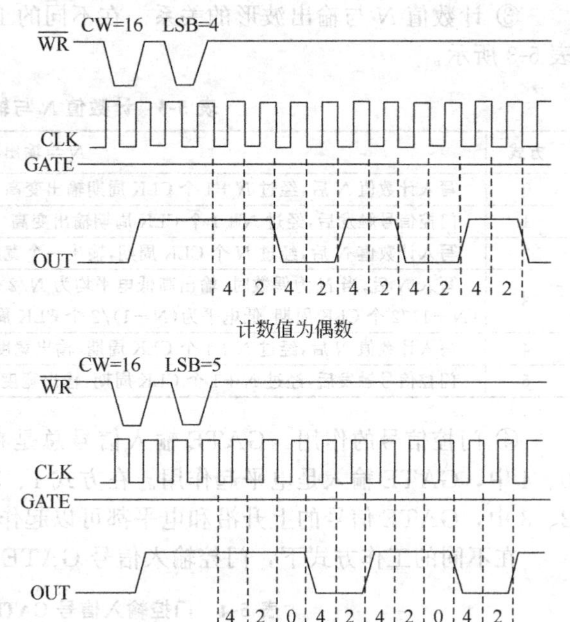

图 5-10 方式3工作波形

这两种工作方式的不同之处如下。

① 方式2当计数器减到1时，输出OUT变低，经过一个CLK周期后恢复为高，且计数器开始重新计数。如果计数初值为N，则输出波形为$N-1$个CLK周期为高电平，一个CLK周期为低电平。

② 方式3输出为方波，但情况也有所不同。

若计数值为偶数，则输出为标准方波，$N/2$个CLK周期为高电平，$N/2$个CLK周期为低电平。如果计数值N是奇数，则输出有（$N+1$）/2个CLK周期为高电平，（$N-1$）/2个CLK周期为低电平，即OUT为高电平将比其为低电平多一个CLK周期时间。

由于方式2和方式3工作波形的特点，使用时，它们通常用作脉冲速率发生器或方波速率发生器。

（4）8253工作方式小结

8253有6种不同的工作方式，它们的特点各不相同，因而应用的场合也就不同。我们从以下几个方面对8253的工作方式进行小结。

① 输出OUT的初始状态　在6种工作方式中，只有方式0在写入控制字后输出为低，其它5种工作方式都是在写入控制字后输出为高。

② 计数器的触发方式　任一种工作方式，都是只有在写入计数初值后才能开始计数，其中方式0、2、3和4都是在写入计数值后，计数过程就开始了，而方式1和5则需要外部触发脉冲触发才开始计数。

在这6种方式中，只有方式2和3是连续计数，其它4种方式都是一次性计数，要继续工作需要重新启动，方式0、4由编程重新写入计数值（软件）启动，方式1、5虽然不需要重新编程写入计数值，但要由外部信号（硬件）触发启动。

③ 计数值 N 与输出波形的关系　在不同的工作方式下，计数值 N 对输出波形的影响如表 5-3 所示。

表 5-3　计数值 N 与输出波形的关系

方式	N 与输出波形的关系
0	写入计数值 N 后，经过 $N+1$ 个 CLK 周期输出变高
1	门控信号触发后，经过 $N+1$ 个 CLK 周期输出变高
2	写入计数值 N 后，经过 N 个 CLK 周期，输出一个宽度为 CLK 周期的脉冲信号
3	写入 N 后，当 N 为偶数时，输出高低电平均为 $N/2$ 个 CLK 周期的脉冲信号；当 N 为奇数时，输出高电平为 $(N+1)/2$ 个 CLK 周期，低电平为 $(N-1)/2$ 个 CLK 周期的脉冲信号
4	写入计数值 N 后，经过 $N+1$ 个 CLK 周期，输出宽度为一个 CLK 周期的脉冲
5	门控信号触发后，经过 $N+1$ 个 CLK 周期，输出宽度为一个 CLK 周期的脉冲

④ 门控信号的作用　GATE 输入信号总是在 CLK 输入时钟的上升沿被采样。在方式 0、4 中，GATE 输入是电平起作用。在方式 1、5 中，GATE 输入是上升沿起作用，在方式 2、3 中，GATE 信号的上升沿和电平都可以起作用。

在不同的工作方式下，门控输入信号 GATE 对 8253 通道工作的影响如表 5-4 所示。

表 5-4　门控输入信号 GATE 对 8253 通道的影响

方式	GATE 信号		
	低或变为低	上升沿	高
0	禁止计数	—	允许计数
1	—	启动计数	—
2	禁止计数并立即使输出为高	重新装入计数值，启动计数	允许计数
3	禁止计数并立即使输出为高	重新装入计数值，启动计数	允许计数
4	禁止计数	—	允许计数
5	—	启动计数	—

⑤ 在计数过程中改变计数值　8253 在不同的工作方式下都可以在计数过程中重新写入计数值，但新的计数值在什么时候起作用，则取决于不同的工作方式，具体如表 5-5 所示。表中的立即有效是指写入计数值后的下一个 CLK 脉冲以后，新的计数值就开始起作用。

表 5-5　计数过程中改变计数值的结果

方式	改变计数值	方式	改变计数值
0	立即有效	3	外部触发后或计数到 0 后有效
1	外部触发有效	4	立即有效
2	外部触发后或计数到 1 后有效	5	外部触发后有效

⑥ 计数到 0 后计数器的状态　在方式 0、1、4、5，计数器计到 0 后，都继续倒计数，只有方式 2 和方式 3 是计数器自动重新装入计数值继续计数。

5.2.4　8253 的应用

例 4　在以 8088CPU 为核心的系统中，扩展一片 8253 芯片，要求通道 0 每隔 2ms 输出一个负脉冲，其工作时钟频率为 2MHz，设端口地址为 20H～23H，完成通道初始化。

分析　选择工作方式：题目要求的输出波形是

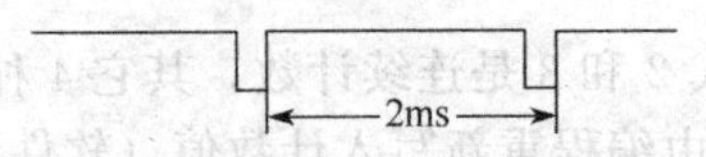

经分析选择方式 2。

计算计数初值：设定时时间为 t，通道时钟频率为 f，计数初值为 N，则 $N=t\times f$

代入计算得 $N=2\text{ms}\times2\text{MHz}=2\times10^{-3}\times2\times10^{6}=4000$

确定控制字：00110100B

初始化程序：
```
MOV   AL,  34H
OUT   23H,  AL   ；控制字写入控制口
MOV   AX,  4000  ；二进制形式的数据
OUT   20H,  AL   ；先写低 8 位，写入通道 0
MOV   AL,  AH
OUT   20H,  AL   ；后写高 8 位，写入通道 0
```

例 5 在以 8088CPU 为核心的系统中，扩展一片 8253 芯片，要求通道 0 对外部脉冲进行计数，计满 400 个脉冲后向 CPU 发出一个中断请求，完成软硬件设计。

分析 首先完成硬件设计。8253 与系统总线的连接如下。

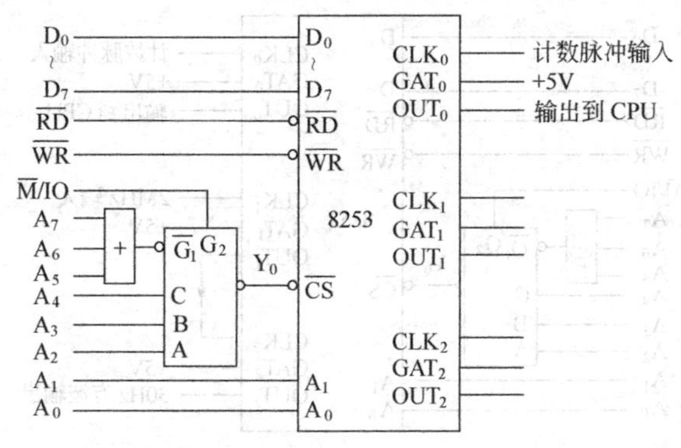

此时，译码器的 Y_0 作为 8253 的片选，当 $A_7A_6A_5$ 均为 0 且 $\overline{M}/IO$ 为高时译码器工作，根据硬件连线，可以分析出 8253 的端口地址为：

A_7	A_6	A_5	A_4	A_3	A_2	A_1	A_0	
0	0	0	0	0	0	0	0	通道 0
0	0	0	0	0	0	0	1	通道 1
0	0	0	0	0	0	1	0	通道 2
0	0	0	0	0	0	1	1	控制端口

选择工作方式：题目要求的输出波形是

400CLK

经分析选择方式 0。

计数初值为 400

确定控制字：00110000B

初始化程序：
```
MOV   AL,   30H
OUT   03H,  AL   ；控制字写入控制口
MOV   AX,   400  ；二进制形式的数据
OUT   00H,  AL   ；先写低 8 位，写入通道 0
MOV   AL,   AH
OUT   00H,  AL   ；后写高 8 位，写入通道 0
```

例 6 如果在例 5 的基础上，又要求使用通道 2 输出 30Hz 的方波，通道的工作时钟为 2MHz，则软硬件设计要如何修改？

分析 此时通道的工作方式为方式 3，定时时间为：$t=1/30\text{Hz}=33\text{ms}$。因此，计数初值 $N=33\text{ms}\times2\text{MHz}=66000>65536$ 超出了 16 位的计数范围，也就是说，一个通道无法完成这样长的定时工作。

为此，我们可以采用多个通道共同完成，第一级通道的输出 OUT 作为第二级通道的 CLK 输入，第二级通道的 OUT 作为第三级通道的 CLK 输入……最后一级的 OUT 作为最终的输出结果。其中前几级通道均采用方式 3，最后一级通道采用满足题目要求的工作方式。究竟需要多少级则取决于计算出的 N 的大小。可以将 N 分解成几个数的乘积，每一个数均小于 65536，有几个数就需要几个通道，每个数就是相应通道的计数初值。

对本例来讲，我们可以把 N 分解成：$N=66\times1000$。因此需要两个通道，通道 1 采用方式 3，计数初值为 66，通道 2 采用方式 3，计数初值为 1000。

硬件连线如图所示。

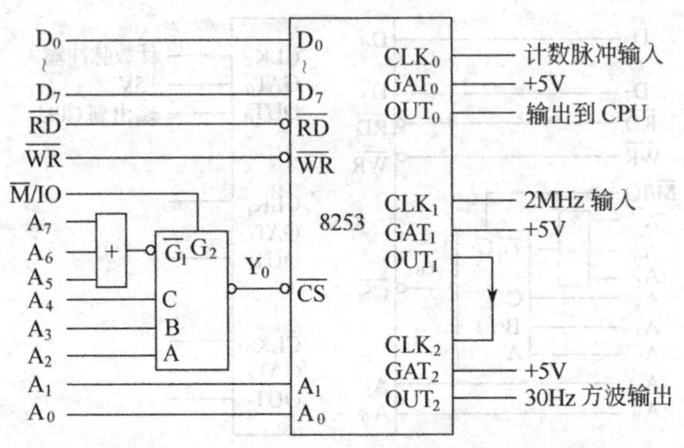

此时芯片的端口地址为 00H～03H，通道 1 控制字为 01010110B，通道 2 控制字为 10110110B。

初始化程序：
```
MOV   AL,  56H
OUT   03H, AL    ；控制字写入控制口
MOV   AL,  66    ；二进制形式的数据
OUT   01H, AL    ；只写低 8 位，写入通道 1
MOV   AL,  0B6H
OUT   03H, AL    ；控制字写入控制口
MOV   AX,  1000  ；二进制形式的数据
OUT   02H, AL    ；先写低 8 位，写入通道 2
MOV   AL,  AH
OUT   02H, AL    ；后写高 8 位，写入通道 2
```

如果本例所采用的系统为 8086CPU，则相应的硬件设计有何改变，请思考。

5.2.5 其它定时/计数芯片

(1) Intel 8254 简介

8254 是 8253 的改进型，因此它的操作方式以及引脚与 8253 完全相同。它的改进主要反映在两个方面。

① 8254 的计数频率更高。8254 可由直流（0Hz）至 6MHz，8254-2 可高达 10MHz。

② 8254 多了一个读回命令（写入至控制字寄存器），其格式如图 5-11 所示。

这个命令可以令三个通道的计数值都锁存（在 8253 中要三个通道的计数值都锁存，需写入三个命令）。

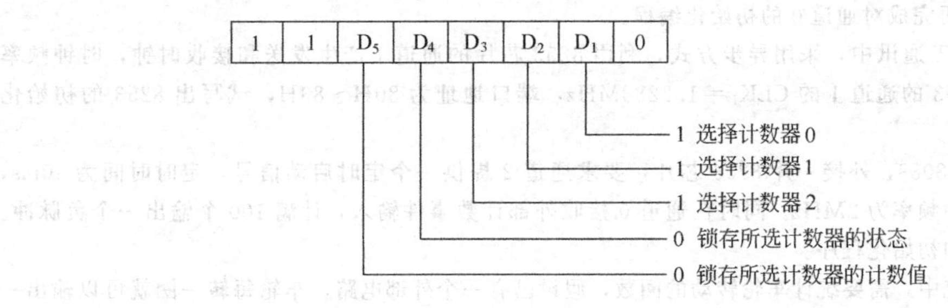

图 5-11　8254 的读回命令

另外，8254 中每个计数器都有一个状态字可由读回命令令其锁存，然后由 CPU 读取。状态字的格式如图 5-12 所示。

图 5-12　8254 的计数器状态字

其中 $D_5 \sim D_0$ 为写入此通道的控制字的相应部分。D_7 反映了该计数器的输出引脚，输出（OUT）为高电平，$D_7=1$；输出为低电平，$D_7=0$。D_6 反映时间常数寄存器中的计数值是否已写入计数单元中。当向通道写入控制字及计数值后，状态字节中的 $D_6=1$；只有当计数值已写入计数单元后，$D_6=0$。

（2）高集成度的外围芯片

最后需要指出，在 386/486 及以上档次的微机系统中已经不使用单个的 Intel 8253/54 及本书其它章节提到的 Intel 8259、Intel 8237、Intel 8255、Intel 8251 等芯片，而是采用高集成度的外围芯片。此类芯片中典型的有 Intel 公司生产的 82380、82357、82C206 等。

82380 芯片是专门为 80386 系统设计的高性能 32 位 DMA 控制器，它具有 8 个独立的可编程通道，允许使用 80386 的全部 32 位总线宽度。由于采用 32 位接口，使得系统的输入输出速度提高了 5～10 倍。另外，8253 和 80386 的紧密耦合，大大减少了外部逻辑电路。

82380 实际上是一个多功能的接口器件，除包含 DMA 控制器之外，还包含如下功能的外围电路：系统复位逻辑、20 级可编程中断控制器、4 个 16 位可编程定时器、可编程等待状态控制电路、DRAM 刷新控制电路、内部总线判优和控制电路。

82380 可以工作在主方式或从方式。当系统复位时，DMA 控制器进入缺省的从方式，这时系统把它看成输入输出接口器件。在从方式下，82380 监视 80386 的状态，按照需要解释指令，完成接口功能。当 82380 执行 DMA 传送时，它作为总线主控制器在主方式下工作。

82C206 芯片的内部集成有相当于 Intel 8254、Intel 8237、MC146818（RT/CMOS RAM）、Intel 8259 等功能的电路，它在微机系统中的应用更为广泛。

习题与思考题

1. 什么叫端口？端口通常有哪几种？各有什么特点？
2. 试说明 8253 的内部结构包括哪几个主要功能模块？
3. 8253 芯片共有几种工作方式？每种工作方式各有什么特点？
4. 若选用 8253 通道 2，工作在方式 1，按二进制计数，计数值为 5432。设端口地址为 D8H～DBH，完成初始化编程。如果计数值改为 65536 呢？如果此时又增选 8253 通道 0，工作在方式 0，按 BCD 码计数，计数值为 2000，再完成对通道 0 的初始化编程。

5. 某微机系统与 CRT 通讯中，采用异步方式，利用 8253 芯片的通道 1 产生发送和接收时钟，时钟频率为 50kHz。设 8253 的通道 1 的 $CLK_1=1.2288MHz$，端口地址为 80H～83H，试写出 8253 的初始化程序。
6. 某系统中 CPU 为 8088，外接一片 8253 芯片，要求通道 2 提供一个定时启动信号，定时时间为 10ms，通道 2 的工作时钟频率为 2MHz。同时在通道 0 接收外部计数事件输入，计满 100 个输出一个负脉冲。试完成硬件连线和初始化程序。
7. 在出租车计价系统中，需要统计车轮转动的圈数，假设已有一个外部电路，车轮每转一圈就可以输出一个脉冲，根据计价规则，车轮每转 120 圈，要通知 CPU 进行一次计价更新。现在系统拟采用 8253 作为计数器使用，CPU 采用 8086，试完成硬件设计和 8253 的初始化（外部电路仅标明输出端即可，不需设计具体电路。不需进行 CPU 方面的具体计价计算，仅通知 CPU 即可）。
8. 现在要用一片 8253 进行脉宽测量，欲测量的脉宽大约是 500ms。此时，欲测量的脉冲信号可接在 8253 相应通道的哪个引脚？采用什么工作方式？试完成测量所需的硬件和软件设计（假设提供有两路时钟信号可以使用 1MHz 和 10kHz）。

本章学习指导

定时与计数是计算机经常面临的工作，它不仅应用在计算机内部，同时，也广泛应用在各种不同领域的实际系统中。实现定时与计数的方法通常有两种：软件方法和硬件方法。其中前者通过用户编制的程序来完成，常见的显示延时、分类统计等均属此类，而后者则通过完全的硬件连接或软/硬件的结合来完成。本章主要讲授如何采用定时/计数器芯片，通过软/硬件的结合来实现定时/计数操作。

一般来讲，定时与计数是两个完全不同的操作，也分别适用于不同的场合。但是，从电路实现的角度来看，这两者又有着非常一致的地方。定时器内部通常是由计数器组成，而计数器是由外部计数脉冲触发而进行计数的。这时我们可以通过统计计数脉冲的个数来达到计数的目的。同时，如果计数脉冲是周期相同的精确的时钟信号时，还可通过计数脉冲的个数与计数脉冲的周期相乘来达到定时的目的。Intel 8253 就是具有上述功能的可编程定时器/计数器芯片，对它的学习可以从以下几个方面入手。

① 8253 的功能与结构。8253 是一个具有多通道的定时器/计数器芯片，其内部有三个独立的通道，每个通道内有一个 16 位的计数器，这就是说，该芯片可同时完成三路不同的定时/计数操作。

② 8253 的工作方式。对每一个通道来讲，8253 都有 6 种不同的工作方式供用户选择，每种工作方式又有不同的工作波形和工作条件，包括软件触发方式（方式 0 和方式 4），硬件触发方式（方式 1 和方式 5）和周期性振荡方式（方式 2 和方式 3），用户可根据使用要求选择不同的工作方式。因此，熟练掌握 6 种工作方式的基本操作、波形和工作条件是学习使用 8253 的重点之一。

③ 8253 的初始化编程。8253 是一个可编程的芯片，可编程的含义是：在完成芯片的硬件连接之后，必须通过初始化编程才能使芯片开始正常工作，没有这个步骤或程序不正确，均无法完成任务。对 8253 的初始化编程涉及两个内容。

- 向控制端口写入控制字。控制字长 8 位，通过它设定了使用的通道、选定的工作方式、计数方式以及如何向通道写入计数初值。
- 向相应通道写入计数初值。首先根据定时/计数的要求计算出计数初值（如在定时方式下，设 F 为通道工作时钟的频率，T 为要求的定时时间，则计数初值为：$N=T\times F$），然后根据对某通道的控制字的设置（包括只写高 8 位/低 8 位，也可以先写低 8 位，再写高 8 位），往相应的通道地址中顺序写入计数初值。值得注意的是，即使是用同一片 8253，只要使用不同的通道就要分别对其进行初始化，比如，同时使用了通道 0 和通道 1，就要先对通道 0 进行初始化（先写控制字，再写计数初值），接着对通道 1 进行初始化（先写控制字，再写计数初值），只是控制字都是写入控制端口，而计数初值一个写入通道 0 的端口，一个写入通道 1 的端口。

④ 8253 的连接。无论是在计算机的内部，还是在一个应用系统中，8253 都是 CPU 的外接扩展芯片，因此，8253 与系统的连接包括两个方面。

• 与 CPU 的连接。与 CPU 的连接也就是三总线的连接，重点是片选信号、读/写信号和芯片的端口地址选择。一般情况下，片选信号来自对地址总线上高位地址的译码输出，读/写信号来自控制总线上对 I/O 的读/写信号，而芯片的端口地址则直接来自地址总线上的低位地址。

• 通道控制。每个通道仅有三根线，CLK 为计数脉冲输入，OUT 为输出，GATE 是对通道工作过程的控制。它们的连接方法取决于不同的应用场合（书中例题给出了一些典型的使用方法）。

8253 作为可编程的定时器/计数器芯片，使用时，除了完成芯片与系统的硬件连接外，还要有相应的正确的初始化编程，在不同的编程内容的控制下，指定的通道会做不同的工作，从而产生不同的定时/计数效果。学习者可参考本书的应用举例，通过自己的动手练习和实验，达到预期的学习效果。

6 输入输出控制

6.1 输入输出数据的传输控制方式

输入/输出操作对一台计算机来讲是必不可少的。由于外设的工作速度相差很大，对接口的要求也不尽相同，因此，对 CPU 来讲，输入/输出数据的传输控制方式就是一个较复杂的问题，应根据不同的外设要求选择不同的传输控制方式以满足数据传输的要求。一般来说，CPU 与外设之间传输数据的控制方式有三种：程序方式、中断方式和 DMA 方式。这三种控制方式控制传输的机制各不相同，但要完成输入输出操作都需要有相应的接口电路的支持，对应不同的控制方式，其接口电路的复杂程度和工作过程也各不相同。

6.1.1 程序方式

程序方式就是指用程序来控制进行输入输出数据传输的方式。很显然，这是一种软件控制方式。根据程序控制的方法不同，又可分为无条件传送方式和条件传送方式，其中后者亦称为查询方式。下面，我们逐一简单介绍。

（1）无条件传送方式

当我们利用程序来控制 CPU 与外设交换信息时，如果可以确信外设总是处于“准备好”的状态，不需用任何状态查询，就可以直接进行信息传输，这种方式称为无条件传输方式。

无条件传输方式下的程序设计比较简单，由于我们一般很难保证外设在每次传送时都准备好，因此该方法的应用场合也很少，一般只能用在一些简单外设的操作上，如开关、七段数码管显示等。这种方式所需的硬件接口电路也很简单，如图 6-1 所示。

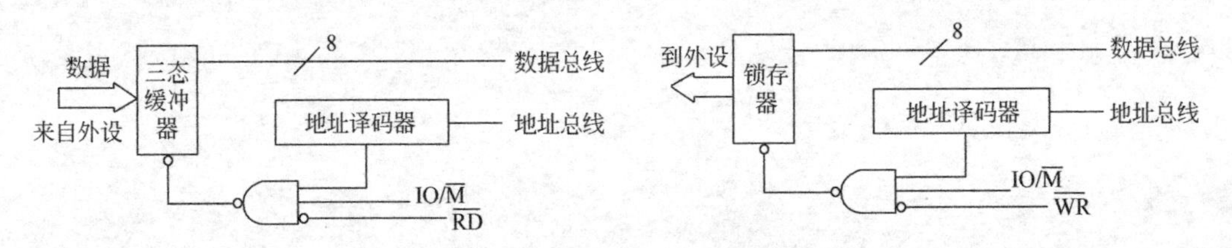

图 6-1 无条件传送方式接口电路

输入时需加缓冲器，该缓冲器由地址译码信号和$\overline{RD}$信号选中。当外设将输入数据送入缓冲器以后，CPU 通过一条 IN 指令即可得到该数据，完成一次输入操作。输出时需加锁存器，由地址译码信号和$\overline{WR}$信号作为锁存器的打入信号，当 CPU 通过一条 OUT 指令输出数据时，该数据被打入锁存器，然后输出至输出设备，这样就完成了一次输出操作。

（2）条件传送方式

条件传送方式也称为查询方式，它也是一种软件控制方式，但适用的场合较前者要多得多。我们知道，一般外设在传输数据的过程中都可以提供一些反映其工作状态的状态信号。如对输入设备来讲，它需提供“准备好（READY）”信号，READY＝1 表示输入数据准备好，反之未准备好。对输出设备来讲，则需提供“忙（BUSY）”信号，BUSY＝1 表示其正在忙，不能接收 CPU 送来的数据，只有当 BUSY＝0 时才表示其空闲，这时 CPU 可以启动它进行输出操作。

查询式传输即用程序来查询设备的相应状态（对输入设备就是查询 READY，对输出设备就是查询 BUSY），若状态不符合传输要求则等待，只有当状态信号符合要求时，才能进行相应的传输。根据接口电路的不同，状态信号的提供一般有两种方式：对简单接口电路，可以直接将状态信号接至数据线的某位，通过对该位的检测即可得到相应的状态；对专用或通用接口芯片（如 Intel 8251A 等）则可通过读该芯片的状态字，检测状态字的某些位即可得到相应的状态。

1）程序流程

下面，我们以输入为例，给出查询式传输的程序流程，如图 6-2 所示。输出的情况亦相同，只是将查询 READY 信号变成查询 BUSY 信号，读者可自己思考。

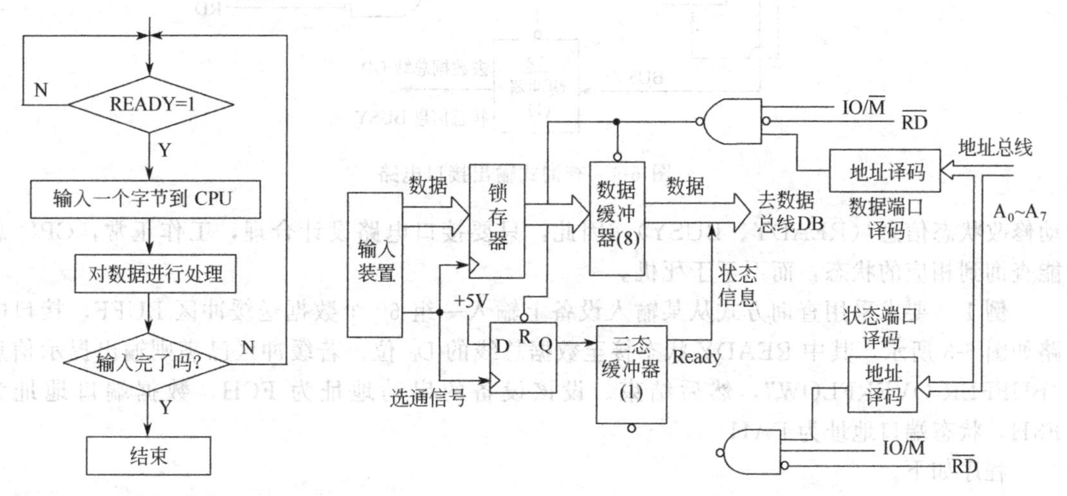

图 6-2 查询式输入程序流程　　　　图 6-3 查询式输入接口电路

2）接口电路

首先，看看输入的接口电路，如图 6-3 所示。我们简单分析一下该接口电路是如何工作的。从输入设备将数据送入锁存器，发选通信号开始。该选通信号作为 D 触发器的 CLK，使其输出为高，该输出信号经三态缓冲器送上数据线的某位，这就是 READY 信号（此时 READY＝1）。CPU 通过一条 IN 指令进行查询，打开三态缓冲器，读入 READY，经分析后得知输入数据已准备好，然后就可通过一条 IN 指令将数据缓冲器打开，读入输入数据（如果经分析后得知输入数据未准备好，就需要继续进行查询，在 CPU 进行查询时，外设继续准备数据），同时清除 D 触发器使 READY＝0。这样，就完成了一次输入操作。这里应提醒的是，CPU 两次执行 IN 指令所指向的地址是不同的，一次指向状态端口，一次指向数据端口。

接着，再看看输出接口电路的工作，如图 6-4 所示。由于输出操作与输入操作工作的主动方不同（前者为 CPU，后者为外设），因此，输出接口电路的工作分析，我们从 CPU 执行一条 OUT 指令，产生选通信号，将输出数据送到锁存器开始。该选通信号的作用有两个：一个是作为输出锁存器的打入信号，另一个是作为 D 触发器的 CLK，使其输出为 1。D 触发器输出的 1 在用来通知外设取数的同时，又经过三态缓冲器接至数据线的某位作为查询信号（BUSY）。这时，CPU 通过一条 IN 指令读状态即可了解外设是否忙（此时 BUSY＝1），以便决定是否可以输出下一个数据。另一方面，当输出设备从锁存器中取走数据以后，会发出回答信号 ACK，该信号清除 D 触发器，使 BUSY＝0，CPU 查询到此信号后，即可开始输出下一个数据。在这里也需提醒大家，CPU 用 OUT 指令和 IN 指令进行操作时，应指向不同的端口，前者为数据端口，后者为状态端口。

从以上接口电路的工作过程中不难看出，由于接口电路会根据输入/输出的具体操作自

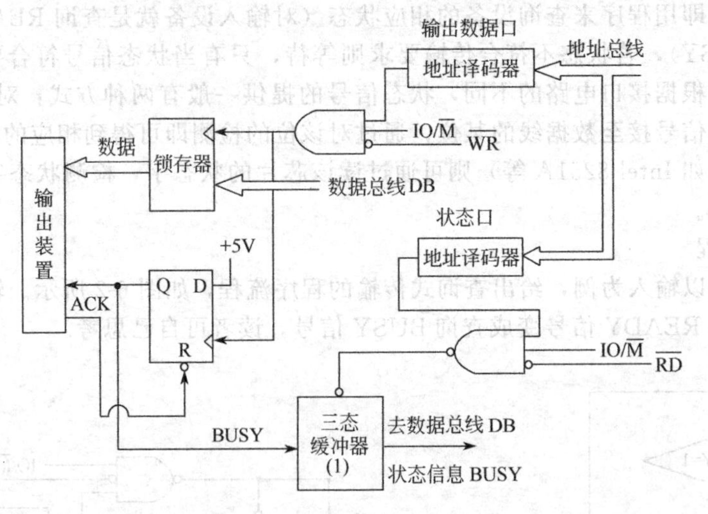

图 6-4 查询式输出接口电路

动修改状态信息（READY、BUSY），因此，只要接口电路设计合理，工作正常，CPU 总能查询到相应的状态，而不至于死机。

例 1 要求采用查询方式从某输入设备上输入一组 60 个数据送缓冲区 BUFF，接口电路如图 6-3 所示，其中 READY 状态接至数据总线的 D_0 位。若缓冲区已满则输出提示信息“BUFFER OVERFLOW”，然后结束。设该设备的启动地址为 FCH，数据端口地址为 F8H，状态端口地址为 FAH。

程序如下。

```
DATA      SEGMENT
    MESS1  DB  'BUFFER  OVERFLOW', '$'
    BUFF   DB  60 DUP (?)
DATA  ENDS
CODE  SEGMENT
    ASSUME  CS: CODE, DS: DATA
START: MOV  AX, DATA
       MOV  DS, AX
       MOV  BX, OFFSET BUFF         ; 送缓冲区指针
       MOV  CX, 60                  ; 送计数初值
       OUT  0FCH, AL                ; 启动设备
WAIT1: IN  AL, 0FAH                 ; 查询状态，若为0，则等待
       TEST    AL, 01H
       JZ      WAIT1
       IN      AL, 0F8H             ; 输入数据
       MOV     [BX], AL
       INC     BX
       LOOP    WAIT1                ; 检测缓冲区是否满，不满再输入
       MOV     DX, OFFSET MESS1     ; 缓冲区满，输出提示字符串
       MOV     AH, 09H
       INT     21H
```

```
        MOV      AH, 4CH
        INT      21H
CODE  ENDS
   END  START
```

例 2　如果要求采用查询方式将缓冲区 BUFF 开始的 60 个数据从某设备上输出，接口电路如图 6-4 所示，其中 BUSY 状态接至数据总线的 D_7 位。同样设该设备的启动地址为 FCH，数据端口地址为 F8H，状态端口地址为 FAH。

程序如下。

```
DATA  SEGMENT
  BUFF  DB  60 DUP (?)
DATA  ENDS
CODE  SEGMENT
  ASSUME  CS: CODE, DS: DATA
START: MOV  AX, DATA
       MOV    DS, AX
       MOV  BX, OFFSET BUFF          ；送缓冲区指针
       MOV  CX, 60                   ；送计数初值
       OUT  0FCH, AL                 ；启动设备
WAIT1: IN    AL, 0FAH                ；查询状态，若为 1，则等待
       TEST  AL, 80H
       JNZ     WAIT1
       MOV  AL, [BX]
       OUT  0F8H, AL                 ；输出一个数据
       INC  BX
       LOOP  WAIT1
       MOV  AH, 4CH
       INT  21H
CODE   ENDS
END  START
```

3）优先级问题

前面讲到的查询程序都是仅对一台设备进行的，当系统较大设备较多时，CPU 就需对多台设备进行查询服务，这时就出现了一个问题即究竟先为哪台设备服务，这就是设备的优先级的问题。一般来讲，为了保证每台设备都有被查询服务的可能，系统可以采用轮流查询的方法来解决。流程图见图 6-5（以三台设备为例）。

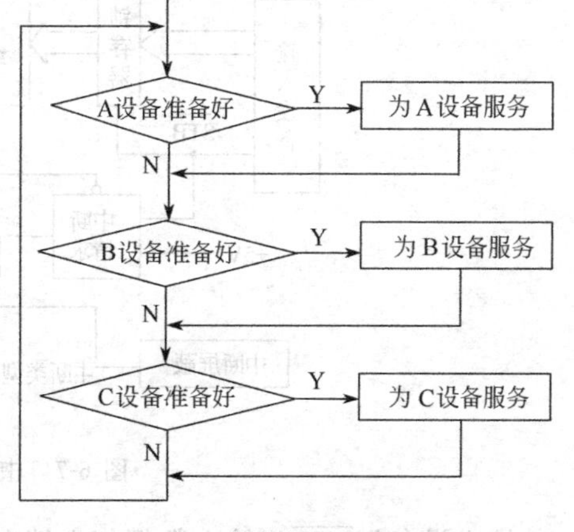

图 6-5　多设备查询流程图

经分析可知，这时，先查询到的设备具有较高的优先级，可以得到较早的服务，而后查询到的设备则具有较低的优先级。因此，在处理对多设备的查询时，一般要先查询速度较快，实时性要求较高的设备，后查询速度较慢，关系不大的设备。当然，我们也可以通过程序设计的技巧来改变这种优先级，如采用加标记的方法等。有兴

趣的读者可以参考有关资料。

查询方式使用方便，系统开销也不大，对设备不多且实时响应要求不高的小系统是很适宜的。不足之处是，如果要查询的设备较多，则排在查询链后面的设备将不能得到较快的响应。

6.1.2 中断方式

（1）为什么要用中断方式

从查询式的传输过程可以看出，它的优点是硬件开销小，使用起来比较简单。但在此方式下，CPU需不断地读取设备的状态字和检测状态字，若设备未准备好，则需等待，这无疑占用了CPU的大量工作时间，降低了CPU的工作效率，尤其是当系统中有多台设备时，对某些设备的响应就比较慢，从而影响了整个系统响应的实时性。这样，就提出了一个问题，能否使CPU从重复的查询工作中解放出来，只有当设备提出需要服务的时候才为其服务，而在其它情况下只需做自己的工作就行了。这就是所谓的中断方式。

中断传送方式就是外设在CPU的工作过程中，使其停止执行当前程序，而转去执行一个为外设的数据输入/输出服务的程序，即中断服务子程序。中断服务子程序执行完以后，CPU又返回到原来的程序去继续执行，其过程示意图如图6-6所示。因而在这种方式下，CPU不需花大量的时间去查询外设的工作状态，当外设准备好时，它会主动向CPU发出请求，CPU只需具有检测中断请求，进行中断响应，并能正确中断返回的功能就行了。在这个过程中，我们将引起中断的原因或发出中断请求的设备称为中断源，中断源可以有许多种，如：I/O设备、实时时钟、系统故障、定时时间到、软件设置等。

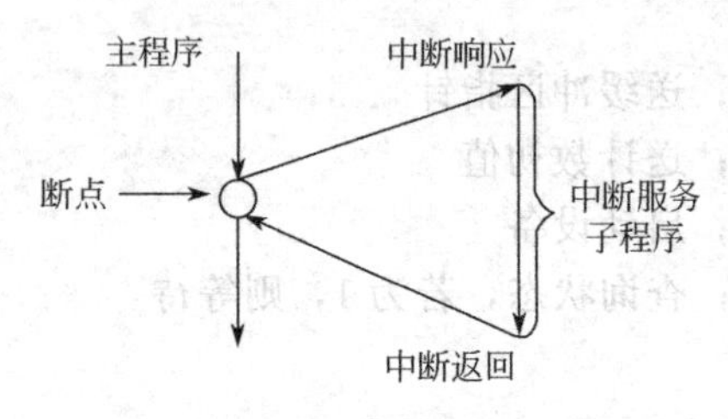

图 6-6　中断方式的工作流程图

加入中断系统以后，CPU与外设处在并行工作的情况（即它们可以同时各自做不同的工作），因此，大大提高了CPU的工作效率，尤其是对多设备且实时响应要求较高的系统，中断方式确是一种较好的工作方式，也是当前计算机处理输入输出的主流控制方式。

（2）中断接口电路

要分析中断处理的过程，首先要看看中断方式下的接口电路，图6-7给出了输入方式下的中断接口电路（输出方式亦类似）。

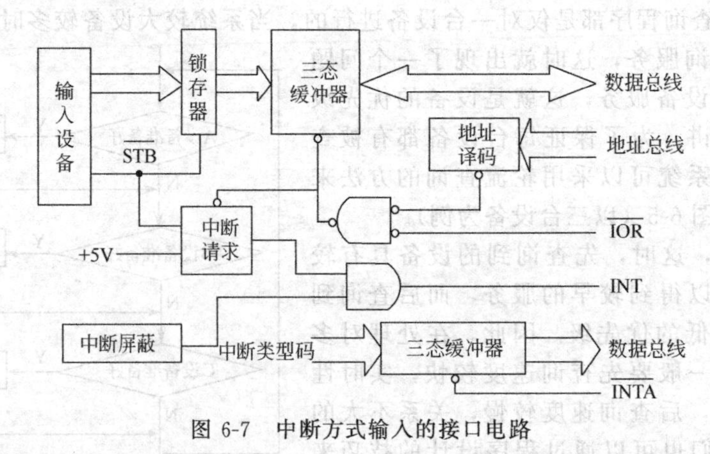

图 6-7　中断方式输入的接口电路

输入设备用$\overline{STB}$将输入数据打入锁存器，同时使中断请求触发器置1，此时若该中断源没有被屏蔽，即中断屏蔽寄存器的输出为 1，则接口向 CPU 发出中断请求 INT。CPU 接到中断请求信号以后，若其内部的允许中断标志为 1，则在当前指令执行完进入中断响应，发 $\overline{\text{INTA}}$信号，此时，中断源将其中断类型码送上系统数据总线。CPU 收到中断类型码以后，即可进入中断服务子程序，通过一条 IN 指令将三态缓冲器打开，读入输入数据，同时清除中断请求触发器。有关中断处理的更详细的内容，将在下一节具体结合 8086/8088 的中断系统再讨论。

(3) 中断优先级

与前面讲过的查询方式类似，当系统中有多台设备（即多个中断源）同时提出中断请求时，就有先响应谁的问题，也就是如何确定优先级的问题。一般来讲，CPU 总是先响应具有较高优先级的设备。解决优先级问题的方法一般有三种：软件查询法、简单硬件方式和专用硬件方式。

1) 软件查询法

软件查询法只需有简单的硬件电路支持。如系统中有 A、B、C 三台设备，可以将这三台设备的中断请求信号相“或”以后作为系统的中断请求发向 CPU，如图 6-8 所示（有五个中断源的情况），这时，由于A、B、C三台设备中只要至少有一台设备提出中断请求，就可以向 CPU 发中断请求。因此，当 CPU 进入中断服务子程序后仍不能惟一确定中断源，还必须再用软件查询的方式来确定中断源并提供相应的服务。该查询软件的设计思想同前述的查询方式，查询的先后顺序就给出了相应设备的中断优先级，即先查的设备具有较高的优先级，后查的设备具有较低的优先级。一般来讲是先查速度较快的或是实时性要求较高的设备，流程图如图 6-9 所示。

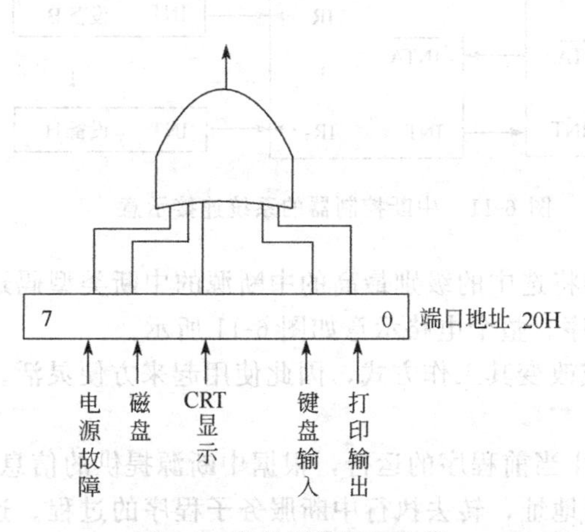

图 6-8 软件查询接口电路

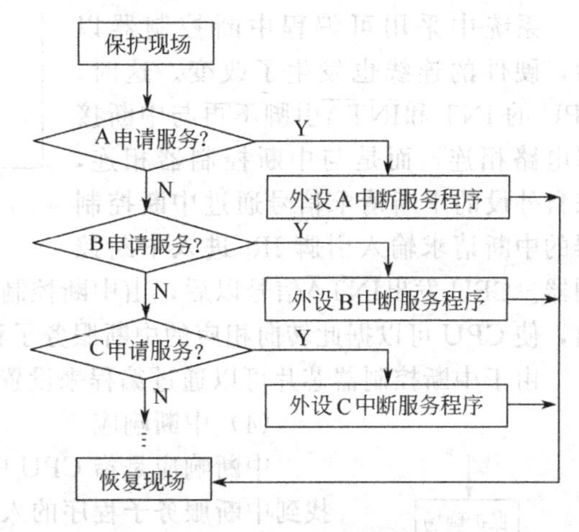

图 6-9 软件查询流程图

软件查询方式简单易行，适合于小系统，尤其是中断源数量较少时。但由于软件查询速度慢，相对来说效率较低，对中断源多的系统该方法不可取。

2) 简单硬件方式

我们以链式中断优先权排队电路为例。它的基本设计思想是：将所有的设备连成一条链，最靠近 CPU 的设备优先级最高，离 CPU 越远的设备优先级别越低。当链上有设备提出中断请求时，该请求信号可以被 CPU 接收，CPU 若满足条件可以响应，则发出中断响应信号。该响应信号沿着这条链先到达优先级别高的设备。若级别高的设备发出了中断请求，则在它接到中断响应信号的同时，封锁该信号使其不能往后传输，这样，就使得其后的较低级设备的中断请求不能得到响应。只有等它的中断服务结束之后，才开放中断响应，这时才允许为低级设备服务。

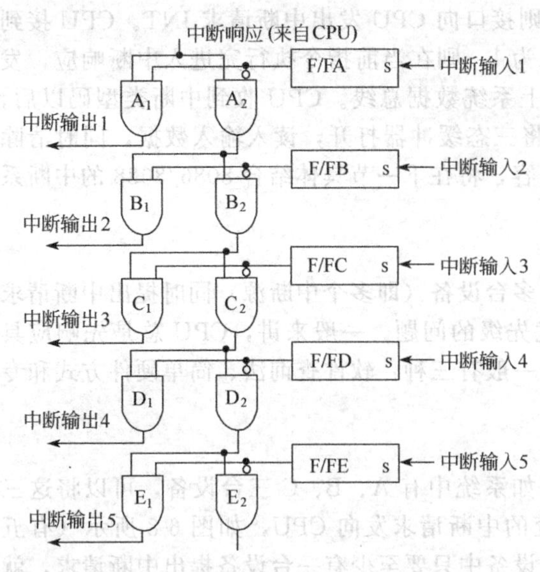

图 6-10　链式中断优先权排队电路

这种方式下的硬件电路不是很复杂，如图6-10所示，也很容易实现。但缺点是链不能太长，否则链尾的设备就可能总是得不到服务。

3）专用硬件方式

采用软件查询法或链式中断优先权排队电路虽然都能解决中断优先级的问题，但它们或多或少都有一定的局限性。目前，微机上用得比较多的还是可编程中断控制器芯片如 Intel 8259A。

可编程中断控制器作为专用的中断优先权管理电路，一般可以接收多级中断请求，它可以对这多级中断请求的优先权进行排队，从中选出级别最高的中断请求，将其传给 CPU。它还设有中断屏蔽字寄存器，用户可以通过编程设置中断屏蔽字，从而改变原有的中断优先级。另外，中断控制器还支持中断的嵌套。中断的嵌套是指，当 CPU 正在为一个中断源服务时，又有一个新的中断请求打断当前的中断服务，从而进入一个新的中断服务的情况（原则上只允许高级中断打断低级中断）。

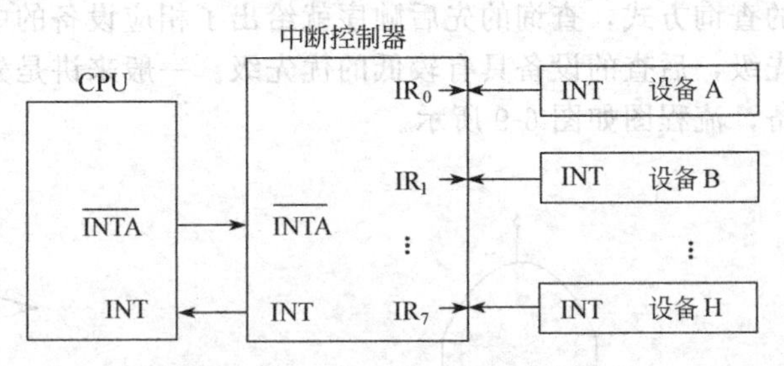

图 6-11　中断控制器的系统连接示意

系统中采用可编程中断控制器以后，硬件的连线也发生了改变。这时，CPU 的 INT 和$\overline{INTA}$引脚不再与中断接口电路相连，而是与中断控制器相连，来自外设的中断请求信号通过中断控制器的中断请求输入引脚 IR_i 进入中断控制器。CPU 发出$\overline{INTA}$信号以后，由中断控制器将选中的级别最高的中断源的中断类型码送出，使 CPU 可以据此转向相应的中断服务子程序。整个电路示意如图 6-11 所示。

由于中断控制器芯片可以通过编程来设置或改变其工作方式，因此使用起来方便灵活。

（4）中断响应

中断响应是指 CPU 中止当前程序的运行，根据中断源提供的信息，找到中断服务子程序的入口地址，转去执行中断服务子程序的过程。这个过程一般是由计算机的硬件自动完成的，其具体动作如下。

• 判断是否满足中断响应的条件，如：IF 标志是否为 1，当前指令是否执行完等。

• 保护断点。内容包括被中断的主程序的返回地址、状态寄存器的值等现场信息。

• 找到要响应的中断源的中断服务子程序的入口地址，将其装入 CS：IP，从而实现转移。

（5）中断服务子程序

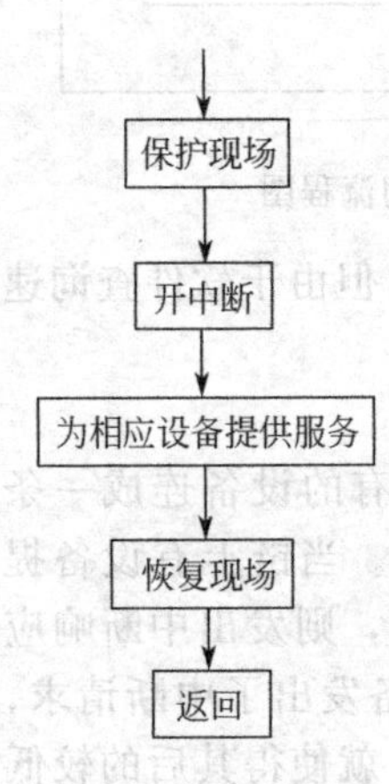

图 6-12　中断服务子程序的流程图

CPU 响应中断以后，就会中止当前的程序，转去执行一个中断服务子程序，以完成为相应设备的服务。中断服务子程序的一般结构如图 6-12 所示，其中保护现场的工作可以由一系列的 PUSH 指令来完成，目的是为了保护那些与主程序中有冲突的寄存器（如 AX、BX、CX 等），如果中断服务子程序中所使用的寄存器与主程序中所使用的寄存器等没有冲突的话，这一步骤可以省略。开中断由 STI 指令实现，目的是为了能实现中断的嵌套。恢复现场的工作可以由一系列的 POP 指令完成，是与保护现场对应的，但要注意数据恢复的次序，以免混乱。返回一定是使用中断返回指令 IRET 而不能使用一般的子程序返回指令 RET，因为 IRET 指令除了能恢复断点地址外，还能恢复中断响应时的标志寄存器的值，而这后一个动作是 RET 指令不能完成的。

例 3 上一章的习题 7 是这样的：在出租车计价系统中，需要统计车轮转动的圈数，假设已有一个外部电路，车轮每转一圈就可以输出一个脉冲，根据计价规则，车轮每转 120 圈，要通知 CPU 进行一次计价更新。现在系统拟采用 8253 作为计数器使用，CPU 采用 8086，试完成硬件设计和 8253 的初始化。

现在要求，将计数通道的输出作为中断源向 CPU 发出的中断请求，每计完 120 圈后产生中断，编制完成具体计价计算更新的中断服务子程序。

分析 根据题目要求，我们可选用通道 0，工作在方式 0，计数初值为 120，完成对 8253 的初始化，从而实现一个单价的计数。当我们将 8253 通道 0 的输出作为中断源向 CPU 发中断请求时，则在计完一个单价后会产生中断，在中断服务子程序中可实现具体计价计算的更新。

中断服务子程序如下（假设目前的计价金额和单价分别存在 SUM 和 VAL 单元中）。

```
INTSTART：PUSH  AX              ；保护现场
          MOV   AX，SUM         ；取目前的计价金额
          ADD   AX，VAL         ；增加一个单价
          MOV   SUM，AX         ；保存新的计价金额
          CALL  SHOW            ；转去显示新的计价金额
          MOV   AL，00010000B   ；重新初始化，开始下一轮计算
          OUT   CPORT，AL
          MOV   AL，120
          OUT   TD0PORT，AL
          POP   AX              ；恢复现场
          IRET                  ；中断返回
```

在这里，我们要强调中断服务子程序与一般子程序之间的差别。一是调用方式不同，一般子程序是通过执行 CALL 指令来调用的，因此，用户很清楚主程序在什么时候转向了子程序。而中断服务子程序是由硬件自动实现转移，其转移的过程和时间用户是看不到的，为此，要实现正确的中断响应，用户必须事先做好很多准备，如接口连接、中断服务子程序定位、标志设置、优先权分配等。二是返回方式不同，一般子程序是通过执行 RET 或 RET N 指令来返回的。而中断服务子程序是通过执行 IRET 指令来返回的。

综上所述我们可知，中断方式的工作是通过中断源发中断请求信号与 CPU 进行联系的，中断处理的工作过程可分为五大步骤：中断请求、中断判优、中断响应、中断服务和中断返回。值得注意的是，不同的计算机在这些步骤的具体实现方法上各有不同，后面，我们会结合 8086/8088CPU 的情况进行详细介绍。

6.1.3 DMA（Direct Memory Access）方式

程序方式和中断方式都可以用来控制完成 CPU 与外设之间的信息交换，而且在中断方式下，由于 CPU 与外设之间可以并行工作，因此大大提高了 CPU 的工作效率。但是在中

断方式下，仍然是通过 CPU 执行程序来实现数据传送的。CPU 每执行一次中断服务子程序，可以完成一次数据传输，但在此期间，一系列的保护（恢复）现场的工作，也要花费不少 CPU 的时间，这些工作又往往是与数据传输无直接关系的，这无疑又影响了 CPU 传输的效率，尤其是在外设的传输速率很高（如磁盘），或要进行大量的数据块传输时，上述因素的影响则更加明显。这样就提出了另一种控制方式：DMA 即直接存储器存取。在 DMA 方式下，外部设备利用专门的接口电路直接和存储器进行高速数据传送，而不需经过 CPU，数据传输的速度基本上取决于外设和存储器的速度，传输效率大大提高。当然，由此也带来了设备上的开销，即需要有专门的控制电路来取代 CPU 控制数据传输，这种设备称为 DMA 控制器。DMA 方式大大提高了数据传输的效率，被广泛应用于软盘、硬盘等外设的数据传输控制中。

一般来说，完成一次 DMA 传输的主要步骤如下。

① 当外设准备就绪时，它向 DMA 控制器发 DMA 请求，DMA 控制器接到此信号后，经过优先级排队（如需要的话），向 CPU 发 DMA 请求（送至 CPU 的 HOLD 引脚）。

② CPU 在完成当前总线周期后会立即对 DMA 请求做出响应。CPU 的响应包括两个方面：一方面将控制总线、数据总线和地址总线置高阻，另一方面将有效的 HLDA 信号加到 DMA 控制器上，以此来通知 DMA 控制器，CPU 已经放弃了对总线的控制权。

③ DMA 控制器收到 HLDA 信号后，即取得了总线控制权。这时，它往地址总线上发送地址信号（指出本次数据传输的位置），同时，发出相应的读/写信号（决定是进行输入还是输出操作）。

④ 每传送一个字节，DMA 控制器会自动修改地址寄存器的内容，以指向下一个要传送的字节。同时，修改字节计数器的内容，判别本次传输是否结束。

⑤ 当字节计数器的值达到计数终点时，DMA 过程结束。DMA 控制器通过使 HOLD 信号失效，撤销对 CPU 的 DMA 请求。CPU 收到此信号，一方面使 HLDA 无效，另一方面又重新开始控制总线，实现正常的运行。

图 6-13 给出了输入情况下的 DMA 工作电路，DMA 的工作流程如图 6-14 所示。

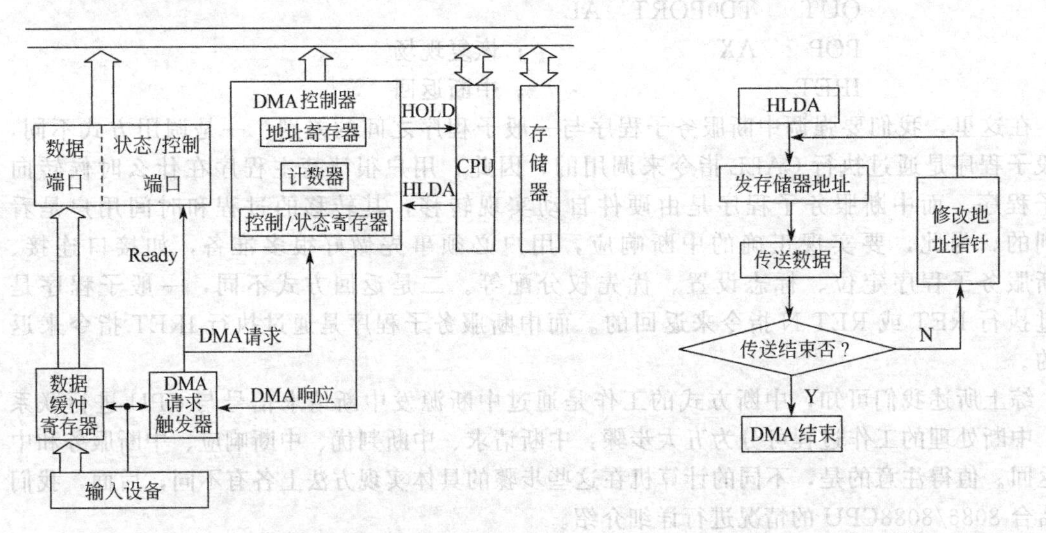

图 6-13 DMA 的工作电路

图 6-14 DMA 的工作流程图

从以上 DMA 方式传输的主要步骤中，我们不难看出，此时的 DMA 控制器充当了 CPU 的角色，要想完成 DMA 传输的控制工作，它的内部必须有控制寄存器、状态寄存器、地址寄存器、字节计数器等功能部件，能发送读/写信号，以及向 CPU 发 HOLD 请求并接收 HLDA 响应的功能。6.4 节将详细介绍可编程的 DMA 控制器芯片 Intel 8237A。

6.2 8086/8088 的中断操作

6.2.1 中断分类与中断类型码

我们知道，引起中断的原因或发出中断请求的设备称为中断源，中断源可以有许多种，如：I/O 设备、实时时钟、系统故障、软件设置等，在以 8086/8088 为 CPU 的系统中，它将所有的中断分成了两类，即硬件中断和软件中断。

硬件中断也称为外部中断，是由外部硬件电路产生的，如打印机、键盘等。硬件中断又可分为两种，一种是可屏蔽中断，另一种是不可屏蔽中断。其中不可屏蔽中断请求由 NMI 引脚输入，它不受标志寄存器中中断允许标志 IF 的影响，只要有请求，总是能被 CPU 响应，因此，它的优先级别高于可屏蔽中断。不可屏蔽中断一般都是用来处理紧急情况，如存储器奇偶校验错、I/O 通道奇偶校验错、系统掉电等事件。硬件中断中的绝大部分属可屏蔽中断，可屏蔽中断请求由 INTR 引脚输入，受标志寄存器中的中断允许标志 IF 的影响，也就是说，只有当 IF=1 时，系统才可能响应可屏蔽中断。同时，这类中断也受中断屏蔽字的影响，凡是已被屏蔽的中断源，即使有中断请求产生 CPU 也不予以响应，这样，用户就可以通过写中断屏蔽字的方法来改变中断的优先级。由于可屏蔽中断源数量较多，一般是通过优先级排队电路（如 8259A）进行控制，从多个中断源中选出一个最高级别的中断请求送 CPU 处理。

软件中断是根据某条指令的执行、中间的运算结果或者对标志寄存器中某个标志的设置而产生，它与硬件电路无关。常见的软件中断如除数为 0（由计算结果引起）、溢出（由 INTO 指令引起）或由 INT n 指令产生。

为了更好地区分不同的中断源，8086/8088CPU 为每个中断源分配了一个中断类型码，中断类型码的范围为 0～255。根据中断类型码的不同，整个系统一共可处理 256 种不同的中断。这 256 种不同的中断也有不同的分工，其中有一部分为专用中断或已被系统占用的中断，这些中断原则上是用户不能使用的，否则会发生一些意想不到的故障。PC/XT 机中部分中断类型码所对应的中断功能如表 6-1 所示。

表 6-1 PC/XT 机部分中断类型码对应的中断功能

中断类型码	中断功能	中断类型码	中断功能
0	除数为 0 中断	11H	设备检测
1	单步中断	12H	存储器大小检测
2	NMI 中断	13H	硬盘 I/O 驱动程序
3	断点中断	14H	RS-232I/O 驱动程序
4	溢出中断	15H	盒式磁带机处理
5	打印中断	16H	键盘 I/O 驱动程序
6、7	保留	17H	打印机 I/O 驱动程序
8	电子钟定时中断	18H	ROMBASIC
9	键盘中断	19H	引导(BOOT)
AH	保留的硬件中断	1AH	一天的时间
BH	串行通信(COM2)	1BH	用户键盘 I/O
CH	串行通信(COM1)	1CH	用户定时器时标
DH	硬盘中断	1DH	CRT 初始化参数
EH	软盘中断	1EH	磁盘参数
FH	并行打印机中断	1FH	图形字符集
10H	CRT 显示 I/O 驱动程序		

在这些中断类型码中，0～4是专用中断，8H～FH是硬件中断，5号和10H～1AH是基本外设的I/O驱动程序和BIOS中调用的有关程序，1BH和1CH由用户设定，1DH～1FH指向三个数据区。中断类型码20H～3FH由DOS操作系统使用，用户可以调用其中的20H～27H号中断，40H～255H号中断可以由用户程序安排使用。

6.2.2　中断向量与中断向量表

前面讲过，系统处理中断有五大步骤：中断请求、中断判优、中断响应、中断服务和中断返回，在这些步骤中最主要的一步就是，如何在中断响应时能够根据不同的中断源进入相应的中断服务子程序。8086/8088系统采用向量式中断的处理方法来解决该问题。在向量式中断的处理方法中，将每个中断服务子程序的入口地址（32位）称为一个中断向量，把系统中所有的中断向量按照一定的规律排列成一个表，这个表就称为中断向量表。当中断源发出中断请求，CPU决定响应中断后，即可查找中断向量表，从中找出该中断源的中断向量并将其装入CS：IP，即可转入相应的中断服务子程序。

图 6-15　中断向量表

8086/8088中断系统中的中断向量表的排列规则是：中断向量表位于内存0段0000～03FFH的存储区内，各中断向量按其中断类型码的大小顺序从低地址到高地址依次存放。每个中断向量占四个单元，其中低地址的两个单元存放中断服务子程序入口地址的偏移量（IP），低位在前，高位在后。高地址的两个单元存放中断服务子程序入口地址的段地址（CS），也是低位在前，高位在后。图6-15给出了中断类型码与中断向量所在位置之间的对应关系。

了解了中断向量表的构造及其排列的规律以后，用户就可以很方便地计算出对应某个中断类型码的中断向量在整个中断向量表中的位置。假设某个中断源的中断类型码为N，将N左移两位即N×4，即为该中断源的中断向量在中断向量表中起始位置的偏移地址，段地址为0。系统初始化时，可以通过软件编程的方式将其中断服务子程序的入口地址依次存放在从这儿开始的连续4个单元中（先放IP，后放CS）。例如，某设备的中断类型码为40H，则中断向量存放的起始位置的偏移地址为40H×4＝100H，设其中断服务子程序的入口地址为4530：2000H，则在0000：0100H～0000：0103H这四个单元中应依次装入00H、20H、30H、45H。中断发生后，CPU可以获得相应的中断类型码，经过计算就会自动找到这个位置，取出存放在这里的中断向量，并依次装入IP和CS，从而实现转入相应的中断服务子程序。

从以上分析可知，在向量式中断的处理过程中，有两个问题很重要，一个是如何拿到中断类型码？另一个是如何将中断向量定位到中断向量表中？其中第一个问题我们将在下一节结合8259A芯片来介绍，第二个问题的解决方法有很多，比较简单的一种方法是通过DOS系统调用来完成。调用时要求：AL＝中断类型码，DS：DX＝中断服务子程序入口地址的段地址和偏移地址，调用号＝25H。

例4　在6.1.2节的例3中，我们曾编写了如下的8253通道0的中断服务子程序。

```
INTSTART：PUSH  AX          ；保护现场
          MOV   AX，SUM     ；取目前的计价金额
          ADD   AX，VAL     ；增加一个单价
          MOV   SUM，AX     ；保存新的计价金额
          CALL  SHOW        ；转去显示新的计价金额
```

```
        MOV    AL，00010000B        ；重新初始化，开始下一轮计算
        OUT    CPORT，AL
        MOV    AL，120
        OUT    TD0PORT，AL
        POP    AX                   ；恢复现场
        IRET                        ；中断返回
```

假设此时系统分配给该中断源的中断类型码为60H，以下程序就可以完成中断向量的装入（要求将此程序段放在主程序的开始部分）。

```
PUSH   DS                      ；保存当前数据段寄存器的值
MOV    DX，SEG INTSTART        ；取中断服务子程序入口的段地址
MOV    DS，DX
MOV    DX，OFFSET INTSTART     ；取中断服务子程序入口的偏移地址
MOV    AL，60H                 ；送中断类型码
MOV    AH，25H
INT    21H
POP    DS                      ；恢复当前数据段寄存器的值
```

除了上述方法外，也可以利用MOV指令直接进行传送（见本书7.2.6节例题）。

值得注意的是，中断系统开始工作以后，其中断响应的过程对用户来讲是不透明的，也就是说，什么时候中断源发中断请求，CPU何时转向中断服务子程序都是随机的、自动的，在8086/8088系统中，如果没有事先在中断向量表中装入正确的中断向量或装的位置不对，都将导致系统的工作错误，且这种错误有时是很难发现的。因此，在使用中断方式进行输入输出控制时，对此要特别重视。

6.2.3 中断响应过程与时序

（1）中断响应的过程

图6-16给出了8086/8088CPU中断响应的流程图。

从图6-16中我们可以看出，8086/8088CPU响应中断的次序是：软件中断→NMI→INTR→单步。其中，只有在可屏蔽中断的情况下才判IF=1，才需要从中断源取中断类型码，而其余几种中断的情况下都没有这个动作，这是因为第一它们不受IF的影响，第二它们的中断类型码都是固定的，因此，只需形成即可。对INTR即可屏蔽的中断请求，8086/8088CPU在进入中断响应后，从它的$\overline{INTA}$引脚连续发两个负脉冲，中断源在接到第二个$\overline{INTA}$负脉冲以后，通过数据线将它的中断类型码发送给CPU。

收到这个中断类型码（或形成中断类型码）以后，8086/8088CPU做如下动作。

① 将中断类型码放入暂存器保存。

② 将标志寄存器的内容压入系统堆栈，以保护中断发生时的状态。

③ 将IF和TF标志清为0。

将IF清为0的目的是防止在中断响应的同时又来别的中断，从而引起系统混乱。而将TF清为0是为了防止CPU以单步方式执行中断服务子程序。这里要特别提醒，因为CPU在中断响应时自动关闭了允许中断标志（IF=0），因此用户如要进行中断嵌套（即允许新的中断打断当前正在服务的中断）时，必须在自己的中断服务子程序中用开中断指令STI来重新设置IF，否则系统将不支持中断嵌套。

④ 保护断点。断点指的是在响应中断时，主程序当前指令下面的一条指令的地址。因此保护断点的动作就是将当前的IP和CS的内容压入系统堆栈，这个动作的目的是为了以后能正确地返回主程序。

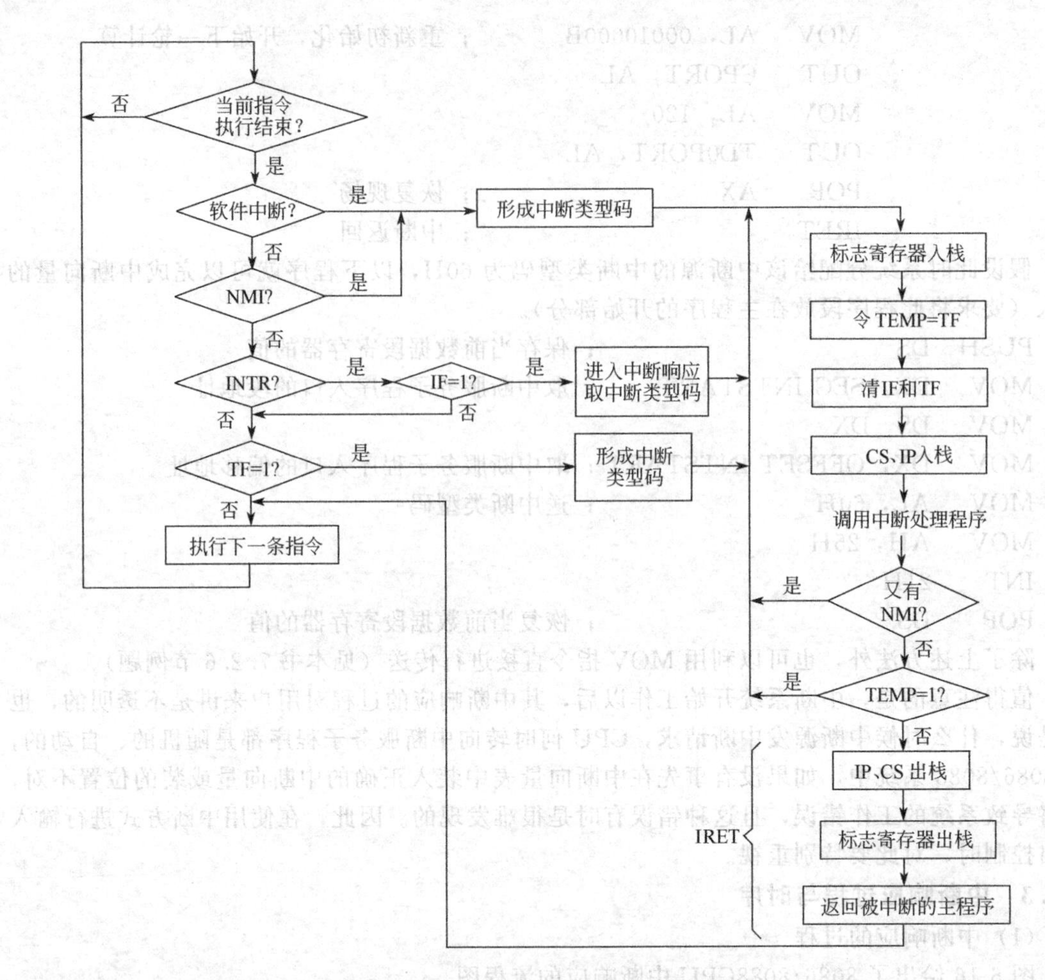

图 6-16 8086/8088CPU 中断响应流程图

⑤ 根据取到的（或形成的）中断类型码，在中断向量表中找出相应的中断向量，将其分别装入 IP 和 CS，即可自动转向中断服务子程序。

关于中断的嵌套，在执行中断服务子程序的过程中，若有 NMI 的请求，则 CPU 总是可以响应的。当然，如果在这个中断处理子程序中设立了开中断指令，则对 INTR 的请求也可以响应。

单步中断一般用在调试程序的过程中，它由单步标志 TF＝1 引起，CPU 每执行一条指令中断一次，显示出当时各寄存器的内容，供用户参考。当进入单步中断响应时，CPU 自动清除了 TF，在中断返回后，由于恢复了中断响应时的标志寄存器的值，因此 TF＝1，这样 CPU 执行完一条指令之后又可以进入单步中断，直到程序将 TF 改为 0 为止。

⑥ 最后弹出 IP 和 CS，弹出标志寄存器的值，实现返回断点的工作是由 IRET 指令完成的。所以，为了能实现正确地返回，在中断服务子程序的末尾一定要用一条 IRET 指令。

(2) 可屏蔽中断响应的时序

中断操作是 8086/8088CPU 的基本操作之一。8086/8088CPU 的可屏蔽中断响应要占用两个总线周期，图 6-17 给出了 8086/8088 可屏蔽中断响应总线周期的时序。

8086/8088CPU 要求中断请求 INTR 信号是一个电平信号，并且要维持 2 个时钟周期。这是因为 CPU 是在一条指令的最后一个时钟周期 T 采样 INTR，进入中断响应以后，它在

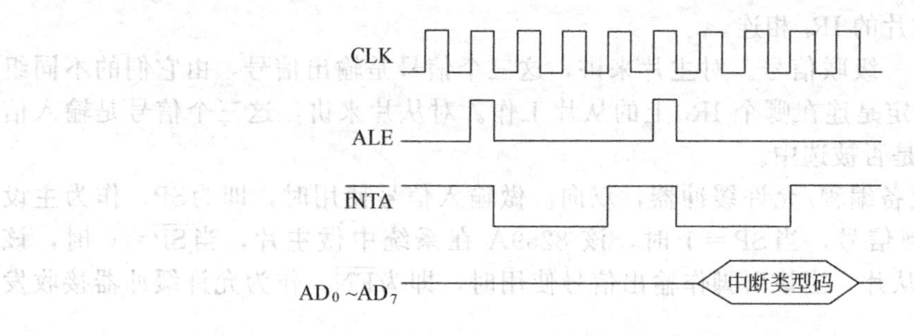

图 6-17 8086/8088 可屏蔽中断响应总线周期

第一个中断响应总线周期仍需采样 INTR，以确信是一个有效的中断请求。另外，从时序图中也可以看到，中断源在第二个 INTR 有效时送来的中断类型码是通过数据总线的低 8 位传送的，这点对 8086 来讲尤为重要。因为 8086 的对外数据线有 16 根。这就意味着外设（指中断源或中断控制器）的硬件连线中的数据线只能挂在 16 位数据总线的低 8 位上，不能是别的连接方式，否则出错。

当 8086/8088CPU 工作在最小模式时，中断响应信号由它的$\overline{INTA}$引脚发出。当它工作在最大模式时，则是通过$\overline{S_2}$、$\overline{S_1}$、$\overline{S_0}$的组合来完成。在两个中断响应总线周期中，地址/数据总线，地址/状态线和$\overline{BHE}$/S7 均为浮空，而 M/$\overline{IO}$则为低电平，或$\overline{M}$/IO 为高电平。

6.3 可编程中断控制器 Intel 8259A

6.3.1 8259A 的结构及主要功能

（1）8259A 的主要功能

前面讲到中断优先级的处理时，曾提到有专用硬件方式来进行这项工作，Intel 8259A 就是这样的中断优先级管理电路芯片，它具有如下主要功能。

① 在有多个中断请求时，8259A 能判别中断源的中断优先级，一次可以向 CPU 送出一个最高级别的中断请求信号。

② 一片 8259A 可以管理 8 级中断，并且，在不增加任何其它电路的情况下，可以多片 8259A 级联，形成对多于 8 级的中断请求的管理。最多可以用 9 片 8259A 来构成 64 级的主从式中断管理系统。

③ 可以通过编程，使 8259A 工作在不同的工作方式下，使用起来灵活方便。

④ 单电源+5V，NMOS 工艺制造。

（2）8259A 的引脚信号及功能

Intel 8259A 为双列直插式封装，28 个引脚，引脚图见图 6-18。下面分别介绍这些引脚的名称及其功能。

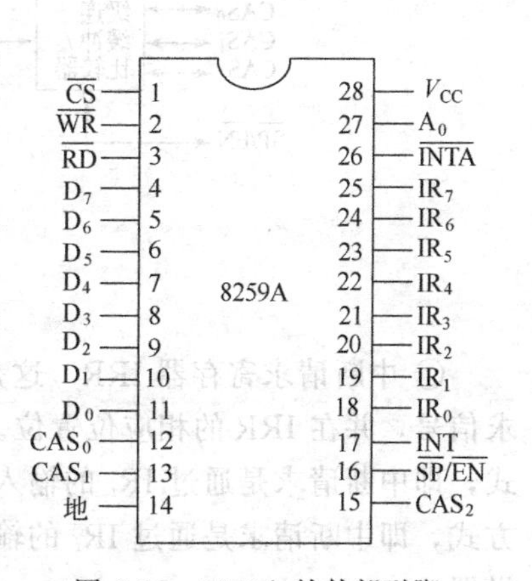

图 6-18 8259A 的外部引脚

• $D_0 \sim D_7$ 数据线，双向，用来与 CPU 交换数据。

• INT 中断请求，输出信号，由 8259A 传给 CPU，或由从 8259A 传给主 8259A。

• $\overline{INTA}$ 中断响应，输入信号，来自 CPU。在中断响应总线周期，当第二个$\overline{INTA}$有效时，8259A 将选中的最高级别的中断请求的中断类型码通过数据线传给 CPU。

• $IR_0 \sim IR_7$ 中断请求输入，由中断源传给 8259A。8259A 默认的中断优先级为 $IR_0 > IR_1 > \cdots > IR_7$，用户可以根据需要通过编程来改变它。当有多片 8259A 级联时，从片的 INT 引脚与主片的 IR_i 相连。

• CAS_0～CAS_2 级联信号。对主片来讲，这三个信号是输出信号，由它们的不同组合 000～111，分别确定是连在哪个 IR_i 上的从片工作。对从片来讲，这三个信号是输入信号，以此判别本从片是否被选中。

• $\overline{SP}/\overline{EN}$ 从设备编程/允许缓冲器，双向。做输入信号使用时，即为$\overline{SP}$，作为主设备/从设备的选择控制信号，当$\overline{SP}=1$ 时，该 8259A 在系统中做主片，当$\overline{SP}=0$ 时，该 8259A 则在系统中做从片。当该引脚作输出信号使用时，即为$\overline{EN}$，作为允许缓冲器接收发送的控制信号。

$\overline{SP}/\overline{EN}$引脚的使用根据 8259A 的工作方式的不同而变化，详细内容我们在下面编程部分再介绍。

• A_0 内部寄存器的选择，输入信号。8259A 规定，当 $A_0=0$ 时，对应的寄存器为 ICW_1、OCW_2 和 OCW_3；当 $A_0=1$ 时，对应的寄存器为 ICW_2～ICW_4 和 OCW_1。对 8086CPU 来讲，由于 8259A 的 D_0～D_7 接在 16 位数据线的低 8 位上，则 A_0 一般与地址线的 A_1 相连，以保证 8086 得到的均为偶地址。而对 8088CPU 来讲，则可将 A_0 直接与地址线的 A_0 相连。

• $\overline{CS}$ 片选信号，输入。一般来自地址译码器的输出，作为 CPU 对 8259A 的选择信号。

• $\overline{RD}$ 读信号，输入。来自 CPU 的$\overline{IOR}$。

• $\overline{WR}$ 写信号，输入。来自 CPU 的$\overline{IOW}$。

(3) 8259A 的内部结构

图 6-19 是 8259A 的内部结构框图，其主要模块的功能如下。

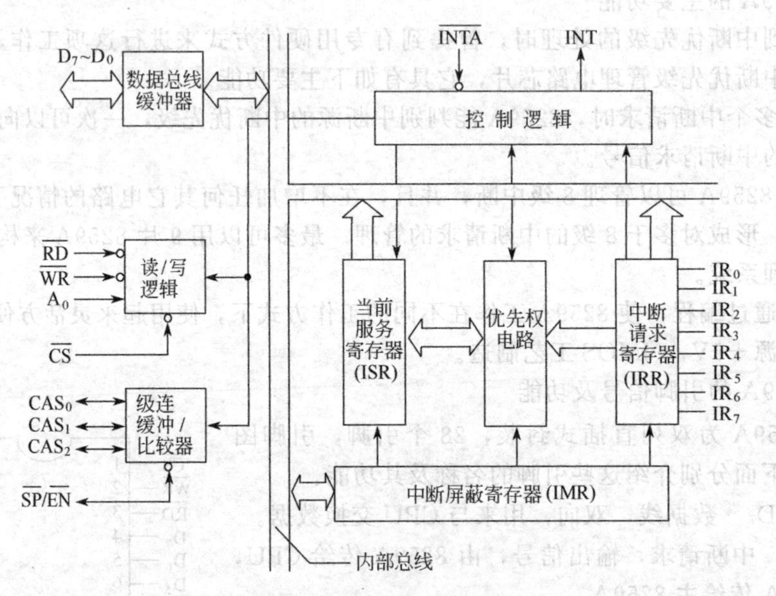

图 6-19 8259A 的内部结构

① 中断请求寄存器 IRR 这是一个 8 位的寄存器，用来接收来自 IR_0～IR_7 上的中断请求信号，并在 IRR 的相应位置位。中断源产生中断请求的方式有两种：一种是边沿触发方式，即中断请求是通过 IR_i 的输入信号从低电平向高电平的跳变产生的；另一种是电平触发方式，即中断请求是通过 IR_i 的输入信号保持高电平来产生的。用户可根据需要通过编程来设置。

② 中断优先权裁决电路 它在中断响应期间，可以根据控制逻辑规定的优先权级别和IMR的内容，对IRR中保存的所有中断请求进行优先权排队，将其中优先权级别最高的中断请求位送入ISR，表示要为其进行服务。

③ 当前服务寄存器ISR 这也是一个8位的寄存器，它用来存放当前正在处理的中断请求，也是通过其相应位的置位来实现的。在中断嵌套方式下，可以将其内容与新进入的中断请求的优先级别进行比较，以决定是否能进行嵌套。ISR的置位是在中断响应的第一个$\overline{INTA}$有效时完成的。

④ 中断屏蔽寄存器IMR IMR是一个8位的寄存器，用来存放中断屏蔽字，它是由用户通过编程来设置的。当IMR中第i位置位时，就屏蔽了来自IR_i的中断请求，也就是说，禁止了来自IR_i的中断请求进入中断服务。这样，用户就可以根据需要设置IMR的值，开放所需要的中断，屏蔽不需要的中断，或者通过这种选择来改变已有的中断优先级。

⑤ 控制逻辑 在8259A的控制逻辑电路中，有一组初始化命令字寄存器（4个，对应ICW_1～ICW_4）和一组操作命令字寄存器（3个，对应OCW_1～OCW_3），这7个寄存器均可由用户根据需要通过编程来设置。控制逻辑可以按照编程所设置的工作方式来管理8259A的全部工作。

这7个寄存器通过不同的端口进行访问，其中，ICW_1、OCW_2、OCW_3通过$A_0=0$的端口访问，而ICW_2～ICW_4、OCW_1通过$A_0=1$的端口访问。

⑥ 数据总线缓冲器 这是一个8位的双向、三态缓冲器，用作8259A与系统数据总线的接口，用来传输初始化命令字、操作命令字、状态字和中断类型码。

⑦ 读/写控制逻辑 接收来自CPU的读/写命令，完成规定的操作。具体动作由片选信号$\overline{CS}$、地址输入信号A_0以及读（$\overline{RD}$）和写（$\overline{WR}$）信号共同控制。当CPU对8259A进行写操作时，它控制将写入的数据送相应的命令寄存器中（包括初始化命令字和操作命令字），当CPU对8259A进行读操作时，它控制将相应的寄存器的内容（IRR、ISR、IMR）输出到数据总线上。

⑧ 级联缓冲器/比较器 这个功能部件用在级联方式的主-从结构中，用来存放和比较系统中各8259A的从设备标志（ID）。与此相关的是三条级联线CAS_0～CAS_2和$\overline{SP}/\overline{EN}$，其中$CAS_0$～$CAS_2$是8259A相互间连接用的专用总线，用来构成8259A的主-从式级联控制结构，编程时设定的从8259A的从设备标志保存在级联缓冲器中。系统中全部8259A的CAS_0～CAS_2对应端互连，在中断响应期间，主8259A把所有申请中断的从设备中优先级最高的从8259A的从设备标志（ID）输出到级联线CAS_0～CAS_2上，从8259A收到这个从设备标志后，就与自己的级联缓冲器中保存的从设备标志相比较，若相等则说明本片被选中。这样，在后续的$\overline{INTA}$有效期间，被选中的从设备就把中断类型码送上数据总线。

(4) 8259A的工作过程

下面我们以单片8259A为例来叙述其工作过程。

① 中断源通过IR_0～IR_7向8259A发中断请求，使得IRR的相应位置位。

② 若此时IMR中的相应位为0，即该中断请求没有被屏蔽，则进入优先级排队。8259A分析这些请求，若条件满足，则通过INT向CPU发中断请求。

③ CPU接收到中断请求信号后，如果满足条件，则进入中断响应，通过$\overline{INTA}$引脚发出连续两个负脉冲。

④ 8259A收到第一个$\overline{INTA}$时，做如下动作。

- 使IRR的锁存功能失效（目的是防止此时再来中断导致中断响应的错误），到第二个

$\overline{INTA}$时恢复有效。

• 使 ISR 的相应位置位，表示已为该中断请求服务。

• 使 IRR 相应位清 0。

⑤ 8259A 在收到第二个$\overline{INTA}$时，做如下动作。

• 送中断类型码，中断类型码由用户编程和中断请求引脚的编码共同决定，详见编程部分。

• 如果 8259A 工作在中断自动结束方式，则此时清除 ISR 的相应位。

这里要说明一点，若 8259A 是工作在级联方式下，并且从 8259A 的中断请求级别最高，则在第一个$\overline{INTA}$脉冲结束时，主 8259A 将从设备标志 ID 送到 CAS_0～CAS_2 上，在第二个$\overline{INTA}$脉冲有效期间，由被选中的从 8259A 将中断类型码送上数据总线。

6.3.2 8259A 的编程

8259A 是一个可编程的芯片，对 8259A 的编程涉及到两类命令字：一类是初始化命令字，通过这些字使 8259A 进入初始状态，这些字必须在 8259A 进入操作之前设置；另一类是操作命令字，在 8259A 经过初始化并进入操作以后，用这些字来控制 8259A 执行不同方式的操作，这些字可以在初始化以后的任何时刻写入 8259A。

下面，我们就分别介绍初始化命令字 ICW_1～ICW_4 和操作命令字 OCW_1～OCW_3。

(1) 初始化命令字

1) 初始化命令字 1 (ICW_1)

ICW1 必须写入 $A_0=0$ 的端口地址，其中 $D_4=1$ 是 ICW_1 的标志位。

A_0	D_7	D_6	D_5	D_4	D_3	D_2	D_1	D_0
0	×	×	×	1	LTIM	×	SNGL	IC4

• D_0(IC_4) 用来指出后面是否使用 ICW_4。若使用 ICW_4，则 $D_0=1$，反之为 0，对 8086/8088 系统来讲，后面必须设置 ICW_4，因此这位为 1。

• D_1(SNGL) 用来指出系统中是否只有一片 8259A。若仅有一片，则 $D_1=1$，反之为 0。

• D_3(LTIM) 用来设定中断请求信号的触发形式。当 $D_3=1$ 时，表示为电平触发方式。此时 IR_i 的输入信号为高电平即可进入 IRR；当 $D_3=0$ 时，表示为边沿触发方式，此时 IR_i 的输入信号由低到高的跳变被识别而送入 IRR。在两种触发方式下，IR_i 的输入高电平在置位 IRR 的相应位后都仍要保持，直到中断被响应为止。

• D_2 和 D_5～D_7 在 8086/8088 系统中不用，用户编程时可写入任意值。

2) 初始化命令字 2 (ICW_2)

ICW_2 必须写入 $A_0=1$ 的端口地址，它用来设置中断类型码，其高 5 位即 T_3～T_7 为中断类型码的高 5 位，低 3 位无意义，用户编程时可写入任意值。

A_0	D_7	D_6	D_5	D_4	D_3	D_2	D_1	D_0
1	T_7	T_6	T_5	T_4	T_3	×	×	×

8259A 形成的中断类型码由两部分组成，高 5 位来自用户设置的 ICW_2，低 3 位为中断输入引脚 IR_i 的编码 i，由 8259A 自动插入。也就是说，当用户设置了 ICW_2 以后，来自各中断请求引脚的中断源的中断类型码也就惟一的确定了。表 6-2 给出了来自各中断请求引脚的中断源的中断类型码与 ICW_2 及引脚编号的关系。

例如，初始化时写入 ICW_2=4DH，则来自 IR_0～IR_7 各引脚的中断源的中断类型码就分别为 48H、49H、…、4FH。反之，如果系统要求来自 IR_0～IR_7 各引脚的中断源的中断

表 6-2 中断类型码与 ICW_2 及引脚编号的关系

	D_7	D_6	D_5	D_4	D_3	D_2	D_1	D_0
IR_0	T_7	T_6	T_5	T_4	T_3	0	0	0
IR_1	T_7	T_6	T_5	T_4	T_3	0	0	1
IR_2	T_7	T_6	T_5	T_4	T_3	0	1	0
IR_3	T_7	T_6	T_5	T_4	T_3	0	1	1
IR_4	T_7	T_6	T_5	T_4	T_3	1	0	0
IR_5	T_7	T_6	T_5	T_4	T_3	1	0	1
IR_6	T_7	T_6	T_5	T_4	T_3	1	1	0
IR_7	T_7	T_6	T_5	T_4	T_3	1	1	1

类型码为 80H～87H，我们在初始化时写入的 ICW_2 的高 5 位就应该是 10000B，而低 3 位则任意，如可以写入 80H 或 85H 等，但不能写入 88H（因为这样高 5 位就是 10001B 了），这样不符合要求（对应 IR_0～IR_7 各引脚的中断源的中断类型码为 88H～8FH）。

3）初始化命令字 3（ICW_3）

ICW_3 只有当系统中有多片 8259A 时才有意义，也就是说，只有当前面写入的 ICW_1 的 $D_1=0$ 时才需送此字。ICW_3 必须写入 $A_0=1$ 的端口地址，且对主片和从片编程时的定义不同。

对主片来讲，ICW_3 格式如下。

A_0	D_7	D_6	D_5	D_4	D_3	D_2	D_1	D_0
1	IR_7	IR_6	IR_5	IR_4	IR_3	IR_2	IR_1	IR_0

每一位对应一个中断请求引脚，哪条 IR_i 引脚上连接有从片，则相应 ICW_3 的 D_i 位为 1，反之为 0。因此，主片的 ICW_3 是用来指出该片的哪条引脚连接的是从设备。例如，主片的 IR_0 和 IR_5 引脚上连接有从片，则该主片的相应 ICW_3 应为 00100001B。

对从片来讲，ICW_3 的格式如下。

A_0	D_7	D_6	D_5	D_4	D_3	D_2	D_1	D_0
1	×	×	×	×	×	ID_2	ID_1	ID_0

ID_0～ID_2 是从设备标志 ID 的编码，它等于该从设备的 INT 端所连接的主片的 IR_i 引脚的编码 i。例如，某从片连在主片的 IR_3，则该从片的 ICW_3 的低 3 位即为 011B。因此，从片的 ICW_3 是用来指出本片连在主片的哪一个引脚。ICW_3 的高 5 位无用，可写入任意值。

4）初始化命令字 4（ICW_4）

ICW_4 必须写入 $A_0=1$ 的端口地址，其中 $D_5D_6D_7=000$ 是 ICW_4 的标志位。

A_0	D_7	D_6	D_5	D_4	D_3	D_2	D_1	D_0
1	0	0	0	SFNM	BUF	M/S	AEOI	μPM

- D_0（μPM） CPU 类型选择。在 8086/8088 系统中，μPM=1。
- D_1（AEOI） 指出是否为中断自动结束方式。若选用中断自动结束方式，则 $D_1=1$。在这种方式下，当第二个 $\overline{INTA}$ 脉冲到来时，ISR 的相应位会自动清除。如果设置 $D_1=0$ 则不用中断自动结束方式，这时必须在程序的适当位置（一般是在中断服务子程序中）使用中断结束命令（见 OCW_2），使 ISR 中的相应位复位，从而结束中断。
- D_2(M/S) 在缓冲方式下有效，由于在缓冲方式下不能由 $\overline{SP}/\overline{EN}$ 来指明本片是主片还是从片，因此，需用此位来指出本片是主片（$D_2=1$）还是从片（$D_2=0$）。
- D_3(BUF) 用来指出本片是否工作在缓冲方式，并由此决定了 $\overline{SP}/\overline{EN}$ 的功能。$D_3=1$ 表示 8259A 工作在缓冲方式（经缓冲器与总线相连），反之，8259A 工作在非缓冲方式（直接与总线相连）。
- D_4(SFNM) 用来指出本片是否工作在特殊的全嵌套方式。若是则 $D_4=1$，反之

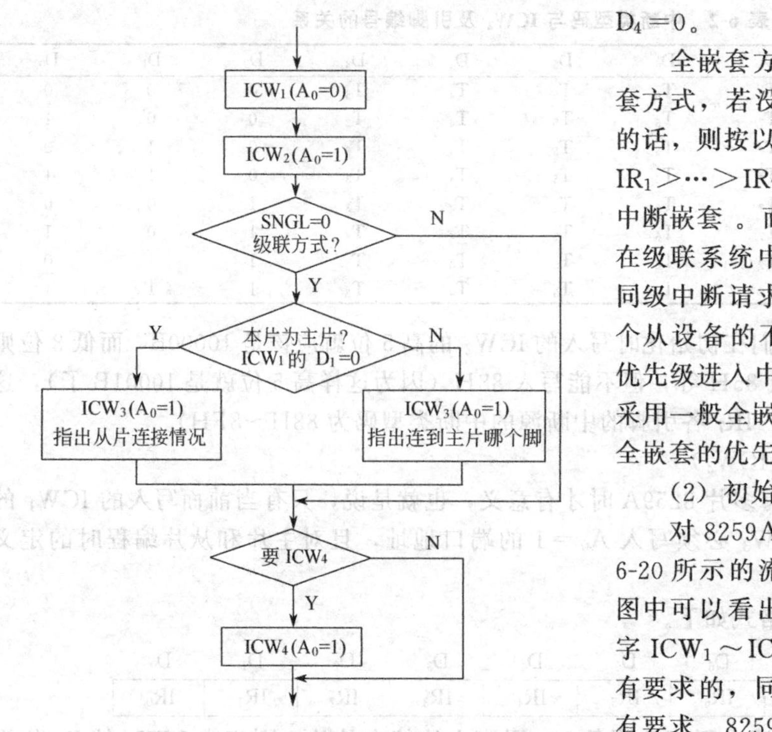

图 6-20 8259A 初始化流程图

$D_4=0$。

全嵌套方式是最常用的优先级嵌套方式，若没有设置其它优先级方式的话，则按以下优先级处理，即 $IR_0>IR_1>\cdots>IR_7$，以此决定是否能进入中断嵌套 。而特殊的全嵌套方式仅用在级联系统中的主片上，可以实现对同级中断请求的嵌套，以确保对同一个从设备的不同 IR_i 输入的中断能按优先级进入中断嵌套（此时的从片仍采用一般全嵌套方式），实现真正的完全嵌套的优先级结构。

（2）初始化程序流程

对 8259A 的初始化必须按照如图 6-20 所示的流程进行。从初始化流程图中可以看出，此时需送初始化命令字 $ICW_1\sim ICW_4$，它们的写入顺序是有要求的，同时对写入的端口地址也有要求。8259A 通过写入次序、端口地址及各初始化命令字的标志位来区别它们，从而实现了一个端口地址可对应多个写入内容，有效地减少了芯片引脚的数目。

值得注意的是，当系统中有多片 8259A 工作于级联方式时，对每片 8259A 均要单独编程，其中主片和从片的 ICW_3 的格式及功能均不相同，应视具体硬件的连接方式而定。

例 5 一个 CPU 为 8088 的系统采用一片 8259A 做中断控制器，要求这片 8259A 工作在全嵌套方式，不用中断自动结束方式，不用缓冲方式，中断请求信号为边沿触发方式。该 8259A 的两个端口地址分别为 20H 和 21H，试完成初始化程序。

分析 确定 ICW_1：×××10×11B

确定 ICW_2：系统没有规定中断类型码，由用户自定，本题定为 10110000B。

此时，8 个中断源的中断类型码分别为 B0H～B7H。

确定 ICW_4：00000×01B

```
MOV   AL，13H       ；送 ICW1，所有×的位全取 0
OUT   20H，AL
MOV   AL，0B0H      ；送 ICW2，即中断类型码的高 5 位
OUT   21H，AL
MOV   AL，01H       ；送 ICW4，所有×的位全取 0
OUT   21H，AL
```

例 6 一个 CPU 为 8088 的系统采用 8259A 做中断控制器，在这片 8259A 的 IR_1 和 IR_6 引脚上接有中断请求。要求这片 8259A 工作在全嵌套方式，采用中断自动结束方式，不用缓冲方式，中断请求信号为边沿触发方式，中断类型码为 69H 和 6EH。该 8259A 的两个端口地址分别为 FF20H 和 FF21H，试完成初始化程序。

分析 确定 ICW_1：×××10×11B

确定 ICW_2：系统规定了中断类型码，高 5 位必须是 01101B，ICW_2 应送 01101×××B。

此时，IR_1 和 IR_6 引脚上中断源的中断类型码分别为 01101001B 和 01101110B。

确定 ICW_4：00000×11B

```
MOV  AL，13H      ；送 ICW1，所有×的位全取 0
MOV  DX，0FF20H
OUT  DX，AL
MOV  AL，68H      ；送 ICW2，所有×的位全取 0
MOV  DX，0FF21H
OUT  DX，AL
MOV  AL，03H      ；送 ICW4，所有×的位全取 0
OUT  DX，AL
```

（3）操作命令字

8259A 的操作命令字一共有三个，它们分别为 OCW_1～OCW_3。这些字是在 8259A 处于初始状态以后，由用户在应用程序中设置的。设置这些字时，在写入的次序上没有严格要求（这不同于初始化命令字），但是对写入的端口有规定，即 OCW_1 必须写入 $A_0=1$ 的端口地址，其余要写入 $A_0=0$ 的端口地址。

下面，我们分别介绍这些字的格式及功能。

1）操作命令字 1（OCW_1）

OCW_1 必须写入 $A_0=1$ 的端口地址。

A_0	D_7	D_6	D_5	D_4	D_3	D_2	D_1	D_0
1	M_7	M_6	M_5	M_4	M_3	M_2	M_1	M_0

OCW_1 即为中断屏蔽字，用来设置 8259A 的屏蔽操作。M_7～M_0 代表 8 个屏蔽位，分别用来控制 IR_7～IR_0 输入的中断请求信号。如果某位 M_i 为 1，则屏蔽相应的 IR_i 输入的中断请求，如果某位 M_i 为 0，则清除屏蔽，允许相应的 IR_i 的中断请求信号进入优先级排队。

2）操作命令字 2（OCW_2）

OCW_2 必须写入 $A_0=0$ 的端口地址，且要求 $D_4D_3=00$。

OCW_2 用来控制中断结束、优先权循环等操作。与这些操作有关的命令和方式控制大都以组合格式使用 OCW_2，而不完全是按位来设置的。下面，我们先介绍有关位的定义，然后再说明一下组合格式。

A_0	D_7	D_6	D_5	D_4	D_3	D_2	D_1	D_0
1	R	SL	EOI	0	0	L_2	L_1	L_0

• D_7(R)　优先权循环控制位。$D_7=1$ 表示为循环优先权方式，反之为固定优先权方式。

在固定优先权方式下，中断优先级排序是 $IR_0>IR_1>\cdots>IR_7$，即来自 IR_0 的中断优先级最高，来自 IR_7 的中断优先级最低。而在循环优先权方式下，优先级的队列是在变化的，刚刚服务过的中断请求的优先级降为最低，例如，目前的优先权队列是 $IR_0>IR_1>\cdots>IR_7$，而来自 IR_3 的中断刚刚被服务过，则优先权队列变为 $IR_4>IR_5>\cdots>IR_0>IR_1>IR_2>IR_3$。初始时可以是 IR_7 级别最低，也可由 L_2～L_0 的编码来确定（此时要求 $D_6=1$）。

• D_6(SL)　用来指定 L_2～L_0 是否有效。$D_6=1$ 时，OCW_2 的低 3 位即 L_2～L_0 有效，反之无效。

• D_5(EOI)　中断结束命令。$D_5=1$ 表示中断结束，它可以使 ISR 中最高优先权的位复位，也可以使由 L_2～L_0 的编码确定的 ISR 中的相应位复位（此时要求 $D_6=1$）。当系统中不采用中断自动结束方式时，就需用此位的置位来对 ISR 的相应位清 0，从而结束中断。采用中断自动结束方式时 $D_5=0$。

• D_2～D_0(L_2～L_0)　这三位对应的二进制编码有 8 个，即 000～111，它们的作用有两个：在中断结束命令中（EOI=1），用来指出清除的是 ISR 的哪一位（此时即为特殊的 EOI 命令）；另外可以用来指出循环优先权初始时哪个中断级别最低。注意：只有在 $D_6=1$ 时它们才起作用。

表 6-3 给出了 OCW_2 中各位的组合情况。

表 6-3 OCW_2 中各位的组合

R	SL	EOI	$L_2\sim L_0$	功 能
0	0	1	无用	一般的 EOI 命令
0	1	1	给出清除的 ISR 某位的编码	特殊的 EOI 命令
1	0	1	无用	循环优先级的一般 EOI 命令
1	1	1	给出循环优先级初始时最低优先级的引脚编码	循环优先级的特殊 EOI 命令
1	0	0	无用	设置循环优先级的 AEOI 命令
0	0	0	无用	设置固定优先级的 AEOI 命令
1	1	0	给出循环优先级初始时最低优先级的引脚编码	设置循环优先权命令
0	1	0	无用	无效操作

这里要说明的是：凡是没有通过 $L_2\sim L_0$ 来指出编码的 EOI 命令，均是清除 ISR 中优先权级别最高的位，凡是没有通过 $L_2\sim L_0$ 来指出编码的循环优先权方式，其初始时均按 $IR_0>IR_1>\cdots>IR_7$ 的优先权队列处理。

3）操作命令字 3（OCW_3）

OCW_3 必须写入 $A_0=0$ 的端口地址，且要求 $D_4D_3=01$、$D_7=0$。它主要用来控制 8259A 的中断屏蔽、查询和读寄存器等操作。

A_0		D_7	D_6	D_5	D_4	D_3	D_2	D_1	D_0
0		0	ESMM	SMM	0	1	P	RR	RIS

• D_6(ESMM) 特殊屏蔽方式允许位，$D_6=1$ 即允许特殊屏蔽方式。

• D_5(SMM) 特殊屏蔽方式位，只有当 $D_6=1$ 时这位才起作用。

若 $D_6D_5=11$，则 8259A 进入特殊屏蔽方式。这时，8259A 允许任何未被屏蔽（即 IMR 中相应位为 0）的中断请求产生中断，而不管这些中断请求的优先权的高低（一般情况下，只有较高级的中断才能打断当前中断）。若 $D_6D_5=10$，则恢复原来的屏蔽方式。

• D_2(P) 查询方式位，$D_2=1$ 设置为中断查询方式，即用软件查询的方式而不是中断向量方式来实现对中断源的服务，一般用在多于 64 级中断的场合。$D_2=0$ 即不处于查询方式。

在查询方式下，CPU 要先关中断，然后向 8259A 发出一个查询命令（此命令对 8259A 来讲相当于 $\overline{INTA}$ 信号），接着执行一条输入指令，产生一个读信号送 8259A，8259A 收到这个信号后，使当前中断服务寄存器中的某一位置位（若有中断请求的话），并送出一个查询字供 CPU 查询。CPU 可通过读 $A_0=0$ 的端口地址得到该查询字。

查询字格式如下。

D_7	D_6	D_5	D_4	D_3	D_2	D_1	D_0
I	×	×	×	×	W_2	W_1	W_0

其中 I 为有无中断请求标志。I=1 表示有中断请求，这时 $W_2\sim W_0$ 给出最高级别的中断请求的二进制编码，I=0 表示无中断请求。

• D_1(RR) 读寄存器命令字。$D_1=1$ 时允许读 ISR 和 IRR 寄存器，前提是 D_2 必须为 0，即不处于查询方式。

• D_0(RIS) 读 ISR 和 IRR 的选择位，它必须和 D_1 位结合起来使用。当 $D_1D_0=10$ 时，允许读 IRR 的内容；当 $D_1D_0=11$ 时，允许读 ISR 的内容。对 8259A 内部寄存器的读出方式同读查询字一样，CPU 先送一个操作命令字（即读出命令），然后用一条输入指令去读，对 ISR 和 IRR 的读出要对 $A_0=0$ 的端口地址操作。不论在什么情况下，读 $A_0=1$ 的端口地址均可得到 IMR 的内容。

例 7 8086/8088CPU 要完成读取 IRR 和 IMR 的值，分别送寄存器 BL 和 BH 的工作。可编制程序如下。

```
MOV  AL，00001010B
OUT  PORT0，AL     ；写 OCW3，指出要读 IRR 寄存器的值，PORT0 为偶地址
IN   AL，PORT0     ；读 IRR 寄存器的值，PORT0 为偶地址
MOV  BL，AL
IN   AL，PORT1     ；读 IMR 寄存器的值，PORT1 为奇地址
MOV  BH，AL
```

6.3.3 8259A 的级联

所谓级联，就是在微型计算机系统中以一片 8259A 与 CPU 相连，这个 8259A 又与下一层的多达 8 片 8259A 相连。与 CPU 相连的 8259A 称为主设备或主片，其余的 8259A 称为从设备或从片。从设备的 INT 输出端接到主设备的 IR_i 输入端，由从设备输入的中断请求通过主设备向 CPU 申请中断。主设备的三条级联线 $CAS_0 \sim CAS_2$ 与从设备的对应端相连，用来选择从设备。由此可见，在具有主-从结构的级联方式下，系统最多可处理 64 级中断。

在级联结构中，所有 8259A 的 $CAS_0 \sim CAS_2$ 互连，但是对主设备来讲，它们为输出信号，而对从设备来讲，它们为输入信号。在 CPU 的中断响应周期里，主设备通过这三根线发出已确定要响应的优先级最高的从设备标志（ID），被选中的从设备把中断类型码送上数据总线。图 6-21 给出了一个由三片 8259A 组成的级联系统。在这个级联系统中，各中断源的优先级别从高到低依次为：主片的 $IR_0 \sim IR_3$，从片 1 的 $IR_0 \sim IR_7$，主片的 $IR_5 \sim IR_6$，从片 2 的 $IR_0 \sim IR_7$。

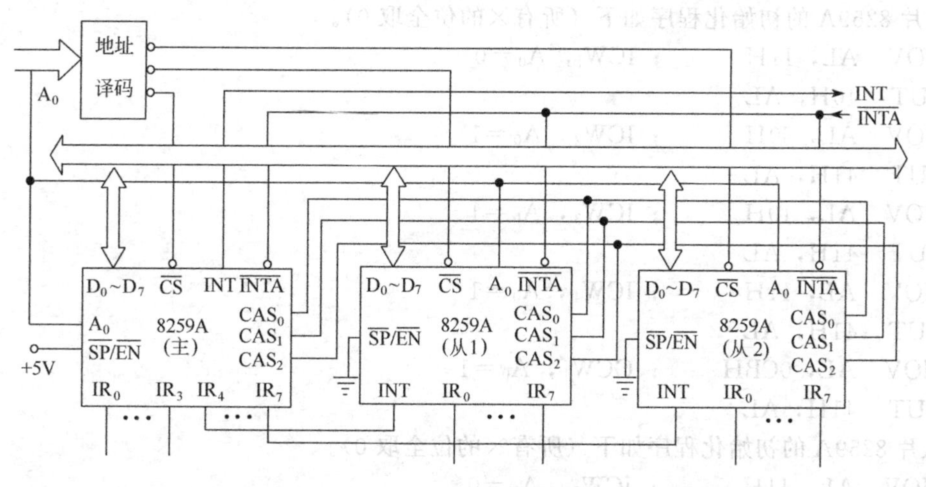

图 6-21 8259A 的级联

级联系统中的所有 8259A 都必须进行各自独立的编程，以便设置各自的工作状态。这时，作为主设备的 8259A 需设置为特殊的全嵌套方式。因为在全嵌套方式下，当来自从设备的中断被 CPU 响应，进入中断服务时，主设备中的 ISR 的相应位就被置位，这时，来自同一从设备中的具有较高优先级的中断请求就不能再通过主 8259A 向 CPU 申请中断了。为了避免这个问题的发生，主 8259A 必须工作在特殊的全嵌套方式。这种方式与一般的全嵌

套方式相比，有两点不同。

① 当来自某个从设备的中断请求进入服务时，主设备的优先权控制逻辑不封锁这个从设备，从而使再次来自该从设备的具有较高优先级的中断请求能被主设备识别而进入中断嵌套，并向 CPU 发中断请求。

② 中断服务结束时，必须用软件来检查被服务的中断是否是该从设备中惟一的一个中断请求。为此，要先向从设备发一个一般的中断结束 EOI 命令，清除已完成服务的 ISR 中的相应位。然后再读出 ISR 的内容，检查其是否为全 0。若为全 0，则向主设备发一个中断结束 EOI 命令，清除与从设备相对应的 ISR 中的相应位，表示已为这个从设备服务完。反之则不向主设备发 EOI 命令，使其仍能接收来自同一从设备的中断请求。

例 8 某系统（CPU 为 8088）有两片 8259A。从片 8259A 接主片的 IR_4，主片的 IR_2 和 IR_5 有外部中断引入，中断类型码分别为 62H、65H。要求中断请求信号以边沿触发，不用 AEOI 结束方式，非缓冲方式，屏蔽 IR_2、IR_4 和 IR_5 以外的中断源。

从片 IR_0 和 IR_3 上也分别有外设中断引入，中断类型码分别为 40H、43H。要求中断请求信号为边沿触发，不用 AEOI 结束方式，非缓冲方式，屏蔽掉 IR_0 和 IR_3 以外的中断源。

试分别写出主 8259A 和从 8259A 的初始化程序（主片的端口地址为 40H、41H，从片的端口地址为 42H、43H）。

分析 对主片来讲，确定初始化命令字和屏蔽字。

ICW_1 ×××10×01B　　ICW_2 01100×××B

ICW_3 00010000B　ICW_4 00010×01B　OCW_1 11001011B(开放 IR_2、IR_4 和 IR_5)

对从片来讲，确定初始化命令字和屏蔽字。

ICW_1 ×××10×01B　　ICW_2 01000×××B

ICW_3 ×××××100B　ICW_4 00000×01B　OCW_1 11110110B(开放 IR_0 和 IR_3)

主片 8259A 的初始化程序如下（所有×的位全取 0）。

```
MOV   AL, 11H      ; ICW1, A0=0
OUT   40H, AL
MOV   AL, 60H      ; ICW2, A0=1
OUT   41H, AL
MOV   AL, 10H      ; ICW3, A0=1
OUT   41H, AL
MOV   AL, 11H      ; ICW4, A0=1
OUT   41H, AL
MOV   AL, 0CBH     ; OCW1, A0=1
OUT   41H, AL
```

从片 8259A 的初始化程序如下（所有×的位全取 0）。

```
MOV   AL, 11H      ; ICW1, A0=0
OUT   42H, AL
MOV   AL, 40H      ; ICW2, A0=1
OUT   43H, AL
MOV   AL, 04H      ; ICW3, A0=1
OUT   43H, AL
MOV   AL, 01H      ; ICW4, A0=1
```

```
OUT  43H, AL
MOV  AL, 0F6H  ; OCW1, A0=1
OUT  43H, AL
```

6.3.4 8259A 的工作方式小结

通过对 8259A 的初始化命令字及操作命令字的学习，我们对 8259A 的工作方式已经有了一个初步的认识。下面，对 8259A 的工作方式进行一个简单的分类归纳小结。

(1) 引入中断请求的方式

8259A 提供了两种引入中断请求的方式，一种是电平触发方式，由 ICW_1 的 $D_3=1$ 决定；另一种是边沿触发方式，由 ICW_1 的 $D_3=0$ 决定。

(2) 中断屏蔽方式

利用写 OCW_1 可以对 $IR_0 \sim IR_7$ 的任一中断请求进行屏蔽，已经被屏蔽的中断请求就不能进入优先级管理电路进行优先级排队，即不能进入中断响应。

当 OCW_3 的 $D_6D_5=11$ 时，8259A 处于特殊屏蔽方式。此时只要 CPU 允许中断，就可以响应任何非屏蔽中断，中断优先级不再起作用。

(3) 中断嵌套方式

8259A 提供了两种中断嵌套方式，一种是全嵌套方式，由 ICW_4 的 $D_4=0$ 决定。这是一种最常用的方式，此时中断源的中断优先级排队顺序为 $IR_0 > IR_1 > \cdots > IR_7$，允许高级中断打断低级中断。另一种是特殊的全嵌套方式，由 ICW_4 的 $D_4=1$ 决定。在这种方式下，优先级队列排序虽然还是 IR_0 最高，IR_7 最低，但它允许同级中断打断同级中断，主要用在级联系统中的主片，因为只有这种方式才能保证来自同一从片的中断请求都能进入中断响应，并保持相应的中断优先级。

(4) 中断优先级的规定

由 OCW_2 的 D_7 决定 8259A 是工作在循环优先级方式（$D_7=1$）还是固定优先级方式（$D_7=0$）。

固定优先级方式规定 IR_0 优先级最高，IR_7 的优先级最低。而循环优先级方式则规定刚刚服务过的中断源的优先级别变为最低，从而实现优先级循环轮转。在这种方式下，初始的优先级队列可以采用系统的默认值（即 $IR_0 > IR_1 > \cdots > IR_7$），也可由 OCW_2 的 $D_6=1$ 与 $D_2 \sim D_0$ 的编码来联合设定。

(5) 中断结束方式

8259A 有两种中断结束的方式。一种是中断自动结束方式，由 ICW_4 的 $D_1=1$ 设置，此时在第二个 $\overline{INTA}$ 有效期间，8259A 可以自动清除 ISR 的相应位，从而结束中断。另一种是非中断自动结束方式，由 OCW_2 的 $D_5=1$ 设置。用户可在中断服务子程序的适当位置写入该命令来实现对 ISR 的相应位（默认是对应当前优先级别最高的位或由 OCW_2 的 $D_6=1$ 和 $D_2 \sim D_0$ 的编码来联合决定是哪一位）进行清除，以结束中断。

(6) 缓冲方式及其主/从片设置

当 8259A 进行级联时，一般采用缓冲方式，由 ICW_4 的 $D_3=1$ 决定。此时 $\overline{SP}/\overline{EN}$ 引脚作为输出信号，用作缓冲器的使能。因此，需用 ICW_4 的 $D_2=1$ 或 $D_2=0$ 来确定本片是主片还是从片。

(7) 查询方式

当系统中断源多于 64 个时可采用查询方式，它的特点是用软件查询的方式提供中断响应。要求先送使 OCW_3 的 $D_2=1$ 的查询命令，然后令 CPU 关中断，最后，读 $A_0=0$ 的端口地址得到查询字，即可实现中断响应。

(8) 读 8259A 的状态

8259A 中的寄存器 IRR、ISR 和 IMR 的内容均可由用户读出。当用户要读 IRR 或 ISR 的内容时，先要写入 OCW_3，由 $D_1D_0=10$ 或 11 决定读出的是 IRR 的值还是 ISR 的值，然后通过一条输入指令读 $A_0=0$ 的端口地址即可。而当用户要读 IMR 的内容时，不需写入 OCW_3，直接用一条输入指令去读 $A_0=1$ 的端口地址即可。

6.3.5　8259A 的应用举例

8259A 的性能优越，在许多微机上都采用它来做中断控制器。从 8086/8088 到 286、386，均直接采用单片 8259A 或两片 8259A 的级联来工作，486 机虽然采用了集成技术，但芯片内部仍相当于两片 82C59 的级联。

例 9　有一 CPU 为 8088 的系统，其中断控制器 8259A 与系统的硬件连接如下图所示。

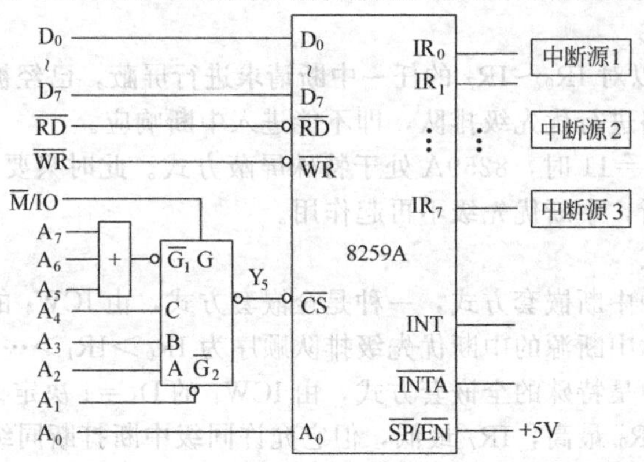

试回答：

① 假设没用的位全部置 0，这片 8259A 的端口地址是什么？

② 要求对应中断源 1～中断源 3 的中断类型码分别为 68H、6CH 和 6FH，则各中断源应分别接在 8259A 的哪个引脚上？此时，ICW_2 的值应是什么？

③ 此时的 INT 和 $\overline{INTA}$ 两个引脚应分别接在系统总线的哪一根上？

分析　① 端口地址：A_7A_6　A_5A_4　A_3A_2　A_1A_0

0	0	0	1	0	1	0	0	偶地址
0	0	0	1	0	1	0	1	奇地址

② 68H 即 01101000B，因此中断源 1 应接在 IR_0；6CH 即 01101100B，因此中断源 2 应接在 IR_4，6FH 即 01101111B，因此中断源 3 应接在 IR_7。此时，ICW_2 的值可为 01101×××B，其中，×××可为任意值。

③ 此时的 INT 和 $\overline{INTA}$ 两个引脚应分别接在系统控制总线的 INT 和 $\overline{INTA}$。

思考　① 如果此时的 CPU 为 8086，则译码电路该如何修改？端口地址又是什么？

② 如果将 8253 通道 2 的定时输出作为中断源 2，则 8253 的哪个引脚要接至 8259A 的中断请求输入端？

例 10　一片 8259A 的 IR_0、IR_2、IR_5 引脚上接有中断源的中断请求，三个中断服务子程序的入口地址分别为：段地址同为 4000H，偏移地址依次为 2640H、5670H 和 8620H。要求中断请求信号为边沿触发，固定优先级，采用中断自动结束方式，一般全嵌套，非缓冲方式。试完成中断向量表的设置以及 8259A 的初始化（假设端口地址为 0FF0H 和 0FF1H，CPU 为 8088）。

分析　选定中断类型码为 80H、82H、85H。

确定 ICW_1　×××10×11B　ICW_2　10000×××B

ICW_4　00000×11B　　OCW_1　11011010B（开放 IR_0、IR_2 和 IR_5）

主程序：CLI　　　　　　　　　　；关中断，设置中断向量

```
PUSH  DS          ；保护DS的值
MOV   DX，4000H   ；送中断向量的段地址（对应IR0）
MOV   DS,DX
MOV   DX，2640H   ；送中断向量的偏移地址
MOV   AL，80H     ；送中断类型码
MOV   AH，25H
INT   21H         ；系统调用
MOV   DX，4000H   ；送中断向量的段地址（对应IR2）
MOV   DS，DX
MOV   DX，5670H   ；送中断向量的偏移地址
MOV   AL，82H     ；送中断类型码
MOV   AH，25H
INT   21H         ；系统调用
MOV   DX，4000H   ；送中断向量的段地址（对应IR5）
MOV   DS，DX
MOV   DX，8620H   ；送中断向量的偏移地址
MOV   AL，85H     ；送中断类型码
MOV   AH，25H
INT   21H         ；系统调用
POP   DS          ；恢复DS的值
MOV   AL，13H     ；对8259A初始化，所有×的位全取0
MOV   DX，0FF0H   ；ICW1，A0=0
OUT   DX，AL
MOV   AL，80H     ；ICW2，A0=1
MOV   DX，0FF1H
OUT   DX，AL
MOV   AL，03H     ；ICW4，A0=1
OUT   DX，AL
MOV   AL，0DAH    ；OCW1，A0=1
OUT   DX，AL
STI               ；开中断
```

例11 有一个小型控制系统，CPU选用8088，8259A作为中断控制器，8253作为定时器。要求8253通道0的输出作为中断请求接在8259A的IR_7，每隔1秒钟向CPU发一次中断请求，在显示器上输出一行提示信息：This is an interrupt!，其工作时钟频率为10kHz。试完成相应程序（包括主程序和中断服务子程序，设8259A的端口地址为20H和21H，8253的端口地址为30H～33H）。

分析 对8253：选用方式3，计数初值为N=1×10K=10000，控制字00110110B

对8259A：采用边沿触发、一般全嵌套、中断自动结束、固定优先级，中断类型码为47H。确定 ICW_1 ×××10×11B ICW_2 01000×××B

ICW_4 00000×11B OCW_1 01111111B(开放IR_7)

主程序如下。

```
CLI                        ；关中断，设置中断向量
PUSH  DS                   ；保护DS的值
```

```
        MOV   DX, SEG INT8253          ; 送中断向量的段地址
        MOV   DS, DX
        MOV   DX, OFFSET  INT8253      ; 送中断向量的偏移地址
        MOV   AL, 47H                  ; 送中断类型码
        MOV   AH, 25H                  ; 系统调用
        INT   21H                      ; 将中断向量存到0000：11DH开始的存区
        POP   DS                       ; 恢复DS的值
        MOV   AL, 13H                  ; 8259A初始化，ICW1，A0=0
        OUT   20H, AL
        MOV   AL, 47H                  ; ICW2，A0=1
        OUT   21H, AL
        MOV   AL, 03H                  ; ICW4，A0=1
        OUT   21H, AL
        MOV   AL, 7FH                  ; OCW1，A0=1
        OUT   21H, AL
        MOV   AL, 36H                  ; 8253初始化，写控制字
        OUT   33H, AL
        MOV   AX, 10000                ; 送计数初值
        OUT   30H, AL
        MOV   AL, AH;
        OUT   30H, AL
        STI                            ; 开中断
AGAIN:  HLT                            ; 等待中断
        JMP   AGAIN
```

中断服务子程序如下。

```
INT8253: PUSH   AX          ; 保护现场
         PUSH   DX
         LEA    DX, MESS    ; 系统调用，显示提示信息（设存放在MESS开始
                              的存区）
         MOV    AH, 9
         INT    21H
         POP    DX          ; 恢复现场
         POP    AX
         IRET
```

在主程序运行的过程中，对芯片初始化以后，就在HLT指令处等待中断，只要8253的定时时间到，就可通过IR_7向8259A发中断请求，8259A再向CPU发中断请求，CPU响应中断后，8259A送出中断类型码47H，CPU经计算后到0000：11DH开始的存区取出已存放好的中断向量，转向中断服务子程序，输出一个提示信息，中断返回后，在主程序中经JMP指令转向HLT指令再次等待8253的下一个中断请求。此过程循环往复。

6.4 可编程DMA控制器Intel 8237A

6.4.1 8237A的编程结构与主要功能

在本章我们曾介绍过，DMA方式是CPU与外设之间传送数据的一种控制方式，它适

用于高速外设及大量数据块传输的场合。这时，外设与存储器之间的数据传送不再经过CPU，而是在DMA控制器的控制下直接进行。Intel 8237A就是一种高性能的可编程DMA控制器芯片（DMAC），可以用来控制实现存储器到I/O接口、I/O接口到存储器及存储器到存储器之间的高速数据传送，最高数据传送速率可达1.6MB/s。

（1）8237A的主要功能

① 有4个独立的DMA传输通道，每个通道有独立的地址寄存器和字节计数器，每次传送的最大数据块长度为64KB。

② 每个通道有4种工作模式：单字节传输、数据块传输、请求传输、级联模式。

③ 每个通道的DMA请求有不同的优先权，可以是固定的，也可以是循环的。

④ 8237A可以级联以扩大通道数，最多可以由5片8237A级联形成对16个DMA传输通道的管理。

⑤ 可编程。

（2）8237A的编程结构

8237A的编程结构如图6-22所示。从图中我们可以看出，8237A的内部共有4个独立的DMA通道，每个通道内包含有一组5个寄存器，它们的作用如下。

① 16位的基地址寄存器　用来存放本通道DMA传输时的地址初值，由CPU在对8237A初始化编程时写入，在8237A的工作过程中其内容不变化。

② 16位的当前地址寄存器　用来存放本通道DMA传输过程中的当前地址值，初始化编程时自动装入基地址寄存器的值。在进行DMA传输时，每传输一个字节就自动修改其值（增量/减量），以决定下次传输字节的存储器地址。CPU可用IN指令分两次读出该寄存器的内容，以了解当前的工作情况。在自动预置方式下，每次DMA传输结束，还可根据基地址寄存器的值自动重新装入。

③ 16位的基本字节寄存器　用来存放本次DMA传输的字节数的初值（初值应比实际传输的字节数少1），由CPU在对8237A初始化编程时写入，在8237A的工作过程中其内容不变化。

④ 16位的当前字节计数器　用来存放本通道DMA传输过程中的当前字节数，初始化

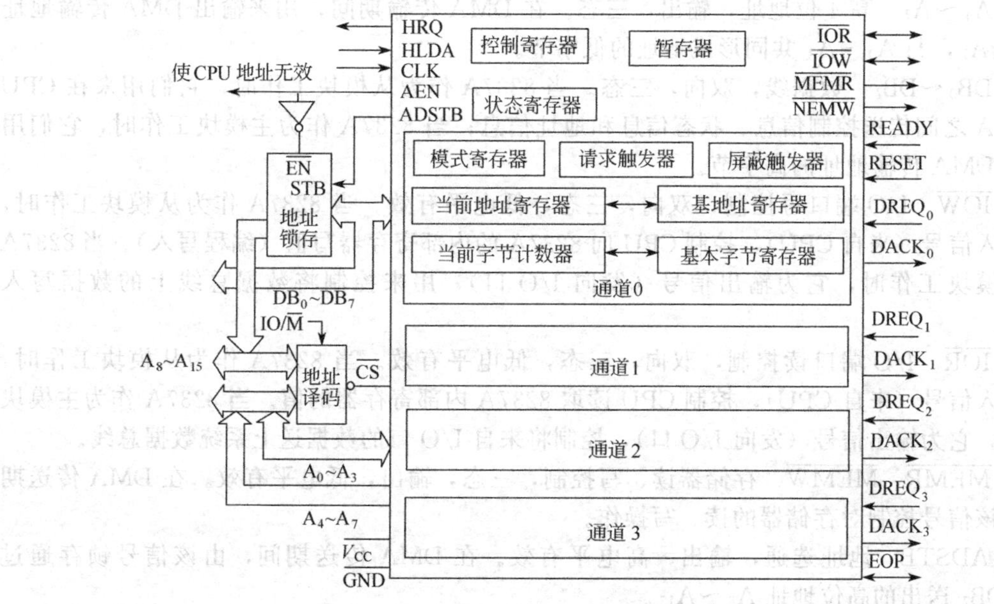

图6-22　8237A的编程结构

时自动装入基本字节计数器的值。在进行 DMA 传输时，每传输一个字节，计数器就自动减 1，当计数器的值由 0 减到 FFFFH 时，产生一个计数结束信号$\overline{\text{EOP}}$。CPU 亦可用 IN 指令分两次读出该计数器的内容。

⑤ 8 位的模式寄存器　用来存放本通道的模式字。该模式字由 CPU 在对 8237A 初始化编程时写入，以选择本通道的工作模式。

除了每个通道的 5 个寄存器外，8237A 还有一组寄存器是 4 个通道共用的，它们的作用如下。

① 8 位的控制寄存器　用来存放控制字。该控制字由 CPU 在对 8237A 初始化编程时写入，用来设定 8237A 的一些具体操作（如时序、启动/停止等）。

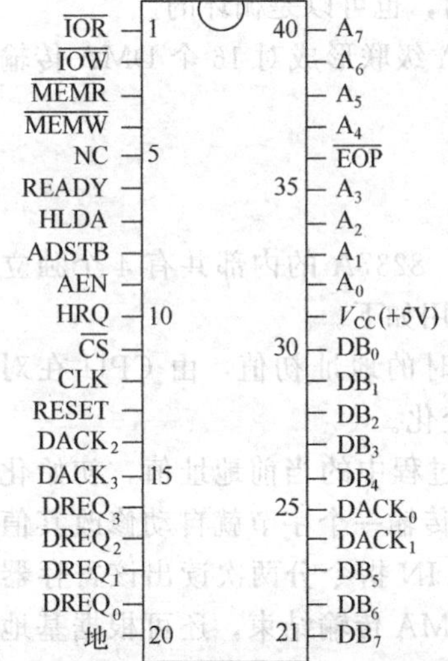

图 6-23　8237A 的外部引脚

② 8 位的状态寄存器　用来存放 8237A 的状态信息，由 8237A 提供给 CPU 查询。这些信息包括：哪些通道有 DMA 请求，哪些通道计数完等。

③ 8 位的暂存寄存器　在进行存储器到存储器传送时，用来保存传送的数据。所传送的最后一个字节的内容可由 CPU 读出。

除了上述寄存器外，8237A 内部还有三个基本控制模块：时序控制模块，产生各种工作时序；命令控制模块，对模式字和控制字进行译码；优先级编码模块，确定各通道优先级（固定或循环）。

（3）8237A 的引脚及其功能

8237A 的外部引脚如图 6-23 所示，各引脚的功能如下。

• $A_0 \sim A_3$　低 4 位地址，双向，三态。当 8237A 作为从模块使用时（即 CPU 对其编程时），它们是输入信号，作为片内端口地址的选择。当 8237A 作为主模块使用时（即进行 DMA 传输时），它们是输出信号，作为 DMA 传输地址的 $A_0 \sim A_3$。

• $A_4 \sim A_7$　高 4 位地址，输出，三态。在 DMA 传输期间，用来输出 DMA 传输地址的 $A_4 \sim A_7$，与 $A_0 \sim A_3$ 共同形成地址的低字节。

• $DB_0 \sim DB_7$　数据线，双向，三态。当 8237A 作为从模块工作时，它们用来在 CPU 与 8237A 之间传送控制信息、状态信息和地址信息；当 8237A 作为主模块工作时，它们用来传送 DMA 传输地址的高字节。

• $\overline{\text{IOW}}$　I/O 端口写控制，双向，三态，低电平有效。当 8237A 作为从模块工作时，它为输入信号（来自 CPU），控制 CPU 向 8237A 的内部寄存器写值（编程写入）。当 8237A 作为主模块工作时，它为输出信号（发向 I/O 口），用来控制将数据总线上的数据写入 I/O口。

• $\overline{\text{IOR}}$　I/O 端口读控制，双向，三态，低电平有效。当 8237A 作为从模块工作时，它为输入信号（来自 CPU），控制 CPU 读取 8237A 内部寄存器的值。当 8237A 作为主模块工作时，它为输出信号（发向 I/O 口），控制将来自 I/O 口的数据送上系统数据总线。

• $\overline{\text{MEMR}}$、$\overline{\text{MEMW}}$　存储器读、写控制，三态，输出，低电平有效。在 DMA 传送期间，由该信号控制对存储器的读、写操作。

• ADSTB　地址选通，输出，高电平有效。在 DMA 传送期间，由该信号锁存通过 $DB_0 \sim DB_7$ 送出的高位地址 $A_8 \sim A_{15}$。

• AEN　地址允许，输出，高电平有效。该信号使外部地址锁存器中的内容送上系统地址总线，与经 $A_0 \sim A_7$ 输出的低 8 位地址共同形成 16 位传输地址。同时，AEN 还使与 CPU 相连的地址锁存器失效，禁止来自 CPU 的地址码送上地址总线，以保证地址总线上的信号来自 DMA 控制器。

• $\overline{CS}$ 片选，输入，低电平有效。在非 DMA 传送期间，CPU 利用该信号对 8237A 寻址。该引脚通常与地址译码器的输出相连接。

• RESET 复位，输入，高电平有效。复位有效时，将清除 8237A 的控制、状态、请求、暂存及先/后触发器，同时置位屏蔽寄存器。复位后，8237A 处于空闲周期状态。

• READY 准备好，输入，高电平有效。当 DMA 工作期间遇上慢速内存或 I/O 接口时，可由它们提供 READY 信号，使 8237A 在传输过程中插入 S_W 等待状态，以便适应慢速内存或外设。

• HRQ 保持请求信号，输出，高电平有效。由 8237A 发给 CPU，作为系统的 DMA 请求信号。

• HLDA 保持响应信号，输入，高电平有效。由 CPU 发给 8237A，作为 HRQ 的响应信号，表示已将系统总线控制权交给 8237A。

• $DREQ_0 \sim DREQ_3$ 4 个通道的 DMA 请求输入信号，其有效电平可由程序设定。此信号来自 I/O 口，分别对应 4 个通道的外设请求。8237A 默认的优先级别是 $DREQ_0$ 优先级最高而 $DREQ_3$ 优先级最低，用户也可以通过编程改变其优先级。DREQ 在应答信号 DACK 有效之前必须保持有效。

• $DACK_0 \sim DACK_3$ 4 个通道的 DMA 响应输出信号，其有效电平也可由程序设定。此信号用以告诉外设，其发出的 DMA 传输请求已被批准并开始实施。

• $\overline{EOP}$ DMA 传输结束，双向。作为输入信号时，DMA 过程被强制结束。作为输出信号时，当通道计数结束时发出，表示 DMA 传输结束。不论什么情况，当$\overline{EOP}$有效时，都会使 8237A 的内部寄存器复位。在$\overline{EOP}$端不用时，应通过数千欧的电阻接到高电平上，以免由它输入干扰信号。

• CLK 时钟输入，用来控制 8237A 的内部操作并决定 DMA 的传送速率。

从以上 8237A 的内部结构和引脚功能可以看出，8237A 只能提供 16b 的存储器地址，因此所能控制传输的数据块最大长度为 64K。为了形成 20b 或多于 20b 的物理地址，必须有一个专门的部件来产生高位地址，这就是页面寄存器。当 8237A 控制进行 DMA 传输时，相应的控制信号可以打开页面寄存器，使事先写入的本次传输的高位地址即页面地址输出，与 8237A 送出的低 16b 地址共同形成存储单元的物理地址（如图 6-24 所示）。需要时，CPU 也可以直接对页面寄存器的相应端口地址进行写入，修改页面地址，从而控制越段的 DMA 操作。

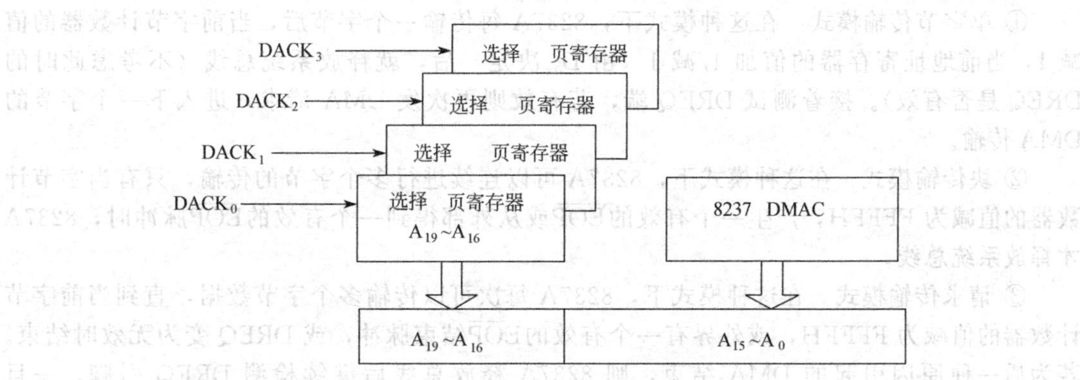

图 6-24 利用页寄存器产生存储器地址示意

6.4.2 8237A 的编程

作为一个可编程的芯片，8237A 在使用之前也需要进行初始化编程，对 8237A 的编程涉及以下内容。

(1) 模式字

模式字用来指定所使用的通道及通道的工作模式，在初始化时要写入对应通道的模式寄存器中。模式字的格式如图 6-25 所示。

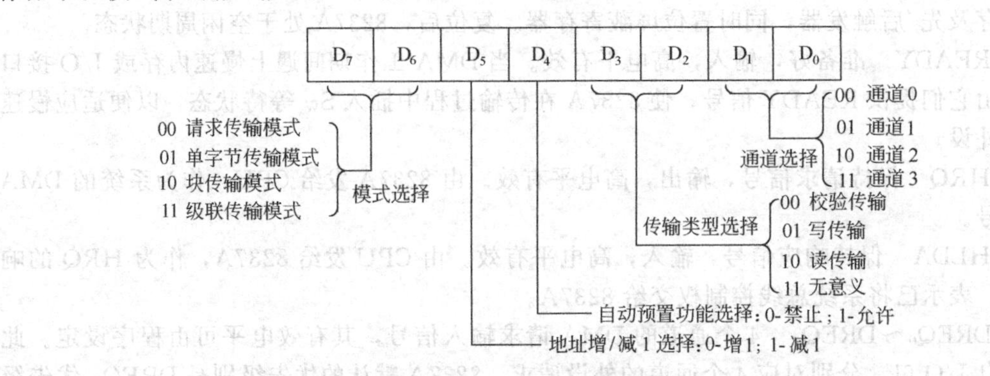

图 6-25 8237A 的模式字

- D_1D_0 用来选择要写入的通道。
- D_3D_2 用来选择传输类型。

8237A 的 DMA 传输一共有三种类型：读、写和校验传输。读传输是将数据从存储器传送到 I/O 设备，此时 8237A 发出$\overline{MEMR}$和$\overline{IOW}$信号。写传输是将数据从 I/O 设备写到存储器，此时，8237A 发出$\overline{IOR}$和$\overline{MEMW}$信号。而校验传输则是一种伪传输，它只是用来对读传输功能和写传输功能进行校验，并不进行真正的读写操作。此时，8237A 也产生地址信号并发出$\overline{EOP}$信号，但不产生相应的 I/O 设备和存储器的读写信号。

- D_4 决定该通道是否进行自动预置。若允许进行自动预置，则当通道完成一次 DMA 操作，接收到$\overline{EOP}$信号后，它能自动将基地址寄存器和基本字节寄存器的内容重新装入当前地址寄存器和当前字节计数器，这样，不必通过 CPU 干预，就能进入下一次 DMA 操作。
- D_5 决定每传输一个字节后当前地址寄存器内容的修改方式。$D_5=1$ 为地址加 1 修改，反之为地址减 1 修改。
- D_7D_6 用来选择工作模式。8237A 一共有 4 种工作模式：单字节传输模式、块传输模式、请求传输模式和级联模式。

① 单字节传输模式 在这种模式下，8237A 每传输一个字节后，当前字节计数器的值减 1，当前地址寄存器的值加 1/减 1（由 D_5 决定）后，就释放系统总线（不考虑此时的 DREQ 是否有效）。接着测试 DREQ 端，若有效则再次发 DMA 请求，进入下一个字节的 DMA 传输。

② 块传输模式 在这种模式下，8237A 可以连续进行多个字节的传输，只有当字节计数器的值减为 FFFFH，产生一个有效的$\overline{EOP}$或从外部得到一个有效的$\overline{EOP}$脉冲时，8237A 才释放系统总线。

③ 请求传输模式 在这种模式下，8237A 每次可以传输多个字节数据，直到当前字节计数器的值减为 FFFFH，或外界有一个有效的$\overline{EOP}$结束脉冲，或 DREQ 变为无效时结束。若为后一种原因引起的 DMA 结束，则 8237A 释放总线后继续检测 DREQ 引脚，一旦 DREQ 变为有效电平，则继续进行 DMA 传输。这样，就可以通过控制 DREQ 为有效或无

效，把一批数据分成几次传输。

④ 级联模式 在这种模式下，可以将几片8237A级联在一起，构成主从式DMA系统，扩大系统的DMA通道数。最多可由5片8237A级联用来管理16级DMA通道。

多片8237A的级联类似于前述的8259A的级联，其中一片8237A为主片，其余为从片，从片的HRQ作为主片的DREQ，主片相应的DACK则作为从片的HLDA。在整个主从式系统中，主片的HRQ和HLDA与CPU相连，如图6-26所示。值得注意的是，此时主片和从片均应单独进行编程，并分别设置为级联模式。

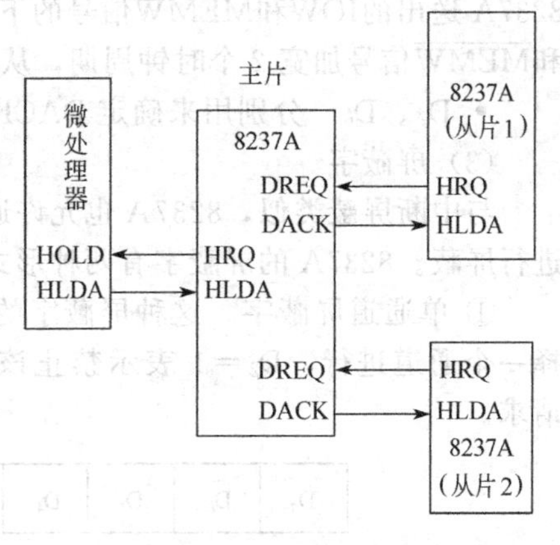

图 6-26 8237A级联方式示意图

(2) 控制字

控制字写入8237A的控制寄存器，用来控制对8237A的操作。控制字的格式如图6-27所示。

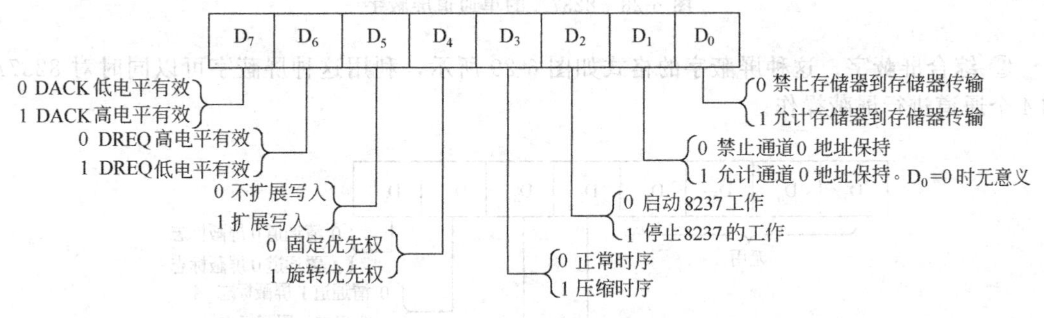

图 6-27 8237A的控制字

• D_0 选择是否允许进行存储器到存储器的操作，这种存储器之间的传送方式能以最小的程序工作量与最短的时间将数据从存储器的一个区域传送到另一区域。此时规定通道0放源地址，通道1放目的地址，采用数据块传输模式。由通道0送出源存储器地址和$\overline{MEMR}$控制信号，将选中的数据读到8237A的暂存寄存器中，接着通道1送出目的地址，送出$\overline{MEMW}$控制信号和暂存寄存器的数据，将数据写入目的地址。

• D_1 用以规定在存储器到存储器的传送方式下，通道0中存放的源地址是否保持不变，这一位只有在$D_0=1$时才有效。若此时$D_1=1$，则通道0在整个传送过程中保持同一地址，这样可以把同一数据写到一组存储单元中。

• D_2 是8237A的启动控制位。

• D_3 控制选择8237A的工作时序，其中压缩时序不能用在存储器到存储器的传送方式下，有关时序的详细内容见6.4.3节。

• D_4 优先权控制位。8237A有4个独立通道，当同时有多个通道提出DMA请求时，就存在着优先权的问题。与8259A类似，8237A有两种优先级方案可供选择。

① 固定优先级。此时规定各通道的优先级是固定的，即通道0的优先级最高，依次降低，通道3的优先级最低。

② 循环优先级。规定刚刚工作过的通道优先级变成最低，依次循环。这样，随着DMA操作的进行，各通道的优先级不断变化。

• D_5 用于选择是否采用扩展写信号。在正常时序时，有些速度较慢的外设是利用

8237A 送出的$\overline{IOW}$和$\overline{MEMW}$信号的下降沿产生 READY 信号的。如选用扩展写，可使$\overline{IOW}$和$\overline{MEMW}$信号加宽 2 个时钟周期，从而使 READY 信号早些到来，提高传输速度。

• D_7、D_6 分别用来确定 DACK 和 DREQ 引脚的有效电平。

(3) 屏蔽字

与中断屏蔽类似，8237A 也允许通过编程写入屏蔽字的方式来对相应通道的 DMA 请求进行屏蔽。8237A 的屏蔽字有两种形式。

① 单通道屏蔽字。这种屏蔽字的格式如图 6-28 所示，利用这种屏蔽字，每次只能选择一个通道进行，$D_2=1$ 表示禁止该通道接收 DREQ 请求，反之允许该通道接收 DREQ 请求。

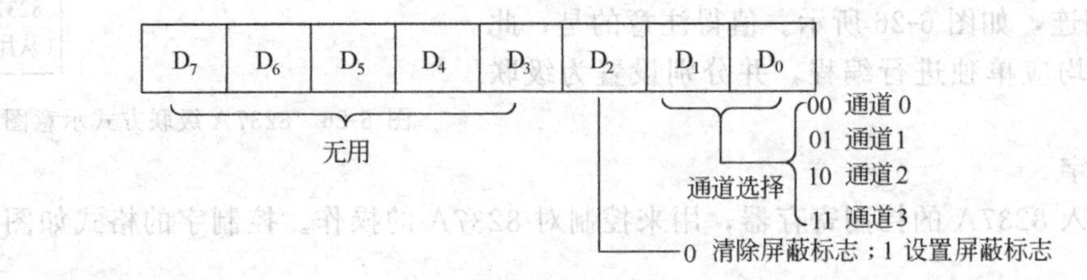

图 6-28 8237A 的单通道屏蔽字

② 综合屏蔽字。这种屏蔽字的格式如图 6-29 所示，利用这种屏蔽字可以同时对 8237A 的 4 个通道进行屏蔽操作。

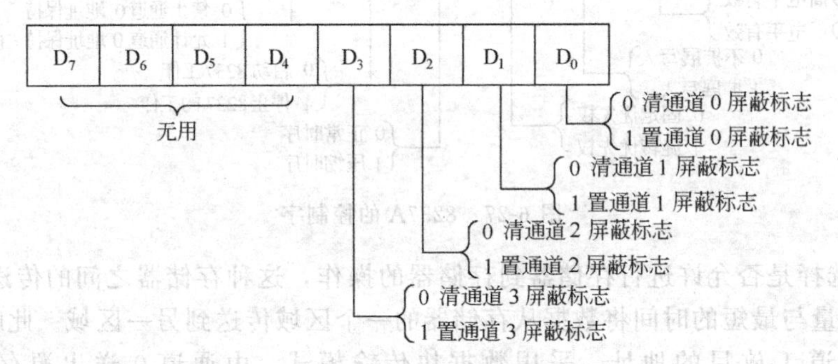

图 6-29 8237A 的综合屏蔽字

这两种形式的屏蔽字通过不同的端口地址写入，以此加以区分。

(4) 状态字

状态字存放在状态寄存器中，其内容反映了 8237A 各通道的工作状态，由 8237A 自动提供。CPU 可以通过 IN 指令读出其内容进行查询，从而得知 8237A 的工作状况，如哪个通道计数已达到计数终点，哪个通道有 DMA 请求尚未处理。状态字的格式如图 6-30 所示。

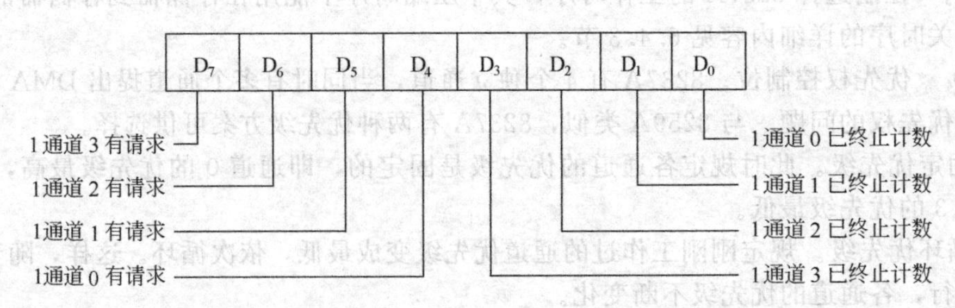

图 6-30 8237A 的状态字

（5）请求标志

由 8237A 的编程结构（见图 6-22）可知，每个通道的内部都有一个请求标志触发器，它的作用是用来设置 DMA 的请求标志。对 8237A 来讲，DMA 的请求可以来自两个方面。一个是由硬件产生，通过 DREQ 引脚输入，另一个就是通过对每个通道的 DMA 请求标志的置位在软件控制下产生，就如同外部 DREQ 请求一样。8237A 请求寄存器的格式如图6-31所示，这种由软件产生的 DMA 请求只用于通道工作在数据块传送模式且不可屏蔽。

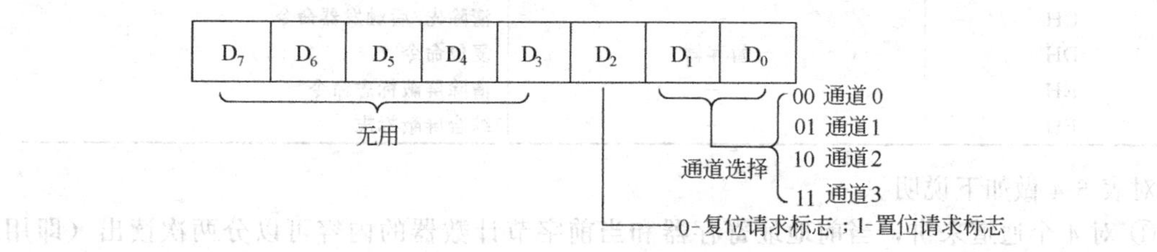

图 6-31　8237A 的请求寄存器

（6）软件命令

对 8237A 的编程，除了送前述的一些模式字、控制字、请求标志和屏蔽标志以外，还可以通过执行一些特殊的软件命令来完成某个指定的功能，这些软件命令不同于前述的一些字格式，它不是通过对某个寄存器的某一位置位/复位来完成指定功能，而是由指定的端口地址再加上相应的读/写操作来控制完成相应的功能。它们有一个共同的特点就是：虽然使用了输入输出指令，但不使用数据总线上的数据，也就是说，与此时输入输出的数据大小无关。

软件命令有三条：复位命令、清除先/后触发器和清除屏蔽标志。

① 复位命令　该命令通过往指定的端口地址做输出操作来完成。它的作用相当于硬件的 RESET 信号，用来清除控制寄存器、状态寄存器、请求寄存器、暂存器和内部的先/后触发器，并把屏蔽标志置位。因此，在复位命令以后，用户应在程序的适当位置清除有关通道的屏蔽标志，否则，系统将无法正常工作。

② 清除先/后触发器　该命令也是通过往指定的端口地址做输出操作来完成的。

先/后触发器也称为字节地址指示触发器。我们知道，8237A 内部各通道的地址寄存器和字节计数器均是 16 位的，而它的数据线仅有 8 位，因此 8086/8088 要对这些寄存器进行读写时，必须通过两次操作才能完成。为了按正确的顺序访问寄存器中的高字节和低字节，CPU 首先要使用清除先/后触发器的命令来清除 8237A 内部的先/后触发器。当先/后触发器为 0 时，CPU 读写这些寄存器的低 8 位，然后，先/后触发器会自动置 1，CPU 第二次读写的就是这些寄存器的高 8 位，读写完以后，先/后触发器又恢复为 0。因此，为了 CPU 能正确读写有关寄存器的内容，用户应该在程序的适当位置发出清除先/后触发器的命令。

③ 清除屏蔽标志　该命令也是通过向指定的端口地址做输出操作来完成的。它的作用是清除 4 个通道的屏蔽标志，允许各通道接收 DMA 请求。

（7）8237A 的端口地址

在学习 8237A 的引脚功能时，我们曾讲到地址线 $A_3 \sim A_0$ 可作为 8237A 的内部端口地址选择。$A_3 \sim A_0$ 共有 16 种不同的组合信号，对应8237A 的内部 16 个不同的端口地址，通过对这些端口地址进行读/写操作，可以实现不同的功能。表 6-4 给出了 8237A 的内部端口地址及其对应的操作。

表 6-4 8237A 的内部端口地址及对应操作

端口地址(A_3～A_0)	读(IOR)	写(IOW)
0、2、4、6	通道 0～3 的当前地址寄存器	通道 0～3 的基地址与当前地址寄存器
1、3、5、7	通道 0～3 的当前字节计数器	通道 0～3 的基本字节与当前字节计数器
8	状态寄存器	控制寄存器
9	—	请求寄存器
AH	—	单通道屏蔽标志
BH	—	模式寄存器
CH	—	清除先/后触发器命令
DH	暂存器	复位命令
EH	—	清除屏蔽标志命令
FH	—	综合屏蔽标志

对表 6-4 做如下说明。

① 对 4 个通道来讲，当前地址寄存器和当前字节计数器的内容可以分两次读出（即用两条连续的 IN 指令），在读之前应先清除先/后触发器。

② 对 4 个通道的基地址和当前地址寄存器的写入和对基本字节和当前字节计数器写入的具体方法和要求同①。

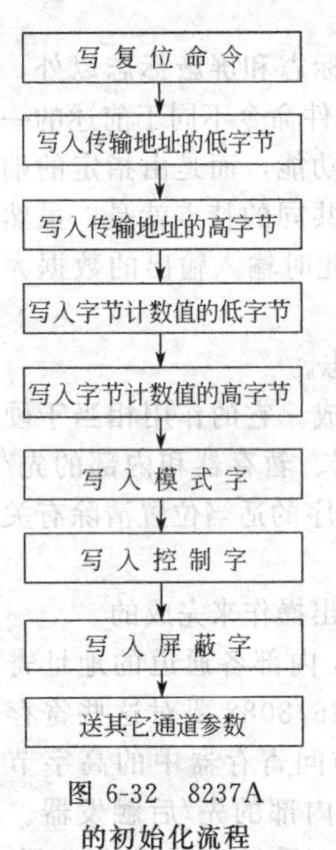

图 6-32 8237A 的初始化流程

③ 暂存器里保存的是在存储器到存储器之间传输的数据，但对暂存器的读出操作是在这种传输结束之后。此时，读出的是本次传输的最后一个字节的内容。

④ 再次强调，复位命令、清除先/后触发器命令和清除屏蔽标志命令只与此时写入的端口地址有关，而与写入的数据无关，而其它操作不仅与端口地址有关，同时也与读出/写入的数据有关。

(8) 8237A 的初始化

8237A 作为可编程芯片，在使用之前必须对它进行初始化，其初始化编程的流程如图 6-32 所示。

① 写入复位命令，用来清除其内部寄存器及先/后触发器。

② 写入基地址和当前地址寄存器，先写入低 8 位，后写入高 8 位。

③ 写入当前字节和基本字节计数器，写入值为传送的字节数减 1。同样，先写入低 8 位，后写入高 8 位。

④ 写入模式字。用来指定通道的工作方式。

⑤ 写入控制字。用来设置具体的操作，启动 8237A 开始工作。

⑥ 写入屏蔽字。用来将相应通道开放。

下面，我们通过一个具体的例子来看看 8237A 的编程应用。

例 12 假设要利用 8237A 通道 0 的单字节写模式，由外设输入一个数据块到内存，数据块长度为 8K，内存区首地址为 2000H，采用地址加 1 变化，不进行自动预置。外设的 DREQ 与 DACK 均为低有效，普通时序，固定优先级。试完成 8237A 的初始化程序（设端口地址为 10H～1FH）。

分析 确定模式字：01000100B 控制字：010000×0B

单通道屏蔽字：××××0000B 计数器初值：1FFFH

初始化程序如下。

```
MOV  AL, 00H
OUT  1DH, AL      ; 写复位命令
MOV  AL, 00H
OUT  10H, AL      ; 写通道0基地址和当前地址寄存器的低8位
MOV  AL, 20H
OUT  10H, AL      ; 写通道0基地址和当前地址寄存器的高8位
MOV  AL, 0FFH     ; 计数器初值为1FFFH
OUT  11H, AL      ; 写通道0当前字节和基本字节计数器的低8位
MOV  AL, 1FH
OUT  11H, AL      ; 写通道0当前字节和基本字节计数器的高8位
MOV  AL, 44H
OUT  IBH, AL      ; 写入模式字
MOV  AL, 40H
OUT  18H, AL      ; 写入控制字，启动8237A工作
MOV  AL, 00H
OUT  1AH, AL      ; 通道0去除屏蔽
```

初始化完成以后，可以编写如下的应用程序。

```
WAIT1: IN  AL, 18H        ; 读入状态字
AND  AL, 01H              ; 判通道0的DMA传输是否结束
JZ  WAIT1                 ; 未结束则等待
...                       ; 已结束则执行后续程序
```

6.4.3 8237A的操作时序

8237A有两种主要的操作周期，即空闲周期和工作周期，每个操作周期由若干个状态组成，每种状态对应一个完整的时钟周期。

8237A在编程进入工作状态之前，或虽已编程但没有有效的DMA请求时，进入空闲周期S_I。此时，CPU可以对它进行编程，把数据写入其内部寄存器，或读出其内部寄存器的内容进行检查。同时，8237A在空闲周期的每一个时钟周期都采样通道的DREQ线，以确定是否有通道请求DMA服务。当检测到某一通道有DMA请求时，8237A向CPU发出HRQ信号，请求DMA服务，同时进入工作周期的S_0状态。当CPU的HLDA信号到达以后，8237A开始进入DMA传输。

一个完整的DMA传输有4个工作状态，即S_1、S_2、S_3和S_4。如果是慢速的存储器或外设，则可在S_3和S_4之间插入等待状态S_W，以满足速度的匹配。S_W状态的插入靠检测READY引脚是否有效来决定。8237A还可采用压缩时序工作，此时可将传输时间压缩至两个状态，但在使用上有一定的限制。

有关8237A操作时序的详细内容请参考相关资料。

6.4.4 DMA33/66/100简介

DMA传输方式在微型计算机中最成功的应用当属带DMA控制器的高速硬盘。最早出现的硬盘接口类型即大家所熟悉的IDE（Intelligent Drive Electronics或Integrated Drive Electronics），其本意是把控制器与盘体集成在一起的硬盘驱动器，作为最早的PC机接口标准之一，IDE接口是1989年由Imprimus、Western Digital与Compaq三家公司确立的。现在个人电脑中使用的硬盘大多数都与IDE兼容，只需用一根电缆将它们与主板或接口卡连接起来即可。把盘体与控制器集成在一起的做法减小了硬盘接口的电缆数目与长度，数据传输的可靠性也得到了增强，硬盘的制造也变得更容易。对用户而言，硬盘的安装更为方便。

IDE 标准支持 1 块或 2 块硬盘，并且是 16 位的接口。1996 年，ATA（Advanced Technology Attachment）增强型接口——ATA-2（EIDE，Enhanced IDE）正式确立，它是对 ATA 的扩展，其增加了 2 种 PIO 和 2 种 DMA 模式，把最高传输率提高到了 16.7MB/s，这是老 IDE 接口类型的 3～4 倍，同时它引进了 LBA 地址转换方式，突破了旧 BIOS 固有 504MB 的限制，支持最高可达 8.1GB 的硬盘。

为了能得到更高传输率的接口，各生产商又联合推出了 Multiword DMA Mode3 接口，它也叫 UltraDMA，它的突发数据传输率达到了 33.3MB/s，这是 ATA-2 接口具有的最大突发数据传输率的两倍，它还在总线占用上引入了新的技术，使用 PC 的 DMA 通道减少了 CPU 的处理负荷，同时为了保障数据在高速传输时的完整性及可靠性，又引入了 CRC（Cyclic Redundancy Check，循环冗余校正）的技术。此接口类型使用 40 针的接口电缆，并且向下兼容。

在 Ultra ATA/33 标准后推出的是 Ultra ATA/66 接口，它由昆腾公司提出，并得到英特尔公司的支持。遵循接口类型发展的规则（即向更快、更稳定的方向发展），Ultra ATA/66 的突发数据传输率达到 66.7MB/s，由于它具有这么高的传输率，原来为 5MB/s 数据传输率设计的 40 针接口电缆已不能满足 ATA/66 的需求，因此在 Ultra ATA/66 的接口电缆中增加了 40 根地线，以减小数据传输时的电磁干扰。目前市场上的主流接口类型仍为 Ultra ATA/66（Ultra DMA66），而且目前生产的大部分硬盘均支持此接口。

随着硬盘的容量越来越大，速度越来越快，硬盘和 PC 主板之间的接口需要处理更快的速度。2000 年 6 月，昆腾公司宣布推出 ATA/100（DMA-100 或 Ultra-DMA100）硬盘，该产品采用了通用的 IDE 接口，其数据传输速率可达 100MB/s。

习题与思考题

1. CPU 与外设之间的数据传输控制方式有哪几种？何谓程序控制方式？它有哪两种基本方式？请分别用流程图的形式描述其处理过程。
2. 采用查询方式将数据区 DATA 开始的 100 个字节数据在 FCH 端口输出，设状态端口地址为 FFH，状态字的 D_0 位为 1 时表示外设处于“忙”状态。试编写查询程序。
3. 何谓中断优先级，它对于实时控制有什么意义？有哪几种控制中断优先级的方式？
4. 什么叫 DMA 传送方式？其主要步骤是什么？试比较 DMA 传输、查询式传输及中断方式传输之间的优缺点和适用场合。
5. 什么是中断向量？中断向量表的功能是什么？已知中断源的中断类型码分别是 84H 和 FAH，它们所对应的中断向量分别为 2000H：1000H、3000H：4000H，这些中断向量应放在中断向量表的什么位置？如何存放？编程完成中断向量的设置。
6. 试结合 8086/8088CPU 可屏蔽中断的响应过程，说明向量式中断的基本处理步骤。
7. 在中断响应总线周期中，第一个 $\overline{INTA}$ 脉冲向外部电路说明什么？第二个 $\overline{INTA}$ 脉冲呢？
8. 中断处理的主要步骤有哪些？试说明每一步的主要动作。
9. 如果 8259A 按如下配置：不需要 ICW_4，单片，中断请求边沿触发，则 ICW_1 的值为多少？如要求产生的中断类型码在 70H～77H 之间，则 ICW_2 的值是多少？
10. 在上题中，假设 8259A 的端口地址为 00H 和 01H，采用中断自动结束，固定优先级，完成对该 8259A 的初始化。
11. 如果 8259A 用在 80386DX 系统中，采用一般的 EOI，缓冲模式，主片，特殊全嵌套方式，则 ICW_4 的值是什么？
12. 如果 OCW_2 等于 67H，则允许何种优先级策略？为什么？
13. 某系统中 CPU 为 8088，外接一片 8259A 作为中断控制器，五个中断源分别从 IR_0～IR_4 以脉冲方式引入系统，中断类型码分别为 48H～4CH，中断服务子程序入口的偏移地址分别为 2500H、4080H、4C05H、5540H 和 6FFFH，段地址均是 2000H，允许它们以非中断自动结束方式，固定优先级工作，请完成：

① 画出硬件连接图，写出此时8259A的端口地址；

② 编写8259A的初始化程序（包括对中断向量表的设置）。

14. 某系统中设置两片8259A级联使用，从片接至主片的IR_2，同时，两片芯片的IR_3上还分别连接了一个中断源，要求电平触发，普通EOI结束。编写全部的初始化程序（端口地址可自定）。

15. 设8253的通道2工作在计数方式，外部事件从CLK_2引入，通道2计满500个脉冲向8086CPU发出中断请求，CPU响应这一中断后重新写入计数值，开始计数，以后保持每2秒钟向CPU发出一个中断请求。假设条件①外部计数事件频率为1kHz；②中断类型码为54H。

    试完成硬件连接图并编写完成该任务的全部程序（包括芯片的初始化，中断向量的设置，中断服务子程序）。

16. DMA控制器8237A的主要功能是什么？其单字节传输方式与数据块传输方式有什么不同？

17. 某8088系统中使用8237A完成从存储器到存储器的数据传送，已知源数据块首地址的偏移地址值为1000H，目标数据块首地址的偏移地址值为2050H，数据块长度为1K字节，地址增量修改。试编写初始化程序（端口地址分别为00H～0FH）。

18. 某8088系统中使用8237A通道0完成从存储器到外设端口的数据传送任务（数据块传输方式），若已知芯片的端口地址分别为EEE0H～EEEFH，要求通过通道0将存储器中偏移地址为1000H～10FFH的内容传送到显示器输出，DREQ、DACK均为低有效，固定优先级。试编写初始化程序。

本章学习指导

输入输出是计算机经常要做的工作，面对各种各样的设备以及输入输出的要求，计算机采用什么样的方法去控制完成规定的操作呢？这就是本章要解决的问题。

通常，计算机采用三种方式来实现对输入输出操作的控制，它们分别是程序方式、中断方式和直接存储器存取（DMA）方式。虽然控制方法各不相同，但有一点是相同的，就是它们都需要有相应的接口电路的支持。除此之外，程序方式和中断方式还需有对应软件的支持。这就是说，对输入输出控制来讲，接口电路和对应软件中任何一方出了问题，都会导致操作上的错误，这是我们学习中要注意的问题。在这三种控制方式中，中断方式是本章学习的重点。

用程序方式控制输入输出，绝大多数情况下采用的是查询方式。除了分析对应的接口电路以外，主要应搞明白：查询什么？如何查询？简单地讲，这时查询的是输入输出的状态（如输入时查READY，即是否准备好，因为只有准备好了，才能真正输入数据。而输出时查BUSY，即是否忙，因为只有不忙了，才能把数据传输出去），采用的是动态等待的方法实现查询（读状态字，判别状态位，不满足条件就循环重复）。值得注意的是，这种方式的整个控制过程全部都是通过CPU执行程序完成的，因此，大家要重点关注此时的程序流程。

同程序方式相比，中断方式要复杂一些，它也是当前计算机中用于控制输入输出的主要方法。这时，CPU不是采用完全动态等待的方法来等待输入输出设备的工作，而是允许在中断源（如I/O设备、突发事件等）尚未准备好的情况下，CPU先去执行其它程序，只有在中断源准备好且发中断请求以后，CPU才去完成对I/O的控制。要实现这种控制方式，同样除接口电路外也有对应的程序，但这时的程序就有了两种：主程序和中断服务子程序。主程序在“前台”运行，中断服务子程序在“后台”运行。平时，只有“前台”程序运行，“后台”程序暂不运行，一旦条件满足时，“前台”程序会自动暂停，转去执行“后台”程序，完成I/O控制任务后，又返回“前台”继续工作。也正是由于这样的工作特点，才将其称为中断。

一般来讲，中断的处理过程可分为以下几个阶段：中断请求→中断判优→中断响应→中断服务→中断返回。目前大多数计算机都采用向量式中断的处理方法来实现中断响应，

8086/8088CPU也不例外。这时要为每一个中断源分配一个中断类型码（8位，范围0～255），同时，把所有的中断服务子程序的入口地址（段地址：偏移地址）即中断向量，按中断类型码的大小排列成一个表即中断向量表。中断源发出中断请求并送出自己的中断类型码后，CPU就可根据此码查找中断向量表，将找到的中断向量自动送到CS：IP，从而实现从主程序到中断服务子程序的转移。值得注意的是，在这个过程中，我们必须也只有事先编程正确存放好中断向量以后，CPU才有可能正确的实现中断响应，否则将产生不可预测的错误。中断的类型各有不同，其中可屏蔽中断是我们学习的重点。

由于中断源发中断的时间是随机的，因此就有可能在同一时刻有多个中断源同时发出中断请求，为此，引入了中断优先级。为每个中断源分配一个中断优先级，级别高的中断源将优先得到响应。为了实现对优先级的判别，又引入了不同的判别方法（硬件/软件），其中8259A就是用来实现中断优先权管理的可编程中断控制器芯片，对它的学习可以从以下几个方面入手。

① 8259A的功能与结构。单片8259A可以管理8级中断，在级连方式下，1片主片最多带8片从片，管理64级中断。芯片可以实现中断嵌套和中断屏蔽。

② 8259A编程。作为可编程芯片，在硬件连接完成后，还必须对芯片进行编程，缺少此步骤或编程不正确，均无法完成指定任务。8259A的编程涉及两个内容。

• 初始化编程。初始化编程要注意两点：一是初始化命令字，二是初始化流程。初始化命令字有4个，ICW_1～ICW_4 其中 ICW_2 用来确定中断类型码的高5位，ICW_3 仅用在级连方式下。同时要注意，ICW_1 是写入 $A_0=0$ 的端口，ICW_2～ICW_4 是写入 $A_0=1$ 的端口。

初始化编程的实质就是往指定端口写入指定的初始化命令字，这段程序必须按规定的程序流程来编制，次序为 ICW_1→ICW_2（需要时→ICW_3）→ICW_4。如为级连方式，则要主/从芯片分别初始化。初始化程序一般在整个应用程序的最前面。

• 操作编程。通过向8259A写入操作命令字来指定芯片的操作方式。操作命令字有3个，OCW_1～OCW_3，其中 OCW_1 为中断屏蔽字。操作命令字可在应用程序中的任何地方写入，没有次序规定。但要注意的是，OCW_1 写入 $A_0=1$ 的端口，OCW_2、OCW_3 写入 $A_0=0$ 的端口。

③ 8259A的连接。8259A是CPU的外接扩展芯片，其连接包括以下几个方面。

• 与CPU的连接。与CPU的连接也就是与三总线的连接，重点是：片选信号、读/写信号和芯片的端口地址选择。一般情况下，片选信号来自对地址总线上高位地址的译码输出，读/写信号来自控制总线上对I/O的读/写信号，而芯片的端口地址则直接来自地址总线上的低位地址。

这里要特别提出8259A的INT与$\overline{INTA}$引脚的连接：单片或作为主片的8259A，它们与控制总线的INTR和$\overline{INTA}$直接相连，作为从片的8259A，其INT应连至主片 IR_i，而$\overline{INTA}$的连接与主片相同。

• 中断请求输入，分别从 IR_0 到 IR_7 输入。

• 级连控制，主片的 CAS_0～CAS_2 作为输出，接到每一从片的 CAS_0～CAS_1，此时还要注意$\overline{SP}/\overline{EN}$引脚的连接，非缓冲方式时，主片的这个引脚接+5V，从片的接地。

中断作为主要的输入/输出控制方法，我们要在后续章节的应用系统中使用它，因此，要求大家对这部分的主要概念、工作过程等能较熟练的掌握。对8259A芯片来讲，则以硬件连接和初始化为主。

程序方式和中断方式虽然处理过程不尽相同，但它们都是在CPU的控制下完成的，所有的输入输出数据也都是通过CPU中转的，这就影响了输入输出的效率，尤其是对高速外设且大量数据传输的场合（如高速硬盘的输入输出）。由此产生了第三种控制方式即直接存储器存取（DMA）。

DMA 方式控制输入输出不需要 CPU 的参与，完全由硬件控制完成。这时除 DMA 接口电路外，还需要一个称为 DMA 控制器的部件来承担主要的控制任务，包括从 CPU 手中接管三总线、发出地址码、发读写信号、控制传输完成、将三总线交还 CPU 等。8237 就是一片可以完成上述任务的可编程 DMA 控制器芯片，对它的学习可从以下几个方面入手。

① 8237 的功能和结构。单片 8237 可以管理 4 个独立的 DMA 通道，在级连方式下，一个主片最多可以带 4 片从片，从而组成 16 级 DMA 控制系统。每个通道内有 16 位的地址寄存器和字节计数器，用来决定传输的首地址和字节数，整个芯片有共用的方式寄存器、命令寄存器、状态寄存器、屏蔽寄存器和请求寄存器。

② 8237 的工作方式。8237 有 4 种不同的工作方式：单字节传送、块传送、请求传送和级连。传输对象可以是存储器→I/O 口、I/O 口→存储器或存储器→存储器。

③ 8237 的端口地址。8237 有 16 个不同的端口地址，其中 0H～7H 分别对应 4 个不同的通道，8H～FH 则是用于各种控制/命令。端口地址由引脚 A_0～A_3 的编码决定。

④ 8237 的编程。以初始化编程为主，按程序流程规定，先写入本次传输的首地址、字节数，然后再写入方式字、命令字、屏蔽字。同样要注意的是，如要用到多通道的话，需要对每个通道单独编程。

⑤ 8237 的连接。8237 的连接与 8259A 类似，不同的是，在与 CPU 连接时，单片或作为主片的 8237 的 HRQ/HLDA 分别与控制总线的 HOLD/HCDA 相连，而从片的 8237 的 HRQ/HCDA 则连到主片的 DREQ/DACK。

三种控制方式相比，程序方式最简单，中断方式用的最普遍，而 DMA 方式则速度最快，因此它们各自适用于不同的场合。大家学习时可以从其工作过程中认真比较，掌握它们之间的差异，从而达到使用的目的。

7 串并行通信及其接口技术

7.1 CPU 与外设之间的数据传输

7.1.1 CPU 与 I/O 接口

(1) 为什么要用接口电路

要构成一个实际的微型计算机系统，除了微处理器以外，还必须有各种扩展部件和输入/输出接口电路，这些扩展部件包括存储器、中断控制器、DMA 控制器、定时/计数器等，它们的功能以及与 CPU 的连接，我们在前几章已进行了介绍；而输入/输出接口电路通常包括并行接口、串行接口、专用接口等，利用这些接口电路，微处理器可以接收外部设备送来的信息或将信息发送给外部设备，从而实现 CPU 与外界的通信。

为什么外部设备一定要通过接口电路和主机总线相连呢? 这就需要分析一下外部设备的输入/输出操作和存储器读/写操作的不同。存储器功能单一，品种有限，其存取速度基本上可以和 CPU 的工作速度相匹配，这些就决定了存储器可以通过总线和 CPU 相连，即通常说的直接将存储器挂在系统总线上。但是，外部设备的功能却是多种多样的。可以是单一的输入设备或输出设备，也可以既作为输入设备又作为输出设备，还可作为检测设备或控制设备。从信息传输的形式来看，一个具体的设备，它所使用的信息可能是数字式的，也可能是模拟式的。而非数字式信号则必须经过转换才能送到计算机总线。从信息传输的方式来看，有些外设的信息传输是并行的，有些外设的信息传输是串行的。串行设备只能接收和发送串行信息，而 CPU 却只能接收和发送并行信息。这样，就必须通过接口完成串行信息与并行信息的相互转换，才能实现外设与 CPU 之间的通信。除此之外，外设的工作速度通常也比 CPU 的速度要低得多，而且各种外设的工作速度又互不相同，这也要求通过接口电路对输入/输出过程起一个缓冲和联络的作用。

因此，为了使 CPU 能适应各种各样的外设，就需要在 CPU 与外设之间增加一个接口电路，由它完成相应的信号转换、速度匹配、数据缓冲等功能，以实现 CPU 与外设的连接，完成相应的输入输出操作。值得注意的是，加入 I/O 接口以后，CPU 就不再直接对外设进行操作，而是通过接口来完成，也就是说，CPU 通过对接口的操作来间接地实现对外设的操作。

(2) 接口的功能

简单地说，一个接口的基本作用是在系统总线和 I/O 设备之间架起一座桥梁，以实现 CPU 与 I/O 设备之间的信息传输。为完成以上任务，一个接口应具备如下功能（对于一个具体的接口来说，未必全部具备这些功能，但必定具备其中的几个）。

① 寻址功能　首先，接口要能区分选择存储器和选择 I/O 的信号，此外，要对外部送来的片选信号进行识别，以便判断当前本接口是否被访问以及要访问接口中的哪个寄存器。

② 输入/输出功能　接口要根据送来的读/写信号决定当前进行的是输入操作还是输出操作，并且随之能从总线上接收从 CPU 送来的数据和控制信息，或者将数据或状态信息送到总线上。

③ 数据转换功能　接口不但要从外设输入数据或者将数据送往外部设备，并且要把 CPU 输出的并行数据转换成能被外设所接收的格式（如串行格式）；或者反过来，把从外设

输入的信息转换成CPU可以接收的格式。

④ 联络功能 当接口从总线上接收一个数据或者把一个数据送到总线上以后，能发一个就绪信号，以通知CPU，数据传输已经完成，从而准备进行下一次传输。

⑤ 中断管理功能 作为中断控制器的接口应该具有发送中断请求信号和接收中断响应信号的功能，而且还有发送中断类型码的功能。此外，如果总线控制逻辑中没有中断优先级管理电路，那么，接口还应该具有中断优先级管理功能。

⑥ 复位功能 接口应能接收复位信号，从而使接口本身以及所连的外设重新启动。

⑦ 可编程功能 一个接口可以根据需要工作于不同的方式，并且可以用软件来决定其工作方式，用软件来设置有关的控制信号。为此，一个接口应该具有可编程的功能。当前，几乎所有的大规模集成电路接口芯片都具有这个功能。

⑧ 错误检测功能 在接口设计中，常常要考虑对错误的检测问题。如传输错误和覆盖错误等，如果发现有错，则对状态寄存器中的相应位进行置位以便提供给CPU查询。除此之外，一些接口还可根据具体情况设置其它的检测信息。

7.1.2 I/O接口与系统的连接

(1) CPU与I/O设备之间的信号

为了说明CPU和外设之间的数据传送方式，应该先了解CPU和输入输出设备之间传输的信号有哪些。通常，CPU和输入/输出设备之间传输的有以下几类信号。

1) 数据信息

CPU和外部设备交换的基本信息就是数据，数据通常为8位或16位。数据信息大致分为如下两种形式。

① 数字量 是指由键盘、磁盘机、卡片机等输入的信息，包括表示开关的闭合和断开、电机的运转和停止、阀门的打开和关闭等的开关量，或者主机送给打印机、磁盘机、显示器及绘图仪的信息，它们都是以二进制形式或是以ASCII码表示的数据及字符，通常是8位的。

② 模拟量 如果一个微机系统是用于控制的，那么，多数情况下的输入信息就是现场的连续变化的物理量，如温度、湿度、位移、压力、流量等。这些物理量一般通过传感器先变成电压或电流，再经过放大。这样的电压和电流仍然是连续变化的模拟量，而计算机无法直接接收和处理它们，要经过模拟量到数字量（A/D）的转换，才能送入计算机。反过来，计算机输出的数字量要经过数字量到模拟量的转换（D/A），才能用于控制现场。

上面这些数据信息，其传输方向通常是双向的，一般是由外设通过接口传递给CPU，或由CPU通过接口传递给外设。

2) 状态信息

状态信息反映了当前外设所处的工作状态，是由外设通过接口传往CPU供其查询。如用“准备好（READY）”信号来表明待输入的数据是否准备就绪；用“忙（BUSY）”信号表示输出设备是否处于空闲状态等。

3) 控制信息

控制信息是由CPU通过接口传送给外设的，CPU通过发送控制信息控制外设的工作，如启动和停止等。

一般来说，数据信息、状态信息和控制信息各不相同，应该分别传送。但在微型计算机系统中，CPU通过接口和外设交换信息时，只有输入指令（IN）和输出指令（OUT），所以，状态信息、控制信息也被看成是一种广义的数据信息，即状态信息作为一种输入数据，而控制信息则作为一种输出数据，它们都是通过数据总线来传送的。但在接口电路中，这三种信息要分别进入不同的寄存器。具体地说，CPU送往外设的数据或者外设送往CPU的数据存放在接口的数据寄存器中，从外设送往 CPU 的状态信息存放在接口的状态寄存器中，而 CPU 送往外设的控制信息则要存放到接口的控制寄存器中。

（2）接口部件的 I/O 端口

在本书的第 5 章提到了端口的概念。对 I/O 接口部件来讲，其内部也包含一组寄存器，当 CPU 与外设之间进行数据传输时，不同的信息进入不同的寄存器，一般称这些寄存器为 I/O 端口，每个端口有一个端口地址（示意图参见第 5 章图 5-1）。数据端口对来自 CPU 和内存的数据或者送往 CPU 和内存的数据起缓冲作用，状态端口用来存放外部设备或者接口部件本身的状态，控制端口用来存放 CPU 发出的命令，以便控制接口和设备的动作。一般来讲，数据端口可读可写，状态端口只读不写，而控制端口是只写不读。计算机主机和外部设备通过这些接口部件的 I/O 端口进行沟通。

有些计算机对内存和 I/O 端口统一进行编址，因而只有一个统一的地址空间，这样，所有能够访问内存空间的指令也都能访问 I/O 端口。而 8086/8088 系统属于另外一种类型。在该系统中，通常建立两个地址空间：一个为内存地址空间，一个为 I/O 地址空间。通过控制总线的 $\overline{IO}$/M（8086）或 IO/$\overline{M}$（8088）来确定 CPU 到底要访问内存空间还是 I/O 空间。为确保控制总线发出正确的信号，系统提供了专用的输入/输出指令（IN 和 OUT）。

（3）接口与系统总线的连接

由于接口电路位于 CPU 与外设之间，因此，它必须同时满足 CPU 和外设信号的要求。从结构上看，可以把一个接口分为两个部分，一部分用来和 I/O 设备相连，另一部分用来和系统总线相连。与 I/O 设备相连的部分与设备的传输要求和数据格式有关，因此，不同的接口其结构互不相同，如串行接口和并行接口的差别就很大。但是，与系统总线相连的部分其结构则非常类似，因为它们面对的是同一总线。

图 7-1 是一个典型的 I/O 接口和系统总线的连接图。为了支持接口逻辑，连接时通常有总线收发器和相应的逻辑电路，其中，逻辑电路把相应的控制信号翻译成联络信号，如果接口部件内部带有总线驱动电路且驱动能力足够时，则可以省去总线收发器。另外，系统中还必须有地址译码器，以便将总线提供的地址码翻译成对接口的片选信号，同时，一般还要用

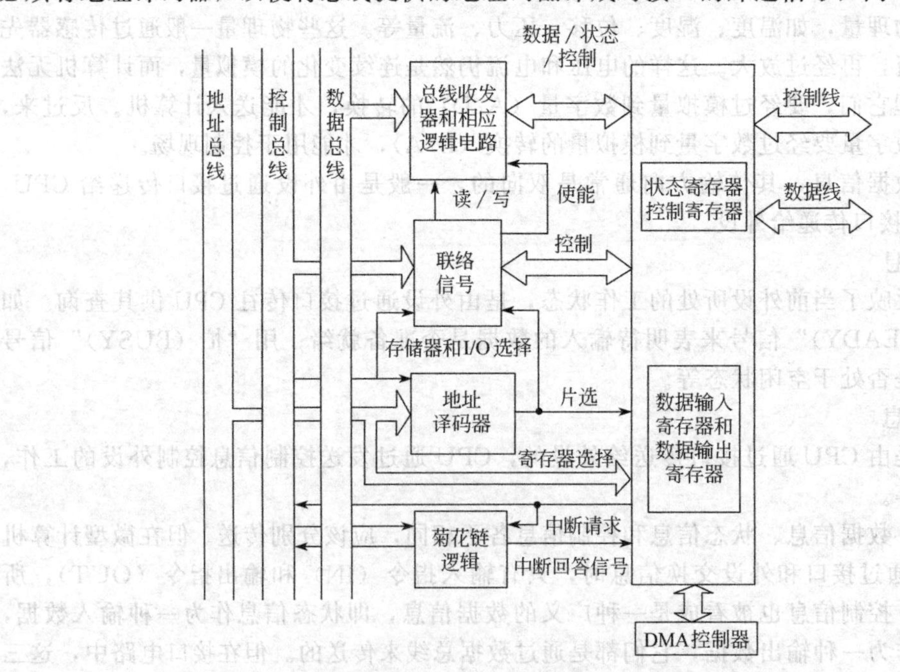

图 7-1 I/O 接口与系统总线的连接示意

1～2 位低位地址结合读写信号来实现对接口内部端口的寻址。

7.2　可编程并行接口芯片 Intel 8255A

7.2.1　并行通信与接口

并行通信就是把若干位数据通过一组传输线同时进行传输，其最大特点就是传输速度快。但是，随着传输距离的增加，电缆的开销会成为突出的问题，并且，设备之间的连接也不够灵活。因此，并行通信总是用在传输速率要求较高，而传输距离较短的场合，比如，微机内部各部件之间的传输都是采用并行方式。

实现并行通信的接口就是并行接口。一个并行接口可以设计成只用作输出接口，也可以只用作输入接口，此外，还可以将它设计成双向，也就是说，既作为输入又作为输出接口。在后一种情况下，可有两种方法实现，一种方法是利用同一个接口中的两个通路，一个作为输入通路，一个作为输出通路；另一种方法是用一个双向通路，既作为输入又作为输出。

Intel 8255A 是一个通用的可编程的并行接口芯片，它的内部有三个并行的 I/O 口（传输通道），可以通过编程设置多种工作方式，并且可直接与 Intel 系列的芯片连接使用，价格低廉，使用方便，在中小系统中有着广泛的应用。

7.2.2　8255A 的编程结构

8255A 是一个 40 个引脚的双列直插式芯片，图 7-2 给出了 8255A 的内部编程结构图。从图中可以看到，8255A 由以下几部分组成。

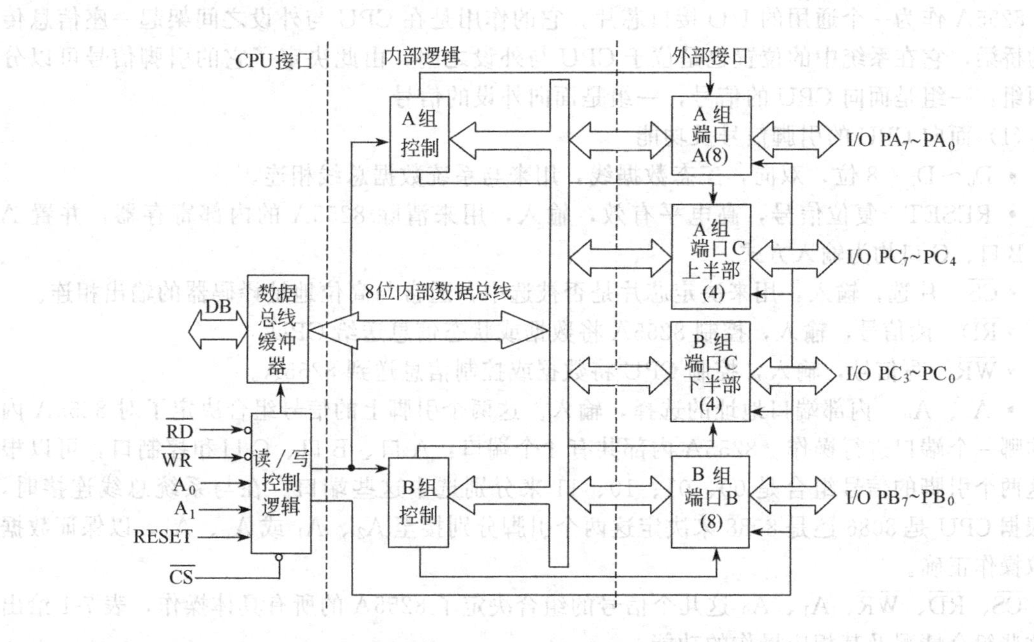

图 7-2　8255A 的编程结构

(1) 三个数据端口 A、B、C

对 8255A 来讲，这三个端口均可看作是 I/O 口（或称 I/O 传输通道），但它们的结构和功能稍有不同。

• A 口　是一个独立的 8 位 I/O 口，它的内部有对数据输入/输出的锁存功能。

• B 口　也是一个独立的 8 位 I/O 口，它与 A 口的差别在于，对输入的数据不锁存，仅有对输出数据的锁存功能。

• C 口　在 8255A 中，C 口的使用比较灵活，它在不同的工作方式下的作用不同。C

口可以看作是一个独立的8位I/O口，也可以看作是两个独立的4位I/O口（这时，这两个4位口分别与A口和B口合为一组来控制使用），还可以用作A口和B口的联络控制信号。从它的内部结构来看，也是仅对输出数据进行锁存，而对输入数据无锁存功能。

（2）A组和B组的控制电路

这是两组用于控制8255A工作的电路，其内部设有控制寄存器，可以根据CPU送来的编程命令来控制8255A的工作方式，也可以根据编程命令来对C口的指定位进行置/复位的操作。整个控制任务分成两组进行，其中A组控制电路用来控制A口及C口高4位（PC_4～PC_7），而B组控制电路则用来控制B口及C口的低4位（PC_0～PC_3）。

（3）数据总线缓冲器

这是一个8位的双向的三态缓冲器。作为8255A与系统总线连接的界面，输入/输出的数据、CPU的编程命令以及外设通过8255A传送的工作状态等信息，都是通过它来传输的。

（4）读/写控制逻辑

读/写控制逻辑电路负责管理8255A的数据传输过程。它接收片选信号$\overline{CS}$及系统读信号$\overline{RD}$、写信号$\overline{WR}$、复位信号RESET，还有来自系统地址总线的端口地址选择信号A_0和A_1。通过这些信号的组合得到对A组部件和B组部件的控制命令，并将这些命令送给两组控制部件来控制8255A的具体操作。

7.2.3 8255A的引脚功能

8255A作为一个通用的I/O接口芯片，它的作用是在CPU与外设之间架起一座信息传输的桥梁，它在系统中的位置也是位于CPU与外设之间，由此决定了它的引脚信号可以分为两组：一组是面向CPU的信号，一组是面向外设的信号。

（1）面向CPU的引脚信号及功能

• D_0～D_7　8位，双向，三态数据线，用来与系统数据总线相连。

• RESET　复位信号，高电平有效，输入，用来清除8255A的内部寄存器，并置A口、B口、C口均为输入方式。

• $\overline{CS}$　片选，输入，用来决定芯片是否被选中，通常与高位地址译码器的输出相连。

• $\overline{RD}$　读信号，输入，控制8255A将数据或状态信息送给CPU。

• $\overline{WR}$　写信号，输入，控制CPU将数据或控制信息送到8255A。

• A_1、A_0　内部端口地址的选择，输入。这两个引脚上的信号组合决定了对8255A内部的哪一个端口进行操作。8255A内部共有4个端口：A口、B口、C口和控制口，可以根据这两个引脚的信号组合是00、01、10、11来分别选中这些端口。在与系统总线连接时，应根据CPU是8086还是8088来决定这两个引脚分别接至A_2、A_1或A_1、A_0，以保证数据存取操作正确。

$\overline{CS}$、$\overline{RD}$、$\overline{WR}$、A_1、A_0这几个信号的组合决定了8255A的所有具体操作，表7-1给出了这些组合情况及其相应操作的功能。

表7-1 8255A的操作功能表

$\overline{CS}$	$\overline{RD}$	$\overline{WR}$	A_1	A_0	操作	数据传送方式
0	0	1	0	0	读A口	A口数据→数据总线
0	0	1	0	1	读B口	B口数据→数据总线
0	0	1	1	0	读C口	C口数据→数据总线
0	1	0	0	0	写A口	数据总线数据→A口
0	1	0	0	1	写B口	数据总线数据→B口
0	1	0	1	0	写C口	数据总线数据→C口
0	1	0	1	1	写控制口	数据总线数据→控制口

从表 7-1 我们可以看出，对 8255A 来讲，控制口是只写不读的，也就是说，凡是涉及到对控制口地址进行读操作（IN）都是非法的。同时注意，凡是对 A、B、C 口进行读操作，都意味着通过 8255A 做输入（IN）操作，而进行写操作则意味着做输出（OUT）操作。

(2) 面向外设的引脚信号及功能

- $PA_0 \sim PA_7$　A 口数据信号，双向，用来连接外设。
- $PB_0 \sim PB_7$　B 口数据信号，双向，用来连接外设。
- $PC_0 \sim PC_7$　C 口数据信号，双向，用来连接外设或者作为控制信号。

7.2.4 8255A 的工作方式

8255A 一共有三种工作方式，称为方式 0～方式 2，用户可以通过编程来设置。在不同的工作方式下，三个 I/O 口的组合情况不尽相同，其输入输出的控制方式也不相同，由此，形成了 8255A 使用灵活的特点。

在不同的工作方式下，8255A 三个输入/输出端口的排列示意图如图 7-3 所示。

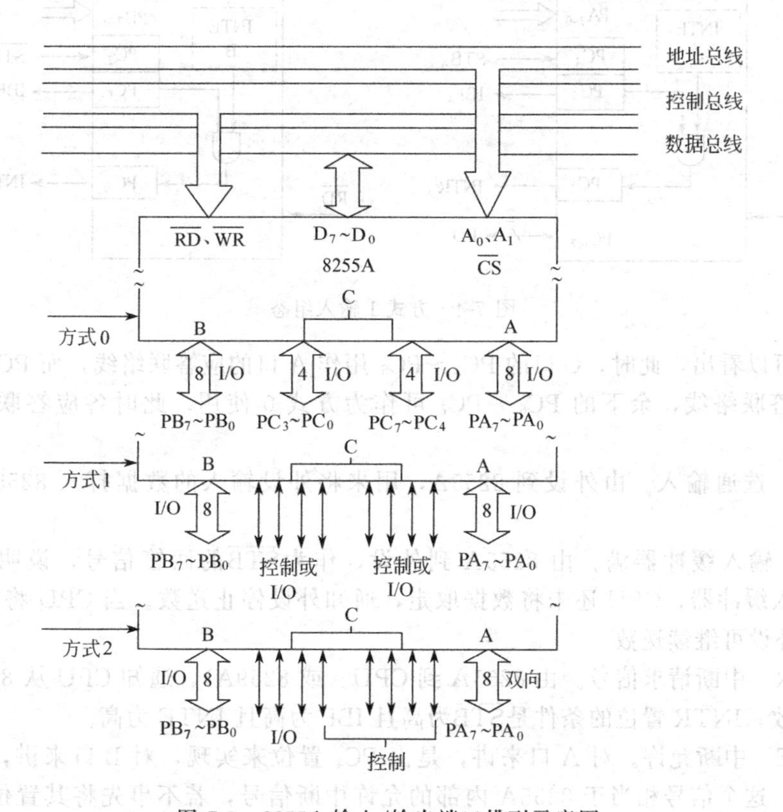

图 7-3 8255A 输入/输出端口排列示意图

(1) 方式 0

方式 0 是一种简单的输入/输出方式，所对应的数据传输控制方式为程序方式。当选用 8255A 方式 0 作为无条件传输的接口电路时，A、B、C 三个口均可作为独立的输入/输出口，由 CPU 用简单的 I/O 指令来进行读/写。当选用 8255A 方式 0 作为查询式接口电路时，由于没有规定固定的用于应答的联络信号，原则上可用 A、B、C 三个口的任一（或多）位充当查询信号（但通常都是选用 C 口承担，这和 C 口的编程有关），通过对这些位的读/写操作（或单一的置位/复位功能）来输出一些控制信号或接收一些状态信号。这时，其余 I/O 口仍可作为独立的端口和外设相连，同样由 CPU 用简单的 I/O 指令来进行读/写。

(2) 方式1

方式1是一种选通I/O方式，所对应的数据传输控制方式一般为中断方式。在这种方式下，A口和B口仍作为两个独立的8位I/O数据通道，可单独连接外设，通过编程分别设置它们为输入或输出。而C口则要有6位（分成两个3位）分别作为A口和B口的应答联络信号，其余2位仍可工作在方式0，通过编程设置为输入或输出。

使用8255A方式1工作时，最需要引起注意的是C口的使用。对应A口或B口方式1的输入/输出，C口提供的应答联络信号的引脚均是固定的，这些引脚的功能也是固定的（详见图7-4、图7-6），用户不能通过编程的方式来改变它们。

1）方式1的输入组态和应答信号的功能

图7-4给出了8255A的A口和B口方式1的输入组态。

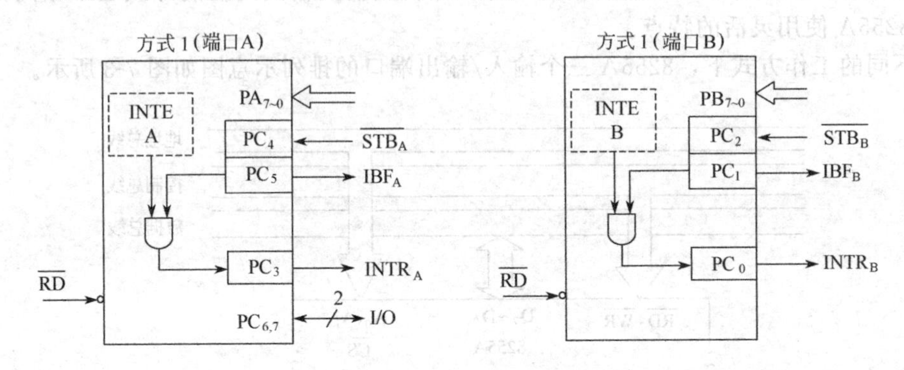

图7-4 方式1输入组态

从图中可以看出，此时，C口的PC_3～PC_5用作A口的应答联络线，而PC_0～PC_2则作用B口的应答联络线，余下的PC_6～PC_7可作为方式0使用。此时各应答联络线的功能如下。

• $\overline{STB}$ 选通输入。由外设到8255A，用来将外设输入的数据打入8255A的输入缓冲器。

• IBF 输入缓冲器满。由8255A到外设，作为$\overline{STB}$的回答信号，说明数据已送至8255A的输入缓冲器，CPU还未将数据取走，通知外设停止送数。当CPU将数取走以后，IBF失效，外设可继续送数。

• INTR 中断请求信号。由8255A到CPU（或8259A），通知CPU从8255A的输入缓冲器中取数。INTR置位的条件是$\overline{STB}$为高且IBF为高且INTE为高。

• INTE 中断允许。对A口来讲，是由PC_4置位来实现，对B口来讲，则是由PC_2置位来实现。这个信号相当于8255A内部的允许中断信号，若不事先将其置位，则8255A的方式1输入将无法工作。

2）方式1的输入时序

方式1的输入时序如图7-5所示。当外设已将数据送至8255A的端口数据线上时，选通信号有效，用来把数据输入8255A的输入缓冲器，选通信号的宽度至少为500ns。经过t_{SIB}时间后，IBF有效，表示输入缓冲区满，用来阻止外设输入新的数据，也可提供CPU查询。在选通信号结束后，经过t_{SIT}时间，便会向CPU发出中断请求信号INTR。不管CPU是用查询方式还是中断方式，每当从8255A读入数据，都会发出$\overline{RD}$信号。如果工作在中断方式，那么，当$\overline{RD}$有效后，经过t_{RIT}时间，就将中断请求信号清除。而$\overline{RD}$信号结束后，数据已读到CPU的内部寄存器中，经过t_{RIB}时间，IBF变低，从而开始下一个数据输入过程。

3）方式1的输出组态和应答信号功能

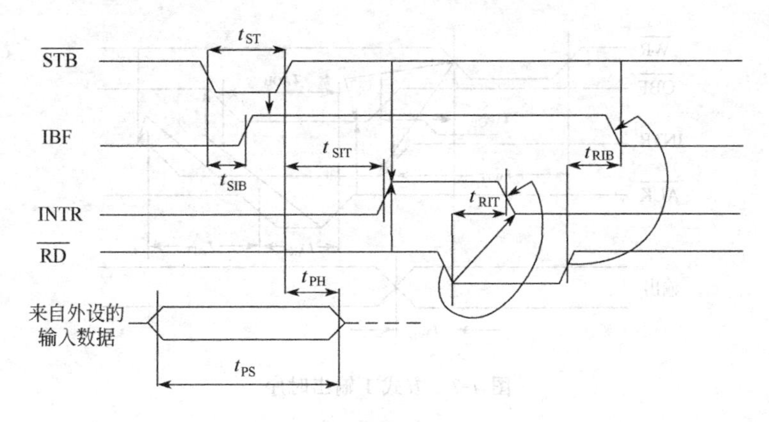

图 7-5　方式 1 输入时序

图 7-6 给出了 8255A 的 A 口和 B 口方式 1 的输出组态。

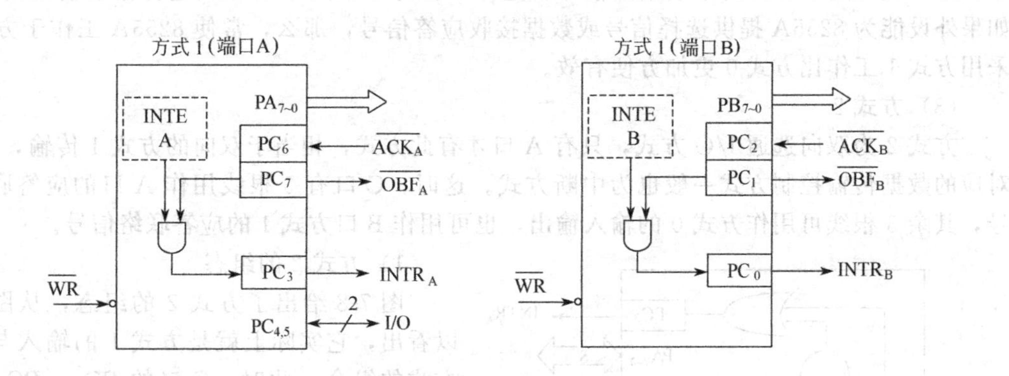

图 7-6　方式 1 输出组态

从图中可以看出，在输出操作时，是 C 口的 PC_3、PC_6 和 PC_7 充当 A 口的应答联络线，而 PC_0～PC_2 仍作为 B 口的应答联络线，余下的 PC_4 和 PC_5 则可作为方式 0 使用。此时，各应答联络线的功能如下。

• $\overline{OBF}$　输出缓冲器满。由 8255A 到外设，当 CPU 已将要输出的数据送入 8255A 的输出缓冲器时有效，用来通知外设可以从 8255A 取数。

• $\overline{ACK}$　响应信号。由外设到 8255A，作为对 $\overline{OBF}$ 的响应信号，表示外设已将数据从 8255A 的输出缓冲器中取走。

• INTR　中断请求信号。由 8255A 到 CPU（或 8259A），通知 CPU 向 8255A 的输出缓冲器中送数。INTR 置位的条件是 $\overline{ACK}$ 为高且 $\overline{OBF}$ 为高且 INTE 为高。

• INTE　中断允许。其作用同方式 1 的输入，不同的是对 A 口来讲，由 PC_6 的置位来实现，对 B 口仍是由 PC_2 的置位来实现。

4）方式 1 的输出时序

方式 1 的输出时序如图 7-7 所示。方式 1 的输出通常采用中断方式，CPU 在响应中断后，便往 8255A 输出数据，同时使 $\overline{WR}$ 信号有效，$\overline{WR}$ 信号的上升沿一方面清除中断请求信号 INTR，表示 CPU 已响应中断，经过 t_{WB} 时间，数据就已出现在端口的输出缓冲器中；另一方面使 $\overline{OBF}$ 有效，通知外设来取数据。当外设取走数据后，便发回一个 $\overline{ACK}$，该信号一方面使 $\overline{OBF}$ 失效，表示数据已取走，当前输出缓冲区为空；另一方面，又使 INTR 有效，再次向 CPU 发中断申请，从而开始一个新的输出过程。

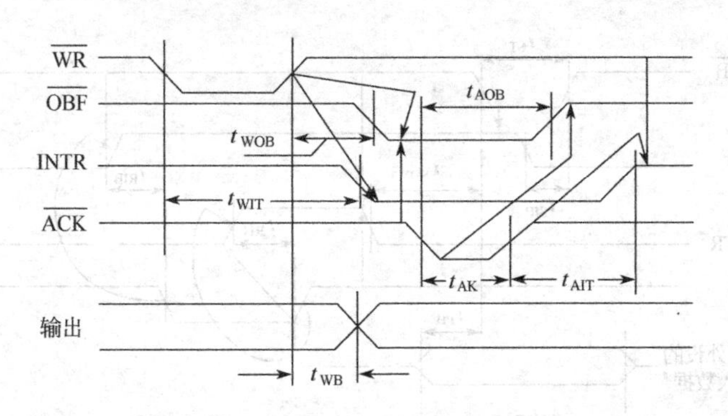

图 7-7 方式 1 输出时序

5）方式 1 的应用场合

对方式 1 来讲，在规定一个端口作为输入/输出口的同时，也自动规定了有关的控制信号，尤其是规定了相应的中断请求信号。这样，在许多采用中断方式进行输入输出的场合，如果外设能为 8255A 提供选择信号或数据接收应答信号，那么，常使 8255A 工作于方式 1。采用方式 1 工作比方式 0 更加方便有效。

（3）方式 2

方式 2 为双向选通 I/O 方式，只有 A 口才有此方式，相当于双向的方式 1 传输，因此，对应的数据传输控制方式一般也为中断方式。这时，C 口有 5 根线用作 A 口的应答联络信号，其余 3 根线可用作方式 0 的输入输出，也可用作 B 口方式 1 的应答联络信号。

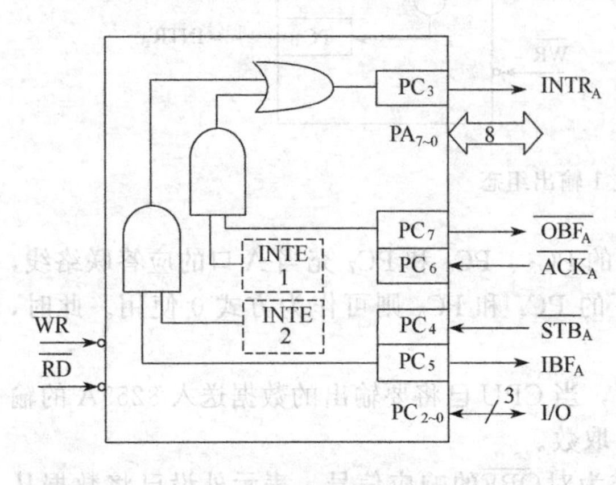

图 7-8 方式 2 的组态

1）方式 2 的组态

图 7-8 给出了方式 2 的组态，从图中可以看出，它实际上就是方式 1 的输入与输出方式的组合。此时，C 口的 $PC_3 \sim PC_7$ 充当 A 口的应答联络线，而 $PC_0 \sim PC_2$ 仍可作为 B 口的应答联络线，或作为方式 0 使用。各同名应答联络信号的功能也与方式 1 相同，这里就不再重复介绍。

2）方式 2 的时序

方式 2 的工作时序见图 7-9，它也是方式 1 的输入和输出时序的组合，了解了方式 1 的工作过程以后，分析方式 2 的时序是没有问题的。

3）方式 2 的应用场合

方式 2 是一种双向工作方式，如果一个并行外部设备既可以作为输入设备，又可以作为输出设备，并且输入输出的动作不会同时进行，那么，将这个外设和 8255A 的端口 A 相连，并使它工作在方式 2 就非常合适。比如，软盘驱动器就是这样一个外设，可以将软盘驱动器的数据线与 8255A 的 $PA_7 \sim PA_0$ 相连，再使 $PC_7 \sim PC_3$ 和软盘驱动器的控制线、状态线相连即可。

4）方式 2 和其它工作方式的组合

当 8255A 的端口 A 工作于方式 2 时，由于 C 口此时要有 5 条线固定作为 A 口的应答联络信号，仅留下 $PC_0 \sim PC_2$ 可以使用，而这三条线又恰好可以提供端口 B 工作在方式 1 时所需要的应答联络信号，所以，此时的端口 B 可以工作在方式 1 的输入或输出状态。如果端

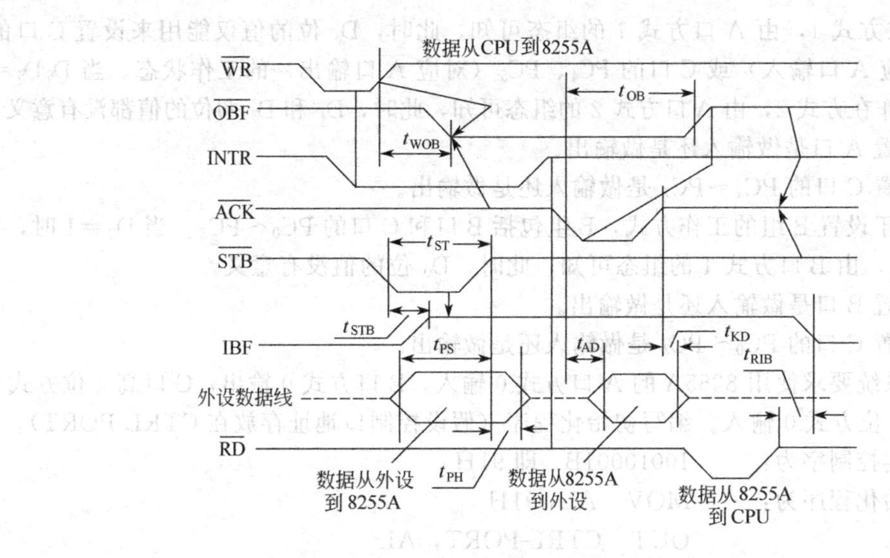

图 7-9　方式 2 的工作时序

口 B 不是工作在方式 1，而是工作在方式 0，则 C 口的 PC_0～PC_2 也可以工作在方式 0，且它们都既可作为输入口，也可作为输出口。

7.2.5　8255A 的初始化编程

前面，我们介绍了 8255A 的三种工作方式，了解了在不同的工作方式下 8255A 各端口的具体动作是不同的。那么，如何去设置这些工作方式，并使 8255A 处于正常工作状态，顺利完成与外设的信息交换呢？这就需要对 8255A 进行初始化编程。通过初始化可以设置 8255A 的 I/O 端口处于不同的工作方式，进行不同工作方式的组合，还可以通过初始化设置某些引脚的状态，以便完成特定的控制功能。

对 8255A 的初始化编程涉及到两个内容：一个是写控制字，用来设置工作方式等信息；另一个是写按位置位/复位的控制字，用来使 C 口的指定位设置为高电平/低电平，这个功能也称为 C 口的单一置位/复位功能。

(1) 控制字

控制字要写入 8255A 的控制口，写入控制字之后，8255A 才能按指定的工作方式工作。8255A 的控制字格式与各位的功能如图 7-10 所示。

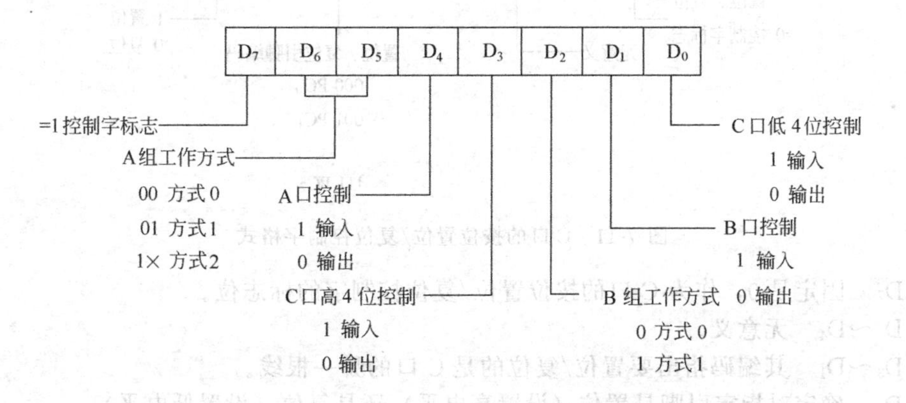

图 7-10　8255A 的控制字格式

- D_7　固定是 1，作为控制字的标志位。
- D_6D_5　用于设置 A 组的工作方式，A 组包括 A 口和 C 口的 PC_4～PC_7。当 $D_6D_5=01$

时，A组工作在方式1，由A口方式1的组态可知，此时，D_3 位的值仅能用来设置C口的 PC_6、PC_7（对应A口输入）或C口的 PC_4、PC_5（对应A口输出）的工作状态。当 $D_6D_5=1\times$ 时，A组工作在方式2，由A口方式2的组态可知，此时，D_4 和 D_3 两位的值都没有意义。

- D_4 设置A口是做输入还是做输出。
- D_3 设置C口的 $PC_4\sim PC_7$ 是做输入还是做输出。
- D_2 用于设置B组的工作方式，B组包括B口和C口的 $PC_0\sim PC_3$。当 $D_2=1$ 时，B组工作在方式1，由B口方式1的组态可知，此时，D_0 位的值没有意义。
- D_1 设置B口是做输入还是做输出。
- D_0 设置C口的 $PC_0\sim PC_3$ 是做输入还是做输出。

例1 某系统要求使用8255A的A口方式0输入，B口方式0输出，C口高4位方式0输出，C口低4位方式0输入。编写初始化程序（假设控制口地址存放在CTRL-PORT）。

分析 确定控制字为： 10010001B 即91H

初始化程序为：

```
MOV   AL，91H
OUT   CTRL-PORT，AL
```

例2 若系统要求8255A的A口方式0输出，B口方式0输出，C口高4位方式0输入。编写初始化程序（假设控制口地址为10FFH）。

分析 确定控制字为： 1000100×B

这时，D_0 的取值是任意的，因为题目没有使用C口低4位，若我们取这位为0，则控制字为88H。

初始化程序为：

```
MOV   AL，88H
MOV   DX，10FFH
OUT   DX，AL
```

(2) C口的按位置位/复位功能

这个功能只有C口才有，它是通过向控制口写入一个按位置位/复位的控制字来实现的，用来使C口的指定位设置为高电平/低电平。C口的这个功能可用于设置方式1/方式2的中断允许，也可用于设置外设的启/停等。

按位置位/复位的控制字格式如图7-11所示。

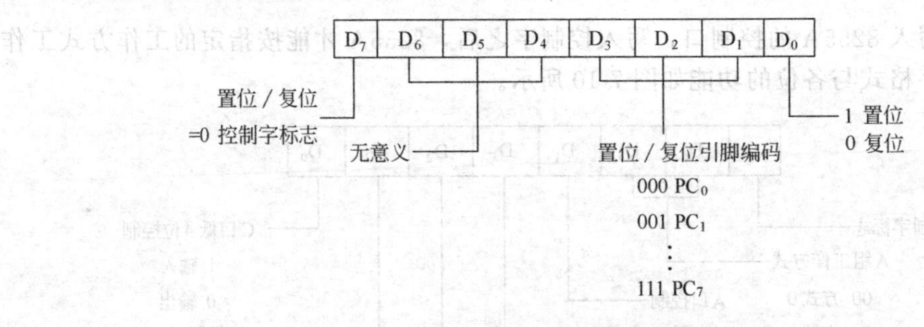

图7-11 C口的按位置位/复位控制字格式

- D_7 固定是0，作为C口的按位置位/复位控制字的标志位。
- $D_6\sim D_4$ 无意义。
- $D_3\sim D_1$ 其编码指出要置位/复位的是C口的哪一根线。
- D_0 确定对指定引脚是置位（设置高电平）还是复位（设置低电平）。

例3 若系统要求8255A的A口方式2，B口方式1输出。编写初始化程序（假设8255A的端口地址为04H～07H）。

分析 确定控制字为： 11×××10×B

这时，共有4位的取值是任意的，其中D_0和D_3是由于此时C口用作应答联络线，是无法用编程来改变的（原因见前述），D_4位是由于A口方式2是双向（即可同时输入/输出），此位的编程已失去意义，D_5位则是控制字本身格式决定。

A口方式2要求使PC_4和PC_6置位来开放两个中断，B口方式1要求使PC_2置位来开放中断，需要确定相应的按位置位/复位的控制字。

PC_4置位： 0×××1001B

PC_6置位： 0×××1101B

PC_2置位： 0×××0101B

初始化程序如下（以上控制字中不用的位均置0）。

```
MOV   AL，0C4H
OUT   07H，AL     ；设置工作方式
MOV   AL，09H
OUT   07H，AL     ；PC4置位，A口输入允许中断
MOV   AL，0DH
OUT   07H，AL     ；PC6置位，A口输出允许中断
MOV   AL，05H
OUT   07H，AL     ；PC2置位，B口输出允许中断
```

值得注意的是，虽然控制字和C口单一置位/复位的控制字都是写入控制口，但它们的作用是不同的，使用中需区别对待。

7.2.6 8255A的应用

作为一个8位的可编程并行接口芯片，8255A被许多小型微机应用系统广泛选用。本节我们以三种最常用的外部设备键盘、LED显示器、打印机为例，介绍8255A的应用。

(1) 作为小键盘接口

首先，我们要分析一下小键盘的结构和工作原理。图7-12中虚线框内部分为一个4×4的矩阵式键盘结构。在这种结构下，行线和列线都排成矩阵形式，每个键均处在行和列的交叉点上，这样，每个键的位置就可由它所在的行号和列号惟一确定。对键盘的处理主要是解决以下三个问题。

① CPU如何识别是否有键按下。

② 如果有键按下，如何确定是哪一个键按下。

③ 对应按下的不同的键，如何转到相应的程序去执行。

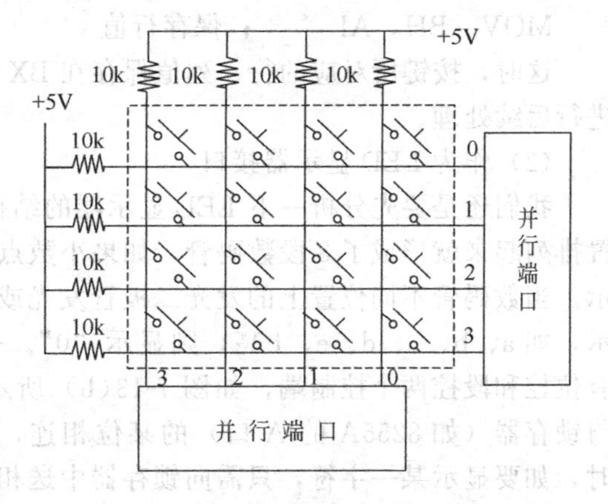

图7-12 矩阵式键盘结构与接口

其中①是最关键的一步。目前，常用两种方法来解决这个问题，一种是行扫描法，一种是行反转法，我们以后者为例来介绍。

图7-12给出了采用行反转法的键盘接口电路，其工作过程如下：将行线接至一个并行口，工作于输出方式，将列线也接至一个并行口，工作于输入方式。CPU先通过输出端口往各行线上送低电平，然后读入列值，若发现输入的值不是全“1”，说明某列有键按下（但不能确定按键所在的行），则立即通过编程对两个并行口重新初始化，使接行线的端口改为输入方式，接列线的端口改为输出方式，并将刚读入的列值从此时的输出端口重新输出，这时，重新读入的行值必定能指出按键在哪一行，并可根据两次读入的列值和行值惟一确定出

按键所在的位置。最后，通过分支程序即可转去进行按键功能的处理。

例4　采用8255A为接口芯片与一个4×4的小键盘相连（接口电路如图7-12所示），其中A口的低4位与行线相连，B口的低4位与列线相连，均工作在方式0，假设该8255A的端口地址是10H～13H。试完成键盘扫描程序。

分析　采用行反转法处理。

确定控制字：1000×01×B（A口出B口入）；1001×00×B（A口入B口出）。

程序段如下。

```
    MOV  AL, 82H     ; 8255A初始化，A口方式0，输出
    OUT  13H, AL     ; B口方式0输入
LL: MOV  AL, 00H
    OUT  10H, AL     ; A口输出全0进行扫描
    IN   AL, 11H     ; 从B口输入
    AND  AL, 0FH     ; 取列值
    CMP  AL, 0FH
    JZ   LL          ; 列值为全1，无键按下，等待
    MOV  BL, AL      ; 有键按下，保存列值
    MOV  AL, 90H     ; 8255A重新初始化，A口方式0，输入
    OUT  13H, AL     ; B口方式0输出
    MOV  AL, BL
    OUT  11H, AL     ; 将保存的列值从B口输出进行扫描
    IN   AL, 10H     ; 从A口输入
    AND  AL, 0FH     ; 取行值
    MOV  BH, AL      ; 保存行值
```

这时，按键所对应的行、列值保存在BX中，可以通过循环移位来确定是哪个键并继续进行后续处理。

(2) 作为LED显示器接口

我们还是要先分析一下LED显示器的结构和工作原理。将8个发光二极管按一定的位置排列起来就形成了8段数码管，如果小数点不用，即常说的七段数码管，如图7-13(a)所示。当数码管不同位置上的发光二极管发光或熄灭时，其不同的组合就形成了一位字符的显示，如a、b、c、d、e、f亮，则显示“0”。七段数码管有共阴极、共阳极两种连接方式，有位控和段控两个控制端，如图7-13(b)所示。以共阴极连接为例，将七段数码管的每段与锁存器（如8255A的A口）的某位相连，如D_0～D_7分别对应a～h，当位控端为“0”时，如要显示某一字符，只需向锁存器中送相应的值即可，如送0110 1101即6DH，则显示“5”，6DH就称为5的字模编码。我们把所有要显示的字符的字模编码组成一个表，称为字模表或显示编码表，就可通过查表的方法找到所需的显示编码送出显示。

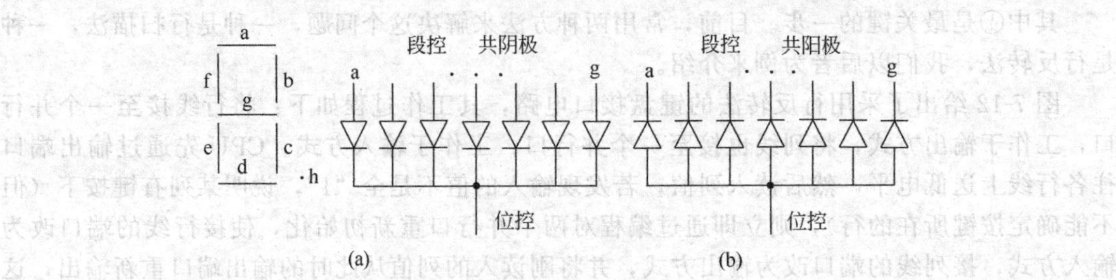

图7-13　LED显示器结构

例 5 在某系统中，CPU 选用 8088，通过一片 8255A 与 8 位开关和一位 LED 显示器（共阴极）相连，将开关低 4 位输入的十进制数（BCD 码）在 LED 显示器上显示输出。试完成软硬件设计。

分析 开关和 LED 显示器都是简单设备，不需要查询，因此，选用 8255A 的 A 口作为 LED 显示器段控接口（对输出数据可以锁存），方式 0 输出。选用 B 口作为开关接口，方式 0 输入。选用 C 口的 PC_0 作为 LED 显示器位控接口。

硬件设计如下。

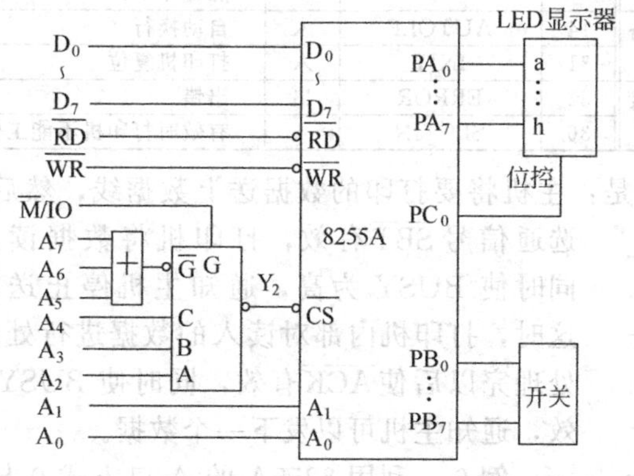

确定控制字：1000×010B

确定 PC_0 复位：0×××0000B

确定端口地址：00001000B 即 08H　A 口

00001001B 即 09H　B 口

00001010B 即 0AH　C 口

00001011B 即 0BH　控制口

程序设计如下

```
DATA   SEGMENT
  BCD-LED  DB  3FH，06H，…，6FH   ；分别对应 0～9 的 LED 显示编码
DATA   ENDS
CODE   SEGMENT
       ASSUME  CS：CODE，DS：DATA
START：MOV   AX，DATA
       MOV   DS，AX
       MOV   AL，82H            ；8255A 初始化，A 口方式 0，输出
       OUT   0BH，AL            ；B 口方式 0 输入
NEXT： IN    AL，09H            ；从 B 口输入开关值
       AND   AL，0FH            ；取出低 4 位
       LEA   BX，BCD-LED        ；转换表的表头送 BX
       XLAT                     ；查表转换得到显示编码
       OUT   08H，AL            ；送 A 口显示输出（段控）
       MOV   AL，00H；
       OUT   0BH，AL            ；使 PC0 复位，即使位控有效
       JMP   NEXT
       MOV   AX，4C00H
       INT   21H
CODE   ENDS
       END   START
```

思考 ① 如果 CPU 改为 8086，则软硬件设计要如何修改？

② 如果要从开关接收两位数字（高 4 位开关输入高位）并在两个 LED 显示器上显示两位数字，则软硬件设计要如何修改？

（3）作为微型打印机接口

目前绝大多数微型打印机和主机之间都采用并行接口方式，其并行接口信号虽然还没有一个统一的国际标准，但一般都是按照 Centronics 标准来定义插头插座的引脚。表 7-2 列出了 Centronics 标准中各引脚信号的名称和功能，按此标准进行数据传输的时序如图 7-14 所示。

表 7-2 Centronics 标准引脚信号

引脚	名称	方向	功能	引脚	名称	方向	功能
1	$\overline{STB}$	入	数据选通，有效时接收数据	12	PE	出	纸用完
2~9	$DATA_1$~$DATA_8$	入	数据线	13	SLCT	出	选择联机，指出打印机不能工作
10	$\overline{ACK}$	出	响应信号，有效时准备接收数据	14	AUTOLF	入	自动换行
				31	INIT	入	打印机复位
11	BUSY	出	忙信号，有效时不能接收数据	32	ERROR	出	出错
				36	SLCTIN	入	有效时打印机不能工作

由图 7-14 可以看出，打印机工作的流程是：主机将要打印的数据送上数据线，然后使选通信号 $\overline{SBT}$ 有效，打印机将数据读入，同时使 BUSY 为高，通知主机停止送数，这时，打印机内部对读入的数据进行处理，处理完以后使 $\overline{ACK}$ 有效，同时使 BUSY 失效，通知主机可以发下一个数据。

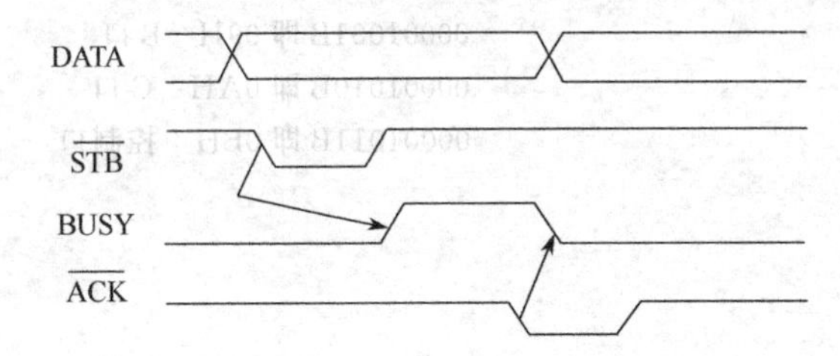

图 7-14 打印机数据传输时序

例 6 利用 8255A 的 A 口方式 0 与微型打印机相连，将内存缓冲区 BUFF 中的字符打印输出。试完成相应的软硬件设计（CPU 为 8088）。

分析 由打印机的工作时序可知，8255A 要能提供选通信号并接收忙信号，为此，考虑由 PC_0 充当打印机的选通信号，通过对 PC_0 的置位/复位来产生选通。同时，由 PC_7 来接收打印机发出的 BUSY 信号作为能否输出数据的查询。

硬件设计如下。

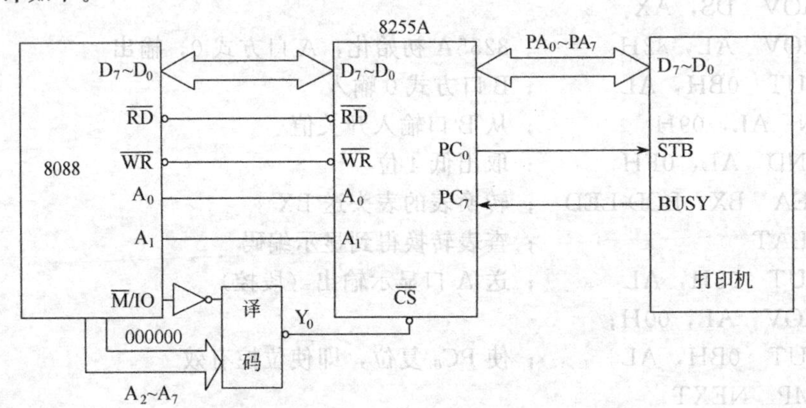

由硬件连线可以分析出，8255A 的 4 个端口地址分别为：00H、01H、02H、03H。

确定控制字为：10001000B 即 88H

确定 PC_0 置位：××××0001B 即 01H　　PC0 复位：××××0000 即 00H

在以上分析的基础上，编制程序如下。

```
DATA   SEGMENT
 BUFF   DB 'This is a print program!','$'
DATA   ENDS
CODE   SEGMENT
```

```
        ASSUME  CS：CODE，DS：DATA
START：MOV  AX，DATA
        MOV  DS，AX
        MOV  SI，OFFSET  BUFF
        MOV  AL，88H        ；8255A 初始化，A 口方式 0，输出
        OUT  03H，AL        ；C 口高位方式 0 输入，低位方式 0 输出
        MOV  AL，01H；
        OUT  03H，AL        ；使 PC0 置位，即使选通无效
WAIT0： IN  AL，02H         ；读 C 口
        TEST  AL，80H       ；检测 PC7 是否为 1，即是否忙
        JNZ  WAIT0          ；为忙则等待
        MOV  AL，[SI]
        CMP  AL，'$'        ；是否结束符
        JZ  DONE            ；是则结束
        OUT  00H，AL        ；不是结束符，则从 A 口输出
        MOV  AL，00H
        OUT  03H，AL
        MOV  AL，01H
        OUT  03H，AL        ；产生选通信号
        INC  SI             ；修改指针，指向下一个字符
        JMP  WAIT0
DONE：  MOV  AH，4CH
        INT  21H
CODE    ENDS
        END  START
```

例 7 将上例中 8255A 的工作方式改为方式 1，采用中断方式将 DATA-BUF 开始的缓冲区中的 100 个字符从打印机输出（假设打印机接口仍采用 Centronics 标准）。试完成主程序（包括 8255A 的初始化和送中断向量）和中断服务子程序。

分析 根据 Centronics 标准，我们可以将打印机接口的 $\overline{ACK}$ 输出连接到 8255A 的 PC_6 作为 A 口的 $\overline{ACK}$，而打印机接口的选通信号仍由 PC_0 承担，用软件方式产生。8255A 的中断请求信号 INTR（PC_3）接至系统中断控制器 8259A 的 IR_3，硬件连线如下。

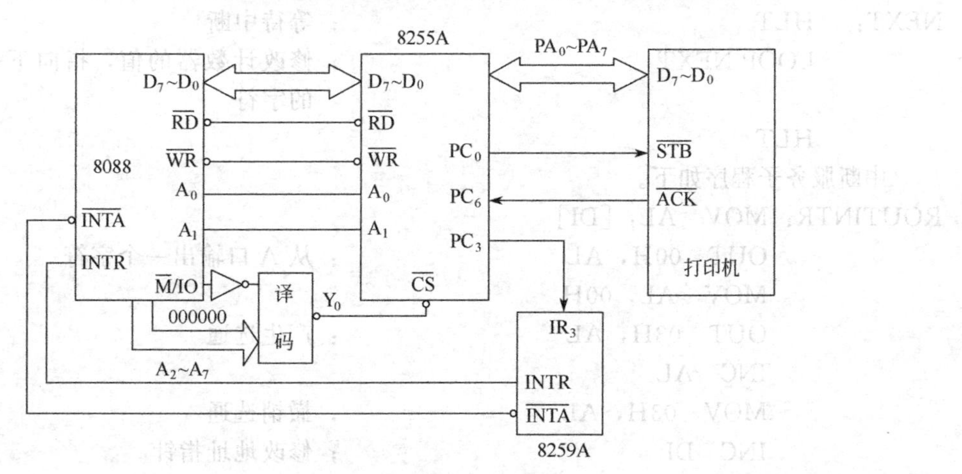

8255A 的 4 个端口地址分别为：00H、01H、02H、03H

8255A 的控制字为：1010×××0　即 A0H

PC_0 置位：××××0001　即 01H　　PC_0 复位：××××0000　即 00H

PC_6 置位：××××1101　即 0DH（允许 8255A 的 A 口输出中断）

假设 8259A 初始化时送 ICW_2 为 08H，则 8255A A 口的中断类型码是 0BH，此中断类型码对应的中断向量应放到中断向量表从 0000H：002CH 开始的 4 个单元中。

主程序如下。

```
MAIN： MOV  AL，0A0H
       OUT  03H，AL                    ；设置 8255A 的控制字
       MOV  AL，01H                    ；使选通无效
       OUT  03H，AL
       PUSH  DS
       XOR  AX，AX
       MOV  DS，AX
       MOV  AX，OFFSET  ROUTINTR
       MOV  WORD  PTR [002CH]，AX
       MOV  AX，SEG  ROUTINTR
       MOV  WORD  PTR [002EH]，AX      ；送中断向量
       POP   DS
       MOV  AL，0DH
       OUT  03H，AL                    ；使 8255A A 口输出允许中断
       LEA  DI，DATA-BUF               ；设置地址指针
       MOV  AL，[DI]
       OUT  00H，AL                    ；在主程序中输出第一个字符
       INC  DI
       MOV  AL，00H
       OUT  03H，AL                    ；产生选通
       INC  AL
       OUT  03H，AL                    ；撤销选通
       MOV  CX，99                     ；设置计数器初值
       STI                             ；开中断
NEXT：  HLT                             ；等待中断
       LOOP NEXT                       ；修改计数器的值，指向下一个要输出
                                       的字符

       HLT
```

中断服务子程序如下。

```
ROUTINTR：MOV  AL，[DI]
          OUT  00H，AL                 ：从 A 口输出一个字符
          MOV  AL，00H
          OUT  03H，AL                 ：产生选通
          INC  AL
          MOV  03H，AL                 ；撤销选通
          INC  DI                      ；修改地址指针
```

IRET　　；中断返回

思考　完成 8259A 与 CPU 的完整硬件连接，分析其端口地址并在主程序中加入对 8259A 的初始化。还可以用什么信号来取代 PC_0 做为打印机的选通信号？

7.3　可编程串行接口芯片 Intel 8251A

7.3.1　串行通信基础

(1) 并行通信与串行通信

由前述可知，并行通信是指利用多条数据传输线将多位数据同时传送，其特点是传输速度快，但当距离较远，数据位数又多时导致了通信线路复杂且成本高，因此，这种传输方式仅适用于短距离通信。串行通信是指利用一条传输线将数据一位位地顺序传送，其特点是通信线路简单，从而大大降低了成本，特别适用于远距离通信，但缺点是传输速度慢。串行通信广泛用于计算机与鼠标器、绘图仪、传真机、键盘等外部设备之间的信息传送以及计算机与计算机之间的通信，是构成计算机网络通信的基础。

尽管串行通信使设备之间的连线减少了，但也随之带来一些如串行数据与并行数据的相互转换等问题，这使得串行通信比并行通信较为复杂。

(2) 串行通信方式

由于串行通信是远距离通信，首先就要解决通信双方的同步问题，通常采用两种方式：异步通信（ASYNC）与同步通信（SYNC）。

1) 异步通信

异步通信以一个字符为传输单位，通信中两个字符间的时间间隔是不固定的，然而在同一个字符中的两个相邻位间的时间间隔是固定的。异步通信在计算机数据传输中用的较多，它的控制电路比较简单，适用于传输数据量较小的系统。

异步通信常用的数据格式如图 7-15 所示，规定有起始位、数据位、奇偶校验位、停止位等，其中各位的意义如下。

① 起始位　一个逻辑“0”信号，表示传输字符的开始。

② 数据位　数据位的个数可以是 4～8 不等，构成一个要传输的字符，通常采用 ASCII 码，从最低位开始传送，靠时钟定位。

③ 奇偶校验位　用来校验数据传送的正确性。

④ 停止位　是一个字符数据的结束标志。可以是 1 位、1.5 位、2 位的高电平。

⑤ 空闲位　处于逻辑“1”状态，表示当前线路上没有数据传送。

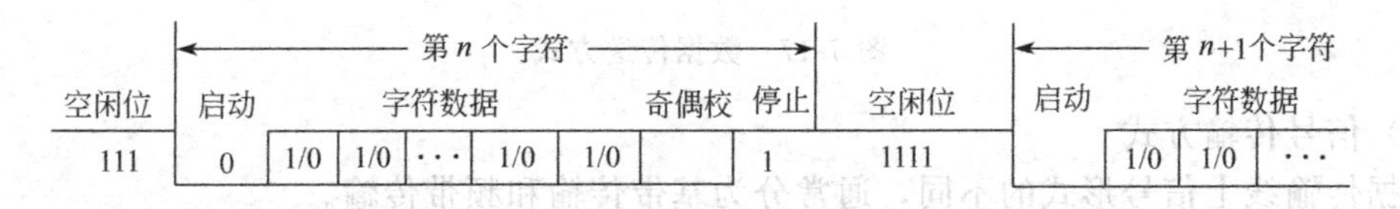

图 7-15　异步串行通信的数据格式

值得注意的是关于波特率的问题，它是衡量数据传送速率的指标，表示每秒钟传送的二进制位数。例如数据传送速率为 120B/s，每个字符为 10 位，则其传送的波特率为 10×120＝1200b/s＝1200 波特。在这里，波特率和有效数据位的传送速率并不一致，上述 10 位中，真正有效的数据位只有 7 位，所以，有效数据位的传送速率只有 7×120＝840b/s。

异步通信要求对发送的每一个字符都要按以上格式封装，字符之间允许有不定长度的空闲位。传送开始后，接收方不断检测传输线，当在一系列的“1”之后检测到一个“0”，就确认一个字符开始，于是以位时间（1/波特率）为间隔移位接收规定的数据位和奇偶校验位，拼装成一个字符，这之后应接收到规定的停止位“1”，若没有收到即为“帧出错”。只有既无帧出错又无奇偶错才算正确地接收到一个字符。

2）同步通信

同步通信以一个帧为传输单位，每个帧中包含有多个字符。在通信过程中，每个字符间的时间间隔是相等的，而且每个字符中各相邻位间的时间间隔也是固定的。

同步通信的数据格式如图 7-16 所示。它以数据块为传送单位，每个数据块内由一个字符序列组成，每个字符取相同的位数，字符之间是连续的，没有空隙。在数据块的前面置有 1 至 2 个同步字符，作为帧的边界和通知对方接收的标志。数据块的后面是校验字符，用于校验数据传输中是否出现了差错。在进行数据传输时，发送方和接收方要保持完全同步，即使用同一时钟来触发双方移位寄存器的移位操作。

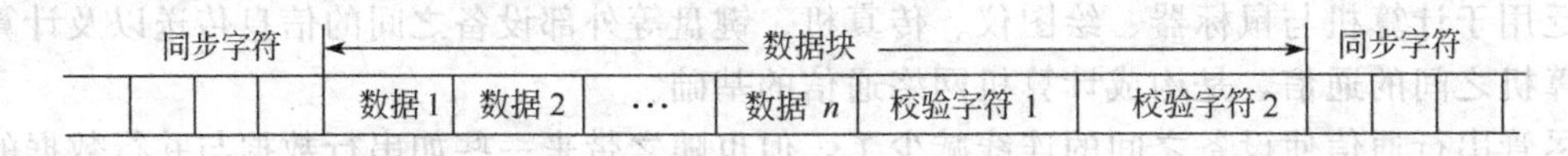

图 7-16　同步串行通信的数据格式

（3）数据传送方式

在串行通信中，根据数据传送方向的不同有以下三种传送方式。如图 7-17 所示。

1）单工方式

这种方式只允许数据按照一个固定的方向传送，即一方只能作为发送方，另一方只能作为接收方。

2）半双工方式

此方式下数据能从 A 站传送到 B 站，也能从 B 站传送到 A 站，但每次只能有一个站发送，另一个站接收，不能同时在两个方向上传送，通信双方只能轮流进行发送和接收。

3）全双工方式

此方式下允许通信双方同时进行发送和接收。这时，A 站在发送的同时也可以接收，B 站亦同。全双工方式相当于把两个方向相反的单工方式组合在一起，因此它需要两条传输线。

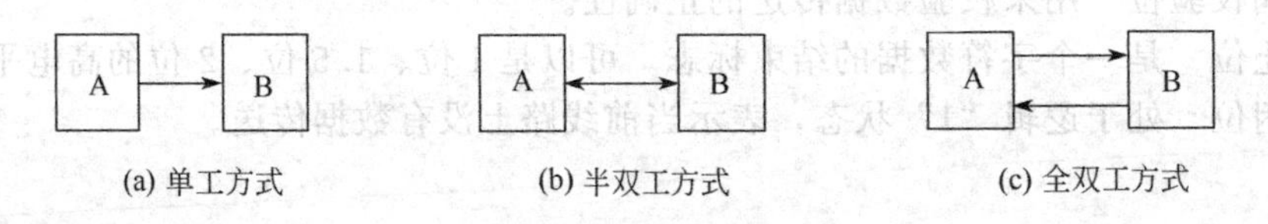

图 7-17　数据传送方式

（4）信号传输方式

根据传输线上信号形式的不同，通常分为基带传输和频带传输。

1）基带传输

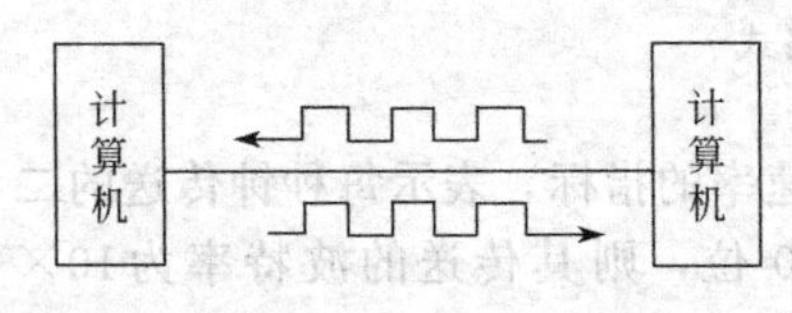

图 7-18　数字信号传输的示意图

在传输线路上直接传输不加调制的二进制信号，如图 7-18 所示。它要求传输线的频带较宽，传输的数字信号是矩形波。由于线路中存在着电感、电容及漏电感、漏电容等分布参数，矩形波通过传输线后会发生畸变、衰减和延迟而导致传输的错误，信号的频率越高、传输的距离越远这种现象则越严重，因此基带传输方式仅适宜于近距离和速度较低的通信。

2）频带传输

频带传输方式又称为载波传输方式，在传输线路上传输的是经调制后的模拟信号。

远距离通信通常是利用电话线来传输，而电话线的频带在300～3400Hz之间。由于频带不宽，用它来直接传输数字信号时，就会出现畸变失真，但用它来传送一个频率为1000～2000Hz的模拟信号时，则失真较小。因此，在长距离通信时，发送方要用调制器把数字信号转换成模拟信号，接收方则用解调器将接收到的模拟信号再转换成数字信号，这就是信号的调制解调。实现调制和解调任务的装置称为调制解调器（MODEM）。采用频带传输时，通信双方各接一个调制解调器，将数字信号寄载在模拟信号（载波）上加以传输。因此，这种传输方式也称为载波传输方式。常用的调制方式有三种：调幅、调频和调相，如图7-19所示。

(5) 串行接口标准

串行接口标准指的是计算机或终端等数据终端设备DTE的串行接口电路与调制解调器MODEM等数据通信设备DCE之间的连接标准。在计算机网络中，由它构成网络的物理层协议。

1) RS-232C标准

RS-232C标准是与TTY规程有关的接口标准，也是目前普遍采用的一种串行通信标准，它是美国电子工业协会于1969年公布的数据通信标准。该标准定义了数据终端设备DTE与数据通信设备DCE之间的连接器形状、连接信号的含义及其电压信号范围等参数。

RS-232C是一种标准接口，它是一个D型插座，采用25芯引脚或9芯引脚的连接器，如图7-20所示。微机之间的串行通信就是按照RS-232C标准所设计的接口电路实现的。如果使用一根电话线进行通信，那么计算机和MODEM之间的连线及通信原理如图7-21所示。

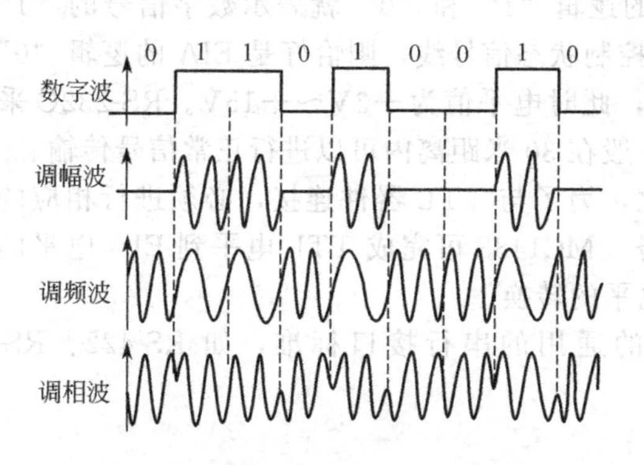

图7-19　不同调制方式下的信号波形

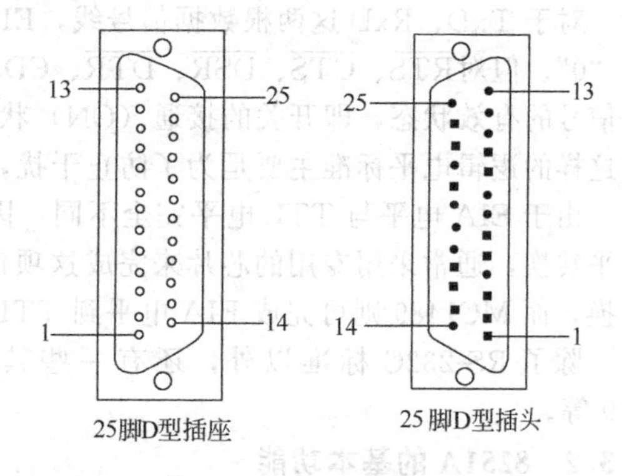

图7-20　RS-232C标准接口的连接器

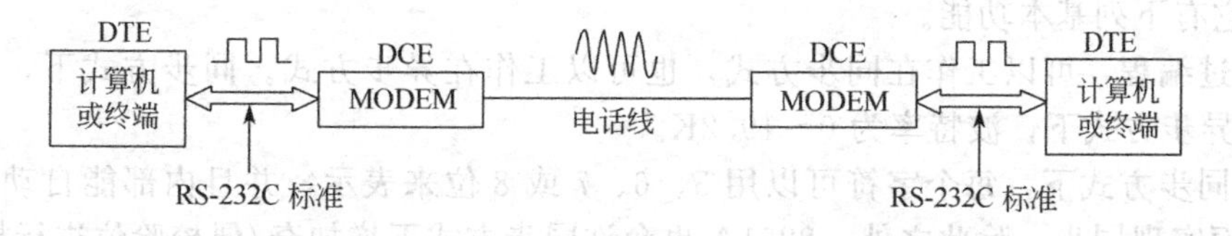

图7-21　计算机通过RS-232C进行通信原理图

① 信号线　虽然RS-232C标准规定接口有25根连线且其中的绝大部分信号线均已定义使用，但在一般的微机串行通信中，只有以下9个信号经常使用，这些引脚及其功能分别如下。

• TxD（第2脚）　发送数据线，由计算机到MODEM。计算机通过此引脚发送数据到MODEM。

• RxD（第 3 脚） 接收数据线，由 MODEM 到计算机。MODEM 将接收的数据通过此引脚送到计算机或终端。

• $\overline{\text{RTS}}$（第 4 脚） 请求发送，由计算机到 MODEM。计算机通过此引脚通知 MODEM，要求发送数据。

• $\overline{\text{CTS}}$（第 5 脚） 允许发送，由 MODEM 到计算机。MODEM 认为可以发送数据时，通过此引脚发出$\overline{\text{CTS}}$作为对$\overline{\text{RTS}}$的回答，然后计算机才可以发送数据。

• $\overline{\text{DSR}}$（第 6 脚） 数据装置就绪（即 MODEM 准备好），由 MODEM 到计算机。表示调制解调器可以使用（即表明 MODEM 已打开并已工作在数据模式下），该信号有时直接接到电源上，这样当设备连通时即有效。

• CD（第 8 脚） 载波检测（接收线信号测定器），由 MODEM 到计算机。当此信号有效时，表示 MODEM 已接收到通信线路另一端 MODEM 送来的信号，即它与电话线路已连接好。

• GND（第 7 脚） 地。

如果通信线路是交换电话的一部分，则至少还需如下两个信号。

• RI（第 22 脚） 振铃指示，由 MODEM 到计算机。MODEM 若接到交换台送来的振铃呼叫信号，就发出该信号来通知计算机或终端。

• $\overline{\text{DTR}}$（第 20 脚） 数据终端就绪，由计算机到 MODEM。计算机收到 RI 信号以后，就发出$\overline{\text{DTR}}$信号到 MODEM 作为回答，以控制它的转换设备，建立通信链路。

② 逻辑电平 RS-232C 标准采用 EIA 电平，即规定“1”的逻辑电平在－3V～－15V 之间，规定“0”的逻辑电平在＋3V～＋15V 之间，高于＋15V 或低于－15V 的电压被认为无意义，介于＋3V 和－3V 之间的电压也无意义。

对于 TxD、RxD 这两根数据信号线，EIA 的逻辑“1”和“0”就表示数字信号的“1”和“0”。但对$\overline{\text{RTS}}$、$\overline{\text{CTS}}$、$\overline{\text{DSR}}$、$\overline{\text{DTR}}$、CD 等控制状态信号线，则恰好是 EIA 的逻辑“0”为信号的有效状态，即开关的接通（ON）状态，此时电平值为＋3V～＋15V。RS-232C 采用这样的逻辑电平标准主要是为了防止干扰，一般在 30 米距离内可以进行正常信号传输。

由于 EIA 电平与 TTL 电平完全不同，因此，为了与 TTL 器件连接，必须进行相应的电平转换，通常采用专用的芯片来完成这项任务。MC1488 可完成 TTL 电平到 EIA 电平的转换，而 MC1489 则可完成 EIA 电平到 TTL 电平的转换。

除了 RS-232C 标准以外，还有一些其它的通用的串行接口标准，如 RS-422、RS-449 等。

7.3.2 8251A 的基本功能

8251A 是可编程串行通信接口芯片，用来完成 CPU 和外部设备（或调制解调器）之间的连接，它有下列基本功能。

① 通过编程，可以工作在同步方式，也可以工作在异步方式。同步方式下，波特率为 0～64K，异步方式下，波特率为 0～19.2K。

② 在同步方式下，每个字符可以用 5、6、7 或 8 位来表示，并且内部能自动检测同步字符，从而实现同步。除此之外，8251A 也允许同步方式下增加奇/偶校验位进行校验。

③ 在异步方式下，每个字符也可以用 5、6、7 或 8 位来表示，时钟频率为传输波特率的 1 倍、16 倍或 64 倍，用 1 位作为奇/偶校验。此外，8251A 在异步方式下能自动为每个数据增加 1 个启动位，并能根据编程为每个数据增加 1 个、1.5 个或 2 个停止位。同时，可以检查假启动位，自动检测和处理终止字符。

④ 全双工的工作方式，其内部提供具有双缓冲器的发送器和接收器。

⑤ 提供出错检测，具有奇偶、溢出和帧错误等校验电路。

7.3.3　8251A 的内部结构

8251A 的内部结构如图 7-22 所示。由结构图可看出，8251A 的内部包含有发送器、接收器、数据总线缓冲器、读写控制电路和调制解调控制电路等五大部分。

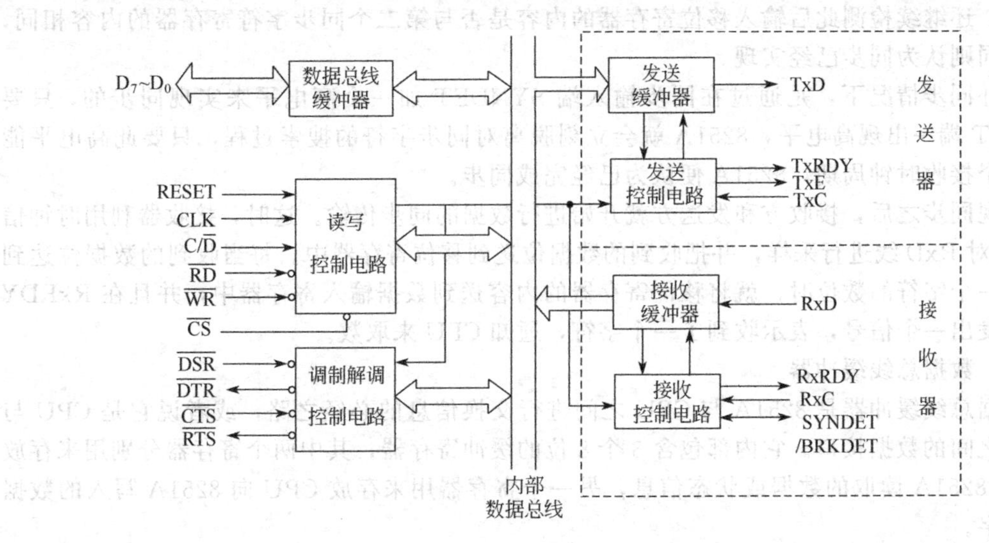

图 7-22　8251A 的内部结构框图

(1) 发送器

发送器由发送缓冲器和发送控制电路两部分组成。当发送器中发送缓冲器已空可接收数据时，由发送控制电路向 CPU 发出 TxRDY 有效信号，如果 CPU 与 8251A 之间采用中断方式交换信息，那么 TxRDY 可作为向 CPU 发出的中断请求信号，此时，CPU 可向 8251A 输出数据。CPU 送出的数据经数据总线缓冲器并行输入锁存到发送缓冲器中。如果采用异步方式传输，则由发送控制电路在其首尾加上起始位和停止位，经移位寄存器从数据输出线 TxD 逐位串行输出，其发送速率取决于 TxC 端收到的发送时钟频率。如果采用同步方式传输，则在发送数据之前，发送器将自动送出 1～2 个同步字符（对应内同步方式）或在收到有效的同步信号（对应外同步方式）后，才逐位串行输出数据。当发送器中的数据发送完，由发送控制电路向 CPU 发出 TxE 有效信号，表示发送器中移位寄存器已空。因此，发送缓冲器和发送移位寄存器构成发送器的双缓冲结构。

(2) 接收器

接收器由接收缓冲器和接收控制电路组成。接收移位寄存器用来从 RxD 引脚上接收串行数据，按照相应格式转换成并行数据后存入接收缓冲器。而接收控制电路则配合接收缓冲器工作，管理有关接收的所有功能。

当 8251A 工作在异步方式并准备接收一个字符时，在 RxD 线上检测低电平，将检测到的低电平作为起始位，启动接收控制电路中的一个内部计数器进行计数，计数脉冲就是 8251A 的接收器时钟脉冲。当计数进行到相应于半个数位传输时间（比如时钟脉冲为波特率的 16 倍，则计到第 8 个脉冲）时，再对 RxD 线进行检测，如果此时仍为低电平，则确认收到一个有效的起始位。于是，8251A 开始进行常规采样，数据进入接收移位寄存器完成字符装配，并进行奇偶校验，然后，送入接收缓冲器，同时向 CPU 发出 RxRDY 信号，表示已经收到一个可用的数据，通知 CPU 来取数。如果 CPU 与 8251A 之间采用中断方式交换信息，那么 RxRDY 可作为向 CPU 发出的中断请求信号。

在内同步接收方式下，8251A 首先搜索同步字符。具体地说，8251A 监测 RxD 线，每当 RxD 线上出现一个数据位时，就把它接收下来并送入移位寄存器，然后与同步字符寄存器的内容进行比较，如果两者不相等，则接收下一位数据。当两个寄存器的内容相等时，8251A 的 SYNDET 引脚就升为高电平，表示同步字符已找到，同步已经实现。如采用双同步方式，还继续检测此后输入移位寄存器的内容是否与第二个同步字符寄存器的内容相同，如果相同则认为同步已经实现。

在外同步情况下，是通过在同步输入端 SYNDET 加一个高电平来实现同步的，只要 SYNDET 端一出现高电平，8251A 就会立刻脱离对同步字符的搜索过程，只要此高电平能维持一个接收时钟周期，8251A 便认为已经完成同步。

实现同步之后，接收方和发送方就开始进行数据的同步传输。这时，接收器利用时钟信号 RxC 对 RxD 线进行采样，并把收到的数据位送到移位寄存器中。每当收到的数据位达到规定的一个字符的数位时，就将移位寄存器的内容送到数据输入寄存器中，并且在 RxRDY 引脚上发出一个信号，表示收到了一个字符，通知 CPU 来取数。

(3) 数据总线缓冲器

数据总线缓冲器是 8251A 与 CPU 之间进行交换信息的必经之路，或者说它是 CPU 与 8251A 之间的数据接口。它内部包含 3 个 8 位的缓冲寄存器，其中两个寄存器分别用来存放 CPU 从 8251A 读取的数据或状态信息，另一个寄存器用来存放 CPU 向 8251A 写入的数据或控制字。

(4) 读写控制电路

读写控制电路用来接收 $\overline{WR}$、$\overline{RD}$、C/$\overline{D}$、$\overline{CS}$、RESET 和 CLK 信号，由这些信号的组合来控制 8251A 的操作。

(5) 调制解调控制电路

调制解调控制电路提供了一组通用的控制信号，用来完成 8251A 和调制解调器的连接。

7.3.4 8251A 的引脚功能

8251A 采用双列直插式封装，28 个引脚，引脚分配图如图 7-23 所示。作为 CPU 和外部设备（或调制解调器）之间的接口，8251A 的对外信号可以分为三组：8251A 和 CPU 之间的连接信号，8251A 和外部设备（或调制解调器）之间的连接信号，电源与时钟信号。图 7-24 给出了 8251A 与 CPU 及外部设备之间的连接示意图。

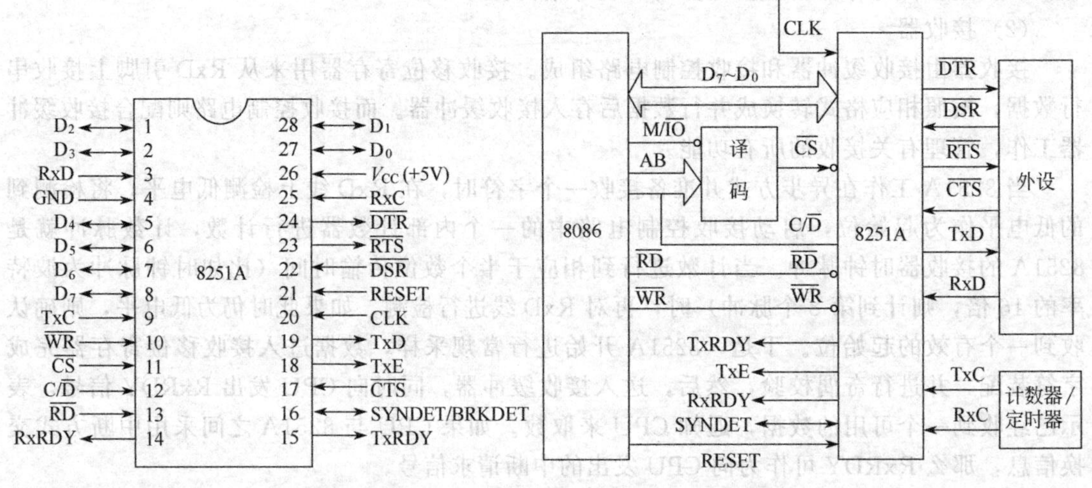

图 7-23 8251A 引脚图　　图 7-24 8251A 与 CPU 及外设的连接

（1）8251A 和 CPU 之间的连接信号

• $D_7 \sim D_0$　8 位，三态，双向数据线，通过它们，8251A 与系统的数据总线相连。

• $\overline{RD}$　读信号，低电平时，用来通知 8251A，CPU 当前正在从 8251A 读取数据或者状态信息。

• $\overline{WR}$　写信号，低电平时，用来通知 8251A，CPU 当前正在往 8251A 写入数据或者控制信息。

• $\overline{CS}$　片选信号，通常来自高位地址的译码。当其有效时，CPU 选中 8251A 进行操作。

• $C/\overline{D}$　控制/数据信号，通常来自低位地址，用作 8251A 内部端口的选择，以区分当前读/写的是数据还是控制信息或状态信息。当 $C/\overline{D}$为低电平时，对应数据口，对其读写的是数据；当 $C/\overline{D}$为高电平时，对应控制口，对其写入的是 CPU 对 8251A 的控制命令，读取的是 8251A 当前的状态信息。

由此可知，$\overline{RD}$、$\overline{WR}$、$C/\overline{D}$这 3 个信号的组合，决定了 8251A 的具体操作，它们的关系如表 7-3 所示。

表 7-3　$\overline{CS}$、$\overline{RD}$、$\overline{WR}$、$C/\overline{D}$及其编码和相应的操作

$\overline{CS}$	$C/\overline{D}$	$\overline{RD}$	$\overline{WR}$	相应的操作
0	0	0	1	CPU 从 8251A 输入数据
0	0	1	0	CPU 往 8251A 输出数据
0	1	0	1	CPU 读取 8251A 的状态
0	1	1	0	CPU 往 8251A 写入控制命令

• TxRDY　发送器准备好信号，用来通知 CPU，当前 8251A 已作好发送准备，可以往 8251A 传输数据。TxRDY 既可作为中断请求信号也可作为查询信号。当 8251A 从 CPU 得到一个字符后，TxRDY 便恢复为低电平。TxRDY 为高电平的条件是：$\overline{CTS}$为低电平而 TxEN 为高电平且发送缓冲器为空。

• TxE　发送器空信号，高电平有效，表示 8251A 的一个发送动作已完成。当 8251A 从 CPU 得到一个字符后，TxE 便成为低电平。需要指出的是，在同步方式下，由于不允许字符之间有空隙，当 CPU 来不及往 8251A 输出字符时，则 TxE 变为高电平，这时，发送器将在输出线上插入同步字符来填补传输间隙。

• RxRDY　接收器准备好信号，用来通知 CPU，当前 8251A 已经从外部设备或调制解调器接收到一个字符，等待 CPU 来取走。与 TxRDY 类似，在中断方式下，RxRDY 可用来作为中断请求信号；在查询方式下，RxRDY 可用来作为查询信号。当 CPU 从 8251A 读取一个字符后，RxRDY 便恢复为低电平。

• SYNDET　同步检测信号，只用于同步方式。该引脚既可以工作在输入状态，也可以工作在输出状态，这取决于 8251A 是工作在内同步方式还是外同步方式。当 8251A 工作在内同步方式时，SYNDET 作为输出端，当 8251A 检测到了所要求的同步字符时有效，用来表明 8251A 当前已经达到同步。当 8251A 工作在外同步方式时，SYNDET 作为输入端，从这个输入端进入的一个正跳变，会使 8251A 在 RxC 的下一个下降沿时开始装配字符。这种情况下，SYNDET 的高电平状态最少要维持一个 RxC 周期。芯片复位时，SYNDET 变为低电平。

（2）8251A 与外部设备之间的连接信号

• $\overline{DTR}$　数据终端准备好信号，由 8251A 送往外设，低电平时有效。CPU 可以通过控制命令使$\overline{DTR}$有效，从而通知外部设备，CPU 当前已经准备就绪。

• $\overline{DSR}$　数据设备准备好信号，由外设送往 8251A。该信号低电平时有效，用来表示当前外设已经准备好。当$\overline{DSR}$端出现低电平时，8251A 状态寄存器的第 7 位自动置 1，CPU 可以通过读状态寄存器的操作，实现对该信号的检测。

• $\overline{RTS}$　请求发送信号，由 8251A 送往外设，低电平时有效，表示 CPU 已经做好发送准备。CPU 可以通过编程命令使$\overline{RTS}$变为有效电平。

• $\overline{CTS}$　允许发送信号，是对$\overline{RTS}$的响应，由外设送往 8251A。只有当$\overline{CTS}$为低电平

时，8251A 才能执行发送操作。

以上 4 个信号是 8251A 提供的 CPU 和外设之间的联络信号。实际使用时，通常只有 $\overline{CTS}$必须为低电平，其它 3 个信号引脚可以悬空不用。当外设只要一对联络信号时，则选其中任何一组，既可用$\overline{DTR}$和$\overline{DSR}$，也可用$\overline{RTS}$和$\overline{CTS}$，不过，仍要满足使$\overline{CTS}$在某个时候得到低电平，只有当某个外设所要求的联络信号比较多时，才有必要将 4 个信号都用上，这时，可以构成两个层次的联络，每两个信号组成一对，这种情况实际上用得比较少。

• TxD 发送器数据输出信号。由 8251A 送往外设。

• RxD 接收器数据输入信号。由外设送往 8251A。

(3) 时钟、电源和地

• CLK 8251A 芯片的工作时钟输入，用来产生芯片的内部时序，要求 CLK 的频率在同步方式下大于 TxC /RxC 的 30 倍，在异步方式下，则要大于 TxC/RxC 的 4.5 倍。

• TxC、RxC 发送器、接收器时钟输入，分别用来控制发送字符、接收字符的速度，在同步方式下，它们的频率等于字符传输的波特率，在异步方式下，它们的频率可以为字符传输波特率的 1 倍、16 倍或者 64 倍，具体倍数决定于 8251A 编程时指定的波特率因子。

在实际使用时，RxC 和 TxC 往往连在一起，由同一个外部时钟电路或 CLK 分频后提供，CLK 则由另一个频率较高的外部时钟电路来提供。

• V_{CC} 电源输入。

• GND 地。

7.3.5 8251A 的编程

8251A 是一个可编程的通用串行接口芯片，具体使用时，用户也必须对它进行编程。8251A 的编程内容涉及三个字：方式选择控制字（也称为模式字）、操作命令控制字（也称为控制字）和状态字。下面分别加以说明。

(1) 方式选择控制字（模式字）

方式选择控制字要写入控制端口，用来确定 8251A 的工作方式、数据格式、校验方法等，方式选择控制字的格式如图 7-25 所示。

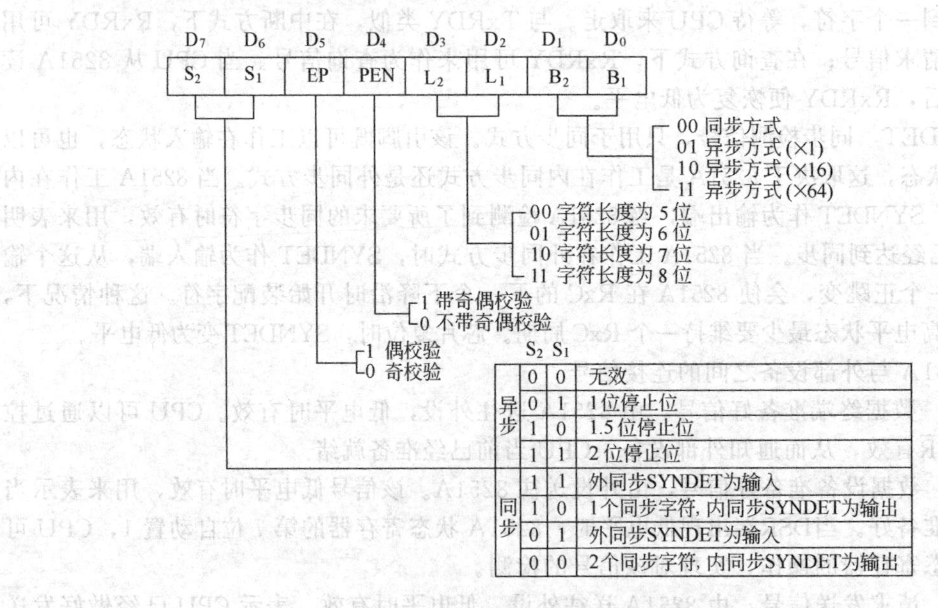

图 7-25 方式选择控制字的格式

• D_1、D_0 用来确定 8251A 是工作于同步方式还是异步方式，如果是异步方式则可由

D_1D_0 的取值来确定传送速率，×1 表示输入的时钟频率与波特率相同；×16 表示时钟频率是波特率的 16 倍，×64 表示时钟频率是波特率的 64 倍。因此通常称 1、16、64 为波特率系数，它们之间存在着如下关系：发送/接收时钟频率＝发送/接收波特率×波特率系数。

- D_3、D_2　用来定义数据字符的长度，每个字符可为 5、6、7 或 8 位。
- D_4　用来定义是否允许带奇偶校验。当 $D_4=1$ 时，由 D_5 位定义是采用奇校验还是偶校验。
- D_5　用来定义是采用奇校验还是偶校验，$D_5=1$ 时，采用偶校验，反之采用奇校验。
- D_7、D_6　这两位在同步方式和异步方式时的定义是不相同的。异步方式时，通过它们的不同编码来定义停止位的长度（1、1.5 或 2 位）；而同步方式时，则通过它们的不同编码来定义是外/内同步或单/双同步。

例 8　某异步通信系统中，其数据格式采用 8 位数据位，1 位起始位，2 位停止位，奇校验，波特率系数为 16，确定方式选择控制字。

分析　方式选择控制字为：11011110B 即 DEH

（2）操作命令控制字（控制字）

操作命令控制字也要写入控制端口，其作用是使 8251A 处于某种工作状态，以便接收或发送数据。操作命令控制字的格式如图 7-26 所示。

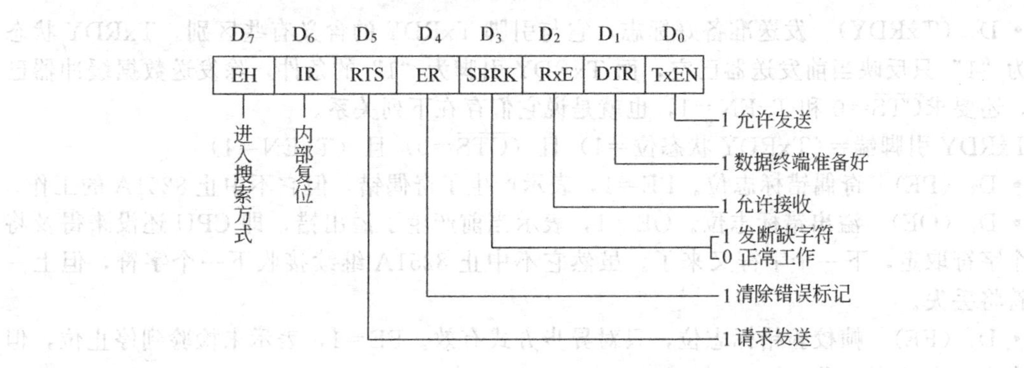

图 7-26　操作命令控制字的格式

- D_0（TxEN）　允许发送。$D_0=1$ 则允许发送，反之则不允许发送。8251A 规定，只有当 TxEN＝1 时，发送器才能通过 TxD 线向外部发送数据。
- D_1（DTR）　数据终端准备就绪。$D_1=1$ 表示终端设备已准备好，反之表示终端设备未准备好。
- D_2（RxE）　允许接收。$D_2=1$ 允许接收，反之则不允许接收。8251A 规定，只有当 RxE＝1 时，接收器才能通过 RxD 线从外部接收数据。
- D_3（SBRK）　发送终止字符。$D_3=1$，强迫 TxD 为低电平，输出连续的“0”信号。
- D_4（ER）　错误标志复位。$D_4=1$，使状态寄存器中的错误标志（PE/OE/FE）复位。
- D_5（RTS）　请求发送。$D_5=1$，使 8251A 的 $\overline{RTS}$ 输出引脚有效，表示 CPU 已作好发送数据准备，请求向调制解调器或外设发送数据。
- D_6（IR）　内部复位。$D_6=1$，迫使 8251A 内部复位重新进入初始化。
- D_7（EH）　外部搜索方式。该位只对同步方式有效。$D_7=1$，表示开始搜索同步字符。

例 9　若 8251A 允许接收，又允许发送，内同步方式，则操作命令控制字是什么？若要使 8251A 复位，则操作命令控制字是什么？

分析　第一种情况下，要 TxEN、RxE、ER、RTS、EH 有效，则操作命令控制字为 10110101B 即 B5H。

第二种情况下，要 IR 有效，则操作命令控制字为 01000000B 即 40H。

(3) 状态字

8251A 执行命令进行数据传送后的状态存放在状态寄存器中，通常称其为状态字。CPU 通过读控制口就可读入状态字进行分析和判断，了解 8251A 的工作状况，以便决定下一步该怎么做。状态字的格式如图 7-27 所示。

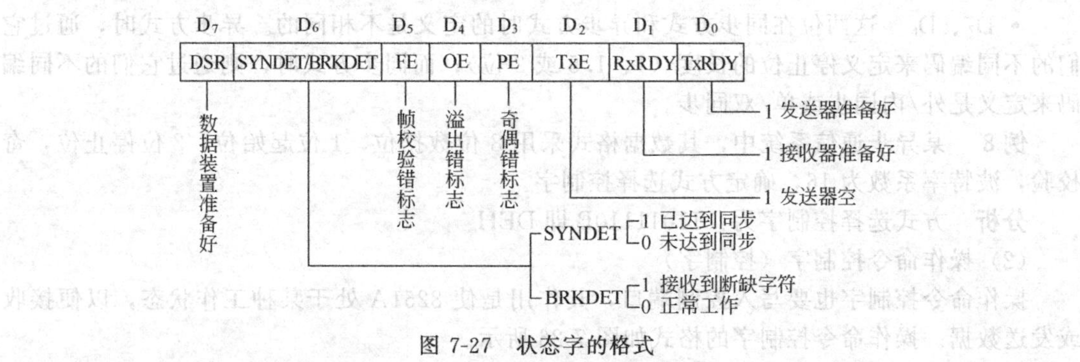

图 7-27　状态字的格式

• D_0（TxRDY）　发送准备好标志，它与引脚 TxRDY 的含义有些区别。TxRDY 状态标志为“1”只反映当前发送器已空，而 TxRDY 引脚为“1”的条件，除发送数据缓冲器已空外，还要求$\overline{CTS}$=0 和 TxEN=1，也就是说它们存在下列关系。

TxRDY 引脚端=(TxRDY 状态位=1) 且 ($\overline{CTS}$=0) 且 (TxEN=1)

• D_3（PE）　奇偶错标志位。PE=1，表示产生了奇偶错，但它不中止 8251A 的工作。

• D_4（OE）　溢出错标志位。OE=1，表示当前产生了溢出错，即 CPU 还没来得及将上一个字符取走，下一个字符又来了。虽然它不中止 8251A 继续接收下一个字符，但上一个字符将丢失。

• D_5（FE）　帧校验错标志位，只对异步方式有效。FE=1，表示未检验到停止位，但它不中止 8251A 的工作。

上述三个标志允许用操作命令控制字中的 ER=1 进行复位。在传输过程中，由 8251A 根据传输情况自动设置。尤其是在做接收操作时，如果查询到有错误出现，则该数据应放弃。

状态字中的其余几个标志，如 RxRDY、TxE、SYNDET、DSR 各位的状态与芯片相应引脚的状态相同，这里不再重复讲述。

需要指出的是，CPU 可在任何时刻用 IN 指令读 8251A 的控制口获得状态字，在 CPU 读状态期间，8251A 将自动禁止改变状态位。

例 10　若要采用查询方式从 8251A 接收器输入数据，则可用下列程序段完成（设控制口地址和数据口地址分别为 FFF2H、FFF0H）。

```
    MOV  DX, 0FFF2H      ; 控制口地址送 DX
L:  IN   AL, DX          ; 读控制口取出状态字
    TEST AL, 02H         ; 查 D1=1? 即数据准备好了吗?
    JZ   L               ; 未准备好，则等待
    TEST AL, 38H         ; 数据已准备好，但有错误吗?
    JNZ  ERR             ; 有错，则转出错处理
    MOV  DX, 0FFF0H      ; 无错，数据口地址送 DX
    IN   Al, DX          ; 输入数据
    ...
```

```
ERR：…                        ；出错处理
```

(4) 8251A 的初始化

作为可编程的接口芯片，对 8251A 的初始化是必不可少的。由于 8251A 仅有一个控制端口，而对它的初始化要写入至少两个不同的控制字，为此，8251A 对它的初始化过程进行了如下约定，凡是使用 8251A 的程序员都必须遵守这个约定。

① 芯片复位以后，第一次往控制端口写入的是方式命令控制字即模式字。

② 如果模式字中规定了 8251A 工作在同步方式，那么，CPU 接着往控制端口输出的 1 个或 2 个字节就是同步字符，同步字符被写入同步字符寄存器。

③ 不管是在同步方式还是在异步方式下，接下来由 CPU 往控制端口写入的是操作命令控制字即控制字，如果规定是内部复位命令，则转去对芯片复位，重新初始化。否则，进入应用程序，通过数据端口传输数据。

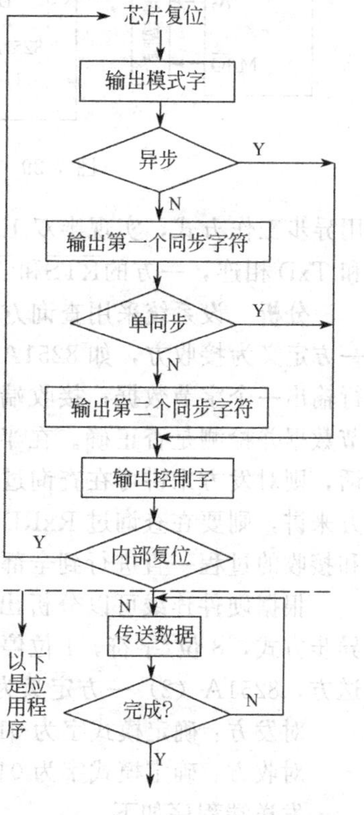

8251A 的初始化流程如图 7-28 所示。

图 7-28 8251A 的初始化流程图

例 11 设 8251A 工作在异步模式，波特率系数（因子）为 16，7 个数据位/字符，偶校验，2 个停止位，发送、接收允许，设端口地址为 00E2H 和 00E4H。试完成初始化程序。

分析 确定模式字为：11111010B 即 FAH

控制字为：00110111B 即 37H

初始化程序如下

```
MOV   AL，0FAH        ；送模式字
MOV   DX，00E2H
OUT   DX，AL          ；异步方式，7 位/字符，偶
                        校验，2 个停止位
MOV   AL，37H         ；设置控制字，使发送、接
                        收允许，清出错标志，使
                        RTS、DTR
OUT   DX，AL          ；有效
```

例 12 设 8251A 的端口地址为 50H 和 51H，采用内同步，全双工方式，2 个同步字符（设同步字符为 16H），偶校验，7 位/字符。试完成初始化程序。

分析 确定模式字为：00111000B 即 38H

控制字为：10010111B 即 97H

初始化程序段如下

```
MOV   AL，38H      ；设置模式字，使 8251A 处于同步模式，用 2 个同步字符
OUT   51H，AL      ；7 个数据位，偶校验
MOV   AL，16H
OUT   51H，AL      ；送同步字符 16H
OUT   51H，AL
MOV   AL，97H      ；设置控制字，使发送器和接收器启动，并设置其它有关信号
OUT   51H，AL      ；启动搜索同步字符
```

7.3.6 8251A 应用举例

通过 8251A 实现相距较远的两台微型计算机相互通信的系统连接简化框图如图 7-29 所示。这时，利用两片 8251A 通过标准串行接口 RS-232C 实现两台 8086 微机之间的连接，采

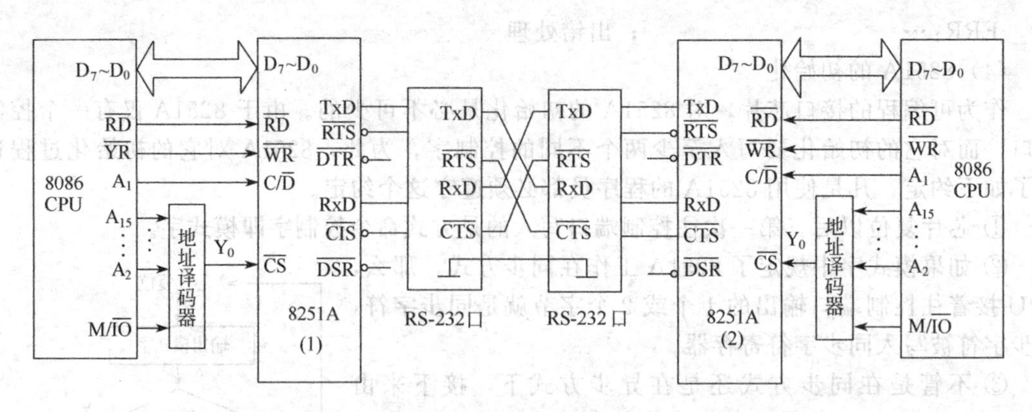

图 7-29 两台微型计算机相互通信的系统连接简化框图

用异步工作方式，实现半双工的串行通信（注意，一方的 TxD 和 RxD 分别与另一方的 RxD 和 TxD 相连，一方的$\overline{\text{RTS}}$和$\overline{\text{CTS}}$分别与另一方的$\overline{\text{CTS}}$和$\overline{\text{RTS}}$相连）。

分析 设系统采用查询方式控制传输过程。可将一方定义为发送方，如 8251A（1），另一方定义为接收方，如 8251A（2）。发送端的 CPU 每查询到 TxRDY 有效，则向 8251A 并行输出一个字节数据；接收端的 CPU 每查询到 RxRDY 有效，则从 8251A 并行输入一个字节数据并检测是否正确。在半双工的情况下，如果还允许发方接收数据、收方发送数据的话，则对发方来讲可在查询过 TxRDY（发送数据）后再查询 RxRDY（接收数据），而对收方来讲，则要在查询过 RxRDY（接收数据）后再查询 TxRDY（发送数据）。这样一个发送和接收的过程一直进行到全部数据传送完毕为止。

根据硬件连线可以分析出此时两片 8251A 的端口地址都是 0000H、0002H。假设采用异步方式，8 位/字符，1 位停止位，偶校验，波特率系数为 64。8251A（1）一方定义为发送方，8251A（2）一方定义为接收方。

对发方：确定模式字为 01111111B，确定控制字为 00000001B

对收方：确定模式字为 01111111B，确定控制字为 00110100B（要求 RTS 位为 1）

发送端程序如下。

```
STT:   MOV  DX, 0002H
       MOV  AL, 7FH               ；写模式字
       OUT  DX, AL                ；将 8251A 定义为异步方式，8 位数据，1 位停
       MOV  AL, 01H               ；止位，偶校验，取波特率系数为 64
       OUT  DX, AL                ；写控制字，允许发送
       MOV  DI, 发送缓冲区首地址   ；设置地址指针
       MOV  CX, 发送数据块字节数   ；设置计数器初值
NEXT:  IN   AL, DX                ；读状态字
       TEST AL, 01H               ；查询 TxRDY 有效吗？
       JZ   NEXT                  ；无效则等待
       MOV  DX, 0000H
       MOV  AL, [DI]；             ；有效时，向 8251A 输出一个字节数据
       OUT  DX, AL
       INC  DI                    ；修改地址指针
       MOV  DX, 0002H             ；修改端口地址
       LOOP NEXT                  ；未传输完，则继续下一个
```

```
        HLT
    接收端程序如下。
SRR：MOV  DX，0002H
     MOV  AL，7FH              ；写模式字，将 8251A 定义为异步方式，8 位
                                 数据
     OUT  DX，AL               ；1 位停止位，偶校验，波特率系数为 64
     MOV  AL，34H              ；写控制字，允许接收，使RTS有效（导致发方
                                 的CTS有效，从而使发方可以发送数据）
     OUT  DX，AL
     MOV  DI，接收缓冲区首地址   ；设置地址指针
     MOV  CX，接收数据块字节数   ；设置计数器初值
CONT：IN  AL，DX               ；读状态字
     TEST  AL，02H             ；查询 RxRDY 有效吗？
     JZ  CONT                  ；无效则等待
     TEST  AL，38H             ；有效时，进一步查询是否有奇偶校验等错误
     JNZ  ERR                  ；有错时，转出错处理
     MOV  DX，0000H
     IN  AL，DX                ；无错时，输入一个字节到接收数据块。
     MOV  [DI]，AL
     INC  DI                   ；修改地址指针
     MOV  DX，0002H            ；修改端口地址
     LOOP  COMT                ；未传输完，则继续下一个
     HLT
ERR：  CALL  ERR-OUT           ；调用出错处理子程序
     …
```

值得注意的是，发送程序是在与 8251A（1）相连的计算机上执行，而接收程序是在与 8251A（2）相连的计算机上执行。

思考 如果还要求发方能同时接收数据、收方也能同时发送数据的话，则发送端程序和接收端程序该如何修改？

7.4 通用串行接口标准

7.4.1 通用串行接口 USB

USB 是外设总线标准，是由在 PC 和电信产业中的领导者，包括 Compaq、DEC、IBM、Intel、Microsoft、NEC 和 Northern Telecom 共同开发的，给 PC 的外部带来计算机外设的即插即用。USB 消除了将卡安装在专用的计算机插槽并重新配置系统的需要，同时也节省了宝贵的系统资源，如中断 IRQ。装备了 USB 的个人计算机，一旦实现了计算机外设物理连接就能自动地进行配置，不必重启动或运行设置程序。USB 电缆、连接器和外设可用图符的标志如图 7-30 所示。

图 7-30 USB 电缆、连接器和外设图符

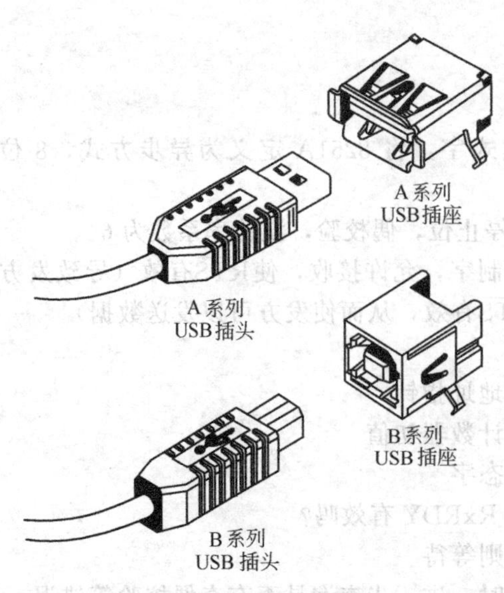

图 7-31 USB A系列和B系列插头和插座

USB是一个通过简单四线连接的12Mb/s (1.5MB/s) 接口。总线采用分层星形拓扑结构支持多达127台设备，全部建立在扩展集线器上，集线器可以置留在PC中或任一个USB外设中，也可以是一个独立的集线器盒。尽管标准允许多达127台设备相连，但它们必须共享1.5MB/s的带宽，这就是说每增加一台设备，总线速率就会降低一些，在实际实现中很少有人会一次连接8台以上的设备。

USB设备是集线器或功能设备（Functions）之一，或同时是两者。集线器为USB提供了额外的连接点，允许连接外加的集线器或功能设备。功能设备指的是连接到USB上去的各个设备，例如键盘、鼠标、照相机、打印机、电话等。在PC机系统单元上的初始端口称作根集线器，它们是USB的起始点。大多数主板有2～4个USB端口，任何一个都可以连到功能设备或附加的集线器上。尽管USB在数据传输上没有FireWire或SCSI那样快，但对于所设计的外设类型来讲已经足够了。

USB接口有两种不同的连接器，称为A系列和B系列。A系列连接器是为那些要求电缆保留永久连接的设备而设计的，比如集线器、键盘和鼠标器。大多数主板上的USB端口通常是A系列连接器。B系列连接器是为那些需要可分离电缆的设备设计的，如打印机、扫描仪、Modem、电话和扬声器等。物理的USB插头是小型的，与典型的串口或并口电缆不同，插头不通过螺丝和螺母连接。USB插头（如图7-31所示）嵌入到USB连接器上。表7-4列出了USB的4线连接器和电缆的引脚分配。

表 7-4 USB连接器引脚分配

引 脚	信号名	注 释	引 脚	信号名	注 释
1	Vcc	电缆电源(红色)	3	+Data	数据线(绿色)
2	−Data	数据线(白色)	4	Ground	电缆地(黑色)

USB遵从Intel的即插即用（PnP）规范，包括热插拔，这就是说设备能在不关闭电源或不需重新启动系统时动态地插拔。用户只要简单地插入设备，PC机中的USB控制器就可以检测设备，自动地判断并分配所需的资源和驱动程序。Microsoft开发了USB驱动程序，并将它们自动地包含在Windows 95C、98和Windows 2000中。对USB的支持需要在BIOS中设置，而带有内置USB端口的系统中已经包含了这种支持。如果主板上不包括USB，则利用配件市场上的接口板也可用来给系统加入USB。

USB的另一个主要特征是所有相连的设备都由USB总线供电。USB的PnP特性使系统在查询所连接的外设时，按照它们对电源的需求进行，并且当可用电源水平超过时发出一个警告。当在便携式系统中使用USB时，要注意的一点是，被分配来运行外设的电池电源可能是有限的。

使用USB接口还带来了一个好处，就是只需要PC机中的一个中断。这意味着，主机虽然可以连接多达127个设备，但却不需要像分别接口那样使用离散的中断，从而占用很多的中断资源。我们知道，在现代PC中，始终承受着中断短缺的困扰，而USB的这个好处是一个极大的优点，目前，绝大多数低速外设均采用这种接口。

还有一些独特的 USB 设备可以使用，包括 USB 到串行和 USB 到 Ethernet 转换器。USB 到串行转换器可以用简单的方法连接到陈旧的 RS232 接口的外设去，比如将 Modem 和串行打印机接到 USB 端口上。USB 到 Ethernet 适配器则通过 USB 端口提供了一个 LAN 连接。驱动程序随这些设备提供，使其能完全地模仿标准串行端口或 Ethernet 适配器。

随着计算机硬件技术的发展，在过去几年生产的所有主板上都内置有对 USB 的支持。在购买 USB 外设前需关注一件事，即所用的操作系统必须提供对 USB 的支持。最初的 Windows 95 升级和 Windows NT4.0 不支持 USB，Windows 95B 需要添加或安装 USB 驱动程序，而 Windows 95C 则把它们包含在 Windows CD-ROM 中，Windows 98/2000/XP 和 Windows NT 5.0 则完全支持 USB。目前 USB 标准已从 1.1 版本进入 2.0 版本，其传输的速度也有了很大的提高。大量的移动设备如 U 盘、移动硬盘、MP3、打印机、数码相机等都普遍采用了 USB 接口，它已经成为当前微机必不可少的重要接口之一。

7.4.2 1394 接口

IEEE-1394（或简单的叫作 1394）是一个相对新的总线技术，是当今的音频和视频多媒体设备对大量数据搬移需求发展的必然结果。它的数据传输速率特别快，甚至高达难以置信的 1Gb/s。IEEE-1394 规范是由 IEEE 标准委员会于 1995 年底发布的，编号来自于所发布的是第 1394 个标准这个事实。

1394 还有两个其它的名字：i. Link 和 FireWire。i. Link 是由 Sony 努力为 IEEE-1394 技术而起的一个与用户更加友好的名字，术语 FireWire 则是 Apple 的一个专用商标，任何公司要在 1394 产品上打上 FireWire 名字，必须首先与 Apple 签署许可协议。

IEEE-1394 标准现在存在着几种不同的信号速率：100Mb/s、200Mb/s、400Mb/s 和 800Mb/s（12.5MB/s、25MB/s、50MB/s、100MB/s），IEEE-1394b 标准可达 3.2Gb/s。大部分 PC 适配器卡支持 800Mb/s 的速率，即使这样现有设备一般只能工作到 100Mb/s。1394 使用一条简单的 6 芯（或 4 芯）电缆，两个差分的时钟和数据线对，加上两条电源线（4 芯电缆无电源线）。与 USB 相似，1394 也是完全 PnP 并具有热插拔能力。与主板的连接可以是通过专用的 IEEE-1394 接口，或者用 PCI 适配器卡。图 7-32 表示了 1394 电缆、插座和连接器。

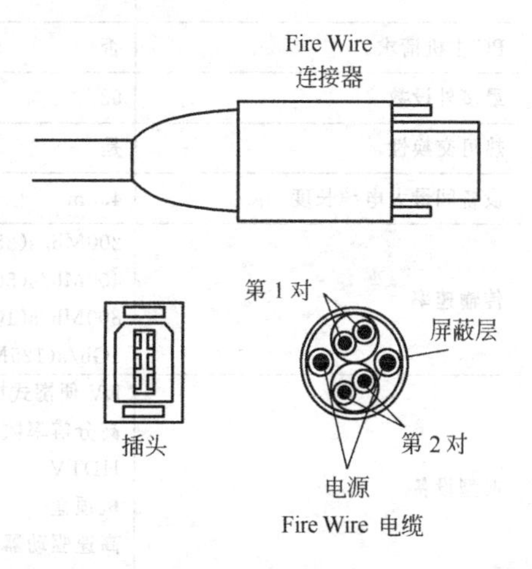

图 7-32 IEEE-1394 电缆、插座和连接器插头

1394 总线源自 Apple 和 Texas Instruments 开发的 FireWire 总线，也是新的串行 SCSI 标准的一部分，连接在总线上的设备可以取得 1.5A 的电能。虽然能提供与 Utra-wide SCSI 相同或更高的性能，但费用却要低得多。

1394 以菊花链和分支拓扑方式构建，最多 63 个设备可以通过菊花链方式连接到单个 IEEE-1394 适配卡上。如果不够的话，标准还可加接多达 1023 条桥接总线，可以互连多于 64000 个节点。大多 1394 适配器有三个节点，每一个可以支持以链接方式安排的 16 个设备。此外，像 SCSI 那样，1394 也能在同一总线上支持不同数据传输速率的设备。

准备通过 1394 连接到 PC 机上的设备种类，包括目前实际用到 SCSI 上的所有东西。这里包括所有形式的磁盘驱动器，有硬盘、软盘、光盘、CD-ROM 和新的 DVD（数字视频）驱动器。还有数码相机、磁带驱动器，以及许多具有 1394 特性内置接口的高速外设。目前的发展是期待1394总线能在桌面和便携式两种计算机上实现，成为其它外部高速总线（如SCSI）的替代者。

1394的另一个重要优点是不再需要PC主机连接，它可以直接将数字视频（DV）便携式摄像机与DV-VCR连接在一起，进行磁带的配音和编辑。IEEE-1394立足于为现在和将来的PC用户提供空前的多媒体能力。

用于1394的芯片组和PCI适配器已经付诸应用。Microsoft已经在Windows 95/98和Windows NT中开发了驱动程序以支持1394。但是，目前符合IEEE-1394标准的设备还很有限，主要是具有数字视频（DV）能力的便携式摄像机和VCR。Sony是列入首批推出这类设备的公司，虽然它的产品中带有一条独特的4芯连接器，但需要一条适配电缆才能用到IEEE-1394PC卡上。Panasonic和Matsushita也有可用的DV产品，未来的IEEE-1394应用必须包括DV会议设备、卫星音频和视频数据流、音频合成器、DVD和其它高速光盘驱动器。

USB和1394在形态和功能上有很大的相似性，表7-5总结了这两种技术的异同之处。可以看出，它们的主要区别在速度上，但目前USB2.0的传输速度已达480Mb/s。将来，PC会同时包括USB和1394接口，这样就可以替换掉典型PC背面看到的大部分标准连接。但由于性能上的差别，USB是为低速外设而设计，如键盘、鼠标器、Modem和打印机，而1394将用来连接高性能计算机和数字视频电子产品。

表7-5　IEEE-1394和USB的性能比较

	IEEE-1394	USB
PC主机请求	否	是
最多外设数	63	127
热可交换性	是	是
设备间最大电缆长度	4.5m	5m
传输速率	200Mb/s(25MB/s) 400Mb/s(50MB/s) 800Mb/s(100MB/s) 1Gb/s(125MB/s)	1.5Mb/s 12Mb/s(1.5MB/s) 480Mb/s(60MB/s)
典型设备	DV便携式摄像机 高分辨率数字相机 HDTV 机顶盒 高速驱动器 高分辨率扫描仪	键盘　鼠标器 操纵杆　MODEM 低分辨率数字相机 低速驱动器 低分辨率扫描仪 打印机

习题与思考题

1. 接口电路的主要作用是什么？它的基本结构如何？
2. 说明接口电路中控制寄存器与状态寄存器的功能，为什么它们通常可共用一个端口地址？
3. CPU寻址外设端口的方式通常有哪两种？试说明它们各自的优缺点。
4. 串行通信和并行通信有什么异同？它们各自的优缺点是什么？
5. 在CPU与外部设备接口电路的连接中，通过数据总线可传输哪几种信息？在这里地址译码器起什么作用？
6. 如规定8255A并行接口芯片的地址为FFF0H～FFF3H，试将它连接到8088的系统总线上。
7. 试分析8255A方式0、方式1和方式2的主要区别，并分别说明它们适合于什么应用场合。
8. 当8255A的A口工作在方式2时，其端口B和端口C各适合于什么样的工作方式？写出此时各种不同组合情况的控制字。

9. 若 8255A 的端口 A 定义为方式 0，输入；端口 B 定义为方式 1，输出；端口 C 的上半部定义为方式 0，输出。试编写初始化程序（口地址为 80H～83H）。

10. 假设一片 8255A 的使用情况如下：通过 A 口读取开关的状态，并将开关的状态输出至与 B 口相连的发光二极管显示，此时连接的 CPU 为 8086。试完成 8255A 与系统总线的连接并确定此时的端口地址，编写初始化程序和应用程序。

11. 在一个 CPU 为 8088 的系统中，通过两片 8255A 分别与一个 4×4 的小键盘（方式 0）以及一个微型打印机（方式 1）相连，接收键盘输入的 16 进制数并将其在打印机上打印输出（要求中断类型码是 95H）。试完成：

① 系统的硬件设计（不含 8259A）。

② 此时中断请求应接在 8259A 的哪个引脚？

③ 此时，两片 8255A 的端口地址各是什么？

④ 编写主程序（含初始化、送中断向量、键盘处理等）和中断服务子程序。

12. 基带传输与频带传输有何不同？常用的调制方式有哪几种？

13. 试分析异步传输与同步传输的异同。RS-232C 在串行通信中起什么作用？

14. 简单分析 8251A 的发送与接收过程。

15. 已知 8251A 发送的数据格式为：数据位 7 位、偶校验、1 个停止位、波特率因子 64，全双工方式。设 8251 控制寄存器的地址码是 F9H，发送/接收数据寄存器的地址码是 F8H。试编写初始化程序。

16. 若 8251A 的收、发时钟的频率均为 38.4kHz，试完成满足以下要求的初始化程序（8251A 的端口地址为 02C0H 和 02C1H）。

① 半双工异步通信，每个字符的数据位数是 7，停止位为 1 位，偶校验，数据传输波特率为 600B/s，发送允许。

② 半双工同步通信，每个字符的数据位数是 8，无校验，内同步方式，双同步字符，同步字符为 16H，接收允许。

17. 如果上例要求由 8253 通道 0 提供收、发时钟，CPU 采用 8088，试完成系统硬件设计，并编写 8253 初始化程序和采用异步方式接收数据的应用程序（查询法）。

本章学习指导

大家知道，微机在工作过程中不可避免地要和外界进行数据交换即通信。通信的方式一般有两种：并行通信和串行通信。前者的特点是多位数据通过多条传输线同时传输，也就是说，在一个节拍里可以同时传输多位数据。后者的特点是多位数据通过一条传输线进行传输，也就是说，在一个节拍里仅能传一位数据，那么，多位数据就要通过多个节拍才能传完。因此，并行传输速度快，但占用传输线多，适用于短距离传输，而串行传输速度慢，但成本低，移动灵活。适用于长距离传输。

I/O 接口是组成微机的重要部分，通过本章的学习，我们一定要明确以下三点。

① I/O 接口的作用　I/O 接口是 CPU 与外设之间的桥梁，通过它，一方面外设可以连接到 CPU 上，另一方面可以完成 CPU 与外设之间的通信。能实现并行通信的接口称为并行接口，能实现串行通信的接口称为串行接口。由于与计算机内部采用的通信方式相同，因此，并行接口相对简单，应用也较广泛。而串行接口则要解决诸如数据格式转换、错误检测、同步控制等问题，因此其结构相对复杂。但随着计算机网络的普及及发展，串行通信也在发挥着越来越大的作用。

② 外设如何通过 I/O 接口连接到微机中　目前，I/O 接口电路一般都是以集成电路芯片的形式提供给用户使用，我们首先要完成接口芯片与系统总线的硬件连接，包括数据线、读/写控制以及片选与端口地址选择。保证 CPU 在执行由 IN 或 OUT 指令所完成的输入/输出操作时，确定使相应的 I/O 接口芯片能同时有所动作（要注意此时的操作对象是 I/O 而

不是存储器，即对应的读/写控制是$\overline{IOR}$、$\overline{IOW}$，而不是$\overline{MEMR}$、$\overline{MEMW}$)。在这个过程中，大家依然要关注端口地址的确定方法（请重点学习本章应用部分的例题)。

③ CPU如何通过I/O接口去控制外设的工作　在应用程序的设计中，首先要明确采用哪一种输入/输出控制方式。如果是查询方式，就要搞清楚查询什么（BUSY、TxRDY等)，怎样实现查询（如读状态字、从某引脚上读入等)。如果是中断方式，就要搞清楚中断请求来自哪里（如芯片提供、外设提供等)，什么情况下才会发中断请求（如接收缓冲器满、允中信号为1等)，中断向量是什么，如何设置中断向量表等。然后才能综合运用前几章讲的内容编制完整的应用程序。

本章介绍了两个典型的I/O接口芯片：并行接口Intel 8255A和串行接口Intel 8251A。在与系统的硬件连接上，它们与前述的8253、8259A等基本相同，不同之处是它们还需完成与外设的连接（如与开关、键盘、MODEM等)，而这方面的硬件设计又往往与所选用的控制方式有关（如查询或中断)。作为可编程的芯片，8255A和8251A的初始化都不复杂，只要按要求确定控制字等内容，按规定依次写入控制端口即可。

在8255A的三个通道中要特别关注C口，因为它除了可以用作I/O口外，还可用作应答联络信号，具有按位置/复位功能，这后一部分是A、B口不具有的。在8255A的三种工作方式中，重点是方式0和方式1，尤其是在方式1下，如选用中断方式，千万不要忘了设置相应通道的中断允许（PC_6、PC_4、PC_2等置位)，否则中断请求是不可能产生的。对8251A芯片，其初始化编程有流程要求，不能随意进行。另外就是要强调，在发送时$\overline{CTS}$引脚一定要有效，否则发送操作不会进行。

本章中的例题都给出了较完整的硬件设计以及查询/中断方式下的应用程序（包括了几种典型应用的场合)，请大家认真阅读，体会它们的应用，并对其中提出要思考的问题（如键盘处理、多位显示、多个I/O接口芯片组成的复杂系统等）进行思考，这样才能做到举一反三。另外，不仅要读、要看、要体会，更重要的是自己动手做，通过一定的练习（软硬件两方面）和实验，才能真正做到会用。

8 总线技术

总线是一组信号线的集合，是一种在各模块间传送信息的公共通路。在微型计算机系统中，利用总线实现芯片内部、印刷电路板各部件之间、机箱内各插件板之间、主机与外部设备之间或系统与系统之间的连接与通信。总线是构成微型计算机的重要组成部分，总线设计的好坏会直接影响整个微机系统的性能、可靠性、可扩展性和可升级性。

总线有各种各样的标准，采用标准总线带来许多好处，如可以简化系统设计、简化系统结构、提高系统可靠性、易于系统的扩充和更新等。本章将简要介绍几种流行的标准总线。

8.1 总线标准与总线传输

8.1.1 总线标准与分类

(1) 总线标准

每种总线都有详细的标准即规范，以便大家共同遵循。规范的基本内容包括。

① 机械结构规范。规定模块尺寸、总线插头、边沿连接器等的规格。

② 功能规范。确定各引脚名称、功能以及相互作用的时序等。功能规范是总线的核心，通常以时序及状态来描述信息交换与流向，以及信息传输的管理规则。功能规范包括如下内容：数据线、地址线、读/写控制逻辑线、时钟线和电源线、地线等；中断机制；总线主控仲裁；应用逻辑，如握手联络线、复位、自启动、休眠维护等。

③ 电气规范。规定信号逻辑电平、负载能力及最大额定值、动态转换时间等。

(2) 总线分类

总线的分类方法很多，按在系统中的不同层次位置来分，总线可分为4类。

① 片内总线　片内总线在集成电路芯片内部，是连接芯片内各功能单元的信息通路，例如在CPU芯片中的内部总线，它用来连接ALU、通用寄存器、指令译码器和读写控制器等部件。

② 局部总线　局部总线是PC中最重要的总线，用来连接印刷电路板上的各芯片（如CPU与其支持的芯片之间），或用来连接各局部资源，这些资源可以是在主板上的资源，也可以是插在主板扩展槽上的功能扩展板上的资源。局部总线是我们关心的重点，例如PC系列机中的ISA、EISA、VESA和PCI等总线标准。

③ 系统总线　系统总线又称为内总线，指微型计算机机箱内的底板总线，用来连接构成微型机的各插件板，如多处理机系统中的各CPU板，也可以是用来扩展某块CPU板的局部资源，或为总线上所有CPU板扩展的共享资源。现在较流行的标准化微机系统总线有16位的MULTIBUSⅠ、STDBUS；32位的MULTIBUSⅡ、STD32和VME等。

④ 通信总线　通信总线又称为外总线，它用于微机系统与系统之间，微机系统与外部设备如打印机、磁盘设备或微机系统和仪器仪表之间的通信通道。这种总线数据传输方式可以是并行（如打印机）或串行，数据传输速率比内总线低。例如，串行通信的EIA RS-232C、RS-488总线等。

8.1.2 总线传输

挂在总线上的各模块要通过总线进行信息交换，总线的基本任务就是保证数据能在总线上高速可靠地传输。一般来说，通过总线完成一次数据传输要经历以下4个阶段。

① 申请（Arbitration）占用总线阶段。对于只有一个总线主控设备的简单系统，对总线无需申请、分配和撤除。而对于多CPU或含有DMAC的系统，就要有总线仲裁机构，来授理申请和分配总线控制权。需要使用总线的主控模块（如CPU或DMAC），向总线仲裁机构提出占有总线控制权的申请，由总线仲裁机构判别确定，把下一个总线传输周期的总线控制权授给申请者。

② 寻址（Addressing）阶段。获得总线控制权的主模块，通过地址总线发出本次打算访问的从属模块的地址，如存储器或I/O接口。通过译码使被访问的从属模块被选中从而开始启动数据传输。

③ 传输（Data Transferring）阶段。主模块和从属模块进行数据交换。数据由源模块发出经数据总线流入目的模块。

④ 结束（Ending）阶段。主、从模块的有关信息均从总线上撤除，让出总线，以便其它模块能继续使用。

要实现正确的数据传输，总线上的主、从模块必须采用一定的方式（如握手信号的电压变化等）来指明数据传送的开始和结束，总线传输的控制方式通常有三种。

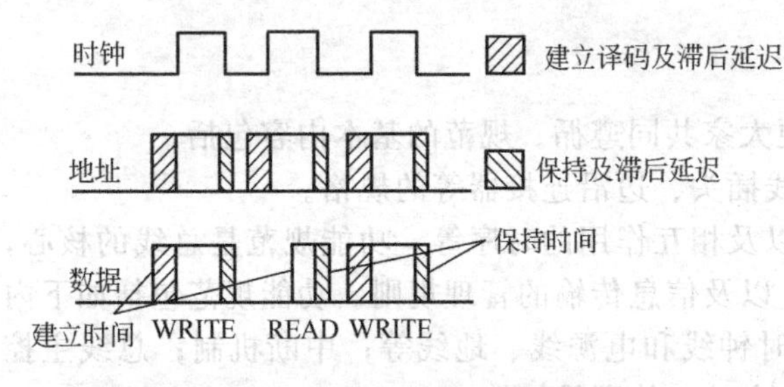

图 8-1 同步协定的定时信号

(1) 同步总线

同步总线所用的控制信号来自时钟振荡器，时钟的上升沿和下降沿分别表示一个总线周期的开始和结束。挂在总线上的处理器、存储器和外围设备都是由同一个时钟振荡器所控制，以使这些模块能步调一致地操作，即一个周期一个周期地随着控制线上的时钟信号的标志而展开。典型的同步协定的定时信号如图8-1所示。

总线时钟信号用来使所有的模块同步在一个共同的时钟基准上。地址和数据信号阴影区的出现有以下几个原因。

① 因为总线主控器（Bus Master）发出的地址信号经过地址总线到总线受控器（Bus Slave）的译码器译码需要时间，所以地址信号必须在时钟信号到来前提前一段时间到达稳定状态。

② 当译码器输出选中数据缓冲器后，在写操作时，一旦时钟信号出现在缓冲器的输入端，就把数据总线上的数据打入数据缓冲器内。因此，数据信号必须在时钟信号到达缓冲器前提前一段时间出现在数据总线上，这段时间称为建立时间。如果受控设备是一个存储器芯片，则以后的延迟就是存储器的写访问时间，对中速的金属氧化硅器件来说，这个时间约为100～200ns。当时钟信号的下降沿到来时，就表示这个写操作总线周期的结束，而受控设备在逻辑上才可以和总线断开。为了使写操作稳定，在时钟信号消失后，数据信号在数据总线上还必须停留一段时间，这段时间称为保持时间。

对于读操作，地址线与写操作类似，但数据线的作用不同。时钟信号的上升沿启动受控设备中存储器的读操作，在时钟信号上升沿之后的某个时刻，数据到达受控设备的输出缓冲器，而它再把数据送到数据总线上。数据总线上的数据在时钟信号下降沿到来之前，必须在总线上停留一段时间，这段时间就是主控数据缓冲器的建立时间。为了满足主控设备所需要的保持时间，受控器件在时钟下降沿到来之后要使总线上的数据至少稳定一个保持时间。

由图8-1可见，建立时间比保持时间长得多，这是因为建立时间包括受控设备中的译码延迟，同时还包括信号通过不同总线上的门电路所产生的滞后延迟。而保持时间仅包括滞后延迟。

同步系统的主要优点是简单，数据传送由单一信号控制。然而，同步总线在处理接到总线上的快慢不同的受控设备时，必须降低时钟信号的频率，以满足总线上响应最慢的受控设备的需要。这样，即使低速设备很少被访问，它也会使整个系统的操作速度降低很多。

（2）异步总线

当系统中具有不同存取时间的各种设备，并且要求对高速设备能具有高速操作，而对低速设备能具有低速操作时，可采用异步总线。异步总线的定时及控制信号如图 8-2 所示。

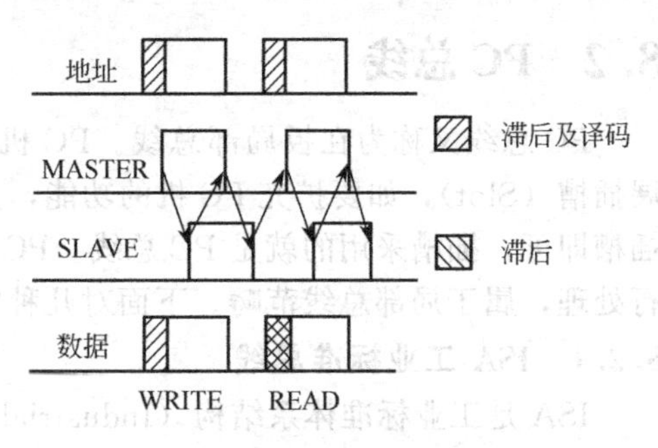

图 8-2　全互锁异步总线的定时信号

这种总线叫做“全互锁异步总线”，在总线操作期间，两个控制信号（MASTER 和 SLAVE）交替地变化，这种互锁方式保证了地址总线上的信息不会冲突，也不会被丢失或重复接收。

对于写操作，总线主控设备把地址和数据放到总线上，在允许的滞后、译码及建立时间的延迟之后，总线主控设备使 MASTER 上升，它表明这些数据可以被受控设备接收。于是该上升沿触发一个受控存储器，开始一个写周期，并把数据锁存于一个受控缓冲寄存器中。

在 SLAVE 信号处于低电平期间，表示受控设备响应 MASTER 信号而正处于忙碌状态。而 SLAVE 变为高电平时，表示受控设备已经收到了数据。这个握手保持到 MASTER 变低，表示主控设备知道受控设备已经取得数据了。然后 SLAVE 也变低，表示受控设备知道主控设备已经知道它得到数据了，至此，一个写操作结束，一个新的操作开始。因此，MASTER 的上升沿（以及地址和数据线的变化）被互锁到 SLAVE 的下降沿。

对于读操作，在主控设备把地址放到总线上之后，MASTER 信号的上升沿启动受控设备操作。在受控设备取出所要求的数据并把它放到总线之后，SLAVE 信号变为高电平，表示该操作完成了，它触发主控设备把总线上的数据装入自己的缓冲器，在此期间 SLAVE 信号必须保持高电平，使数据稳定在数据总线上。当主控设备已经完成了数据的接收，就使 MASTER 变为低电平，而后 SLAVE 降低，表示受控设备已经知道主控设备得到了数据，整个读操作结束，又可以开始一个新的操作。

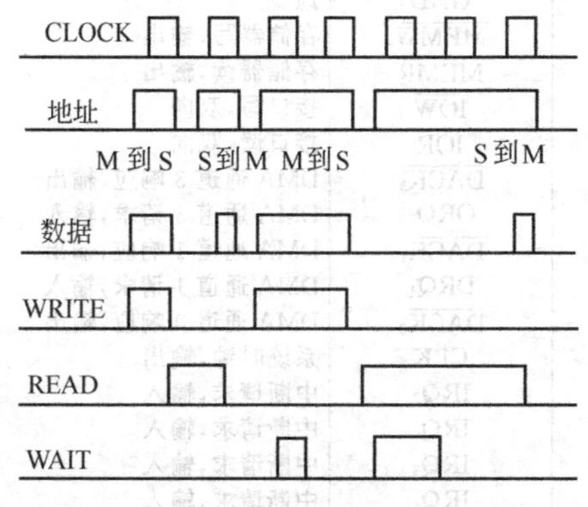

图 8-3　半同步总线的定时信号

全互锁异步协定的广泛应用，主要是由于它的可靠性以及它在处理通过较长总线连接且具有各种不同响应时间的设备时的高效率，但全互锁握手的传输延迟是同步总线的两倍。

（3）半同步总线

因为异步总线的传输延迟严重地限制了最高的频带宽度，因此，总线设计师结合同步和异步总线的优点设计出混合式的总线，即半同步总线，半同步总线的定时信号如图 8-3 所示。

这种总线有两个控制信号，即由主控来的 CLOCK 和受控来的 WAIT 信号，它们起着异步总线 MASTER 和 SLAVE 的作用，但传输延迟是异步总线的一半，这是因为成功的握手只需要一个来回行程。对于快速设备，这种总线本质上是由时钟信号单独控制的同步总线。如果受控设备快得足以在一个时钟周期内作出响应的话，那么它就不发 WAIT 信号。这时的半同步总线像同步总线一样地工作。如果受控设备不能在一个周期内作出响应，则它就使

WAIT 信号变高，而主控设备暂停。只要 WAIT 信号高电平有效，其后的时钟周期就会知道主控设备处于空闲状态，当受控设备能响应时。它使 WAIT 信号变低，而主控设备运用标准同步协定的定时信号接收受控设备的回答。这样，半同步总线就具有了同步总线的速度和异步总线的适应性。

8.2 PC 总线

PC 总线又称为在板局部总线。PC 机采用开放式的结构，在底板上设置了一些标准扩展插槽（Slot），如要扩充 PC 机的功能，只要设计符合插槽标准的适配器板，然后将板插入插槽即可，插槽采用的就是 PC 总线。PC 总线不是系统总线，因为它不支持多个 CPU 的并行处理，属于局部总线范畴。下面对几种常用的 PC 总线标准作简要介绍。

8.2.1 ISA 工业标准总线

ISA 是工业标准体系结构（Industrial Standard Architecture）的缩写，是最早的 PC 总线标准，也是目前大多数 PC 机支持的局部总线。根据总线上一次可传送的数据位数不同，ISA 总线有两种版本，最老的版本是 8 位总线，随后的版本是 16 位总线。

（1）8 位 ISA 总线

这种总线主要用在早期的 IBM PC/XT 计算机的底板上，共有 8 个插槽。常称为 IBM PC 总线或 PC/XT 总线。它具有 62 条“金手指”引脚，引脚间隔为 2.54mm。IBM 公司直到 1987 年才公布了全部规范，包括数据线和地址线的时序。各引脚的安排如图 8-4 所示。总线信号功能如表 8-1 所示。

表 8-1　8 位 ISA 总线引脚功能

元件面			焊接面		
引脚号	信号名	说明	引脚号	信号名	说明
A_1	$\overline{I/OCHCK}$	输入 I/O 校验	B_1	GND	地
A_2	D_7	数据信号，双向	B_2	RESETDRv	复位
A_3	D_6	数据信号，双向	B_3	+5V	电源
A_4	D_5	数据信号，双向	B_4	$IRQ_2(IRQ_9)$	中断请求 2，输入
A_5	D_4	数据信号，双向	B_5	−5V	电源−5V
A_6	D_3	数据信号，双向	B_6	IRQ_2	DMA 通道 2 请求，输入
A_7	D_2	数据信号，双向	B_7	−12V	电源−12V
A_8	D_1	数据信号，双向	B_8	$\overline{CARDSLCTD}$	见图 8-4
A_9	D_0	数据信号，双向	B_9	+12V	电源+12V
A_{10}	$\overline{I/OCHRDY}$	输入 I/O 准备好	B_{10}	GND	地
A_{11}	AEN	输出，地址允许	B_{11}	$\overline{MEMW}$	存储器写，输出
A_{12}	A_{19}	地址信号，双向	B_{12}	$\overline{MEMR}$	存储器读，输出
A_{13}	A_{18}	地址信号，双向	B_{13}	$\overline{IOW}$	接口写，双向
A_{14}	A_{17}	地址信号，双向	B_{14}	$\overline{IOR}$	接口读，双向
A_{15}	A_{16}	地址信号，双向	B_{15}	$\overline{DACK_3}$	DMA 通道 3 响应，输出
A_{16}	A_{15}	地址信号，双向	B_{16}	ORQ_3	DMA 通道 3 请求，输入
A_{17}	A_{14}	地址信号，双向	B_{17}	$\overline{DACK_1}$	DMA 通道 1 响应，输出
A_{18}	A_{13}	地址信号，双向	B_{18}	DRQ_1	DMA 通道 1 请求，输入
A_{19}	A_{12}	地址信号，双向	B_{19}	$\overline{DACK_0}$	DMA 通道 0 响应，输出
A_{20}	A_{11}	地址信号，双向	B_{20}	CLK	系统时钟，输出
A_{21}	A_{10}	地址信号，双向	B_{21}	IRQ_7	中断请求，输入
A_{22}	A_9	地址信号，双向	B_{22}	IRQ_6	中断请求，输入
A_{23}	A_8	地址信号，双向	B_{23}	IRQ_5	中断请求，输入
A_{24}	A_7	地址信号，双向	B_{24}	IRQ_4	中断请求，输入
A_{25}	A_6	地址信号，双向	B_{25}	IRQ_3	中断请求，输入
A_{26}	A_5	地址信号，双向	B_{26}	$\overline{DACK_2}$	DMA 通道 2 响应，输出
A_{27}	A_4	地址信号，双向	B_{27}	T/C	计数终点信号，输出
A_{28}	A_3	地址信号，双向	B_{28}	ALE	地址锁存信号，输出
A_{29}	A_2	地址信号，双向	B_{29}	+5V	电源+5V
A_{30}	A_1	地址信号，双向	B_{30}	OSC	振荡信号，输出
A_{31}	A_0	地址信号，双向	B_{31}	GND	地

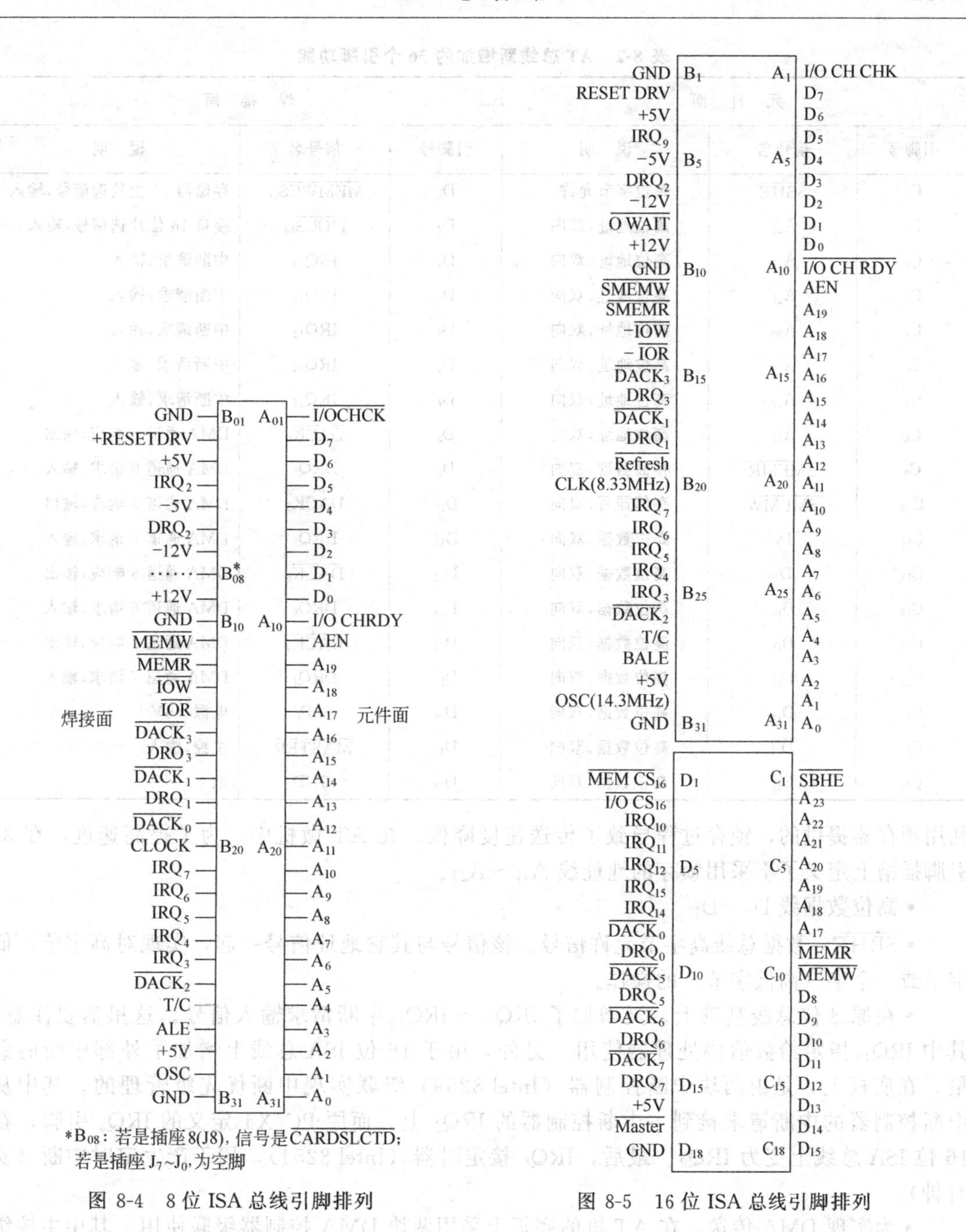

图 8-4 8 位 ISA 总线引脚排列

图 8-5 16 位 ISA 总线引脚排列

（2）16 位 ISA 总线

1984 年 IBM 公司推出 286 机（AT 机）时，将原来 8 位的 ISA 总线扩展为 16 位，它保持了原来 8 位 ISA 总线的 62 个引脚信号，以便原先的 8 位 ISA 总线适配器板可以插在 AT 机的插槽上。同时增加了一个延伸的 36 引脚插槽，使数据总线扩展到 16 位，地址总线扩展到 24 位。新增加的 36 个引脚排列如图 8-5 所示，各引脚功能如表 8-2 所示。

在 16 位 ISA 总线中，新增加的信号说明如下。

• 地址线高位 A_{20}～A_{23}，使原来的 1M 字节的寻址范围扩大到 16MB。同时，又增加了 A_{17}～A_{19} 这 3 条地址线，这几条线与原来的 8 位总线的地址线是重复的。因为原先地址线是

表 8-2 AT 总线新增加的 36 个引脚功能

元件面			焊接面		
引脚号	信号名	说明	引脚号	信号名	说明
C_1	$\overline{SBHE}$	高位字节允许	D_1	$\overline{MEMWCS_{16}}$	存储器 16 位片选信号，输入
C_2	A_{23}	高位地址，双向	D_2	$\overline{I/OCS_{16}}$	接口 16 位片选信号，输入
C_3	A_{22}	高位地址，双向	D_3	IRQ_{10}	中断请求，输入
C_4	A_{21}	高位地址，双向	D_4	IRQ_{11}	中断请求，输入
C_5	A_{20}	高位地址，双向	D_5	IRQ_{12}	中断请求，输入
C_6	A_{19}	高位地址，双向	D_6	IRQ_{14}	中断请求，输入
C_7	A_{18}	高位地址，双向	D_7	IRQ_{15}	中断请求，输入
C_8	A_{17}	高位地址，双向	D_8	$\overline{DACK_0}$	DMA 通道 0 响应，输出
C_9	$\overline{SMEMR}$	存储器读，双向	D_9	DRQ_0	DMA 通道 0 请求，输入
C_{10}	$\overline{SMEMW}$	存储器写，双向	D_{10}	$DACK_5$	DMA 通道 5 响应，输出
C_{11}	D_8	高位数据，双向	D_{11}	DRQ_5	DMA 通道 5 请求，输入
C_{12}	D_9	高位数据，双向	D_{12}	$\overline{DACK_6}$	DMA 通道 6 响应，输出
C_{13}	D_{10}	高位数据，双向	D_{13}	DRQ_6	DMA 通道 6 请求，输入
C_{14}	D_{11}	高位数据，双向	D_{14}	$\overline{DACK_7}$	DMA 通道 7 响应，输出
C_{15}	D_{12}	高位数据，双向	D_{15}	DRQ_7	DMA 通道 7 请求，输入
C_{16}	D_{13}	高位数据，双向	D_{16}	+5V	电源+5V
C_{17}	D_{14}	高位数据，双向	D_{17}	$\overline{MASTER}$	主控，输入
C_{18}	D_{15}	高位数据，双向	D_{18}	GND	地

利用锁存器提供的，锁存过程导致了传送速度降低。在 AT 微机中，为了提高速度，在 36 引脚插槽上定义了不采用锁存的地址线 $A_{17}\sim A_{23}$。

• 高位数据线 $D_8\sim D_{15}$。

• $\overline{SBHE}$ 数据总线高字节允许信号。该信号与其它地址信号一起，实现对高字节、低字节或一个字（高低字节）的操作。

• 在原 8 位总线基础上，又增加了 $IRQ_{10}\sim IRQ_{15}$ 中断请求输入信号。这里需要注意，其中 IRQ_{13} 指定给数值协处理器使用。另外，由于 16 位 ISA 总线上增加了外部中断的数量，在底板上，是由两块中断控制器（Intel 8259）级联实现中断优先级管理的。其中从中断控制器的中断请求接到主中断控制器的 IRQ_2 上，而原 PC/XT 定义的 IRQ_2 引脚，在 16 位 ISA 总线上变为 IRQ_9。最后，IRQ_8 接定时器（Intel 8254），用于产生定时中断（实时钟）。

• 为实现 DMA 传送，在 AT 机的底板上采用两块 DMA 控制器级联使用。其中主控级的 DRQ_0 接从属级的请求信号（HRQ）。这样，就形成了 DRQ_0 到 DRQ_7 中间没有 DRQ_4 的 7 级 DMA 优先级安排。同时，在 AT 机中，不再采用 DMA 实现动态存储器刷新。故总线上的设备均可使用这 7 级 DMA 传送。除原 8 位 ISA 总线上的 DMA 请求信号外，其余的 DRQ_0、$DRQ_5\sim DRQ_7$ 均定义在引脚为 36 的插槽上。与此相对应地，DMA 控制器提供的响应信号 $\overline{DACK_0}$、$\overline{DACK_5}\sim\overline{DACK_7}$ 也定义在该插槽上。

• 在 16 位 ISA 总线上，定义了新的 $\overline{SMEMR}$ 和 $\overline{SMEMW}$，它们与前面 8 位 ISA 总线上的 $\overline{MEMR}$ 和 $\overline{MEMW}$ 不同的是后者只在存储器的寻址范围小于 1MB 时才有效，而前者在整个 16MB 范围内均有效。

• $\overline{MASTER}$ 是新增加的主控信号。利用该信号，可以使总线插板上的设备变为总线主控器，用来控制总线上的各种操作。在总线插板上 CPU 或 DMA 控制器可以将 DRQ 送往 DMA 通道。在接收到响应信号$\overline{\text{DACK}}$后，总线上的主控器可以使$\overline{\text{MASTER}}$成为低电平，并且在等待一个系统周期后开始驱动地址和数据总线。在发出读写命令之前，必须等待两个系统时钟周期。总线上的主控器占用总线的时间不要超过 15μs，以免影响动态存储器的刷新。

• $\overline{\text{MEMCS}_{16}}$是存储器的 16 位片选信号。如果总线上的某一存储器卡要传送 16 位数据，则必须产生 1 个有效的（低电平）$\overline{\text{MEMCS}_{16}}$信号，该信号加到系统板上，通知主板实现 16 位数据传送。此信号由 A_{17}～A_{23}高地址译码产生，利用三态门或集电极开路门进行驱动。

• $\overline{\text{I/OCS}_{16}}$为接口的 16 位片选信号，它由接口地址译码信号产生，低电平有效，用来通知主板进行 16 位接口数据传送。该信号由三态门或集电极开路门输出，以便实现“线或”。

16 位 ISA 总线能实现 16 位数据传送，寻址能力达 16MB，工作频率为 8MHz。数据传输率最高可达 8MB/s。随后 Intel 公司推出 80386CPU，数据总线由 16 位增至 32 位，内部结构也发生了飞跃性进步，CPU 的处理能力也大大提高了。这时，通过 ISA 总线与存储器、显示器、I/O 设备传送数据的速度就显得很慢，为了解决低性能总线与高性能 CPU 之间的矛盾，IBM 公司率先在他们设计的一台 386 微机上，设计了一种完全不同于 ISA 总线的微通道体系结构，即 MCA 总线体系结构，并且与 ISA 总线不相兼容。

MCA 微通道结构总线，也称为 PS/2 总线，它分为 16 位和 32 位两种。16 位的 MCA 总线与 ISA 总线处理能力基本相同，只是在总线上增加了一些辅助扩展功能而已。而 32 位 MCA 则是一种全新的系统总线结构，它支持 186 针插接器的适配器板，系统总线上的数据宽度为 32 位，可同时传送 4 字节数据，有 32 位地址线，提供 4GB 的内存寻址能力。此外，MCA 还提供一些 ISA 总线所没有的功能，如地址线均匀分布而减少电磁干扰，增加了数据的可靠性；有自己的处理器，并能通过分享总线控制权而独立于主 CPU 进行自身的工作，从而减轻主 CPU 的负担；还有能自动关闭出现功能错误的适配器的能力等。因此这种总线能充分利用 386、486CPU 的强大处理能力，使 PC 机的整体性能得到很大提高。

8.2.2 EISA 扩展的工业标准结构总线

1988 年 9 月 Compaq 公司联合 HP、AST、AT&T、Tandy、NEC 等 9 家计算机公司，宣布研制一种新的总线标准，这种总线不仅具有 MCA 的功能，而且与 ISA 结构完全兼容。这就是扩展的工业标准体系结构 EISA（Extended Industrial Standard Architecture）总线。它是在 ISA 总线基础上进行扩展构成的，插针由原来 16 位 ISA 总线的 98 个，扩展到 198 个。为做到扩展板的完全兼容，EISA 总线插座在物理结构的考虑上很讲究，它把 EISA 总线的所有信号分成深度不同的上、下两层。上面一层包含 ISA 的全部信号，信号的排列、信号引脚间的距离以及信号的定义规约与 ISA 完全一致。下层包含全部新增加的 EISA 信号，这些信号在横向位置上与 ISA 信号线错开。为保证 ISA 标准的适配器板只能和上层 ISA 信号相连接，在下层的某些位置设置了几个卡键，用来阻止 ISA 适配器板滑入到深处的 EISA 层；而在 EISA 的适配器板相应卡键的位置上，则制作了大小相匹配的凹槽，从而保证 EISA 标准的适配器板能畅通无阻地插到深处层，和上下两层信号相连接。

为构成 EISA 总线而增加到 ISA 总线上的主要信号线如下。

• $\overline{\text{BE}_0}$～$\overline{\text{BE}_3}$　字节允许信号。这 4 个信号分别用来表示 32 位数据总线上哪个字节与当前总线周期有关。它们与 80386 或 80486CPU 上的$\overline{\text{BE}_0}$～$\overline{\text{BE}_3}$ 功能相同。

• M/$\overline{\text{IO}}$　访问存储器或 I/O 接口指示。用该信号的不同电平，来区分 EISA 总线上是访问内存还是访问I/O接口周期。

• $\overline{START}$ 起始信号。它有效时表明EISA总线周期开始。

• $\overline{CMD}$ 定时控制信号。在EISA总线周期中提供定时控制。

• $LA_2 \sim LA_{31}$ 地址总线。这些信号在底板上没有锁存，可以实现高速传送，它们与$\overline{BE_0} \sim \overline{BE_3}$一起，共同对4GB的寻址空间进行寻址。

• $D_{16} \sim D_{31}$ 高16位的数据总线。它们与原ISA总线上定义的$D_0 \sim D_{15}$共同构成32位数据总线，使EISA总线具备传送32位数据的能力。

• $\overline{MACK_n}$ 总线认可信号。n为相应插槽号。利用该信号来表示第n个总线主控器已获总线控制权。

• $MIREQ_n$ 主控器请求信号。当总线主控器希望获得总线时，发出此信号，用以请求得到总线控制权。当然，该信号必须纳入总线裁决机构进行仲裁。

• $\overline{MSBURST}$ 该信号用来指明一个主控器有能力完成一次猝发传送周期。

• $\overline{SLBURST}$ 该信号用来指明一个受控器有能力接受一次猝发传送周期。

• EX_{32}、EX_{16} 指示受控器是一块EISA标准的板子，并能支持32位或16位周期。若一个周期开始，这两个信号都无效，则总线变成ISA总线兼容方式。

• EXRDY 该信号用来指示一个EISA受控器准备结束一个周期。

EISA总线的数据传输速率可达33MB/s，以这样高的速度进行32位的猝发传输，很适合高速局域网、快速大容量磁盘及高分辨率图形显示，其内存寻址能力达4GB。EISA还可支持总线主控，可以直接控制总线进行对内存和I/O设备的访问而不涉及主CPU，所以EISA总线极大地提高了PC机的整体性能。

8.2.3 VESA总线

VESA总线是1992年8月由VESA（视频电子标准协会）公布的基于80486CPU的32位局部总线。VESA总线支持16MHz到66MHz的时钟频率，数据宽度为32位，可扩展到64位。与CPU同步工作时，总线传送速率最大为132MB/s，需要快速响应的视频、内存及磁盘控制器等部件都可通过VESA局部总线连接到CPU上，使系统运行速度更快。但是VESA总线是在CPU总线基础上扩展而成的，这种总线与CPU的类型相关，使I/O速度可随着CPU速度的加快而不断加快，因此开放性差，并且由于CPU总线负载能力有限，目前VESA总线扩展槽只支持3个设备。实际上，VESA总线并不是新标准，所有VESA卡都占用一个ISA总线槽和一个VESA扩展槽。

8.2.4 PCI总线

1992年初，Intel联合IBM、Compaq、DEC、Apple等大公司创立了PCI局部总线标准。PCI是“Peripheral Component Interconnect”的缩写，即外围元件互联。PCI总线支持33MHz的时钟频率，数据宽度为32位，可扩展到64位，数据传输率可达132～264MB/s。这为需要大量传送数据的计算机图形显示和高性能的磁盘I/O提供了可能。如果将来总线用64位实现，带宽将加倍，这就意味着最高能以264MB/s的速度传送数据。

PCI总线开放性好，不受处理器类型限制，具有广泛的兼容性，是一种低成本、高效益、能兼容ISA总线和CPU性能、高速发展的很有前途的局部总线。例如，PCI网卡比EISA卡便宜，而且安装更容易。PCI已成为成为32位的主流标准总线。Pentium机90%以上都采用PCI总线以加速外设。考虑到兼容性，目前PCI主板都带有足够的ISA总线槽，也有全部是PCI插槽的主板。

PCI总线通常称为夹层总线（Mezzanine Bus），因为在传统的总线结构上多加了一层。PCI旁路了标准I/O总线，使用系统总线来提高总线时钟速率，获取CPU的数据通道的全部优势。PCI规范确定了3种板的配置，每一种都是为一个特定的系统类型设计的，配有专门的电源需求。5V 规格适用于固定式计算机系统，3.3V 规格适用于便携式机器，通用规格适用于能在两种系统中工作的主板和板卡。表 8-3 给出了 5V 规格的 PCI 总线引脚安排。

表 8-3 5V 规格的 PCI 总线引脚安排

引脚	信 号	引脚	信 号	引脚	信 号	引脚	信 号
B_{1}	−12V	A_{1}	测试复位	B_{48}	地址 10	A_{48}	GND
B_{2}	测试时钟	A_{2}	+12V	B_{49}	GND	A_{49}	A_{9}
B_{3}	GND	A_{3}	测试模式选择	B_{50}	接入键	A_{50}	接入键
B_{4}	测试数据输出	A_{4}	测试数据选择	B_{51}	接入键	A_{51}	接入键
B_{5}	+5V	A_{5}	+5V	B_{52}	A_{8}	A_{52}	C/BE 1
B_{6}	−5V	A_{6}	中断 A	B_{53}	A_{7}	A_{53}	+3.3V
B_{7}	中断 B	A_{7}	中断 C	B_{54}	+3.3V	A_{54}	A_{6}
B_{8}	中断 D	A_{8}	+5V	B_{55}	A_{5}	A_{55}	A_{4}
B_{9}	PRSNT1#	A_{9}	保留	B_{56}	A_{3}	A_{56}	GND
B_{10}	保留	A_{10}	+5V I/O	B_{57}	GND	A_{57}	A_{2}
B_{11}	PRSNT2#	A_{11}	保留	B_{58}	A_{1}	A_{58}	A_{0}
B_{12}	GND	A_{12}	GND	B_{59}	+5V I/O	A_{59}	+5V I/O
B_{13}	GND	A_{13}	GND	B_{60}	确认 64 位	A_{60}	请求 64 位
B_{14}	保留	A_{14}	保留	B_{61}	+5V	A_{61}	+5V
B_{15}	GND	A_{15}	复位	B_{62}	+5V 接入键	A_{62}	+5V 接入键
B_{16}	时钟	A_{16}	+5V I/O	B_{63}	保留	A_{63}	GND
B_{17}	GND	A_{17}	许可	B_{64}	GND	A_{64}	C/BE 7
B_{18}	请求	A_{18}	GND	B_{65}	C/BE 6	A_{65}	C/BE 5
B_{19}	+5V I/O	A_{19}	保留	B_{66}	C/BE 4	A_{66}	+5V I/O
B_{20}	A_{31}	A_{20}	A_{30}	B_{67}	GND	A_{67}	64 位奇偶校验
B_{21}	A_{29}	A_{21}	+3.3V	B_{68}	A_{63}	A_{68}	A_{62}
B_{22}	GND	A_{22}	A_{28}	B_{69}	A_{61}	A_{69}	GND
B_{23}	地址	A_{23}	A_{26}	B_{70}	+5V I/O	A_{70}	A_{60}
B_{24}	地址	A_{24}	GND	B_{71}	A_{59}	A_{71}	A_{58}
B_{25}	+3.3V	A_{25}	A_{24}	B_{72}	A_{57}	A_{72}	GND
B_{26}	C/BE 3	A_{26}	初始设备选择	B_{73}	GND	A_{73}	A_{56}
B_{27}	A_{23}	A_{27}	+3.3V	B_{74}	A_{55}	A_{74}	A_{54}
B_{28}	GND	A_{28}	A_{22}	B_{75}	A_{53}	A_{75}	+5V I/O
B_{29}	A_{21}	A_{29}	A_{20}	B_{76}	GND	A_{76}	A_{52}
B_{30}	A_{19}	A_{30}	GND	B_{77}	A_{51}	A_{77}	A_{50}
B_{31}	+3.3V	A_{31}	A_{18}	B_{78}	A_{49}	A_{78}	GND
B_{32}	地址	A_{32}	A_{16}	B_{79}	+5V I/O	A_{79}	A_{48}
B_{33}	C/BE 2	A_{33}	+3.3V	B_{80}	A_{47}	A_{80}	A_{46}
B_{34}	GND	A_{34}	循环帧	B_{81}	A_{45}	A_{81}	GND
B_{35}	发起设备准备好	A_{35}	GND	B_{82}	GND	A_{82}	A_{44}
B_{36}	+3.3V	A_{36}	目标设备准备好	B_{83}	A_{43}	A_{83}	A_{42}
B_{37}	设备选择	A_{37}	GND	B_{84}	A_{41}	A_{84}	+5V I/O
B_{38}	GND	A_{38}	停止	B_{85}	GND	A_{85}	A_{40}
B_{39}	锁	A_{39}	+3.3V	B_{86}	A_{39}	A_{86}	A_{38}
B_{40}	奇偶校验错	A_{40}	监听完毕	B_{87}	A_{37}	A_{87}	GND
B_{41}	+3.3V	A_{41}	监听后退	B_{88}	+5V I/O	A_{88}	A_{36}
B_{42}	系统出错	A_{42}	GND	B_{89}	A_{35}	A_{89}	A_{34}
B_{43}	+3.3V	A_{43}	PAR	B_{90}	A_{33}	A_{90}	GND
B_{44}	C/BE 1	A_{44}	A_{15}	B_{91}	GND	A_{91}	A_{32}
B_{45}	A_{14}	A_{45}	+3.3V	B_{92}	保留	A_{92}	保留
B_{46}	GND	A_{46}	A_{13}	B_{93}	保留	A_{93}	GND
B_{47}	A_{12}	A_{47}	A_{11}	B_{94}	GND	A_{94}	保留

PCI的另外一个重要特性就是它已经成为Intel即插即用（PnP）规范的典范，这就意味着PCI卡上无跳线和开关，而代之以通过软件进行配置。真正的PnP系统具有自动配置适配器的能力，而带ISA插槽的非PnP系统必须通过一个程序来配置适配器，该程序通常是系统CMOS配置的一部分。从1995年后期开始，大多数PC兼容系统都包含有能够进行自动PnP配置的PnP BIOS。

从总线分类看，PC系列机中不存在计算机系统总线这一概念，不论ISA、MCA、EISA还是VESA和PCI都是一种局部总线，它们都只是单板机上的I/O扩展总线。因为它们都不能像计算机系统总线那样支持多主CPU的并行处理，不存在多CPU共享资源，不存在也不需要总线仲裁，即不可能像STD、MULTIBUS Ⅱ/Ⅱ、VME等系统总线那样，可以在一个计算机箱内共存多块互不相干而又可以互相通信的主CPU板。

8.2.5　加速图形端口（AGP）

加速图形端口（AGP）是Intel为高性能图形和视频支持而专门设计的一种新型总线。AGP以PCI为基础，但是有所增加和增强，在物理上、电气上和逻辑上独立于PCI。例如，AGP连接器类似于PCI，但是有一些附加信号，且在系统中的位置也不同。与PCI带有多个连接器（插槽）的真正总线不同，AGP是专为系统中一块视频卡设计的点到点高性能连接，只有一个AGP插槽可以插入单块视频卡。

AGP规范1.0版由Intel于1996年7月首次发布，定义了带1X和2X信令的66MHz时钟速率，使用3.3V电压。AGP2.0版于1998年5月发布，增加了4X信令，以及以更低的1.5V电压工作的能力。还有一个新的AGP PRO规范。该规范定义了略长些的插槽，在每一端又附加了电源引脚，以便驱动更大、更快的AGP卡，其耗电大于25W，最大高达110W。AGP PRO卡用在高档图形工作站中，其插槽后向兼容，这意味着标准AGP卡也可插入。

AGP是一种高速连接，以66MHz的基频运行（实际为66.66MHz），为标准PCI的两倍。基本AGP模式叫作1X，每个周期完成一次传输。由于AGP总线为32位（4字节）宽，在每秒6600万次的条件下能达到大约266MB/s（每秒百万字节）数据传输能力。原始AGP规范也定义了2X模式，每个周期完成两次数据传输，速率达到533MB/s。大多数现代AGP卡都工作在2X模式。更新一些的AGP2.0规范增加了4X传输能力，每个周期完成四次数据传输，等于1066MB/s的数据传输速率。表8-4给出了不同AGP工作模式下不同的时钟频率和数据传输速度。

表8-4　对应于数据传输速率的时钟频率

AGP模式	基本时钟频率	有效时钟频率	数据传输速率
1X	66MHz	66MHz	266MB/s
2X	66MHz	133MHz	533MB/s
4X	66MHz	266MHz	1066MB/s

由于AGP独立于PCI，使用AGP视频卡将省出PCI总线用于更多的传统输入输出，如IDE/ATA或SCSI控制器、USB控制器、声卡等。

除了能获得更快的视频性能，Intel公司设计AGP的另一主要原因就是允许视频卡能与系统RAM直接进行高速连接。这将允许AGP视频卡直接存取系统RAM，减少了越来越多视频内存的需求，这在PC的3D视频操作需要越来越多内存的今天显得特别重要。AGP将使视频卡的速度能满足高速3D图形渲染，以及将来在PC上显示全活动视频的需要。

8.3 系统总线

微机系统中目前常用的系统总线主要有下列几种。

(1) S-100 总线

S-100 总线首先在 MITS 公司的 Altair 微机系统中使用，但该总线有缺陷。1979 年经过两次修改后成为新的 S-100 总线，并由国际标准会议定名为 IEEE696。S-100 总线是一种曾经应用很广泛的系统总线。按功能可分为 8 组，包括：16 条数据线，24 条地址线，8 条状态线，5 条控制输出线，6 条控制输入线，6 条 DMA 控制线，8 条向量中断线和 25 条其它用途线。它采用 100 个引脚的插件板，每面 50 个引脚。

(2) MULTI bus Ⅰ和 MULTI bus Ⅱ

MULTI bus Ⅰ和 MULTI bus Ⅱ简称为 MB Ⅰ和 MB Ⅱ。MB Ⅰ系统总线是 Intel 公司 1974 年提出的用于 SBC 微型计算机系统的总线，所以又称 SBC 多总线。这是一种 16 位多处理机的标准计算机系统总线，由国际标准化会议承认而定名为 IEEE 796。20 世纪 80 年代末由于 32 位高速 CPU 的问世，1985 年 Intel 公司推出适应 32 位微机的总线 MB bus Ⅱ(IEEE 1296)，它是由 16 位的 MB Ⅰ扩展而来的。MB Ⅱ具有自动配置系统的能力，数据传输率可达 40MB/s (MB Ⅰ数据传输率只有 10MB/s)。

(3) STD bus

STD 总线是美国 PROLOG 公司 1978 年推出的一种工业控制微型机的标准系统总线，STD bus 采用小板结构，高度模块化，具有一整套高可靠性措施，使该总线构成的工业控制机，可以长期可靠地工作于恶劣环境下。该总线结构简单，其中只有 56 条引脚并能支持多微处理系统，是一种小规模且性能很好的系统总线，被国际标准化会议定名为 IEEE961。STD bus 不仅是国际上流行的工业控制机标准总线，也是国内工业控制机首选的标准总线。早期 STD bus 使用在 Z_{80} CPU 组成的系统上，是一种 8 位的总线。随着 16 位 CPU 的问世，STD 总线生产集团推出 16 位的电路标准，并列入总线规范中，即地址和数据线采用复用技术，可以支持 16 位数据和 24 位地址。32 位 CPU 出现后，8 位和 16 位的 STD bus 已无法满足要求。1989 美国的 EAITECH 公司开发出 32 位的 STD32。

(4) VME bus

VME bus 是 1982 年由 Motorola 公司推出的 32 位系统总线，尽管它比前几种总线晚推出几年，但它却是一种商业化、完全开放的 32 位系统总线，它主要用于 MC68000 系列工作站与高档微机系统中，被国际标准会议定名为 IEEE1014。SUN、HP 和日本电气等公司的工作站都采用 VME bus，尤其是与 LAN 接口卡连接的环境。因为它能支持多机和多主设备，数据传输率原来是 24MB/s，经改进后最高数据传输率可达 57MB/s。VME bus 宣布不久，很快就获得了工业总线的市场。

(5) FUTURE bus

FUTURE bus 是由 IEEE 委员会设计的一种高性能的 32 位底板总线（并定名为 IEEE896)。它是由 MULTI bus 标准延伸而来，应用于 32 位多处理器系统上，是目前传输率最快的总线，它的数据传输率高达 135MB/s。

8.4 通信总线

通信总线又称外总线，它用于微型计算机之间、微型计算机与远程终端、微型机与外部设备以及微型计算机与测量仪器仪表之间的通信。这类总线不是微型计算机系统所特有的总线，而是利用电子工业或其它领域已有的总线标准。通信总线分为并行总线和串行总线，在计算机网络、微型机自动测试系统、微型机工控系统中得到广泛的应用。下面介绍几种典型的通信总线。

8.4.1 IEEE 488 总线

IEEE 488 是一种并行的外总线，20 世纪 70 年代由 HP 公司制定，它以机架层叠式智能仪器为主要器件，构成开放式的积木测试系统。当用 IEEE 488 标准建立一个由计算机控制的测试系统时，不需要再加一大堆复杂的控制电路，因此 IEEE 488 总线是工业上应用最广泛的通信总线之一。

(1) IEEE 488 总线使用的约定

① 数据传输速率≤1MB/s。

② 连接在总线上的设备（包括作为主控器的微型机）≤15 个。

③ 设备间的最大距离≤20m。

④ 整个系统的电缆总长度≤220m，若电缆长度超过 220m，则会因延时而改变定时关系，从而造成工作不可靠，此时应附加调制解调器。

⑤ 所有数据交换都必须是数字化的。

⑥ 总线规定使用 24 线的组合插头座，并且采用负逻辑，即用小于+0.8V 的电压表示逻辑“1”，用大于 2V 的电压表示逻辑“0”。

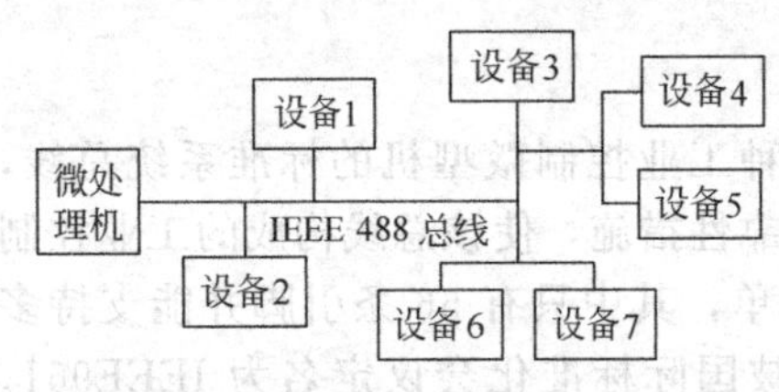

图 8-6 IEEE 488 总线接口结构

(2) 系统上设备的工作方式

IEEE 488 总线接口结构如图 8-6 所示。利用 IEEE 488 总线将微型计算机和其它若干设备连接在一起，可以采用串行连接，也可以采用星形连接。在 IEEE 488 系统中的每一个设备可按如下 3 种方式工作。

①“听者”方式　这是一种接收器，它从数据总线上接收数据，一个系统在同一时刻可以有两个以上的“听者”在工作。可以充当“听者”功能的设备有：微型计算机、打印机、绘图仪等。

②“讲者”方式　这是一种发送器，它向数据总线发送数据，一个系统可以有两个以上的“讲者”，但任一时刻只能有一个“讲者”在工作。具有“讲者”功能的设备有：微型计算机、磁带机、数字电压表、频谱分析仪等。

③“控制者”方式　这是一种向其它设备发布命令的设备，例如对其它设备寻址，或允许“讲者”使用总线。控制者通常由微型机担任，一个系统可以有不止一个控制者，但每一时刻只能有一个控制者在工作。

在 IEEE 488 总线上的各种设备可以具备不同的功能。有的设备如微型计算机可以同时具有控制者、听者、讲者 3 种功能，有的设备只具有收、发功能，而有的设备只具有接收功能，如打印机。在某一时刻系统只能有一个控制者，而当进行数据传送时，某一时刻只能有一个发送器发送数据，允许多个接收器接收数据，也就是可以进行一对多的数据传送。

在一般应用中，例如，微型机控制的数据测量系统，通过 IEEE 488 将微型机和各种测试仪器连接起来，这时，只有微型机具备控制、发、收 3 种功能，而总线上的其它设备都没有控制功能，但仍有收、发功能。当总线工作时，由控制者发布命令，规定哪个设备为发送器、哪个为接收器，而后发送器可以利用总线发送数据，接收器从总线上接收数据。

(3) IEEE 488 总线信号定义说明

IEEE 488 总线使用 24 线组合插头座，各引脚定义如表 8-5 所示。

IEEE 488 的信号线除 8 条地线外，有以下 3 类信号线。

① $D_7 \sim D_0$　这是 8 条双向数据线，除了用于传送数据外，还用于“听”、“讲”方式的设置，以及设备地址和设备控制信息的传送。即在 $D_7 \sim D_0$ 上可以传送数据、设备地址和命令。这是因为该总线没有设置地址线和命令线，这些信息要通过数据线上的编码来产生。

表 8-5 IEEE 488 总线各引脚定义

引脚	符号	说 明	引脚	符号	说 明
1	D_0	低 4 位数据线	13	D_4	高 4 位数据线
2	D_1		14	D_5	
3	D_2		15	D_6	
4	D_3		16	D_7	
5	EOI	结束或识别线	17	REN	远程控制
6	DAV	数据有效线	18	GND	地
7	NRFD	未准备好接收数据线	19		
8	NDAC	数据未接收完毕线	20		
9	IFC	接口请 0 线	21		
10	SRQ	服务请求线	22		
11	ATN	监视线	23		
12	GND	机壳地	24		

② 字节传送控制线　在 IEEE 488 总线上数据传送采用异步握手（挂钩）联络方式。即用 DAV、NRFD 和 NDAC 这 3 根线进行握手联络。

• DAV（Data Avaible）　数据有效线。当由发送器控制的数据总线上的数据有效时，发送器置 DAV 为低电平（逻辑 1），指示接收器可以从总线上接收数据。

• NRFD（Not Ready for Data）　未准备好接收数据线。只要连接在总线上被指定为接收器中的设备，尚有一个未准备好接收数据，接收器就置 NRFD 线为有效（低电平），示意发送器不要发出数据。当所有接收器都准备好时，NRFD 变为高电平。

• NDAC（Not Data Accepted）　数据未接收完。当总线上被指定为接收器的设备，有任何一个尚未接收完数据，它就置 NDAC 线为低电平，示意发送器不要撤销当前数据。只有当所有接收器都接收完数据后，此信号才变为高电平。

③ 接口管理线

• IFC（Interface Clear）　接口清零线。该线的状态由控制器建立，并作用于所有设备。当它为有效低电平时，整个 IEEE 488 总线停止工作，发送器停止发送，接收器停止接收。使系统处于已知的初始状态。它类似于复位信号 RESET，可用计算机的复位键来产生 IFC 信号。

• SRQ（Service Request）　服务请求线。它用来指出某个设备请求控制器的服务，所有设备的请求线是“线或”在一起的，因此任何一个设备都可以使这条线有效，来向控制器请求服务。但请求能否得到控制器的响应，完全由程序安排，当系统中有计算机时，SRQ 是发向计算机的中断请求线。

• ATN（Attention Line）　监视线。它由控制器驱动，用它的不同状态对数据总线上的信息作出解释。

当 ATN=1 时，表示数据线上传送的是地址或命令，这时只有控制器能发送信息，其它设备都只能接收信息。当 ATN=0 时，表示数据总线上传送的是数据。

• EOI（End or Identify）　结束或识别线。该线与 ATN 线一起指示是数据传送结束还是用来识别一个具体设备。当 ATN=0 时，这是进行数据传送，当传送最后一个字节使 EOI=1 时，表示数据传送结束。当 ATN=1，若 EOI=1 时，则表示数据总线上是设备识别信息，即可得到请求服务的设备编码。

• REN（Remote Enable）　远程控制线。该信号为低电平时，系统处于远程控制状态，设备面板开关、按键均不起作用；若该信号为高电平，则远程控制不起作用，本地面板控制开关、按键起作用。

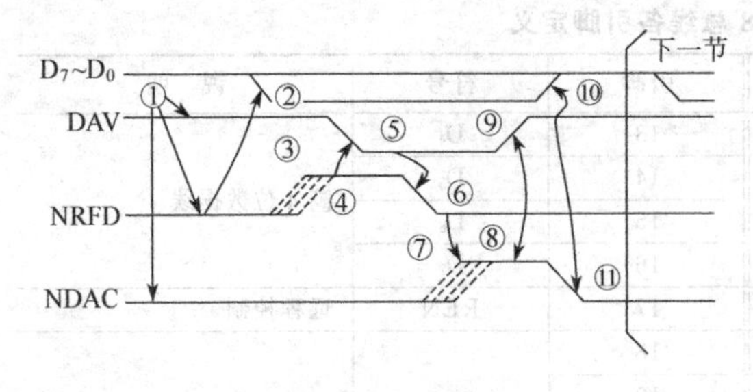

图 8-7 三线握手时序

(4) IEEE 488 总线传送数据时序

IEEE 488 总线上数据传送采用异步方式，数据传送的时序如图 8-7 所示。从时序图可见，总线上每传送一个字节数据，就有一次 DAV、NRFD 和 NDAC 3 线的握手过程。

在图 8-7 中，"①"表示原始状态讲者置 DAV 为高电平；听者置 NRFD 和 NDAC 两线为低电平。"②"表示讲者测试 NRFD、NDAC 两线的状态，若它们同时为低电平时，则讲者将数据送上数据总线 $D_7 \sim D_0$。"③"中虚线表示一个设备接着一个设备陆续做好了接收数据准备（如打印机"不忙"）。"④"表示所有接收设备都已准备就绪，NRFD 变为高电平。"⑤"表示当 NRFD 为高电平，而且数据总线上的数据已稳定后，讲者使 DAV 线变低，告诉听者数据总线上的数据有效。"⑥"表示听者一旦识别到这点，便立即将 NRFD 拉回低电平，这意味着在结束处理此数据之前不准备再接收另外的数据。"⑦"表示听者开始接收数据，最早接收完数据的听者欲使 NDAC 变高（如图中虚线所示），但其它听者尚未接收完数据故 NDAC 线仍保持低电平。"⑧"表示只有当所有的听者都接收完毕此字节数据后，NDAC 线才变为高电平。"⑨"表示讲者确认 NDAC 线变高后，就升高 DAV 线。"⑩"表示讲者撤销数据总线上的数据。"⑪"表示听者确认 DAV 线为高后置 NDAC 为低，以便开始传送另一数据字节。至此完成传送一个数据字节的 3 线握手联络全过程，以后按上述定时关系重复进行。从数据传送的过程可见，IEEE 488 总线上数据传送是按异步方式进行的，总线上若是快速设备，则数据传送就快，若是慢速设备，则数据传送就慢，也就是说数据传送的定时是很灵活的，这意味着可以将不同速度的设备同时挂在 IEEE 488 总线上。

目前在自动测试系统中 IEEE 488 总线虽仍然广泛使用，但由于它的数据总线只有 8 位，系统的最高传输速率只有 1MB/s，体积也较大，因此往往不能适应现代科技和生产对测试系统的需要。1987 年 7 月推出的 VXI 总线标准是一种模块化仪器总线，它吸取 VME 计算机系统总线的高速通信和 IEEE 488 总线易于组成测试系统的优点，而且集中了智能仪器、个人仪器和自动测试仪器的很多特长。具有小型便携、高速数据传输、模块化结构、软件标准化高、兼容性强、可扩性好和器件可重复使用等优点，组建系统灵活方便，能充分利用计算机的效能，易于利用数字信号处理的新原理和新方法以及构成虚拟仪器的优点，并便于接入计算机网构成信息采集、传输和处理的一体化网络。VXI 技术把计算机技术、数字接口技术和仪器测量技术有机地结合起来，这种总线推出后，在世界上得到迅速的推广。VXI 被 IEEE 确定为正式标准 IEEE 1155。

采用 VXI 总线构成系统具有如下特点。

• 系统最多可以包含 256 个器件（或称装置），每个器件都具有惟一的逻辑地址单元。

• 一个模块是一个 VXI 器件，但也允许灵活处理。

• 对 VXI 总线的控制分两种：一种是主机箱的外部控制者；另一种是嵌入主机箱的内部控制者。此外系统还有资源管理和零槽功能模块，前者负责系统的配置和管理系统的正常工作，后者主要给系统提供公共资源。

• VXI 总线中地址线有 16 位、24 位、32 位 3 种，数据线 32 位，在数据线上数据的传输速率可达 40MB/s，当在相邻模块间用本地总线传输时，速率更可大幅度提高。此外 VXI 总线还定义了多种控制线、中断线、时钟线、触发线、识别线和模拟线等。

• 在 VXI 总线规范文本中，对主机箱及模块的机械规程、供电、冷却、电磁兼容、系统控制、资源管理和通信规程等都做了明确规定。

此外，目前微机中普遍使用的 SCSI 总线也引起人们的重视。SCSI 是 Small Compute System Interface 的缩写，即小型计算机系统接口。它用于计算机与磁带机、软磁盘机、硬磁盘机、CD-ROM、可重写光盘、扫描仪、通信设备和打印机等外围设备的连接，成为最重要、最有潜力的总线标准。SCSI 总线有如下主要特点。

• SCSI 是一种低成本的通用多功能的计算机与外部设备并行外部总线，可以采用异步传送，当采用异步传送 8 位的数据时，传送速率可达 1.5MB/s。也可以采用同步传送，速率达 5MB/s。而 SCSI-2（fast SCSI）速率为 10MB/s；Ultra SCSI 传输速率为 20MB/s；Ultra-Wide SCSI（即数据为 32 位宽）传送速率高达 40MB/s。

• SCSI 的启动设备（命令别的设备操作的设备）和目标设备（接受请求操作的设备）通过高级命令进行通信，不涉及外设的物理层如磁头、磁道、扇区等物理参数，所以不管是与磁盘或 CD-ROM 接口，都不必修改硬件和软件，所以是一种连接很方便的通用接口，它也是一种智能接口，对于多媒体集成接口更显重要。

•当采用单端驱动器和单端接收器时，允许电缆长达 6m，若采用差动驱动器和差动接收器时，允许电缆可长达 25m。总线上最多可挂接 8 台总线设备（包括适配器和控制器）。但在任何时刻只允许两个总线设备进行通信。

8.4.2 RS-232C 总线

RS-232C 信号定义和说明请参见第 7 章相关部分。

由于 RS-232C 标准与 TTL 标准不同，为了使 RS-232C 和 TTL 组成的串行接口能相接，必须进行电平转换。能够实现 TTL 电平和 RS-232C 电平转换的集成电路芯片有许多，较早出现的有 Motorola 公司制造的 MC1488/1489。但由于这两种芯片使用时需要±12V 电源，目前使用者渐少，取而代之的是 MAXIM232/202 等芯片，后者只需+5V 电源和几个电容即可提供双向各两路电平转换。

图 8-8 是一个能实现双向串行通信的 TTL 电平和 RS-232C 电平的转换电路，在 MAXIM232/202 芯片内部包含三个部分：充电泵电压变换器、发送驱动器和接收器。其中充电泵电压变换器通过外接几个电容就能将+5V 的电压变换成为±10V 的电压，从而无须另外提供±12V 电压，极大地简化了电路设计。

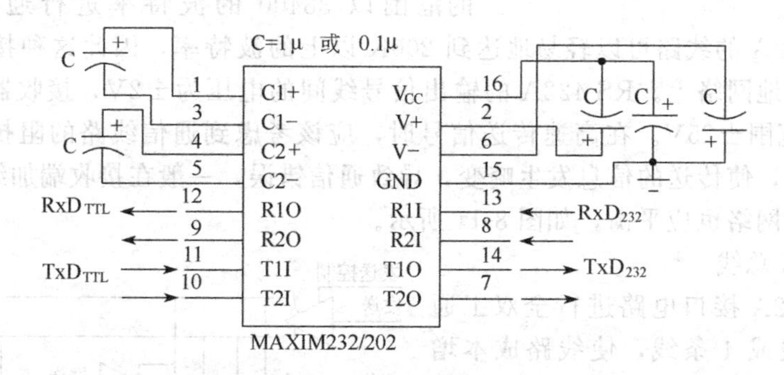

图 8-8 采用 MAXIM232/202 芯片实现串行通信的电路

8.4.3 RS-423A/422A/485 总线

（1）RS-423A 总线

为了克服 RS-232C 的缺点，提高传送速率，增加通信距离，又考虑到与 RS-232C 的兼容性，美国电子工业协会在 1987 年提出了 RS-423A 总线标准。该标准的主要优点是在接收端采用了差分输入。RS-423A 的接口电路如图 8-9 所示。

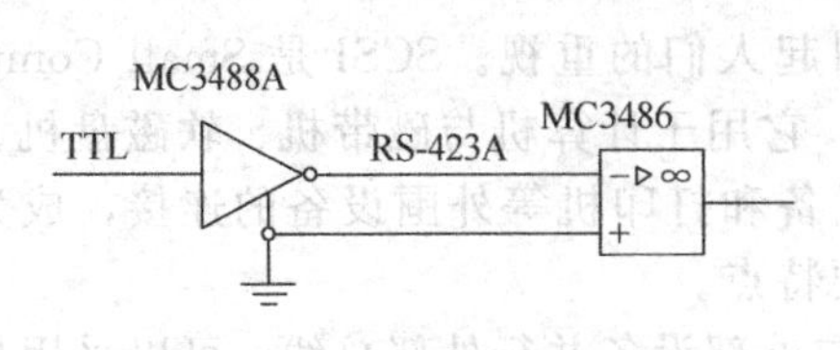

图 8-9 RS-423A 接口电路

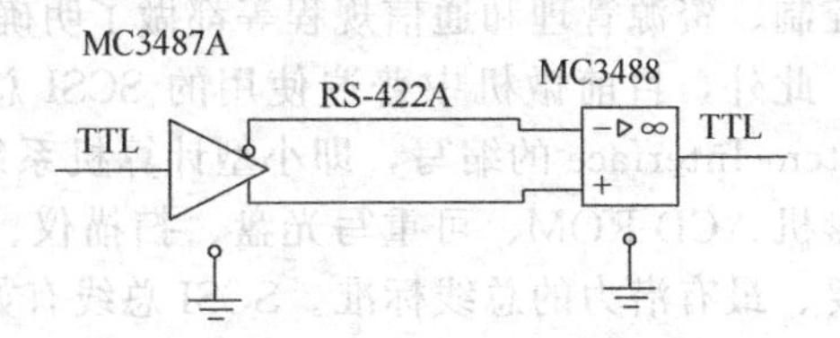

图 8-10 RS-422A 平衡输出差分输入图

在有电磁干扰的场合，干扰信号将同时混入两条通信线路中，产生共模干扰，而差分输入对共模干扰信号有较高的抑制作用，这样就提高了通信的可靠性。RS-423A 用－6V 表示逻辑“1”，用＋6V 表示逻辑“0”，而 RS-232C 的接收电压范围是±3V，所以 RS-423A 接收器仅对差动信号敏感，当信号线之间的电压低于－0.2V 时表示“1”，大于 0.2V 时表示“0”。接收芯片可以承受±25V 的电压，因此可以直接与 RS-232C 相接。根据使用经验，采用普通双绞线，RS-423A 线路可以在 130m 内用 100K 的波特率可靠通信。在 1200m 内，可用 1200 波特率进行通信。目前越来越多的计算机逐步采用 RS-423A 标准以获得比 RS-232C 更佳的通信效果。

(2) RS-422A 总线

RS-422A 总线采用平衡输出的发送器，差分输入的接收器。如图 8-10 所示。

发送器有两根输出线，当一条线向高电平跳变的同时，另一条输出线向低电平跳变，线之间的电压极性因此翻转过来。在 RS-422A 线路中，发送信号要用两条线，接收信号也要两条线，对于全双工通信，至少要有 4 根线。由于 RS-422A 线路是完全平衡的，它比 RS-423A 有更高的可靠性，传送更快更远。一般情况下，RS-422A 线路不使用公共地线，这使得通信双方由于地电位不同而对通信线路产生的干扰减至最小。双方地电位不同产生的信号成为共模干扰会被差分接收器滤波掉，而这种干扰却能使 RS-232C 的线路产生错误。但是必须注意，由于接收器所允许的共模干扰范围是有限的，要求小于±25V。因此，若双方地电位的差超过这一数值，也会使信号传送错误，或导致芯片损坏。当采用普通双绞线时，RS-422A 可在 1200m 的范围以 38400 的波特率进行通信。在短距离(200m)，RS-422A 的线路可以轻易地达到 200K 以上的波特率，因此这种接口电路被广泛地用在计算机本地网络上。RS-422A 的输出信号线间的电压为±2V，接收器的识别电压为±0.2V，共模范围±25V。在高速传送信号时，应该考虑到通信线路的阻抗匹配，否则会产生强烈的反射，使传送的信息发生畸变，导致通信错误，一般在接收端加终端电阻以吸收掉反射波，电阻网络也应平衡，如图 8-11 所示。

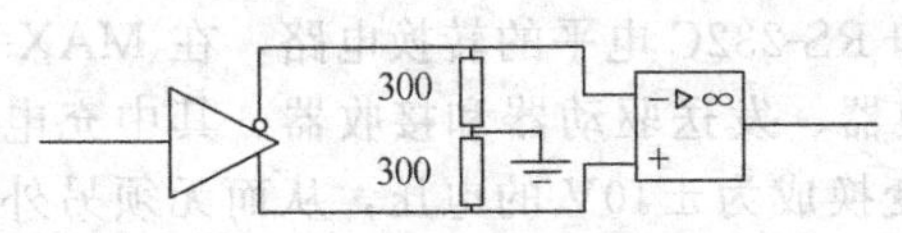

图 8-11 在接收端加终端电阻图

(3) RS-485 总线

使用 RS-422A 接口电路进行全双工通信，需要两对线或 4 条线，使线路成本增加。RS-485 适用于收发双方共用一对线进行通信，也适用于多个点之间共用一对线路进行总线方式联网，通信只能是半双工的，线路如图 8-12 所示。

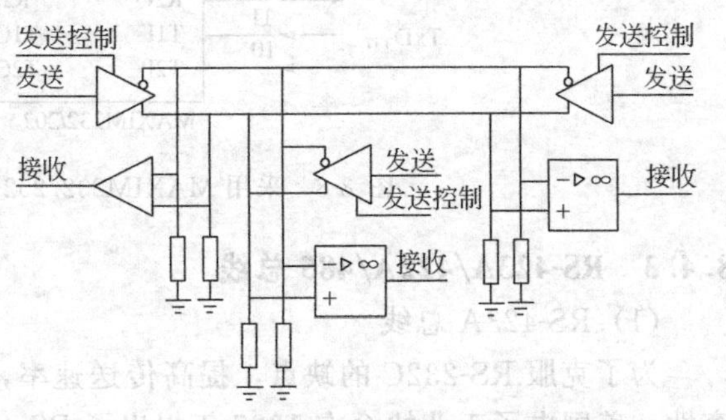

图 8-12 使用 RS-485 多个点之间共用一对线路过行总线方式联网

由于共用一条线路，在任何时刻，只允许有一个发送器发送数据，其它发送器必须处于关闭（高阻）状态，这是通过发送器芯片上的发送允许端控制的。例如，当该端为高电平时，发送器可以发送数据，而为低电平时，发送器的两个输出端都呈现高阻状态，好像从线路上脱开一样。

典型的RS232C到RS422/485转换芯片有：MAX481/483/485/487/488/489/490/491，SN75175/176/184等，它们均只需单一+5V电源供电即可工作。具体使用方法可查阅有关技术手册。

习题与思考题

1. 总线规范的基本内容是什么？
2. 根据在微型计算机系统的不同层次上的总线分类，微型机系统中共有哪几类总线？
3. 采用标准总线结构组成微机系统有何优点？
4. 总线数据传输的控制方式通常有哪几种？各有何特点？
5. 同步、异步、半同步总线传送分别是如何实现总线控制的？
6. 在总线上完成一次数据传输一般要经历哪几个阶段？
7. 叙述PC总线的发展过程。8位ISA总线（或称XT总线）、16位ISA总线和PCI总线的各信号线以及地址线、数据线有何区别？
8. STD总线主要用于什么场合？各信号线的主要功能是什么？
9. 试述IEEE 488总线完成一次数据传输的3线握手联络过程。
10. 为什么要在RS-232C与TTL之间加电平转换器件？一般采用哪些转换器件？请以图说明。
11. 叙述RS-423A、RS-422和RS-485等标准的特点和使用场合。

本章学习指导

本章学习关注两个方面。

(1) 总线的作用以及总线的规范

总线是构成微型计算机的四大组成部分之一，是现代计算机系统结构的重要特征。总线提供了集成电路芯片内部、芯片及扩展板之间、多处理器之间以及计算机与外设、计算机与计算机之间信息传输的轨道，使不同厂商提供的部件可以在同一标准下协调工作。

任一总线标准均涉及三方面的规范，即机械规范、电气规范和功能规范，从而明确总线的连接方式、操作步骤及信号标准。

(2) 总线的分类

按总线作用的位置不同，通常将总线分为以下四类。

• 片内总线　用来连接芯片内部的各部分。

• 局部总线（或称片间总线）　用来连接各芯片（如CPU、存储器、I/O接口等）或主板插槽上插入的扩展板（不含多处理器），是我们最关注也是本课程涉及最多的总线。如ISA、PCI等。

• 系统总线（也称内总线）　用来连接主机各模块（包含多处理器的模块），通常有总线仲裁功能。如STD、MULTIBUS等。

• 通信总线（也称外总线）　用来连接计算机与外设、计算机与计算机，可以构成小型网络。如SCSI、RS-485、RS-422等。

9 D/A、A/D 转换与接口技术

随着计算机技术的飞速发展，微型计算机的应用范围越来越广泛，除了一般的科学计算、办公自动化、银行业务、专家系统外，利用微机稳定可靠、体积小、功能全、性价比高等特点，使其在智能仪表、工业控制、医疗设备、家用电器、智力玩具等领域也得到了广泛应用。

大家知道，微型计算机内部处理的是数字量，而在许多应用场合中需要处理的却不是数字量而是模拟量，如温度、压力、流量、浓度、速度、水位、距离等，这些非电的物理量必须经过适当的转换才能被微机所接收和处理，实现这一转换的过程称为 A/D（模数）转换。反过来，由微机加工处理后的数字量，往往也需要再转换为模拟量才能送去控制外界行动（如开启设备等），实现这一转换的过程称为 D/A（数模）转换。能够实现上述转换的器件称为 A/D 和 D/A 转换器。

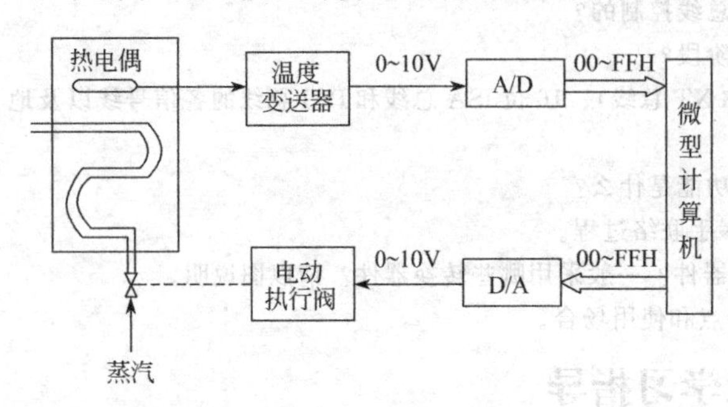

图 9-1　A/D、D/A 应用示例

A/D 和 D/A 转换器是把微型计算机的应用领域扩展到检测和过程控制的必要装置，是把微型计算机与生产过程、科学实验过程联系起来的重要桥梁。图 9-1 给出了 A/D、D/A 转换器在微机检测和控制系统中的应用实例框图。

9.1　D /A 转换器的工作原理

图 9-2 给出了 D/A 转换器的基本结构框图，一个 D/A 转换器通常包含四个部分：电阻解码网络、权位开关、相加器和参考电源。D/A 转换的实质就是将每一位数据代码按其“权”的数值变换成相应的模拟量，然后将代表各位的模拟量相加，即可获得与数字量相对应的模拟量。

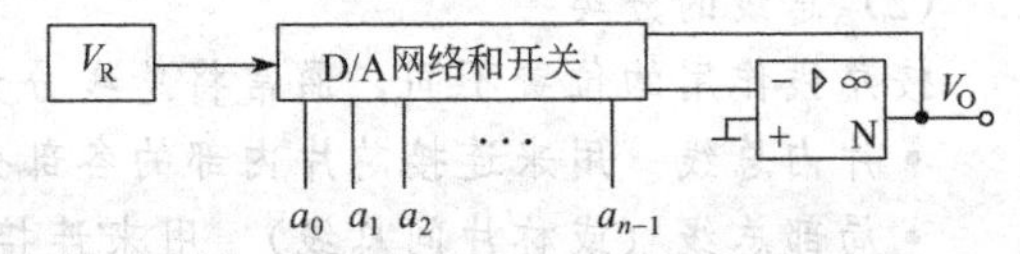

图 9-2　D/A 转换器基本结构框图

9.1.1　权电阻网络 D/A 转换器

权电阻网络 D/A 转换电路如图 9-3 所示，电路由权电阻网络、数据位切换开关、反馈电阻和运算放大器组成，由于运算放大器的虚短作用，权电阻网络的负载电阻可视作零（虚地）。当数据位 $a_i=1$ 时，相应开关 S_i 接电源，否则接地。

根据反相加法放大器输入电流求和的特性，不难得出该电路的输出电压为：

$$V_O=-I_{\Sigma}R_f=-\frac{2V_RR_f}{R}(a_n2^{-1}+a_{n-1}2^{-2}+\cdots+a_12^{-n})\tag{9-1}$$

在实际应用中，一般取 $R_f=R/2$，代入后得出：

$$V_O=-V_R(a_n2^{-1}+a_{n-1}2^{-2}+\cdots+a_12^{-n})\tag{9-2}$$

这时，当输入二进制代码 $a_na_{n-1}\cdots a_1$ 为 100…0 时，输出电压 $V_O=-V_R/2$，当输入代

码为 111…1 时，输出电压为 $V_O=-V_R(1-1/2^n)$，当输入代码为 000…0 时，输出电压为 0。由此可见，利用图 9-3 的电路可实现 D/A 转换。

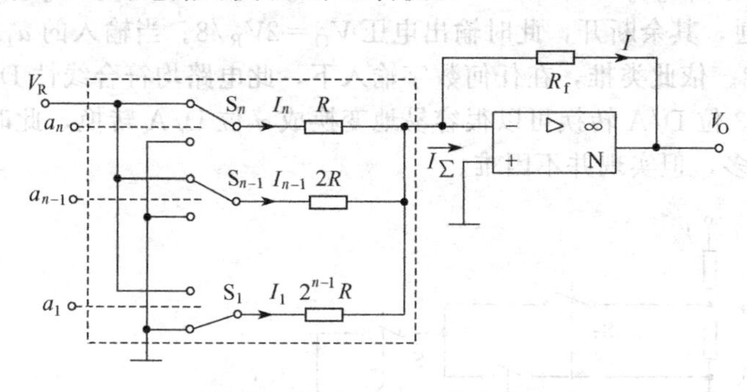

图 9-3　权电阻 D/A 转换电路

9.1.2　R-2R T 型电阻网络 D/A 转换器

图 9-4 所示是一种实用且工作原理简明的 T 型电阻网络 D/A 转换电路。在该电路中，仍依靠运算放大器的虚短特性，使 R-2R T 型电阻网络的输出以短路方式工作。由图可知，不论各开关处于何种状态，$S_n \sim S_1$ 的各点电位均可认为 0（虚地或实地）。这样，从右到左观察图中之 N、M、…、C、B、A 各点，从各点向右看对地的电阻值均为 R；从左到右分析，可得出各路的电流分配，其规律是 $I_R/2$、$I_R/4$、…、$I_R/2^{n-1}$、$I_R/2^n$，也满足按权分布的要求。从而可得：

$$V_O=-\frac{V_R R_f}{R}(a_n 2^{-1}+a_{n-1}2^{-2}+\cdots+a_1 2^{-n}) \tag{9-3}$$

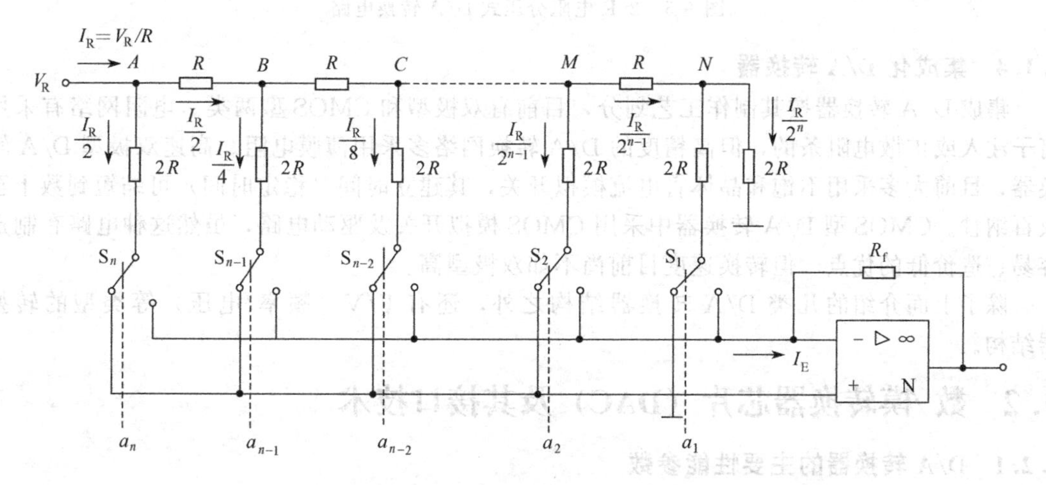

图 9-4　R-2R T 型电阻网络 D/A 转换电路

如取 $R_f=R$，式(9-3) 与式(9-2) 相同，因此，利用图 9-4 的电路也可实现 D/A 转换。

9.1.3　$2^n R$ 电阻分压式 D/A 转换器

当我们用均等的 2^n 个电阻串联成一串对 V_R 进行分压时，就可得到 2^n 个分层的电压。如果再用 $n-2^n$ 译码器控制 2^n 个开关去选通这些分压器的分压端点，就可实现 n 位的 D/A 转换，图 9-5 给出了实现这种转换的一种电路结构（3 位转换）。在图中，8 个均等的电阻将 V_R 分成 1/8、2/8、…、8/8 倍，14 个开关连成树状开关网络，在 3 位二进制数码 a_1、a_2、a_3 以及 $\overline{a}_1$、$\overline{a}_2$、$\overline{a}_3$ 的控制下（$a_i=1$ 时，奇数标号的开关合上，反之，偶数标号的开关合上)，可完成选通各分压点以实现 D/A 转换的功能。

例如，当输入的 $a_1a_2a_3=010$ 时，对应的 $\overline{a_1}\overline{a_2}\overline{a_3}=101$，这将使 S_2、S_3、S_5、S_8、S_{10}、S_{12}、S_{14} 各开关导通，其余断开，此时输出电压 $V_O=2V_R/8$。当输入的 $a_1a_2a_3=101$ 时，输出电压 $V_O=5V_R/8$。依此类推，在任何数字输入下，此电路均符合线性 D/A 转换的关系。

图 9-5 所示的 3 位 D/A 转换可以很容易地变换成 n 位 D/A 转换，此时所需要的电阻和模拟开关的数量较多，但实现并不困难。

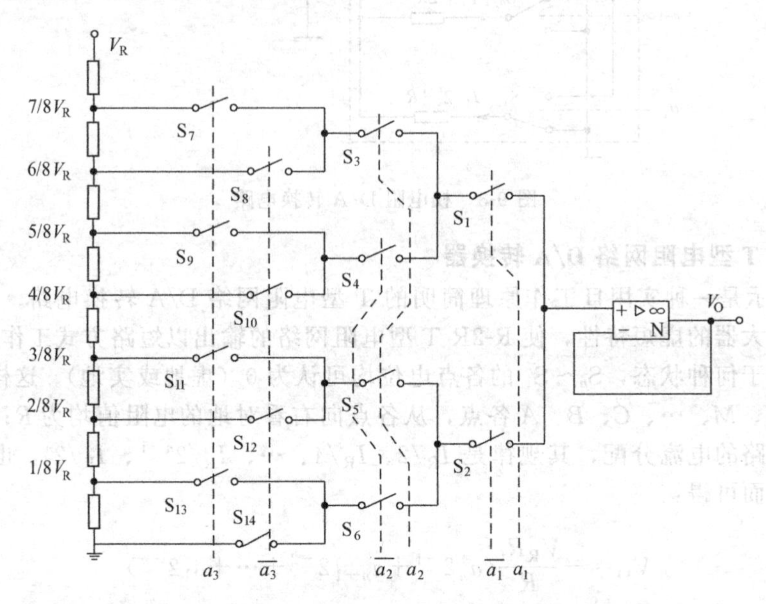

图 9-5　2^3R 电阻分压式 D/A 转换电路

9.1.4　集成化 D/A 转换器

集成 D/A 转换器按其制作工艺划分，目前有双极型和 CMOS 型两类。电阻网络有采用离子注入或扩散电阻条的，但高精度的 D/A 转换网络多采用薄膜电阻。高速双极型 D/A 转换器，目前大多采用不饱和晶体管电流模拟开关，其建立时间（稳定时间）可缩短到数十至数百纳秒。CMOS 型 D/A 转换器中采用 CMOS 模拟开关及驱动电路，虽然这种电路有制造容易、造价低的优点，但转换速度目前尚不如双极型高。

除了上面介绍的几类 D/A 转换器结构之外，还有 F/V（频率/电压）等类型的转换器结构。

9.2　数/模转换器芯片（DAC）及其接口技术

9.2.1　D/A 转换器的主要性能参数

用户在使用数据转换器件（A/D 及 D/A）时，必须对转换器件的性能有正确的了解，这样才能选择一个合理的、适用的器件。影响 D/A（A/D）转换器性能的指标有许多，其中主要的性能指标如下。

（1）分辨率（Resolution）

分辨率表明了 DAC 对模拟量的分辨能力，它是最低有效数据位（LSB）所对应的模拟量的值，确定了能由 D/A 产生的最小模拟量的变化。分辨率与转换器的位数相关，通常用转换器所对应的二进制数的位数来表示，如 8 位的 D/A（A/D）转换器的分辨率为 8 位，表示该器件对满量程电压的分辨能力为 1/256，如果满量程是 10V，则最小分辨单位为 10V/256=39.1mV。增加转换的位数可以提高分辨率，如满量程仍是 10V，但转换位数为

10 位，则最小分辨单位为 10V/1024＝9.77mV。

(2) 精度（Accuracy)

精度表明 D/A（A/D）转换的精确程度，它又分为绝对精度和相对精度。

① 绝对精度（Absolute Accuracy） 绝对精度（亦称绝对误差）指的是在数字输入端加有给定的代码时，在输出端实际测得的模拟输出值（电压或电流）与应有的理想输出值之差。它是由 D/A 的增益误差、零点误差、线性误差和噪声等综合因素引起的。绝对精度通常用数字量的最小有效位（LSB）的分数值来表示，如，±LSB、±1/2LSB、±1/4LSB等。

② 相对精度（Relative Accuracy） 相对精度（亦称相对误差）指的是满量程值校准以后，任一数字输入所对应的模拟输出与它的理论输出值之差。对于线性 D/A 来说，相对精度就是它的非线性度。相对精度通常用满量程电压的百分比来表示。

例如，10 位的转换器，其满量程电压为 10V，绝对精度为±1/2LSB，则：最小分辨单位为 10V/1024＝9.77mV，绝对精度为±1/2LSB＝±1/2×9.77mV＝±4.88mV，相对精度为 4.88mV/10V＝0.048%。

注意：精度和分辨率是两个截然不同的参数。分辨率取决于转换器的位数，而精度则取决于构成转换器各个部件的精度和稳定性。

(3) 建立时间（Settling Time)

建立时间指的是在数字输入端发生满量程码的变化以后，D/A 的模拟输出稳定到最终值±1/2LSB 时所需要的时间。当输出的模拟量为电流时，这个时间很短；如输出形式是电压，则它主要是输出运算放大器所需的时间。

除了以上三个主要技术参数以外，还有诸如线性误差和微分线性误差、温度系数、电源敏感度、输出电压一致性等参数。

9.2.2 D/A 转换器芯片 DAC0832

(1) DAC0832 的主要性能

DAC0832 是用 CMOS/Si-Cr 工艺制成的 8 位数/模转换芯片。数字输入端具有双重缓冲功能，可以双缓冲、单缓冲或直接输入，特别适用于要求几个模拟量同时输出的场合，与微处理器接口很方便，主要特性如下。

- 分辨率 8 位
- 输入 TTL 电平
- 建立时间 1μs
- 功耗 20mW
- 增益温度系数 20×10^{-6}/℃

(2) DAC0832 的内部结构和引脚功能

1) DAC0832 的内部结构

DAC0832 的内部结构框图如图 9-6 所示。从图中可以看出，DAC0832 内部由三部分组成：输入寄存器、8 位的 D/A 转换器、片选及寄存器选择。

• 输入寄存器 DAC0832 内部有两级输入寄存器，分别称为输入寄存器和 DAC 寄存器。这两级寄存器均可单独控制，从而形成单缓冲连接、双缓冲连接和直通连接三种连接方式。

• D/A 转换器 这是一个 8 位的转换器，内部采用 R-2R T 型电阻网络实现 D/A 转换。

• 片选及寄存器选择 接收外部输入的控制信号，通过简单的与门，实现对输入寄存器及 DAC 寄存器的控制。

2) DAC0832 的引脚功能

DAC0832 共有 20 个引脚（见图 9-6），各引脚功能如下。

• D_0～D_7 8 位数字输入。D_0 为最低位。

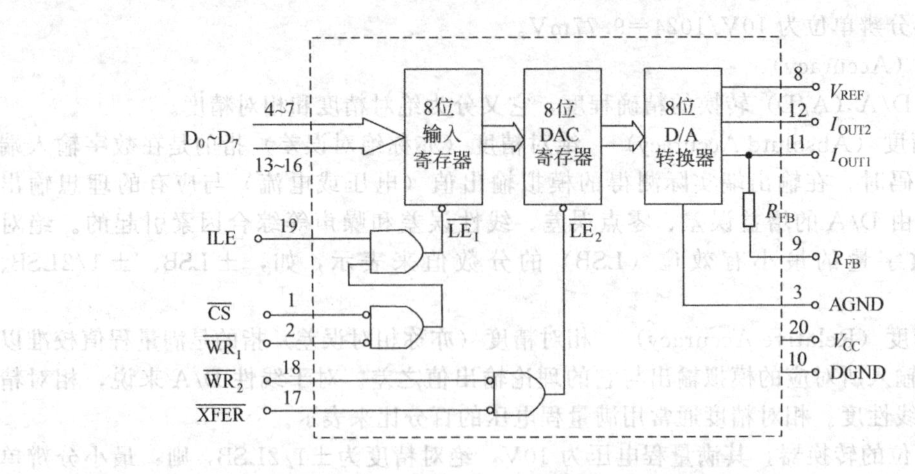

图 9-6 DAC0832 内部结构及引脚框图

- ILE　允许输入锁存。
- $\overline{CS}$　片选信号。
- $\overline{WR_1}$　写信号 1。在 $\overline{CS}$ 和 ILE 有效时，用它将数字输入并锁存于输入寄存器中。
- $\overline{XFER}$　传送控制信号。
- $\overline{WR_2}$　写信号 2。在 $\overline{XFER}$ 有效时，用它将输入寄存器中的数字传送到 8 位 DAC 寄存器中。
- I_{OUT1}　D/A 电流输出 1。它是逻辑电平为 1 的各位输出电流之和。
- I_{OUT2}　D/A 电流输出 2。它是逻辑电平为 0 的各位输出电流之和。
- R_{FB}　反馈电阻。该电阻被制作在芯片内，用作运算放大器的反馈电阻。
- V_{REF}　基准电压输入，可以超出±10V 范围。
- V_{CC}　电源电压，范围是＋5V～＋15V，最佳用＋15V。
- AGND　模拟地。芯片模拟电路接地点。
- DGND　数字地。芯片数字电路接地点。

(3) DAC0832 的应用

1) DAC0832 的单缓冲、双缓冲和直通输入

从图 9-6 可知，当 ILE 为高电平，$\overline{CS}$ 和 $\overline{WR_1}$ 同时为低电平时，使 $\overline{LE_1}$ 为 1，输入寄存器的输出随数据总线上的数据变化，当 $\overline{WR_1}$ 变高时，输入数据被锁存在输入寄存器中；当 $\overline{XFER}$ 和 $\overline{WR_2}$ 同时为低电平时，使 $\overline{LE_2}$ 为 1，DAC 寄存器的输出随它的输入变化，当 $\overline{WR_2}$ 变高时，将输入寄存器中的数据锁存在 DAC 寄存器中。这样，当对不同的引脚采用不同的连接方法时，就可以构成 DAC0832 的不同输入方式。

图 9-7 给出了一种 DAC0832 单缓冲的连接方式（一个端口地址控制输入寄存器，而

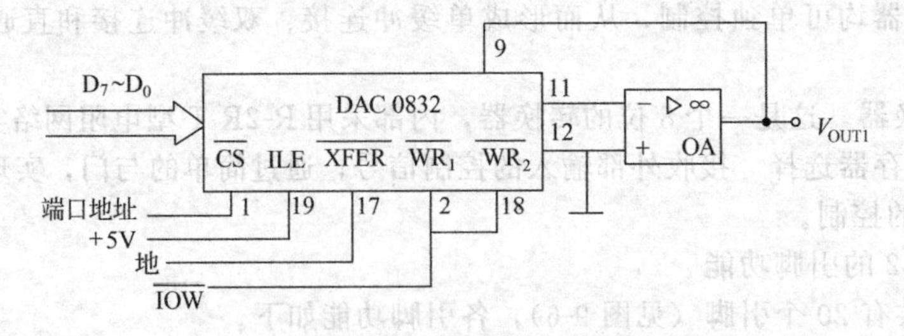

图 9-7 DAC0832 的单缓冲连接

DAC 寄存器打开）。此时，仅需执行一条 OUT 指令：

```
MOV  AL，DATA
OUT  端口地址，AL
```

就可以实现将 DATA 的值通过 DAC0832 进行 D/A 转换。

图 9-8 给出了一种 DAC0832 双缓冲的连接方式（两个端口地址分别控制输入寄存器和 DAC 寄存器）。此时，需执行连续两条 OUT 指令：

```
MOV  AL，DATA
OUT  端口地址 1，AL
OUT  端口地址 2，AL
```

才能实现将 DATA 的值通过 DAC0832 进行 D/A 转换。

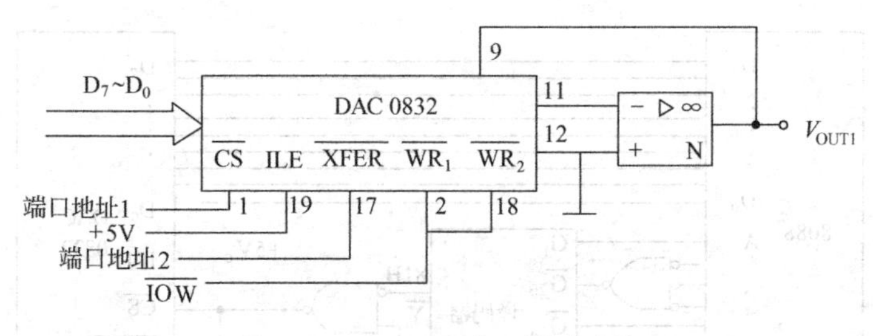

图 9-8 DAC0832 的双缓冲连接

我们还可以实现将输入寄存器和 DAC 寄存器直接打开的直通连接方式（将$\overline{CS}$和$\overline{WR_1}$、$\overline{XFER}$和$\overline{WR_2}$ 4 个引脚接地，将 ILE 引脚接高电平），但要注意的是，此时由于 DAC0832 内部的寄存器都没有起作用，为保证转换结果的正确，一般需要外接缓冲器或锁存器。

2）DAC0832 的模拟输出

① 单极性工作 图 9-9 所示为单极性输出电路连接。V_{OUT}的极性与V_{REF}相反，其数值由数字输入和V_{REF}决定［见式(9-1)］，对应输入数据 $a_na_{n-1}\cdots a_1$ 从全 1 到全 0 的变化，输出V_{OUT}从$-V_{REF}$变化到 0。

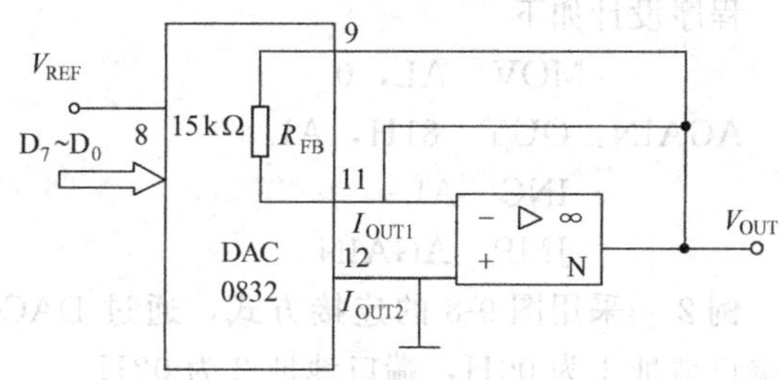

图 9-9 单极性工作输出接线图

② 双极性工作 图 9-10 所示为双极性输出电路连接，此时，在原输出端增加了一个加法器电路。假设运放 OA_1 的输出为V_{OUT1}，则可推出：

$$V_{OUT}=-\left(\frac{V_{OUT1}}{R}+\frac{V_{REF}}{2R}\right)2R=-(2V_{OUT1}+V_{REF}) \tag{9-4}$$

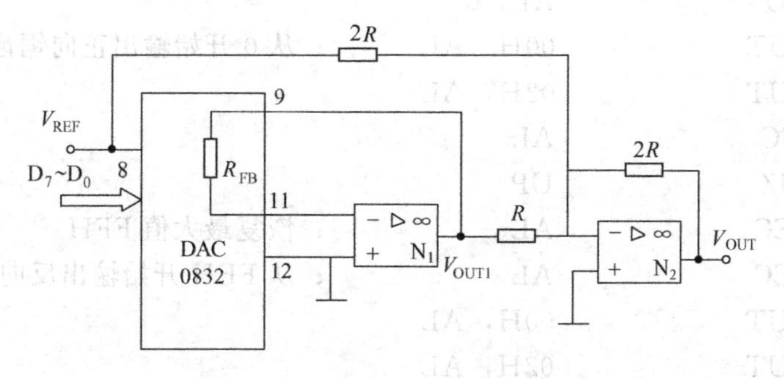

图 9-10 双极性工作输出接线图

因为 $V_{OUT1}=-V_{REF}(a_n 2^{-1}+a_{n-1}2^{-2}+\cdots+a_1 2^{-n})$

代入后得 $V_{OUT}=V_{REF}[a_n 2^0+a_{n-1}2^{-1}+\cdots+a_1 2^{-(n-1)}-1]$ (9-5)

此时，对应输入数据 $a_n a_{n-1}\cdots a_1$ 从全 1 到全 0 的变化，输出 V_{OUT} 从 V_{REF} 经 0 变化到 $-V_{REF}$，从而实现双极性输出。

3) DAC0832 应用举例

作为 D/A 转换器，DAC0832 经常用于产生各种波形以实现对外界的控制。

例 1 用一片 DAC0832 采用单缓冲的连接方式，输出连续正向锯齿波。假设 CPU 为 8088，试完成软硬件设计。

分析 输出正向锯齿波，只需对应数据从 0 变化到 FFH，连续输出即可。

硬件电路设计如下，经分析可知，此时的端口地址是 81H。

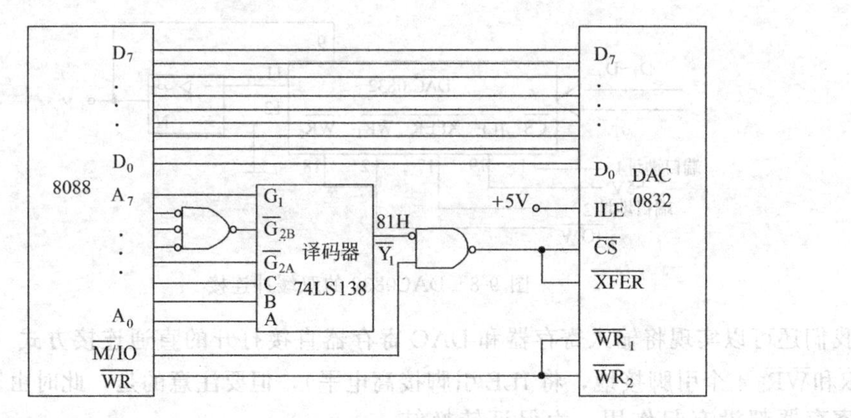

程序设计如下

```
        MOV   AL，0
AGAIN：OUT   81H，AL
        INC   AL
        JMP   AGAIN
```

例 2 采用图 9-8 的连接方式，通过 DAC0832 输出三角波，试完成相应的程序设计。设端口地址 1 为 00H，端口地址 2 为 02H。

分析 此时 DAC0832 采用的是双缓冲连接。三角波可以通过一个正向锯齿波和另一个反向锯齿波的组合来实现，其中反向锯齿波的产生只需对应数据从 FFH 变化到 0，连续输出即可。需要注意的是，在三角波的两个顶点处（即对应数据为 0 和 FFH 处），要保证不能出现平台（即相应数据只能输出一次）。

程序如下。

```
        MOV     AL，0
UP：    OUT     00H. AL      ；从 0 开始输出正向锯齿波
        OUT     02H，AL
        INC     AL
        JNZ     UP
        DEC     AL           ；恢复最大值 FFH
DOWN：  DEC     AL           ；从 FEH 开始输出反向锯齿波
        OUT     00H，AL
        OUT     02H，AL
        JNZ     DOWN
```

```
        INC        AL
        JMP        UP          ；从1开始下一个波形
```

例 3 要求通过两片 DAC0832 同步输出 0～3V 的正向锯齿波。设 DAC0832 的满量程是 5V，完成软硬件设计。

分析 对 8 位的 D/A 转换，如果满量程是 5V，则每步转换所对应的模拟量是：5V/256＝19.5mV。题目要求 3V 的输出所对应的数据量为：3V/0.0195V＝153.8。因此，本题的数据量输出范围是 0～154。

再看硬件设计。要求两路模拟量同步输出，我们就要考虑采用双缓冲方式连接，第一级缓冲输入通过两个端口地址对两片芯片分别控制，第二级的缓冲输入则通过一个端口地址同时对两片芯片进行，从而保证了数据的输入是两路同步，输出也是同步的。

硬件连线如图 9-11 所示。三个端口地址分别为：10H、11H 和 12H。其中，12H 为两个芯片第二级缓冲输入的控制端口。

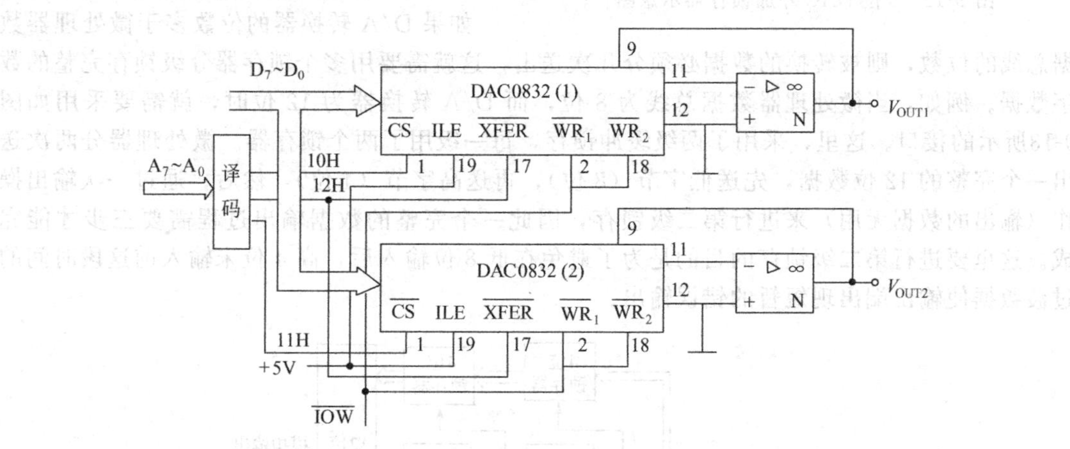

图 9-11 两个模拟量同时输出的接线图

程序设计如下。

```
BEGIN：MOV     AL，0
NEXT： OUT     10H，AL    ；输出至DAC0832（1）的输入寄存器
       OUT     11H，AL    ；输出至DAC0832（2）的输入寄存器
       OUT     12H，AL    ；同时输出至DAC0832（1）和（2）的DAC寄存器
       INC     AL
       CMP     AL，154
       JBE     NEXT       ；未达到最大值则继续输出
       JMP     BEGIN      ；开始下一个波形
```

除了以上例题给出的波形以外，利用 DAC0832 还可以产生诸如方波、梯形波等多种波形，同时也可以利用延时的方法来改变波形的周期，对此留作大家思考。

9.2.3 数/模转换器芯片与微处理器接口时需注意的问题

D/A 转换器可以看作是微处理器的一个输出设备，它与微处理器的接口问题实际上就是与微处理器的地址、数据和控制总线的接口问题。接口的目的应使微处理器简单地执行输出指令就能建立一个给定的电压或电流输出。在设计这种接口时，需要对 D/A 转换器芯片作具体分析。只有当该种转换器芯片不需外加任何器件就可以直接接到微处理器的地址数据和控制总线，使微机可以简单地按外部设备来对待它时，才能认为真正是与该微处理器兼容。但实际上绝大多数转换器件都还需要配置一些用于地址译码、数据锁存和信号组合等方面的外加电路才能与微机协同工作。

D/A 转换器与微处理器接口除了电平匹配以外，首先要解决的是数据锁存问题。我们知道，当微处理器送出一个数字信息给 D/A 转换器时，这个数据在数据总线上只出现很短暂的一段时间，为了保证 D/A 转换器能正确地完成转换，并在总线上数字信息消失以后能保持有稳定的模拟量输出，必须有一组锁存器用来保持住原输入的数字信息。有的 D/A 转换器如 DAC0832 提供了数据锁存器，还有些器件则不提供，这时，就要在接口设计中予以外加。可以充当外加锁存器的器件有 D 触发器（如 74LS373）、Intel 8255 芯片等。对于 8 位的 D/A 转换器外加锁存器的连接如图 9-12 所示。

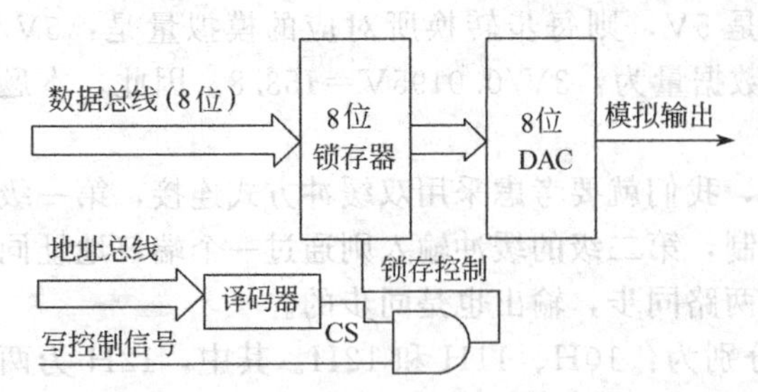

图 9-12　8 位 DAC 外加锁存器示意图

如果 D/A 转换器的位数多于微处理器数据总线的位数，则被转换的数据必须分几次送出，这就需要用多个锁存器分级锁存完整的数字数据。例如，当微处理器数据总线为 8 位，而 D/A 转换器为 12 位时，就需要采用如图 9-13所示的接口。这里，采用了两级缓冲锁存，每一级用了两个锁存器。微处理器分两次送出一个完整的 12 位数据，先送低字节（8 位），再送高字节（4 位），然后，通过一次输出操作（输出的数据无用）来进行第二级锁存，因此一个完整的数据输出过程需要三步才能完成。这里要进行第二级锁存的目的是为了避免在低 8 位输入后，高 4 位未输入前这段时间的过渡数据使输出端出现短暂的错误输出。

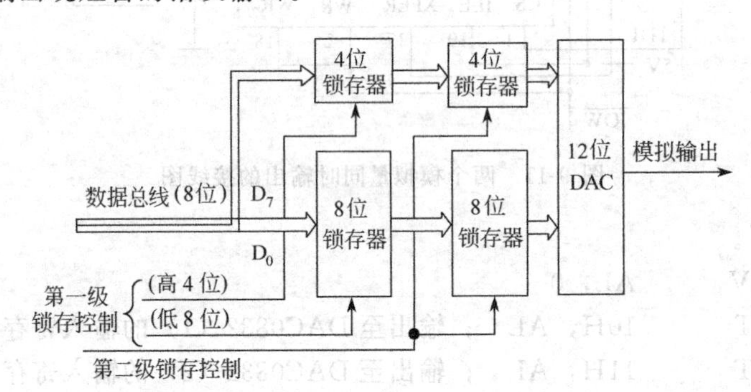

图 9-13　两级缓冲锁存接口示意图

图 9-14 所示是简化的两级缓冲结构，省掉了一个 4 位锁存器及有关的译码器，并使输入数据的过程由三步减为两步。

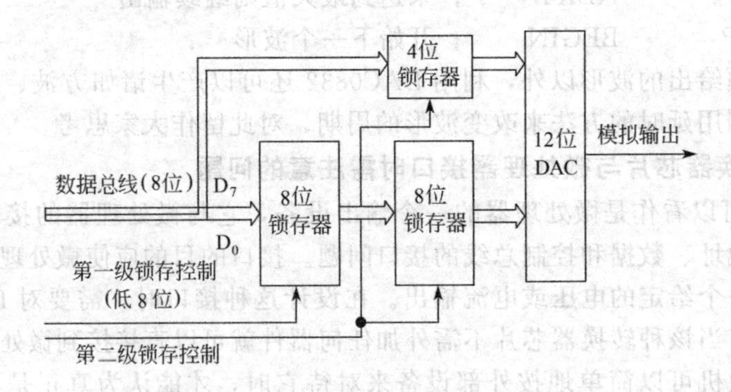

图 9-14　简化两级缓冲锁存接口示意图

另外需要注意的问题是，为了确定数据是加给该D/A转换器的，还需要由地址译码器对地址译码得到片选信号$\overline{CS}$和有关的读写控制信号。D/A转换器的输出可以是电流信号也可以是电压信号，若是电流信号须外加负载电阻或运算放大器转换成所需的电压，具体方法如前所述，这里不再重复。

9.3 模/数转换芯片（ADC）及其接口技术

9.3.1 从物理信号到电信号的转换

A/D转换器的作用是将模拟的电信号转换成数字信号。在将外界的物理量转换成数字量之前，必须先将物理量转换成电模拟量，这种转换是靠传感器完成的。传感器一般是指能够进行非电量和电量之间转换的敏感元件，由于物理量的多样性使得传感器的种类繁多，如温度传感器、压力传感器、光电传感器、气敏传感器等。下面列举几种典型的传感器。

① 温度传感器　典型的温度传感器有热电偶和热敏电阻。热电偶是一种大量使用的温度传感器，利用热电势效应工作，室温下的典型输出电压为毫伏数量级。温度测量范围与热电偶的材料有关，常用的有镍铝-镍硅热电偶和铂铑-铂热电偶。热电偶的热电势-温度曲线一般是非线性的，需要进行非线性校正。热敏电阻是一种半导体新型感温元件，具有负的电阻温度系数，当温度升高时，其电阻值减小。在使用热敏电阻作为温度传感器时，将温度的变化反映在电阻值的变化中从而改变电流或电压值。

② 湿度传感器　湿度传感器大多利用湿度变化引起其电阻值或电容量变化的原理制成，即将湿度变化转换成电量变化。热敏电阻湿度传感器利用潮湿空气和干燥空气的热传导之差来测定湿度，氯化锂湿度传感器利用氯化锂在吸收水分之后，其电阻值发生变化的原理来测量湿度，而高分子湿度传感器利用导电性高分子对水蒸气的物理吸附作用引起电导率变化的特性。

③ 气敏传感器　半导体气敏传感器是利用半导体与某种气体接触时电阻及功率函数变化这一效应来检测气体的成分或浓度的传感器。它可用于家用液化气泄漏报警、城市煤气、煤气爆炸浓度以及CO中毒危险浓度报警等。

④ 压电式和压阻式传感器　某些电解质（如石英晶体压电陶瓷），在沿一定方向上受到外力的作用而变形时，内部会产生极化现象，同时在其表面上产生电荷。而当外力去掉后，又重新回到不带电的状态。从而可以将机械能转变成电能，因此可以把压电式传感器看作是一个静电荷发生器，也就是一个电容。利用这些介质可做成压电式传感器。

由于固体物理的发展，固体的各种效应已逐渐被人们所发现。固体受到作用力后，电阻率（或电阻）就要发生变化，这种效应称压阻式效应，利用它可做成压阻式传感器。

利用压电式或压阻式传感器可测量压力、加速度、载荷等，前者可测量频率从几赫至几十千赫的动态压力，如：内燃机气缸、油管、过排气管压力、枪炮的膛压、航空发动机燃烧室压力等。

⑤ 光纤传感器　光纤传感器是20世纪70年代迅速发展起来的一种新型传感器。它具有灵敏度高、电绝缘性能好、抗电磁干扰、耐腐蚀、耐高温、体积小、重量轻等优点。可广泛用于位移、速度、加速度、压力、温度、液位、流量、水声、电流、磁场、放射性射线等物理量的测量。

由于光纤具有如下特点：本身的传输特性受被测物理量的作用而发生变化，使光纤中波导光的属性（光强、相位、偏振态、波长等）被调制。因此，功能型光纤传感器不仅起传光作用，同时还是敏感元件，可分为光强调制型、相位调制型、偏振态调制型和波长调制型。

9.3.2 采样、量化与编码

要将电模拟量转换成数字量，一般要经过采样、量化和编码三个过程。

(1) 采样

被转换的模拟信号在时间上是连续的，它有无限多个瞬时值，而模/数转换过程总是需要时间的，不可能把每一个瞬时值都一一转换为数字量。因此，必须在连续变化的模拟量上按一定的规律（周期地）取出其中某一些瞬时值（样点）来代表这个连续的模拟量，这个过程就是采样（Sample）。

采样是通过采样器实现的。采样器（电子模拟开关）在控制脉冲 $s(t)$ 的控制下，周期性地把随时间连续变化的模拟信号 $f(t)$ 转变为时间上离散的模拟信号 $f_s(t)$。

图 9-15 为采样过程中采样器的输入输出波形。从图中可以看到，只有在采样的瞬间才允许输入信号 $f(t)$ 通过采样器，其它时间则开关断开，无信号输出。采样器的输出 $f_s(t)$ 是一系列的窄脉冲，而脉冲的包络线与输入信号相同。在样点上采得的信号 $f_s(t)$ 的值和原始输入信号 $f(t)$ 在相应时间的瞬时值相同，因此，采样后的信号在量值上仍然是连续的。

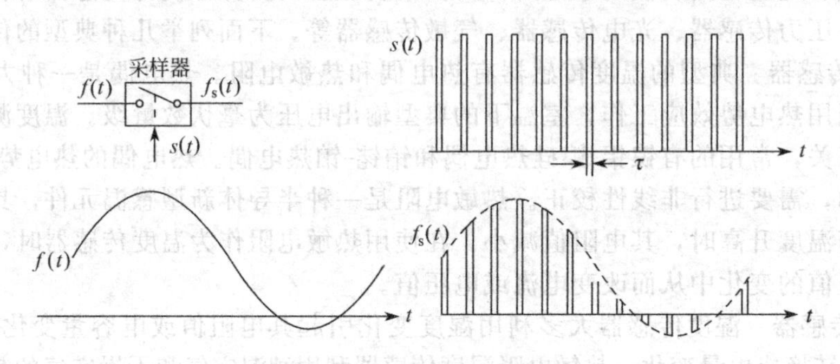

图 9-15 采样器输入输出波形

由于非样点值都被舍掉了，我们自然要问，这样会不会丢失信息？输出信号能否如实地反映原始输入信号？奈奎斯特采样定理告诉我们：当采样器的采样频率 f_0 高于或至少等于输入信号最高频率 f_m 的两倍时（即 $f_0 \geqslant 2f_m$ 时），采样输出信号 $f_s(t)$（样品脉冲序列）能代表或能恢复成输入模拟信号 $f(t)$。这里，“最高频率”指的是包括干扰信号在内的输入信号经频谱分析后得到的最高频率分量。“恢复”指的是样品序列 $f_s(t)$ 通过截止频率为 f_m 的理想低通滤波器后能得到原始信号 $f(t)$。

在应用中，一般取采样频率 f_0 为最高频率 f_m 的 4～8 倍。有些简单模拟信号的频谱范围一般是已知的，如温度低于 1Hz，声音为 20～20000Hz，振动为几千赫。对于一些复杂信号就要用信号分析（傅氏变换）算出，或用测量仪器（频谱分析仪器）测得，也可用试验的方法选取最合适的 f_0。

（2）量化

所谓量化，就是以一定的量化单位，把采样值取整，或者说，是把采样值取整为量化单位的整数倍。量化单位是输入信号的最大范围/数字量的最大范围，例如，把 0～10V 的模拟量转换成用 8 位二进制数表示的数字量，则量化单位就是 10V/256＝39.1mV。如果采样值在 0～39.1mV 之间，量化值是 00000001B，采样值在 0～78.1mV 之间，量化值是 00000010B，依此类推。

量化过程有舍入问题，就必然会出现舍入误差，这个误差称为量化误差。

（3）编码

量化得到的数值通常用二进制数表示，对有正负极性（双极性）的模拟量一般采用偏移码来表示，数据的最高位为符号位，数值为正时符号位是 1，反之为 0。例如，8 位的二进制偏移码 10000000 代表数值 0，00000000 代表负电压满量程，11111111 代表正电压满量程。

9.3.3 A/D 转换器的工作原理

模/数转换器的类型繁多，工作原理也各不相同。本节以最有代表性的逐次逼近式 A/D

转换器为例，来说明 A/D 转换器的工作原理。图 9-16 为这种 A/D 转换器的原理框图。

这种转换器的工作原理和用天平称量重物一样。在 A/D 转换中，输入模拟电压 V_i 相当于重物，比较器相当于天平，D/A 转换器给出的反馈电压 V_F 相当于试探码的总重量，而逐次逼近寄存器 SAR 相当于称量过程中人的作用。

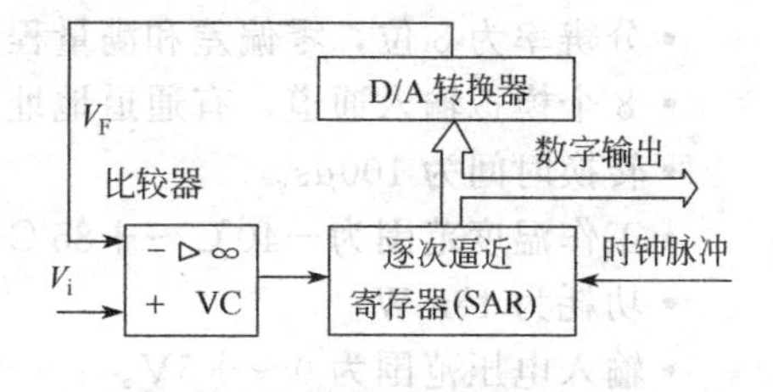

图 9-16　逐次逼近式 A/D 转换器原理框图

A/D 转换是从高位到低位依次进行试探比较。初始时，逐次逼近寄存器 SAR 内的数字被清为全 0。转换开始，先把 SAR 的最高位置 1（其余位仍为 0），经 D/A 转换后给出试探（反馈）电压 V_F，该电压被送入比较器中与输入电压 V_i 进行比较。如果 $V_F \leqslant V_i$，则所置的 1 被保留，否则被舍掉（复原为 0）。再置次高位为 1，构成的新数字再经 D/A 转换得到新的 V_F，该 V_F 再与 V_i 进行比较，又根据比较的结果决定次高位的留或舍。如此试探比较下去，直至最低位，最后得到转换结果数字输出。

图 9-17 为 4 位 A/D 转换过程示意图。每一次的试探量（反馈量）V_F 如图中粗线段所示，每次试探结果和数字输出如图中表所示。为了保证量化误差为 $\pm q/2$（q 是 $1/2^N$，N 为转换位数），比较器预先调整为当 $V_i = 1/2q$（这里为 1/32）时，数字输出为 0001，如图中所示。

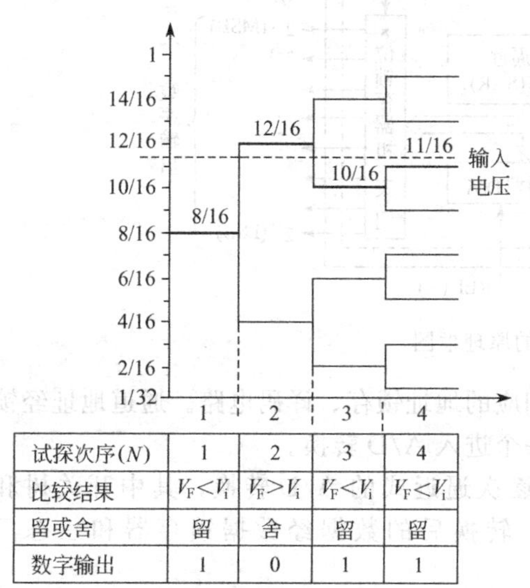

试探次序(N)	1	2	3	4
比较结果	$V_F<V_i$	$V_F>V_i$	$V_F<V_i$	$V_F<V_i$
留或舍	留	舍	留	留
数字输出	1	0	1	1

图 9-17　逐次逼近式 A/D 转换过程示意

逐次逼近式 A/D 转换的特点是转换时间固定，它决定于位数和时钟周期，适用于变化过程较快的控制系统（每位转换时间为 200～500ns，12 位需 2.4～6μs）。转换精度主要取决于 D/A 转换器和比较器的精度，可达 0.01%。转换结果也可以串行输出。这种转换器的性能适应大部分的应用场合，是应用最广泛的一种 A/D 转换器（占 90%左右）。

9.3.4　A/D 转换器的性能参数和术语

A/D 转换器的性能参数和技术术语与 D/A 转换器的大同小异。

① 分辨率　分辨率表示 A/D 转换器对模拟输入的分辨能力，通常用二进制位数表示。定义同 D/A。

② 量化误差　量化误差是在 A/D 转换中由于整量化所产生的固有误差。对于舍入（四舍五入）量化法，量化误差在±1/2LSB 之间。这个量化误差的绝对值是转换器的分辨率和满量程范围的函数。

③ 转换时间　转换时间指的是 A/D 转换器完成一次转换所需要的时间。

④ 绝对精度和相对精度　定义同 D/A 转换器。

⑤ 漏码　如果模拟输入连续增加（或减小）时，数字输出不是连续增加（或减小）而是越过某一个数字，即出现漏码。漏码是由于 A/D 转换器中使用的 D/A 转换器出现非单调性引起的。

9.3.5　A/D 转换器芯片 ADC0809

(1) ADC0809 的主要性能

ADC0809 是一个 8 通道的 A/D 转换器芯片，采用逐次逼近式的 A/D 转换，而且还提供模拟多路开关和联合寻址逻辑。它的主要特性如下。

• 分辨率为8位，零偏差和满量程误差均小于1/2LSB。

• 8个模拟输入通道，有通道地址锁存。数据输出具有三态锁存功能。

• 转换时间为100μs。

• 工作温度范围为−40℃～+85℃。

• 功耗为15mW。

• 输入电压范围为0～+5V。

• 单一+5V电源供电。

(2) ADC0809的内部结构和引脚功能

1) ADC0809的内部结构

ADC0809的内部结构框图如图9-18所示。从图中可以看出，ADC0809内部由三部分组成：通道选择、8位的A/D转换器和定时与控制电路。

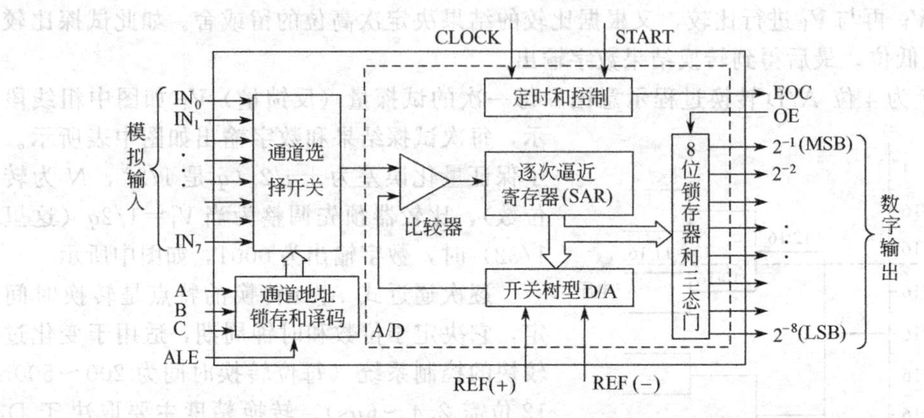

图9-18 ADC0809的原理框图

• 通道选择 包括一个树状通道选择开关和相应的地址锁存、译码电路。通道地址经锁存和通道地址译码以后，选中8个输入通道中的一个进入A/D转换。

• 8位的A/D转换器 ADC0809内部采用逐次逼近式的A/D转换，其中开关树和256k电阻阶梯一起，实现单调性的D/A转换，转换后的数据经数据锁存器和三态门输出。

• 定时与控制电路 具有控制启动转换和报告转换结束的功能。

2) ADC0809的引脚功能

图9-19给出ADC0809芯片的引脚图，各引脚的功能说明如下。

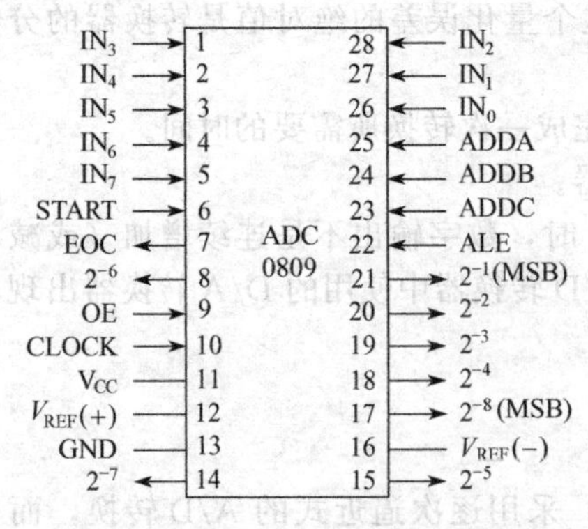

图9-19 ADC0809芯片的引脚图

表9-1 ADC0809通道选择

选中通道	地址 C	地址 B	地址 A
IN_0	L	L	L
IN_1	L	L	H
IN_2	L	H	L
IN_3	L	H	H
IN_4	H	L	L
IN_5	H	L	H
IN_6	H	H	L
IN_7	H	H	H

• IN_0～IN_7　8 个模拟输入通道，每个通道输入电压范围为 0～5V。

• ADDA、ADDB、ADDC　模拟通道选择（亦称通道地址选择），输入信号，由这三个引脚的编码决定本次转换的模拟量来自哪个输入通道。具体对应关系见表 9-1。

• ALE　地址锁存允许，输入信号，当它有效时，将来自 ADDA～ADDC 的通道地址打入地址锁存译码器进行译码。

• START　启动转换，输入信号，要求持续时间在 200ns 以上，用来启动 A/D 转换。

• EOC　转换结束，输出信号，当转换正在进行时为低电平，转换结束后自动跳为高电平，用于指示 A/D 转换已经完成且结果数据已存入锁存器。在系统中这个信号可用作中断请求或查询信号。

• 2^{-1}～2^{-8}　8 位数字数据输出，来自具有三态输出能力的 8 位锁存器，可直接接到系统数据总线上。

• OE　允许数据输出，输入信号，该信号有效时，输出三态门打开，数据锁存器的内容输出到数据线上。

• $V_{REF}(+)$、$V_{REF}(-)$　基准电压。基准电压 V_{REF} 根据 V_{CC} 确定，典型值为 $V_{REF}(+)=V_{CC}$，$V_{REF}(-)=0$，$V_{REF}(+)$ 不允许比 V_{CC} 正，$V_{REF}(-)$ 不允许比地电平负。

• V_{CC}　电源。

• CLOCK　时钟，要求频率范围为 10kHz～1MHz（典型值为 640kHz）可由微处理器时钟分频得到。

• GND　地。

ADC0809 的工作时序如图 9-20 所示。由 START 为高电平来启动转换，上升沿将片内 SAR 复位，真正转换从 START 的下降沿开始。在 START 上升沿之后的 2μs 加 8 个时钟周期（不定），EOC 输出信号将变低，以指示转换操作正在进行中。EOC 保持低电平直至转换完成后再变为高电平，此时，转换后的数据已进入数据锁存器。当 OUTPUT ENABLE（即 OE）被置为高电平时，输出三态门打开，数据锁存器中的内容输出到数据总线上（CPU 可通过 IN 指令获取数据）。

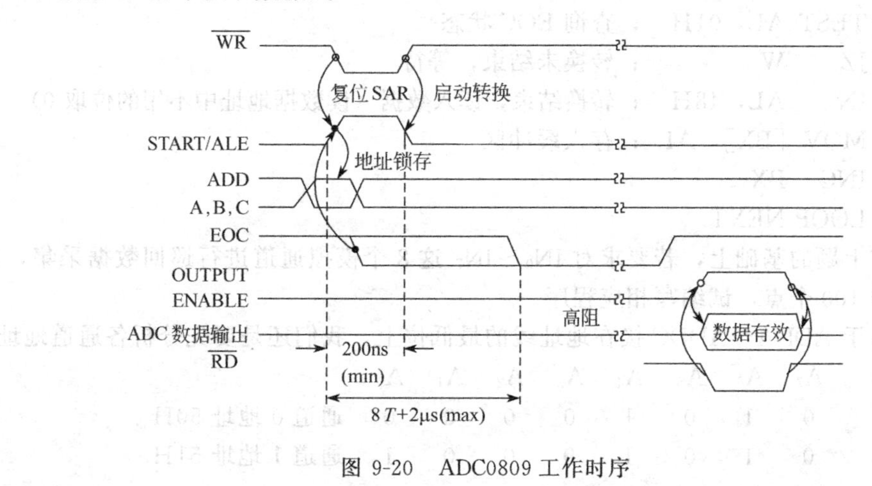

图 9-20　ADC0809 工作时序

3）ADC0809 的应用

下面通过几个例子来介绍 ADC0809 的应用。

例 4　图 9-21 是 ADC0809 与 8088CPU 的接口电路，现在要求采用查询方式对模拟通道 IN_0 进行数据采集，采集到的 10 个数据存放在 BUFF 缓冲区中。

分析　首先从接口电路的设计中分析相关地址。

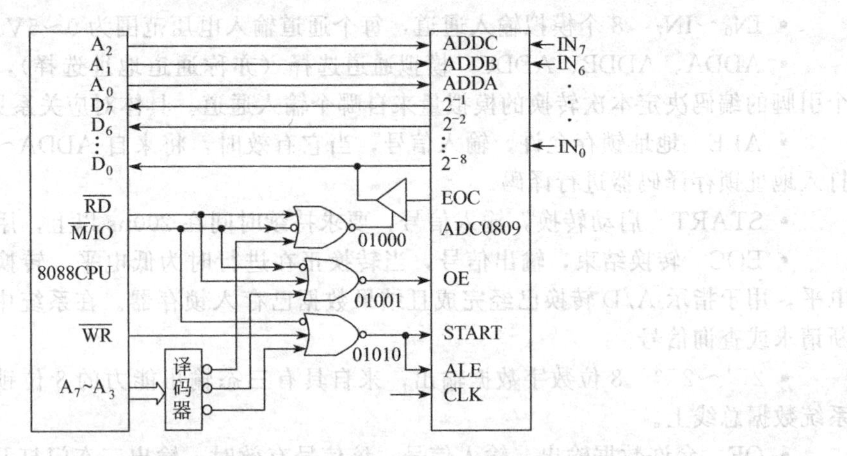

图 9-21 ADC0809 与 8088CPU 接口

A_7	A_6	A_5	A_4	A_3	A_2	A_1	A_0	
0	1	0	1	0	0	0	0	通道 0 地址
0	1	0	0	0	*	*	*	查询地址
0	1	0	0	1	*	*	*	读数据地址

另外，从接口电路的设计中还可以分析出，对 ADC0809 的启动应采用 OUT 指令，但此时，仅关心输出的地址（50H），而输出什么数据对系统无影响。读转换后的数据通过 IN 指令完成，端口地址是 48H。而查询 EOC 状态则通过 IN 指令完成（查询最低位），端口地址是 40H。

程序设计如下。

```
      LEA  BX，BUFF
      MOV  CX，10
NEXT：OUT  50H，AL  ；选通 IN0 启动 A/D 转换
      INW：AL，40H  ；查询地址中不用的位取 0
      TEST AL，01H  ；查询 EOC 状态
      JZ   W        ；转换未结束，等待
      IN   AL，48H  ；转换结束，读入数据（读数据地址中不用的位取 0）
      MOV  [BX]，AL ；存入缓冲区
      INC  BX
      LOOP NEXT
```

例 5 在上题的基础上，若要求对 IN_0～IN_7 这 8 个模拟通道进行巡回数据采集，每一个通道各采样 100 个点，试编写相应程序。

分析 由于 ADDA～ADDC 接在地址线的最低位上，我们还是要先分析各通道地址。

A_7	A_6	A_5	A_4	A_3	A_2	A_1	A_0	
0	1	0	1	0	0	0	0	通道 0 地址 50H
0	1	0	1	0	0	0	1	通道 1 地址 51H
…								
0	1	0	1	0	1	1	1	通道 7 地址 57H

要完成对 8 个模拟通道进行巡回数据采集，就要一个通道一个通道进行，每个通道完成以后，要修改相应的通道地址，8 个模拟通道巡回一遍以后，要从 0 通道重新开始。

程序设计如下。

```
MOV    BX，OFFSET BUFF ；设置数据存储指针
```

```
         MOV    CX，100         ；设置计数初值
      N：MOV    DX，0050H
      P：OUT    DX，AL          ；选通一个通道，启动 A/D
      W：IN     AL，40H         ；输入 EOC 状态（查询地址中不用的位取 0）
         TEST   AL，01H         ；测试
         JZ     W               ；转换未结束，等待
         IN     AL，48H         ；转换结束，读数据（读数据地址中不用的位取 0）
         MOV    [BX]，AL        ；存数
         INC    BX              ；修改存储地址指针
         INC    DX              ；修改 A/D 通道地址
         CMP    DX，0058H       ；判断八个通道是否采集完
         JNZ    P               ；未完，返回启动新通道
         LOOP   N               ；100 个点是否采样完成，未完返回再启动 IN0 通道
         HLT                    ；八个通道各 100 个点采样完成，暂停
```

例 6 图 9-22 是 ADC0809 与 8086CPU 的接口电路，现在要求采用中断方式对模拟通道 IN_0～IN_7 进行巡回数据采集，共采集到 80 个数据存放在 DATATAB 缓冲区中。试完成相应的主程序（包括 8259A 的初始化和设置中断向量）和中断服务子程序设计（假设 8259A 的端口地址是 20H 和 22H）。

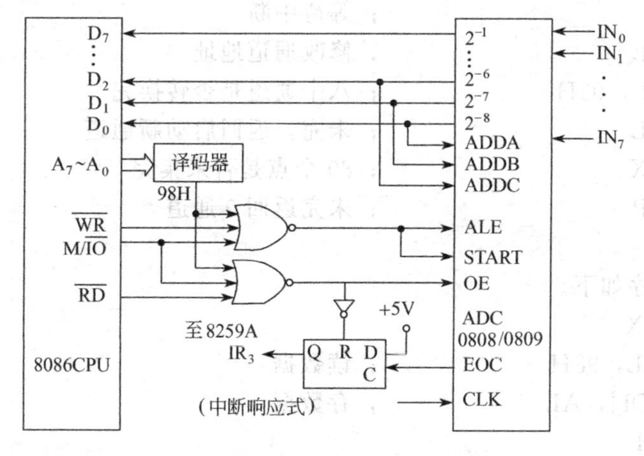

图 9-22 ADC0809 与 8086CPU 接口

分析 从接口电路图中可以看到，转换结束信号 EOC 通过 D 触发器经中断控制器 8259A 的 IR_3 将中断请求信号送到 8086CPU。通道地址选择 ADDA、ADDB、ADDC 分别接到数据总线的 D_0、D_1、D_2 上。

同例 4 类似，启动转换是通过一条 OUT 指令完成，不同的是，此时不仅要关心启动地址（可以分析出是 98H），而且要关心所送数据的低 3 位，因为它们是本次启动的通道地址。

读转换后的数据则通过 IN 指令完成，端口地址仍是 98H。

采用中断方式的主程序段如下。

```
    MOV   AL，13H          ；8259A 初始化。ICW1，单片 8259，边沿触发
    OUT   20H，AL
    MOV   AL，70H          ；ICW2，设定中断类型码的高 5 位
    OUT   22H，AL
    MOV   AL，03H          ；ICW4，中断自动结束
```

```
      OUT  22H，AL
      MOV  AL，0F7H
      OUT  22H，AL             ；开放来自IR3的中断请求
      CLI
      PUSH DS
      MOV  AX，0               ；中断向量表段基址
      MOV  DS，AX
      MOV  BX，OFFSET XY       ；取中断服务子程序的偏移地址
      MOV  SI，SEG XY          ；取中断服务子程序的段地址
      MOV  [01CCH]，BX         ；存放中断向量的偏移地址
      MOV  [01CEH]，SI         ；存放中断向量的段地址
      POP  DS                  ；中断类型码73H×4=01CCH
      STI                      ；开中断
      MOV  CX，10              ；送计数初值，每个通道采10个点共80个点
      LEA  DI，DATATAB         ；设置数据缓冲区地址指针
PP：  MOV  BL，00H             ；设置通道地址初值
LL：  MOV  AL，BL
      OUT  98H，AL             ；启动A/D
      HLT                      ；等待中断
      INC  BL                  ；修改通道地址
      CMP  BL，08H             ；八个通道是否转换完
      JNZ  LL                  ；未完，返回启动新通道
      DEC  CX                  ；80个点是否采集完
      JNZ  PP                  ；未完返回0通道
      HLT
```

中断服务子程序如下。

```
XY：  PUSH AX
      IN   AL，98H             ；读数据
      MOV  [DI]，AL            ；存数据
      INC  DI
      POP  AX
      IRET
```

如果要求通过定时器8253定时（如10ms）对ADC0809进行数据采集，则软硬件设计该如何考虑，请大家思考。

9.3.6 模/数转换器芯片与微处理器接口需注意的问题

设计A/D芯片和微处理器间的接口时，必须考虑以下问题。

(1) A/D芯片的数字输出特性

A/D芯片与微处理器之间除了明显的电气相容性以外，对A/D的数字输出必须考虑的关键两点是：转换结果数据应由A/D芯片锁存、数据输出最好具有三态能力。具有三态输出能力一般来说将使接口简化，如果芯片本身不提供这种功能，可以通过外接并行I/O接口（如8255A)，由该I/O接口实现。

(2) A/D芯片和CPU间的时序配合问题

在设计A/D芯片和微处理器间的接口时，时序配合问题也是要解决的问题之一。A/D

转换器从接到启动命令到完成转换给出转换结果数据需要一定的时间，一般来说，快者需要几微秒，慢者需要几十至几百毫秒。通常最快的A/D转换时间都比大多数微处理器的指令周期长。为了得到正确的转换结果，必须根据要求解决好启动转换和读取结果数据这两步操作间的时间配合问题，解决这个问题的常用方法如下。

1）固定延时等待法

因大多数A/D转换器不提供片选逻辑电路，因此地址译码一般要由外电路来实现。A/D转换器一般都被作为I/O设备来对待，微处理器对A/D转换器所占用的I/O口地址执行一条输出指令启动A/D转换，然后执行一个延时循环程序等待固定时间（这个时间应安排得比转换时间稍长些，以保证结果的正确性），延时结束后，用IN指令读出转换结果数据。

这种方法的优点是接口简单，缺点是等待时间较长，且在等待期间微处理器不能去做别的工作。

2）查询法

当读取转换结果数据的急迫性不是很高时，也可以采用查询的方法。9.3.5节的例4和例5给出了实现这种方法的实例。

3）中断响应法

采用固定延时等待法和查询法处理时序配合问题均占用了大量的CPU时间，牺牲了系统的工作效率，中断响应法则很好地解决了这个问题。

微处理器执行一条输出指令启动A/D转换以后，在等待转换完成期间，它可以继续执行其它任务。当转换完成时，A/D转换器产生的状态信号EOC向微处理器申请中断，微处理器响应中断后，在中断服务子程序中执行一条输入指令以获得转换的结果数据。9.3.5的例6给出了实现的实例。

中断响应法的特点是A/D转换完成后微处理器能立即得到通知，且不需花费等待时间，接口硬件简单。但在程序设计时要稍复杂些，必须根据CPU处理中断的方法进行，否则将达不到目的。

4）双重缓冲法

在A/D转换器和微处理器之间加一个具有三态输出能力的锁存器，其接口方法如图9-23所示。A/D转换器在每次转换结束后，能够在EOC的控制下自动重新启动，同时，它的数据输出锁存器的三态门总是开着，随时都对外提供转换结果数据。在A/D转换器和微处理器之间外加一个具有三态输出能力的8位锁存器，每次转换的结果数据在启动新转换的同时被打入该锁存器，因此该锁存器中总是保存着最新的转换结果数据。任何时候微处理器只要简单地对这个外加锁存器的口地址执行一条输入指令，就可读得A/D的最新结果数据。

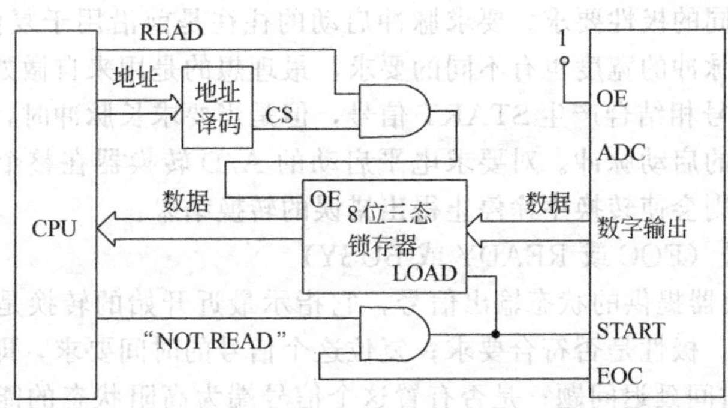

图9-23 双重缓冲法下A/D与CPU接口

这种方法的优点是：微处理器只用一条输入指令就可简单地读入转换结果数据，而不需花费等待时间；锁存器中的数据能自动不断刷新，因而读得的数据总是最新的数据。

（3）A/D转换器转换位数超过微处理器数据总线位数时的接口

当A/D转换器的转换位数超过微处理器数据总线位数时，就不能只用一条指令，而必须用两条输入指令才能把A/D转换的整个数字结果传递给微处理器。有不少8位以上的A/D转换器提供两个数据输出允许信号HIGH BYTE ENABLE（高字节允许）和LOW BYTE ENABLE（低字节允许），在这种情况下，就可采用如图9-24所示的接口方式（图中未规定测试转换已经完成的方法）。

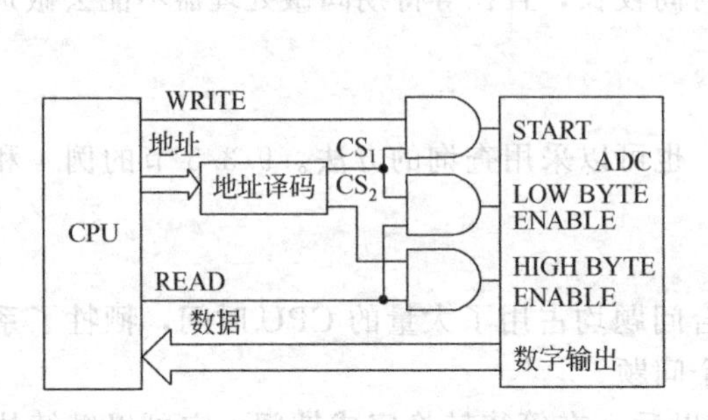

图9-24 高分辨率A/D与8位CPU接口

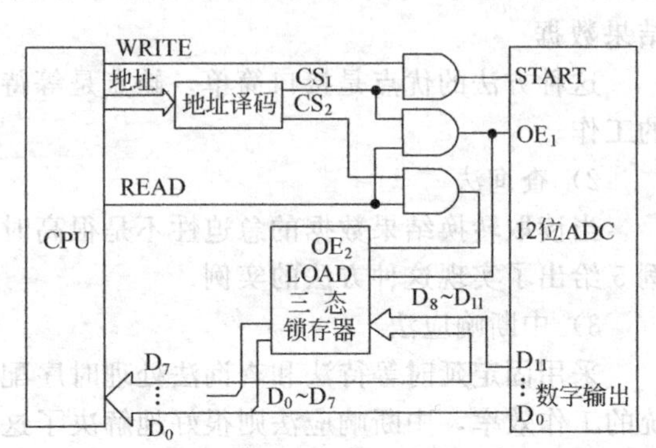

图9-25 一次输出12位的A/D与8位CPU接口

微处理器对一个口地址（CS_1）执行一条输出指令去启动A/D转换，当转换完成时，微处理器再对该地址执行一条输入指令，以读入转换结果数据的低字节。但为了从A/D转换器中获取转换数据的高字节，必须对另一地址（CS_2）执行一条输入指令。

有的分辨率高于8位的A/D转换器不提供两个数据输出允许信号，对于这样的A/D必须外加缓冲器件，以适应高低字节分别传输的要求，如图9-25所示。

微处理器对口地址CS_1执行一条输出指令启动A/D转换，当转换完成时再对该地址执行一条输入指令，把转换结果的低8位直接送入微处理器，同时把高4位打入三态锁存器。当再对CS_2地址执行一输入指令时，就把存于外加锁存器中的高4位送入微处理器。

（4）ADC的控制和状态信号

ADC的控制和状态信号的类型和特征对接口有很大影响，因此也必须给予充分注意。下面仅就几个主要信号进行简单讨论。

1）启动信号（START）

这是一个用于启动A/D转换的输入信号。有的A/D转换器要求脉冲启动，有的要求电平启动，其中又有不同的极性要求。要求脉冲启动的往往是前沿用于复位A/D转换器，后沿才用于启动转换。脉冲的宽度也有不同的要求，最理想的是用来自微处理器的WRITE或READ与地址译码信号相结合产生START信号，但是当要求长脉冲时，就不得不提供附加电路来产生符合要求的启动脉冲。对要求电平启动的A/D转换器在整个转换过程中，必须始终维持该电平，否则会使转换中途停止得出错误的转换结果。

2）转换结束信号（EOC或READY或BUSY）

这是由A/D转换器提供的状态输出信号，它指示最近开始的转换是否已经完成。对这个信号的使用要注意：极性是否符合要求；复位这个信号的时间要求，即是否存在启动转换到EOC变“假”的时间延迟问题；是否有置这个信号端为高阻状态的能力，如有此能力在查询法中将使外部接口电路简化。

3）输出允许信号（OUTPUT ENABLE）

这是一个对具有三态输出能力的 A/D 转换器的输入控制信号，在它的控制下 A/D 转换器可将数据送上数据总线。它通常由来自微处理器的 READ 与地址译码信号相结合而产生，同时也要注意极性问题。

习题与思考题

1. A/D 和 D/A 转换器在微机应用中起何作用？
2. D/A（A/D）转换器的分辨率和精度是如何定义的？它们有何区别？
3. 编写用 DAC0832 转换器芯片产生三角波的程序，其变化范围在 0～10V 之间变化。若要在－5～＋5V 之间变化要采用什么措施实现。
4. 试设计一个 CPU 和两片 DAC0832 的接口电路，并编制程序使之能在示波器上显示出正六边形的 6 个顶点。
5. D/A 转换器和微处理器接口中的关键问题是什么？如何解决？
6. A/D 转换为什么要进行采样？采样频率应根据什么选定？设输入模拟信号的最高有效频率为 5kHz，应选用转换时间为多少的 A/D 转换器对它进行转换？
7. 为了测量某材料的性质，要求以每秒 5000 点的速度采样，若要采样 1min，试问，至少要选用转换时间为多少的 8 位 ADC 芯片？要多少字节的 RAM 存储采样数据？
8. A/D 转换器和微处理器接口中的关键问题有哪些？
9. 有几种方法解决 A/D 转换器和微处理器接口中的时间配合问题？各有何特点？各适用于何种情况？
10. 试设计一个采用查询法并用数据线选择通道的 8088CPU 和 ADC0809 的接口电路，并编制程序使之把所采集的 8 个通道的 100 个数据送入给定的内存区 ARRAR。
11. 试利用 8253、ADC0809 设计一个定时数据采集系统（不包括 A/D 转换器输入通道中的放大器和采样/保持电路）。要求通过 8253 定时（假定时钟频率为 2MHz），每隔 20ms 采集一个数据，数据的 I/O 传送控制采用中断控制，中断请求信号接到 8259A 的 IR_2 请求信号引脚。允许附加必要的门电路。试完成：

   ① 硬件设计，画出连接图（不包括 8259A）；

   ② 软件设计，包括 8253、8259A 的初始化及中断服务子程序和主程序（只采集 ADC 0809 的 IN_0 通道数据）。

本章学习指导

在很多微机应用场合我们都会碰到 A/D、D/A 转换的问题，通过 A/D 转换将模拟量变为数字量交计算机处理，通过 D/A 转换再把数字量变为模拟量返回受控对象。因此，掌握 A/D、D/A 转换及其接口技术是学习微机应用（尤其是测控系统）的一个重要组成部分。

目前，A/D、D/A 转换器通常都是以集成电路芯片的形式提供给用户使用，这些芯片的工作原理与技术指标各不相同，适用的场合也不尽相同。因此，从应用的角度出发，我们首先要能选择满足用户需求的转换器芯片，这就要掌握芯片的相关技术指标，其中分辨率、精度和转换时间是最重要的。分辨率由转换的位数决定，n 位的转换器其分辨率就是满量程的 $1/2^n$。精度与构成芯片的器件有关，分成绝对精度和相对精度两种，通常用满量程的百分比来表示。而转换时间则反映了转换的速度。

DAC0832 是本章介绍的典型芯片，这是一个 8 位的 D/A 转换器，对它的学习应从两方面入手。

① 硬件连接　可以从输入输出两个方面来考虑。

• 输入　分单缓冲、双缓冲和直通连接，这时的 $\overline{CS}$、ILE、$\overline{XFER}$、$\overline{WR_1}$、$\overline{WR_2}$ 有不同的组合形式。

• 输出　分单级性和双级性连接，其中后者可以做到输出从 $-V_{REF}$～V_{REF} 变化，此时芯片输出端需外接一个加法器电路来实现。

② 产生所需波形　DAC0832是通过产生各种输出波形来实现对外界的控制的，如锯齿波、梯形波等。对应不同的硬件连接，产生各种输出波形的软件实现方法也有所不同（如单缓冲仅需一条输入指令，而双缓冲则要连续两条输入指令等）。对所产生的波形来讲，有幅度和周期的要求。如要输出指定幅度的波形，其对应的最大的输出数字量为（幅度/满量程）$\times 2^n$（n为转换位数）。如要输出指定周期的波形，则可通过适当的延时来实现。

ADC0809则是本章介绍的另一个典型芯片，这是一个8位的A/D转换器，对它的学习也要从两方面入手。

① 硬件连接　也可分成两个方面考虑。

• 启动　与启动有关的信号START和ALE通常由同一信号控制（如$\overline{IOW}$，此时由一条OUT指令来启动转换），但对应的通道地址ADDA～ADDC却有两种不同的连接方式，一是接至地址线低位，此时由输入输出的地址来区分不同通道。二是接至数据线低位，此时由输入输出的数据来区分不同通道。

• 读转换数据　EOC信号用来报告转换结束，采用查询方式控制时，它可用做查询信号（此时对应执行IN指令，与$\overline{IOR}$和口地址配合），采用查询方式控制时，它可用做中断请求信号。OE信号为输出使能，通常由$\overline{IOR}$信号控制，通过读相应的口地址取出转换数据（对应执行IN指令）。

② 软件设计　分单通道数据采集和多通道巡回数据采集，其中后者要注意每次巡回前需修改通道地址。另外，是利用查询方式还是中断方式来控制数据采集过程，相应的程序也有所不同。

以上两个芯片的具体应用实例可参考教材中的例题。

需要提醒的是，对一般的A/D、D/A转换器芯片，要实现它们与CPU的连接和应用，视芯片结构的不同，要格外注意像数据缓冲器的使用、同步的问题（和转换位数有关）、时序配合等多个方面，当然也包括诸如启动、控制方式等问题，只有这样，才能设计出合理的接口电路和相应的软件，完成预期的工作。

10 高性能微机技术简介

随着VLSI（超大规模集成电路）的出现和发展，芯片集成度显著提高，价格不断下降，从而提高了计算机的性能价格比，使得过去在大、中、小型计算机中才采用的一些现代技术（例如流水线技术、高速缓冲存储器Cache和虚拟存储器等），下移到微型机系统中来，因而使大、中、小、微型计算机的分界面不断发生变化，界限随时代而趋向消失。

本章简要介绍高性能计算机系统的基本工作原理和采用的一些新技术，主要包括Pentium微处理器中的指令流水线、RISC、SSE、存储器管理、存储器管理保护、工作方式和80X86微处理器体系结构。

10.1 流水线技术

所谓流水线技术是一种同时进行若干操作的并行处理方式。流水线处理的概念类似于工厂的流水作业装配线。若在计算机中把CPU的一个操作（分析指令、加工数据等）进一步分解成多个可以单独处理的子操作，使每个子操作在一个专门的硬件上执行，这样，一个操作需顺序地经过流水线中多个硬件的处理才能完成。但前后连续的几个操作可以依次流入流水线中，在各个硬件间重叠执行，这种操作的重叠提高了CPU的效率。

10.1.1 标量流水工作原理

通常CPU按顺序方式执行指令。也就是说，各条指令间顺序串行执行，执行完一条指令后，才取出下一条指令来执行，而且，一条机器指令内各个微操作也是顺序串行执行的。

顺序执行的优点是控制简单，但机器各部分的利用率不高。例如：分析指令时，运算部件基本空闲；而运算时，分析部件基本空闲。假如把两条指令或若干条指令在时间上重叠起来将大幅度提高程序的执行速度。图10-1示出了一次重叠方式。所谓“一次重叠”指的是任何时候都只是“执行K”与“分析$K+1$”重叠。由于这两个子过程是分别由分析和执行两个独立部件实现的，所以就不必等待上一条指令的“分析”、“执行”子过程都完成后才送入下一条指令，而是可以在上条指令的“分析”子过程结束，转入“执行”子过程时，就可接收下一条指令进入“分析”子过程。这样，机器的吞吐率（这里指单位时间内机器所能处理的指令数或是机器能输出的结果数量），就由于把执行一条指令的过程分解成两个子过程而提高一倍。

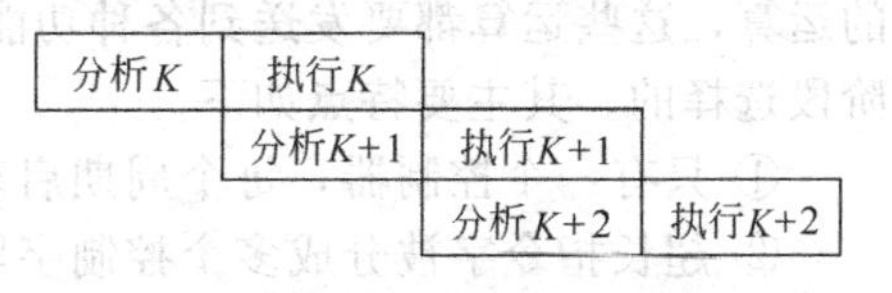

图10-1 指令的一次重叠操作

为了实现重叠，可设置指令缓冲寄存器（简称指缓），在总线空闲周期预先把指令由主存取到这个寄存器。这样，“分析K”就能和“取指$K+1$”重叠，因为只有前者“分析K”需要访问主存取操作数，而后者“取指$K+1$”是从指令缓冲寄存器取第$K+1$条指令。

显然，上述“重叠”和“流水”在概念上是密切联系的。可以这样看：“一次重叠”和“流水”的差别在于前者把一条指令的执行过程只分解为两个子过程，而后者则是分解成更多个子过程。也就是说，标量流水是重叠方式的进一步发展。

若把执行一条指令分解成“取指令码”、“指令译码”、“取操作数”和“执行”子过程，则指令执行时空图如图10-2所示。当流水线正常流动时，是每隔$\Delta t(=t_{i+1}-t_i)$就会流出

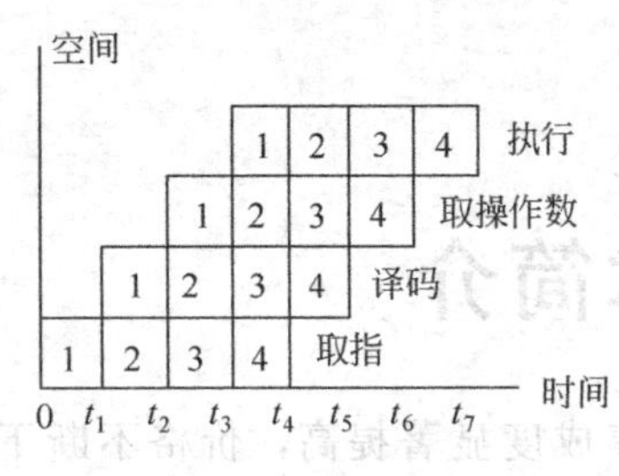

图 10-2　流水处理时空图

一个结果；然而，在指令刚开始流动时，情况并不如此，由图 10-2 可看出，在 t_4 之前（即首条指令流入后的 $4\Delta t$ 时间内）流水线并没有流出任何结果。也就是说，对首条指令来讲，流水方式和顺序方式是一样的。

以上讨论的是指令执行流水线，经常采用的还有运算操作流水线，在这种流水线中，把运算操作分成几个子过程，每个子过程设置专门的逻辑电路完成指定的操作。和上述原理类似，可实现几个子过程并行处理。

10.1.2　超流水线超标量方法

超流水线是指某些 CPU 内部的流水线超过通常的 5～6 步以上，例如 Pentium pro 的流水线就长达 14 步，PⅣ为 20 步。将流水线设计的步（级）数越多，其完成一条指令的速度越快，因此才能适应工作主频更高的 CPU。超标量（Super Scalar）是指在 CPU 中有一条以上的流水线，并且每时钟周期内可以完成一条以上的指令，这种设计就叫超标量技术。一般地，超级标量机具有如下特点。

① 配置有多个性能不同的处理部件，采用多条流水线并行处理。

② 能同时对若干条指令进行译码，将可以并行执行的指令送往不同的执行部件，从而达到在每个周期启动多条指令的目的。

③ 在程序运行期间，由硬件（通常是状态记录部件和调度部件）来完成指令调度。

从原理上讲，超级标量机主要是借助硬件资源重复（例如有两套译码器和 ALU 等）来实现空间的并行操作。

10.1.3　超长指令字（VLIW）技术

超长指令字（Very Long Instruction Word，VLIW）方法是由美国耶鲁大学的 Fisher 教授首先提出的，它与超级标量方法有许多类似之处，但它以一条长指令来实现多个操作的并行执行，以减少对存储器的访问。这种长指令往往长达上百位，每条指令可以做几种不同的运算，这些运算都要发送到各种功能部件上去完成，哪些操作可以并行执行，这是在编译阶段选择的。其主要特点如下。

① 只有一个控制器，每个周期启动一条长指令。

② 超长指令字被分成多个控制字段，每个字段直接独立地控制每个功能部件。

③ 含有大量的数据通路和功能部件，由于编译器在编译时已考虑到可能出现的相关问题，故控制硬件较简单。

④ 在编译阶段完成超长指令中多个可并行执行操作的调度。

10.1.4 其它相关技术

（1）乱序执行技术

乱序执行（Out-of-Order Execution）是指 CPU 采用了允许将多条指令不按程序规定的顺序分开发送给各相应电路单元处理的技术。比方说程序某一段有 7 条指令，此时 CPU 将根据各单元电路的空闲状态和各指令能否提前执行的具体情况分析后，将能提前执行的指令立即发送给相应电路执行。当然，在各单元不按规定顺序执行完指令后，还必须由相应电路再将运算结果重新按原来程序指定的指令顺序排列后才能返回程序。这种将各条指令不按顺序拆散后执行的运行方式就叫乱序执行（也叫错序执行）技术。采用乱序执行技术的目的是为了使 CPU 内部电路满负荷运转并相应提高了 CPU 运行程序的速度。

（2）分支预测和推测执行技术

分支预测（Branch Prediction）和推测执行（Speculation Execution）是 CPU 动态执行技术中的主要内容，动态执行是目前 CPU 主要采用的先进技术之一。采用分支预测和动态执行的主要目的是为了提高 CPU 的运算速度。推测执行是依托于分支预测基础上的，在分支预测程序是否分支后所进行的处理也就是推测执行。

程序转移（分支）对流水线影响很大。尤其是循环操作在软件设计中使用十分普遍，不仅每次在循环当中对循环条件的判断占用了大量的 CPU 时间，重要的是循环转移破坏了流水线的正常流水，影响了流水线的性能。为此，Pentium 用分支目标缓冲器 BTB（Branch Target Buffer，一个小的 Cache）动态地预测程序分支。动态分支预测算法推测性地在过去曾执行过的相应指令的地址处运行取代码周期，这样的取代码周期根据过去的执行历史来运行，而不管检索得到的指令是否与当前执行的指令序列有关。

这种方法是当指令导致程序分支时，BTB 就记下这条指令的地址和分支目标的地址（即存储过去的程序分支处的程序地址和转移目标地址）。当预取部件取到新的分支时，就与 BTB 中的所有信息作相联比较，若有相符的信息时，即预测分支。分支预取部件从此处开始预取，否则，原预取部件继续顺序预取。

当 BTB 判断正确时，分支程序即刻得到译码。从循环程序来看，在开始进入循环和退出循环时，BTB 会发生判断错误，需重新计算分支地址。循环 10 次，2 次错误 8 次正确，循环 100 次，2 次错误 98 次正确。因此，循环越多，BTB 的效益越明显。

（3）指令特殊扩展技术

从最简单的计算机开始，指令序列便能取得运算对象，并对它们执行计算。对大多数计算机而言，这些指令同时只能执行一次计算。如需完成一些并行操作，就要连续执行多次计算。此类计算机采用的是“单指令单数据”（SISD）处理器。在介绍 CPU 性能中还经常提到“扩展指令”或“特殊扩展”一说，这都是指该 CPU 是否具有对 X86 指令集进行指令扩展而言。扩展指令中最早出现的是 Intel 公司的“MMX”，其次是 AMD 公司的“3D Now!”，及 PⅢ中的“SSE”及 PⅣ中的“SSE2”。

10.2 RISC、SIMD 简介

10.2.1 RISC 简介

常常有人说起在某某计算机系统中使用了 CISC 技术，而在某些更高级的计算机中使用了 RISC 技术，那么到底 CISC 技术和 RISC 技术各代表什么含义呢？它们各有什么特点？

CISC 技术和 RISC 技术是以计算机指令系统的优化方法来分类而形成的技术概念，它们代表着目前计算机指令系统的两个截然不同的优化方向。注意，这里的计算机指令系统指的是计算机的最低层的机器指令，也就是 CPU 能够直接识别的指令。随着计算机系统的复杂，要求计算机指令系统的构造能使计算机的整体性能更快更稳定。最初，人们采用的优化方法是增强计算机指令系统的功能，即设置一些功能复杂的指令，把一些原来由软件实现的，常用的功能改用硬件的指令系统实现，以提高计算机的执行速度，这种计算机系统就被称为复杂指令系统计算机，即 Complex Instruction Set Computer，简称 CISC。另一种优化方法是在 20 世纪 80 年代才发展起来的，其基本思想是尽量简化计算机指令功能，只保留那些功能简单、能在一个节拍内执行完成的指令，而把较复杂的功能用一段子程序来实现，这种计算机系统就被称为精简指令系统计算机，即 Reduced Instruction Set Computer，简称 RISC。RISC 技术的思想精华就是通过简化计算机指令功能，使指令的平均执行周期减少，从而提高计算机的工作主频，同时大量使用通用寄存器，来提高子程序执行的速度。所以一般 RISC 计算机的速度是同等 CISC 计算机的 3 倍左右。当然，实际上现在 CISC 和 RISC 的划分已经不是很清楚的了，因为在很多 CISC 计算机中也已经采用了 RISC 的思想，如流水线技术等。

10.2.2 SIMD技术简介

单指令多数据Single Instruction Multiple Data，简称SIMD。SIMD结构的CPU有多个执行部件，但都在同一个指令部件的控制下。SIMD在性能上有什么优势呢？以加法指令为例，单指令单数据（SISD）的CPU对加法指令译码后，执行部件先访问内存，取得第一个操作数；之后再一次访问内存，取得第二个操作数；随后才能进行求和运算。而在SIMD型CPU中，指令译码后几个执行部件同时访问内存，一次性获得所有操作数进行运算。这个特点使得SIMD特别适合于多媒体应用等数据密集型运算。AMD公司的3D NOW！技术其实质就是SIMD，这使K6-2处理器在音频解码、视频回放、3D游戏等应用中显示出优异性能。

10.3 MMX、SSE、SSE2技术

10.3.1 MMX技术

MMX是为多媒体应用而设计的，因此人们常把MMX解释为多媒体扩展（MultiMedia eXtension）。其实，MMX的数据类型和指令系统，不仅适合于多媒体操作，而且也适合于通信及信号处理等更宽的应用领域，所以也可以把它理解为多媒体与通信的扩展（Multimedia and Modem eXtension）。

MMX是英语“多媒体指令集”的缩写。共有57条指令，是Intel公司第一次对自1985年就定型的X86指令集进行的扩展。MMX主要用于增强CPU对多媒体信息的处理，提高CPU处理3D图形、视频和音频信息能力。MMX技术一次能处理多个数据。计算机的多媒体处理，通常是指动画再生、图像加工和声音合成等处理。在多媒体处理中，对于连续的数据必须进行多次反复的相同处理。利用传统的指令集，无论是多小的数据，一次也只能处理一个数据，因此耗费时间较长。为了解决这一问题，在MMX中采用了SIMD（单指令多数据技术），可对一条命令多个数据进行同时处理，它可以一次处理64bit任意分割的数据。其次，是数据可按最大值取齐。MMX的另一个特征是在计算结果超过实际处理能力的时候也能进行正常处理。若用传统的X86指令，计算结果一旦超出了CPU处理数据的限度，数据就要被截掉，而化成较小的数。而MMX利用所谓“饱和（Saturation）”功能，圆满地解决了这个问题。计算结果一旦超过了数据大小的限度，就能在可处理范围内自动变换成最大值。

MMX技术扩展了IA（Intel Architecture）的指令系统，大大增强了高级媒体和通信应用的性能。这种扩展（包括新的寄存器、数据类型和指令）与单指令多数据（SIMD）的并行执行方式相结合，能显著地加速如运动视频、视频图形组合、图像处理、音频合成、语音合成与压缩、电话技术、视频会议以及2D与3D图形等处理。这类处理的特点是使用密集的算法，对局部实型数组进行重复操作。

MMX技术定义了一种简单灵活的软件模型，它没有新的操作模式，也没有操作系统可见的状态。现有各种软件不用修改就可以在带有MMX技术的IA处理器上正确运行。

本小节简要介绍MMX技术的基本编程环境，包括MMX寄存器集、数据类型，然后举例说明如何使用MMX指令。

MMX技术对IA编程环境的扩展如下。

① 8个MMX寄存器（MM0～MM7）。

② 4种MMX数据类型（紧缩字节、紧缩字、紧缩双字和四字）。

③ MMX指令系统。

（1）MMX寄存器

MMX寄存器集由8个64位寄存器组成，见图10-3。MMX指令使用寄存器名MM0～

MM7直接访问MMX寄存器。这些寄存器只能用来对MMX数据类型进行数据运算，不能寻址存储器。MMX指令中存储器操作数的寻址仍使用标准的IA寻址方式和通用寄存器（EAX、EBX、ECX、EDX、EBP、ESI、EDI和ESP）来进行。

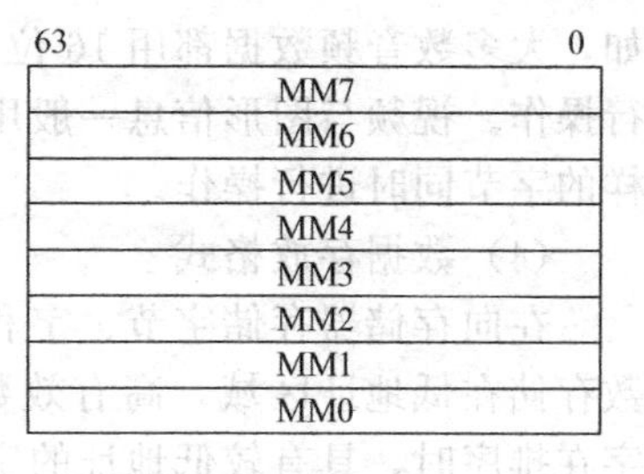

图 10-3　MMX寄存器集

尽管MMX寄存器在IA中是作为独立寄存器来定义的，但是，它们是通过对FPU（Float Process Unit）数据寄存器堆栈（$R_0 \sim R_7$）别名而来的。

（2）MMX数据类型

MMX技术定义了以下新的64位数据类型。

紧缩字节：8个字节紧缩成一个64位；紧缩字：4个字紧缩成一个64位；紧缩双字：2个双字紧缩成一个64位；4字：一个64位。如图10-4所示。

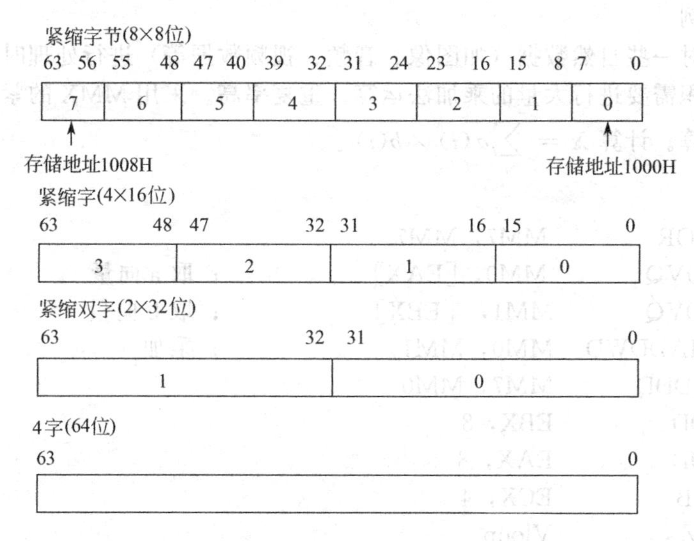

图 10-4　数据格式和存储方式

紧缩字节数据类型中字节的编号为0～7，第0字节在该数据类型的低有效位（位0～7），第7字节在高有效位（位56～63）。紧缩字数据类型中的字编号为0～3，第0字在该数据类型的位0～15，第3字在位48～63。紧缩双字数据类型中的双字编号为0～1，第0个双字在位0～31，第1个双字在位32～63。

MMX指令可以用64位块方式与存储器进行数据传送，也可以用32位块方式与IA通用寄存器进行数据传送。但是，在对紧缩数据类型进行算术或逻辑操作时，MMX指令则对64位MMX寄存器中的字节、字或双字进行并行操作。

对紧缩数据类型的字节、字和双字进行操作时，这些数据可以是带符号的整型数据，也可以是无符号的整型数据。

（3）单指令多数据执行方式

MMX技术使用单指令多数据（SIMD）技术对紧缩在64位MMX寄存器中的字节、字或双字实现算术和逻辑操作。例如，PADDSB指令将源操作数中的8个带符号字节加到目标操作数中的8个带符号字节上，并将8字节的结果存储到目标操作数中。SIMD技术通过对多数据元素并行实现相同的操作，来显著地提高软件性能。

MMX技术所支持的SIMD执行方式可以直接满足多媒体、通信以及图形应用的需要，这些应用经常使用复杂算法对大量小数据类型（字节、字和双字）数据实现相同操作。例如，大多数音频数据都用16位（字）来量化，一条MMX指令可以对4个这样的字同时进行操作。视频与图形信息一般用8位（字节）来表示，那么，一条MMX指令可以对8个这样的字节同时进行操作。

（4）数据存放格式

在向存储器存储字节、字和双字时，总是以紧缩数据类型存储到连续的地址上，低有效数存储在低地址区域，高有效数存储在高地址区域，见图10-4。存储器中的字节、字或双字在排序时，具有较低地址的字节总是较低的有效数，具有较高地址的字节总是较高的有效数。当考虑紧缩数据对界存储时，应当按4字节或8字节的边界对齐。

MMX寄存器中数的格式与存储器中64位数的格式相同。MMX寄存器有两种数据访问模式：64位访问模式与32位访问模式。64位访问模式用于64位存储器访问、MMX寄存器间的64位传送、逻辑与算术运算以及紧缩/展开指令。32位访问模式仅用于32位存储器访问、32位传送以及某些展开指令。

（5）应用举例

向量点积是对一些自然数据（如图像、音频、视频数据等）进行处理时，使用的基本算法之一。向量点积需要进行大量的乘加法运算，重复率高。采用MMX的紧缩乘加指令能有效地加速该类运算。计算 $X=\sum_{i} a(i) \times b(i)$ 。

程序如下。

```
        PXOR       MM7，MM7
Vloop： MOVQ       MM0，[EAX]          ；取a向量
        MOVQ       MM1，[EBX]          ；取b向量
        PMADDWD    MM0，MM1            ；乘加
        PADDD      MM7，MM0
        ADD        EBX，8
        ADD        EAX，8
        SUB        ECX，4
        JNZ        Vloop
        MOVQ       MM6，MM7            ；结果暂存
        PSRLQ      MM7，32             ；结果右移32位
        PADDD      MM7，MM6
        MOVD       [result]，MM7       ；存放32位结果
```

10.3.2 SSE技术

SSE是因特网数据流单指令序列扩展（Internet Streaming SIMD Extensions）的缩写。Intel公司首次将它应用于Pentium Ⅲ中。实际就是原来传闻的MMX2，后来又叫KNI（Katmai New Instruction），Katmai实际上也就是现在的Pentium Ⅲ。SSE共有70条指令，不但涵括了原MMX和3D Now！指令集中的所有功能，而且特别加强了SIMD浮点处理能力，另外还专门针对目前因特网的日益发展，加强了CPU处理3D网页和其它音、像信息技术处理的能力。CPU具有特殊扩展指令集后还必须在应用程序的相应支持下才能发挥作用，因此，Pentium Ⅲ 450和Pentium Ⅱ 450运行同样没有扩展指令支持的应用程序时，它们之间的速度区别并不大。

SSE除保持原有的MMX指令外，又新增了70条指令，在加快浮点运算的同时，也改善了内存的使用效率，使内存速度显得更快一些。对游戏性能的改善十分显著，按Intel的说法，SSE对下述几个领域的影响特别明显：3D几何运算及动画处理；图形处理（如Photoshop）；视频编辑/压缩/解压（如MPEG和DVD）；语音识别；声音压缩和合成等。

Intel 的 SSE 由一组结构扩展组成，它被设计为用以提高先进的媒体和通信应用程序的性能。该扩展（包括新的寄存器、新的数据类型和新的指令）与单指令多数据（SIMD）技术相结合，有利于加速应用程序的运行。这个扩展与 MMX 技术相结合，将显著地提高多媒体应用程序的效率。典型的应用程序是：运动视频，图形和视频的组合，图像处理，音频合成，语音识别、合成与压缩，电话、视频会议和 2D、3D 图形。对于需要有规律地访问大量数据的应用程序，也可以从流式 SIMD 扩展的高性能预取和存储方面获得好处。

SSE 定义了一种简单灵活的软件模式。这种新的模式引入了一种新的操作系统可视状态。为了增强并行性，增加了一组新的寄存器。现存的各种软件，可在不作修改的情况下继续在增加了 SSE 的 IA 处理器上正确运行。

SSE 引入了一组新的、通用的浮点指令。浮点指令对 8 个 128 位 SIMD 浮点寄存器组进行操作。SSE 指令系统使得程序设计人员能够去设计这样一类的算法，SSE 指令和 MMX 指令两者混合在一起的紧缩单精度浮点运算和紧缩整型运算的算法。SSE 提供了一些新的指令以控制整个 MMX 数据类型和 32 位数据类型的可高速缓存性，新指令能将数据流直接送存储器而不污染高速缓存，还提供了能够预取数据的新指令。

SSE 对于 IA 编程环境而言，提供了如下新扩展。

① 8 个 SIMD 浮点寄存器（XMM0～XMM7）。

② SIMD 浮点数据类型（128 位紧缩浮点数）。

③ SSE 指令系统。

SIMD 浮点寄存器和数据类型在下面介绍。

(1) SIMD 浮点寄存器

IA 的 SSE 提供了 8 个 128 位的通用寄存器，每个寄存器可以直接寻址。这些寄存器是新的，需要能使用该类寄存器的操作系统支持。

SIMD 浮点寄存器保存着紧缩的 128 位数据。流式 SIMD 扩展指令访问 SIMD 浮点寄存器时，直接使用寄存器名 XMM0～XMM7，见图 10-5。SIMD 浮点寄存器可被用以完成数据计算，但不能用来寻址存储器。寻址仍用整型寄存器来实现，并且使用标准的 IA 寻址方式及通用寄存器名。

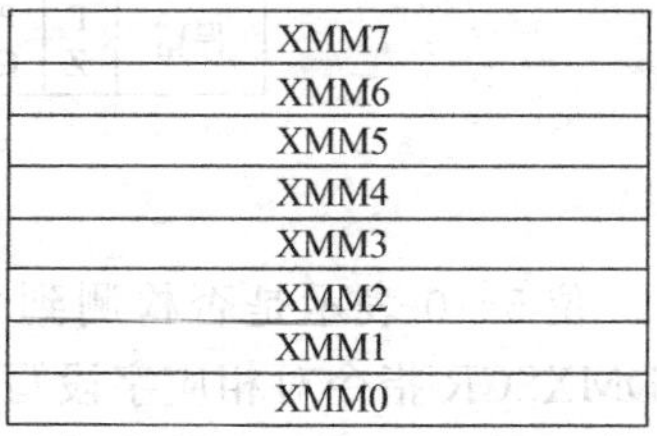

XMM7
XMM6
XMM5
XMM4
XMM3
XMM2
XMM1
XMM0

图 10-5 XMM 寄存器

MMX 寄存器被映射为浮点寄存器。从 MMX 操作转换到浮点操作需要执行 EMMS 指令。由于 SIMD 浮点寄存器是一个独立的寄存器文件，因此 MMX 指令和浮点指令都能与流式 SIMD 扩展指令混合在一起，而不需要执行如 EMMS 指令那样的特殊操作。

(2) SIMD 浮点数据类型

IA 流式 SIMD 扩展的基本数据类型是紧缩单精度浮点操作数，准确地说，是 4 个 32 位单精度浮点（SP-FP）数（图 10-6）。

新的 SIMD 整型指令可以按紧缩字节、紧缩字或者紧缩双字的数据类型进行操作。新的预取指令是在 32 字节或者更大的数据规模基础之上工作的，不管这些数据是什么类型。4 个 32 位单精度浮点数编号为 0～3，第 0 个数据位于寄存器的低 32 位之中。

SSE 与存储器之间的紧缩数据（单精度的浮点双字）传送，按 64 位的块或者按 128 位的块来进行。但是，当按紧缩数据类型执行算术操作或者逻辑操作时，却按 SIMD 浮点寄存器中 4 个独立的双字并行地进行操作。新的 SIMD 整型指令遵

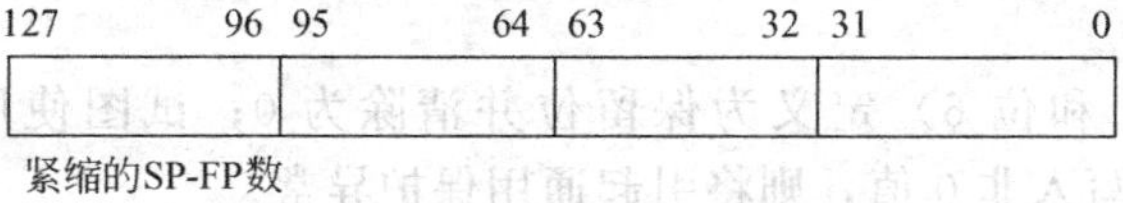

127 96	95 64	63 32	31 0

紧缩的SP-FP数

图 10-6 32 位单精度浮点

循着 MMX 指令的惯例，并且按 MMX 寄存器的数据类型，而不是按 SIMD 浮点 128 位寄存器的数据类型进行操作。

（3）SIMD 的执行方式

SSE 使用单指令多数据（SIMD）技术，按照 128 位浮点寄存器中的单精度浮点数来完成算术和逻辑操作。这种技术通过用一条指令并行地处理多个数据元素，以提高软件的速度性能。流式 SIMD 扩展支持紧缩的单精度浮点数据类型的操作，其 SIMD 整型指令支持紧缩整型数据类型（字节、字、双字）的操作。SSE 指令能在保护方式、实地址方式和虚拟 8086 方式下运行。

（4）数据格式

SSE 的紧缩 128 位数据，编号为 0～127。位 0 为最低有效位（LSB），127 为最高有效位（MSB）。当存储数据时，128 位的数据总是按"小端"法进行排序，即低地址的字节为低有效字节，高地址的字节为高有效字节。

Pentium Ⅲ处理器的 SIMD 浮点指令以 32 位单精度浮点数据为单位进行操作。在 SIMD 浮点寄存器中的值与存储器中的 128 位数具有相同的格式。

在存储器存储实型数时，单精度实型值按 4 个连续的字节存储在存储器中。128 位的访问方式用于 128 位的存储器访问、SIMD 浮点寄存器之间的 128 位传送、所有的逻辑展开/算术指令操作。32 位的访问方式用于 32 位的存储器访问、SIMD 浮点寄存器之间的 32 位传送以及各种算术指令操作。算术指令有 128 位操作的、也有 32 位操作的。

（5）SIMD 浮点控制/状态寄存器

控制/状态寄存器 MXCSR 用来屏蔽/开放数值异常处理、设置舍入方式、设置清零方式和观察状态标志。该寄存器的内容可以用 LDMXCSR 和 FXRSTOR 指令来加载和用 STMXSCRR 和 FXSAVE 指令将它存入存储器。图 10-7 示出了 MXCSR 寄存器中各个字段。

31…16	15	14	13	12	11	10	9	8	7	6	5	4	3	2	1	0
保留	FZ	RC	RC	PM	UM	OM	ZM	DM	IM	保留	PE	UE	OE	ZE	DE	IE

图 10-7 MXCSR 寄存器

位 5～0 表示是否检测到 SIMD 浮点数值异常。它们是"粘贴（Sticky）"标志，通过 LDMXSCR 指令对相应字段写 0 可以清除这些标志。如果 LDMXCSR 指令清除了相应的屏蔽位之后又对相应的异常标志置 1，不会立即产生异常。只有在下一次 SSE 扩展处理时，出现了这种异常条件才会发生异常。SSE 的每种异常只有一个异常标志，因此一次紧缩数据（4 个 SP 浮点数）操作时，不能为每个数据操作提供异常报告。在同一条指令之内出现多个异常条件时，则相关的异常标志被修改并且指示着这些条件中最后一个异常条件所发生的异常。当复位时，这些标志被清除。

位 12～7 组成数值异常屏蔽。如果相应的位置 1，则该种异常被屏蔽，如果相应的位清除，则该种异常开放。在复位时，这些位全被置为 1，意味着所有的数值异常被屏蔽。

位 14～13 为舍入控制字段。舍入控制除提供定向舍入、截尾舍入之外，还控制着公用的就近舍入方式。当复位时，舍入控制被置为就近舍入。

位 15（FZ）用来启动"清洗为 0（Flush To Zero）"方式。当复位时，该位被清除，则禁止"清洗为 0"方式。

MXCSR 寄存器的其它位（位 31～16 和位 6）定义为保留位并清除为 0；试图使用 FXRSTOR 或者 LDMXCSR 指令对保留位写入非 0 值，则将引起通用保护异常。

启动"清洗为 0"方式，在下溢情况下，有如下的效果。

① 回送0结果，且0值带有真实结果的符号。

②精度异常标志和下溢异常标志置为1。

在应用程序中，下溢异常出现时，希望能以精度的轻微损失为代价而换得应用程序的快速运行，因此采用“清洗为0”方式。对于“清洗为0”的下溢是这样定义的：当计算结果规格化之前，指数部分处于不可规格化范围，则产生“清洗为0”，而不管是否有精度损失。未屏蔽的下溢异常是早于“清洗为0”方式产生的，这就意味着，当下溢异常未被屏蔽时，产生了下溢条件的SSE指令，将调用异常处理程序，而不管“清洗为0”方式是否为使能。

10.3.3 SSE2技术

Intel在PⅣ处理器中加入了SSE2指令集。和之前PⅢ处理器采用的SSE指令集相比，目前PⅣ的整个SEE2指令集总共有144个，其中包括原有的68组SEE指令及新增加76组SEE2的指令。全新的SEE2指令除了将传统整数MMX寄存器也扩展成128位（128bit MMX），另外还提供了128位SIMD整数运算操作和128位双精密度浮点运算操作。SSE2指令集的引入在一定程度上提高了PⅣ处理器的运算速度。

10.4 操作方式和寄存器

从本节开始，我们将简要介绍新一代计算机中所采用的基本技术，包括PⅡ、PⅢ计算机的操作方式和执行过程，存储管理及存储保护方式，使大家对新一代计算机系统有一个较全面的了解。

计算机系统结构是机器语言程序设计员所面向的计算机抽象结构。计算机组织是为了实现计算机系统结构而采用的硬件组成。对于计算机系列产品而言，不同档次的计算机采用的硬件技术不同，因而计算机组织可以有很大的差别。但是在系列计算机中，各个档次的计算机在软件上具有兼容性，于是系列产品中的计算机系统结构，本质上应当是相同的。Intel系列处理器始终保持着目的代码一级的向上兼容，所以Intel体系结构（IA）对于当今计算机具有普遍意义。

IA系统结构由寄存器组、数据结构、寻址方式和指令系统等组成。提供这些结构，便于支持存储管理、软件模块保护、多任务处理、异常与中断处理、多重处理、高速缓存管理、硬件资源与电源管理、调试与性能监视。本节将着重分析处理器的数据结构和寄存器组，寻址方式与8086系统基本类似，指令系统请参阅有关书籍。在具体讨论系统结构之前，先对IA处理器的操作方式和基本执行环境作一交代。

10.4.1 操作方式

IA处理器支持三种操作方式即保护方式、实地址方式和系统管理方式，支持一种准操作方式虚拟8086方式。操作方式确定了哪些指令和哪些结构特性可以使用。

(1) 保护方式

保护方式为处理器的基本操作方式。在这种方式中，所有的指令和结构特性均可使用，处理器的能力得到充分发挥。对各种应用程序及操作系统来说，推荐使用这种方式。

保护方式的功能之一是能够在保护和多任务的环境中直接执行“实地址方式”的8086软件，这个特性称为“虚拟8086方式”。这不是一种实际的处理器方式，而是一种准操作方式。虚拟8086方式具有保护方式下的任务属性。

(2) 实地址方式

加电或者复位之后，处理器就处于实地址方式，该方式提供了8086处理器的编程环境，并带有一些扩展，例如，允许访问32位寄存器，能够切换至保护方式或系统管理方式。

(3) 系统管理方式

系统管理方式（SMM）是从Intel 386开始的IA处理器所具备的结构特性。它提供了一种对系统或用户透明的专用程序，以实现平台专用功能，如电源管理、系统安全等。

SMM方式只能由系统固件所利用，而不能由操作系统和应用程序等使用。当外部系统管理中断引脚（SMI＃）信号有效，或者从先进可编程中断控制器（APIC）处接收到SMI中断时，处理器就进入SMM方式。在SMM方式中，处理器在保存了当前正在运行的程序或任务的全部上下文关系之后，切换至一个独立的地址空间中，然后SMM专用代码可以透明地运行。当从SMM退出时，处理器回到系统管理中断前的状态。

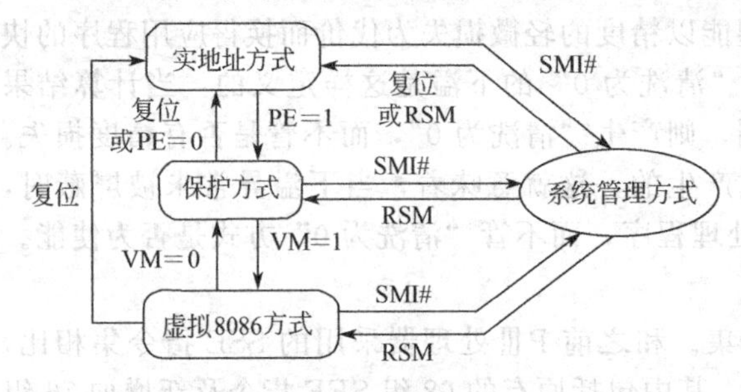

图 10-8 处理器各种操作方式间的转换关系

图10-8给出了处理器各种操作方式间的转换关系。

处理器在开机或复位后进入实地址方式。然后，控制寄存器CR_0中的PE标志控制处理器是工作在实地址方式还是保护方式。

EFLAGS寄存器中的VM标志确定处理器是工作在保护方式还是虚拟8086方式；保护方式与虚拟8086方式间的转换一般是作为任务切换的一部分或者从中断或异常处理程序返回的一部分来实现。

处理器处在实地址方式、保护方式或虚拟8086方式时，一旦收到系统管理中断SMI，就切换至SMM方式。在执行RSM（从系统管理方式返回）指令时，处理器总是返回到产生SMI中断前的状态。

10.4.2 基本执行环境

基本的执行环境对于各种操作方式来说都是相同的。基本的执行环境，也就是一般汇编语言程序设计者所见到的编程环境。通过这部分内容的学习，将有助于理解处理器执行指令和存储、处理数据的过程。

（1）基本执行环境概要

运行在IA处理器上的任何程序或任务，要执行指令和存放代码、数据及状态信息，就需要一系列资源。这些资源包括高达2^{36}字节的地址空间、一组通用数据寄存器、一组段寄存器、一组状态和控制寄存器等，参见图10-9。另外，在程序调用过程时，过程堆栈会附加到执行环境中。有关寄存器的内容将在下一节专门介绍。

（2）存储器组织

在处理器地址总线上的存储器称为物理存储器。物理存储器是按字节序列来组织的。每个字节赋予一个惟一的地址，称为物理地址。当地址为36位时，物理地址空间范围为0～($2^{36}-1$)，最大空间为64GB。

为了有效和可靠地管理存储器，存储器管理部件提供了分段和分页机制。当采用处理器的存储管理机制时，程序不能直接去寻址物理存储器，而是使用下列三种存储器模型之一去访问存储器，参见图10-10。

1）平面存储器模型

当采用平面（flat）存储器模型时，存储器以单一的、连续的地址空间呈现给程序，这个地址空间称为线性地址空间。代码、数据和过程堆栈全都包含在这个地址空间中。线性地址空间从0～($2^{36}-1$)连续

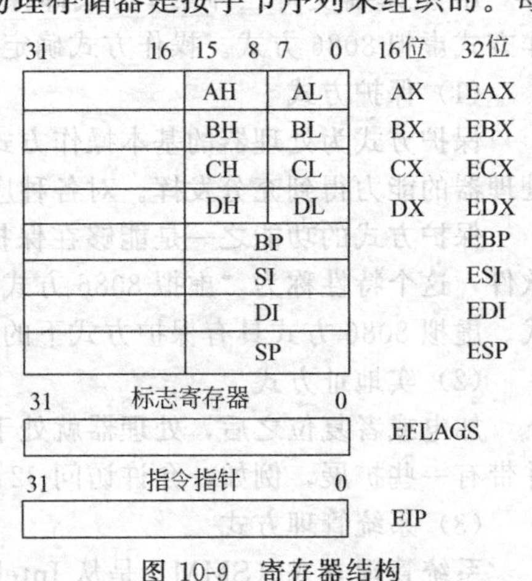

图 10-9 寄存器结构

编址，并按字节进行寻址。在线性地址空间范围内任何一个字节的地址称为线性地址。

2）分段存储器模型

当采用分段存储器模型时，存储器以一组独立的地址空间呈现给程序，这些地址空间称为段。这时，典型的用法是，代码、数据和堆栈放在不同的段中。为了寻址段内一个字节，程序必须发出逻辑地址。逻辑地址由段选择符和段内偏移量组成，即常说的远程指针。段选择符用来识别所访问的不同段，而偏移量用来识别段内的某一字节。在IA处理器上运行的程序能寻址多达16383个不同大小和类型的存储器段，每个段的长度最大可达 2^{32} 字节。采用分段存储器的主要理由是为了提高程序和系统的可靠性。

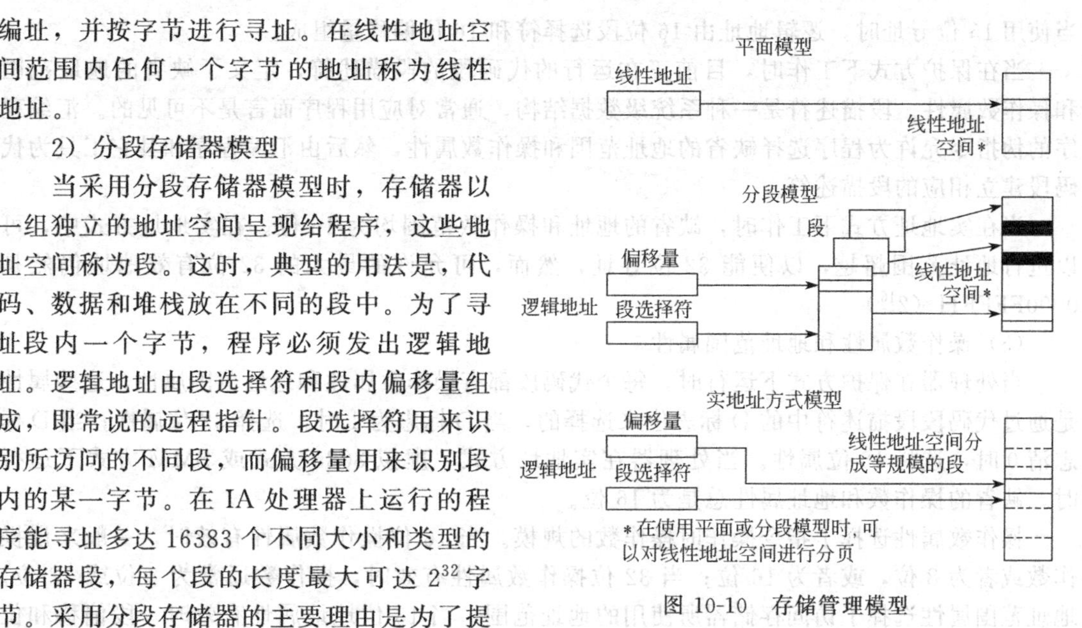

图 10-10 存储管理模型

在内部，为系统定义的所有段，都被映射到处理器的线性地址空间。处理器自动把每个逻辑地址转换为访问存储单元的线性地址，这个转换对应用程序而言是透明的。

使用以上两种存储器模型时，可对线性地址空间进行分页，并且把页面映射为虚拟存储器，当然分页对应用程序而言仍是透明的。

3）实地址方式存储器模型

实地址方式存储器模型使用了Intel 8086处理器的存储器模型。从第一个IA处理器Intel 8086开始，后续的IA处理器都具有这种模型，用来与现存在Intel 8086处理器上运行的软件兼容。实地址方式存储器模型使用一种特殊的存储器分段机制，在这种机制中，逻辑地址到线性地址的映射关系是固定的，线性地址空间由一系列长达64KB的段组成，线性地址空间最大为 2^{20} 字节（1MB）。

（3）不同操作方式对存储器的使用

在编写PⅡ、PⅢ系列处理器代码时，程序员必须清楚，执行该代码时处理器处于何种操作方式以及使用何种存储器模型。操作方式与存储器模型之间的关系如下。

① 当处于保护方式时，处理器可以使用上述任何一种存储器模型。使用何种存储器模型取决于操作系统或监控程序的设计。当处理多任务时，不同的任务可以使用不同的存储器模型。虚拟8086方式虽属保护方式，但只能使用实地址方式存储器模型。

② 当处于实地址方式时，处理器只支持实地址方式存储器模型。

③ 当处于系统管理方式时，处理器切换至一个独立的地址空间，这个地址空间称为系统管理RAM（SMRAM）。在这个空间中，用于字节寻址的存储器模型类似于实地址方式存储器模型。

（4）32位和16位地址范围和操作数属性

处理器可被配置为32位或者16位的地址范围与操作数属性。当为32位地址和操作数时，最大的线性地址或者最大的段内偏移量为FFFFFFFFH（2^{32}），且典型的操作数为8位或者32位。当为16位地址和操作数时，最大的线性地址或者最大的段内偏移量为FFFFH（2^{16}），且典型的操作数规模为8位或者16位。

当使用32位寻址时，逻辑地址（或远程指针）由16位段选择符和32位偏移量组成；

当使用16位寻址时，逻辑地址由16位段选择符和16位偏移量组成。

当在保护方式下工作时，目前正在运行的代码段的段描述符，定义了缺省的地址范围和操作数属性。段描述符是一种系统级数据结构，通常对应用程序而言是不可见的。汇编程序的伪指令允许为程序选择缺省的地址范围和操作数属性，然后由汇编程序和其它工具为代码段建立相应的段描述符。

当在实地址方式下工作时，缺省的地址和操作数范围均为16位。在实地址方式中，可以进行地址范围超越，以便能32位寻址，然而，可允许的最大的32位有效地址仍然是0000FFFFH（2^{16}）。

（5）操作数属性和地址范围属性

当处理器在保护方式下运行时，每个代码段都有操作数属性和地址范围属性，这些属性是通过代码段段描述符中的D标志位来选择的，当D标志为1时，选择32位属性；当D标志清0时，选择16位属性。当处理器在实地址方式、虚拟8086方式或SMM方式下运行时，缺省的操作数和地址属性总是为16位。

操作数属性选择了指令操作时操作数的规模。当16位操作数属性有效时，一般来说操作数或者为8位，或者为16位；当32位操作数属性有效时，操作数通常为8位或32位。地址范围属性选择了访问存储器所使用的地址范围。当16位地址属性有效时，段偏移和位移为16位，这就限制了段的大小，也就是只能为64KB。当32位地址属性有效时，段偏移和位移均为32位，使得可寻址的段有高达4GB的地址空间。

10.4.3　用户级数据结构与寄存器组

用户级的数据结构与寄存器组是系统程序员和应用程序员编写程序时可以使用的资源，再加上灵活的寻址方式和功能强大的指令系统，为程序设计人员提供了极大的方便。

（1）用户级数据结构

1）基本数据类型

PⅡ、PⅢ系列处理器基本数据类型为字节、字、双字和四字。这种数据类型的最低字节（位0～7）出现在存储器的低地址区域，且这个最低的地址就是操作数的地址。

当字的地址为偶地址、双字的地址能被4整除、四字的地址能被8整除时，称为按自然边界对界，反之称为未对界。一般情况下，数据不需按自然边界对界。但是，为了改善程序的性能，数据结构（特别是堆栈）应尽可能地与自然边界对界，原因是，未对界的存储器访问需要花费两个总线周期，而对界的存储器访问只需要一个总线周期。对于PⅡ、PⅢ系列处理器而言，字或者双字操作数跨越了4字节的边界，四字操作数跨越了8字节的边界，就看作为未对界。如果一个奇地址字没有跨越自然边界，则看作为对界。

2）其它数据类型

尽管字节、字、双字和四字是PⅡ、PⅢ系列处理器的基本数据类型，然而，有些指令承认并能操作其它类型的数据，即数值（整型数）、指针、位场和串，参见图10-11。另外，浮点指令可识别和处理浮点数据类型。下面分别说明各种附加的数据类型。

① 整型数　整型数有带符号数和不带符号数两类，包括字节、字和双字数据。数的使用方法及表示范围同8086/8088系统，所有带符号的数据类型都是用2的补码形式来表示的。

② BCD整型数　PⅡ、PⅢ系列处理器支持压缩和非压缩的二-十进制数据类型，即BCD整型数。每一位BCD数字是无符号的4位整型数，其有效值的范围是0～9，即通常所说的1位十进制数。

③ 指针　指针是存储单元的地址。PⅡ、PⅢ系列处理器识别两种类型的指针：近程指针和远程指针。近程指针是32位的段内偏移。远程指针是一个48位的逻辑地址，它由16位段选择符和32位偏移量组成。在分段的存储器模型中，远程指针用于存储器访问，且所

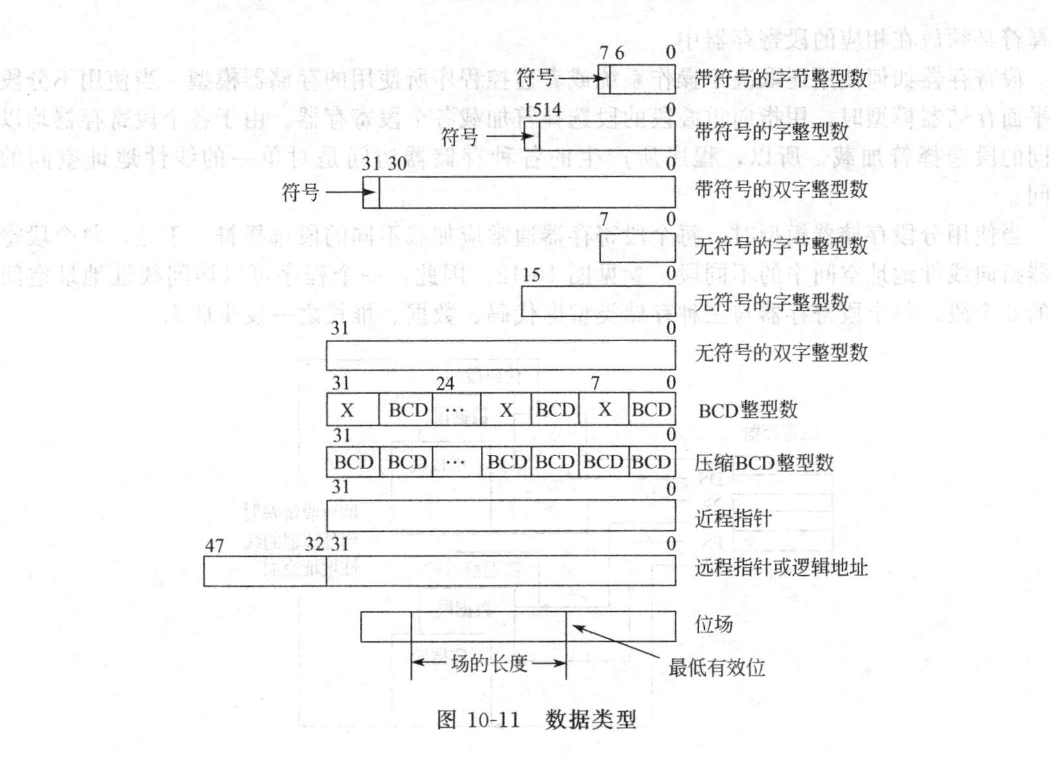

图 10-11 数据类型

访问的段必须显式指定。

④ 位场 位场是指连续的位序列。位场可以在存储器中任意一个字节的任意一位开始，并且其长度可多达 32 位。

⑤ 串 串数据类型是一串连续位、字节、字或双字。位串可以在任意字节的任意位上开始，最多可以有 $2^{32}-1$ 位。字节串含有多个字节，其范围是0～$(2^{32}-1)$个字节。字串和双字串含有多个字和双字。

⑥ 浮点数据类型 处理器的浮点指令还识别一组实数、整数、BCD 整数数据类型。

(2) 用户级寄存器组

IA 处理器提供了 16 个寄存器用于一般的系统软件和应用软件的设计。这些寄存器可分为三组：通用数据寄存器、段寄存器、标志寄存器和指令指针。

1) 通用数据寄存器（简称通用寄存器）

32 位通用寄存器包括 EAX、EBX、ECX、EDX、ESI、EDI、EBP、ESP，除 ESP 外，指令可以使用任何一个通用寄存器来存放算术/逻辑操作的操作数、地址计算的操作数或存储器指针，而 ESP 放的是堆栈指针，它指向栈顶单元，一般不作它用。这些指令的用法及图 10-9 中的其它寄存器的使用同 8086/8088 系统。

2) 段寄存器

16 位段寄存器有 6 个：CS 代码段寄存器、DS 数据段寄存器、SS 堆栈段寄存器、ES 附加数据段寄存器、FS 附加数据段寄存器和 GS 附加数据段寄存器。

6 个段寄存器用来实现存储空间的分段。所谓分段即是把 64TB（16K×4GB）的存储空间分成各自独立的逻辑地址空间，每个程序同时有 6 个逻辑地址空间供使用。对于实地址方式，段的大小可从 1B 到 64KB，对于保护方式，段的大小可从 1B 到 4GBB。

在实方式下，段寄存器的内容指定了段的实际基地址。在保护方式下，段寄存器作为索引描述符表的变址寄存器来用，即由它指向描述符表的某一项，而实际的段基址则放在段描述符中，此时称段寄存器的内容为段选择符。为了访问存储器中的某个特定段，对应段的段选择符必须放在相应的段寄存器中。

段寄存器如何使用还取决于操作系统或者监控程序所使用的存储器模型。当使用不分段的平面存储器模型时，用指向重叠段的段选择符加载各个段寄存器。由于各个段寄存器均以相同的段选择符加载，所以，程序所产生的各种存储器访问是对单一的线性地址空间的访问。

当使用分段存储器模型时，每个段寄存器通常应加载不同的段选择符。于是，每个段寄存器指向线性地址空间中的不同段，参见图 10-12。因此，一个程序可以访问线性地址空间中的 6 个段。每个段寄存器与三种存储类型即代码、数据、堆栈之一发生联系。

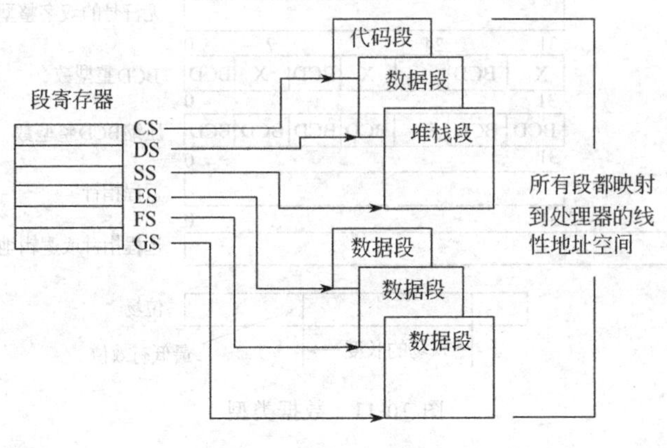

图 10-12 段寄存器

DS、ES、FS、GS 寄存器指向 4 个数据段。使用 4 个数据段，能够做到有效且安全地访问不同类型的数据结构。例如，4 个独立的数据段可以按下述方式建立：一个段用于现行模块的数据结构，另一个段用于存放较高级模块送来的数据，第三个段用于动态地建立数据结构，而第四个段用于存放与其它程序共享的数据。为了访问数据段，应用程序必须把这些段的段选择符加载到 DS、ES、FS 或 GS 中。

SS 寄存器中含有堆栈段的段选择符，在此段中存放着当前正在执行的程序、任务或处理程序的过程堆栈。

CS、DS、SS 和 ES 这 4 个段寄存器在 Intel 8086 和 Intel 80286 处理器中就有，而 FS 和 GS 段寄存器是从 Intel 386 处理器开始才引入到 IA 结构中的。

3）标志寄存器 EFLAGS

32 位 EFLAGS 寄存器中存放着有关 CPU 的信息，包括一组状态标志、一组控制标志和一组系统标志。图 10-13 定义了该寄存器的标志，其中位 1、3、5、15 和 22～31 为保留位，软件不能使用也不能决定它们的状态。

10.4.4 系统级数据结构与寄存器组

图 10-14 示出了系统级数据结构和寄存器组。在系统级数据结构部分将介绍段选择符与段描述符、门描述符、页目录项与页表项，在寄存器组部分将介绍 EFLAGS 寄存器、存储管理寄存器、控制寄存器、调试寄存器。

(1) 系统级数据结构

1）段选择符与段描述符

把有关一个段的信息即段基址、段限、类型、访问权限及其它属性信息存放在 8 字节长的数据结构中，这种数据结构称为段描述符。为了方便硬件查找和识别，把系统中的描述符编成表即为描述符表。描述符表的每一项就是一个描述符。

描述符分为两类：应用程序段描述符和系统段描述符。应用程序段就是通常的代码段、

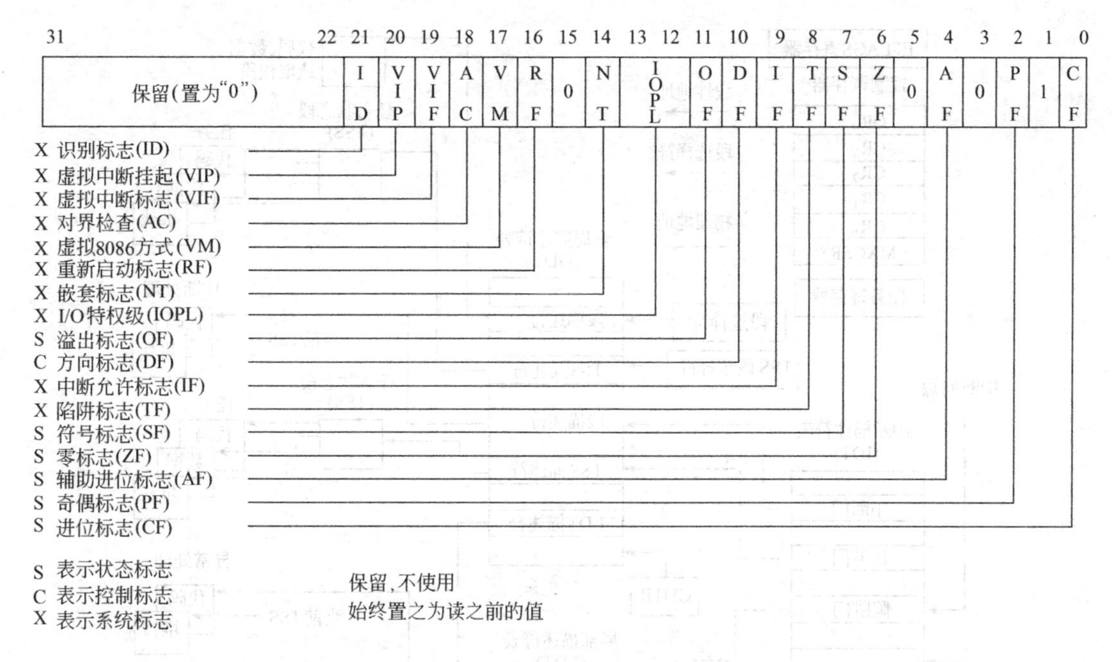

图 10-13　标志寄存器 EFLAGS

数据段和堆栈段，而系统段包括局部描述符表、任务状态段及门，门又分任务门、调用门、中断门和陷阱门 4 种。

描述符表有三类，分别是全局描述符表 GDT、局部描述符表 LDT 和中断描述符表 IDT。每个表都有一个与之相关的寄存器，为 GDTR、LDTR 和 IDTR 寄存器，以保存 32 位线性基地址和 16 位界限。LGDT、LLDT 和 LIDT 指令将全局描述符表、局部描述符表和中断描述符表的基地址和界限加载到相应的寄存器。SGDT、SLDT 和 SIDT 则用来存储相应的基地址和界限。这些表由操作系统处理，所有加载描述符表寄存器的指令都是特权指令。

全局描述符表 GDT（Global Descriptor Table）含有可供系统中所有任务使用的段描述符，一般包括代码段和数据段的段描述符，以及任务状态段和系统中各个 LDT 的描述符。

局部描述符表 LDT（Local Descriptor Table）含有与某个给定任务相关联的描述符。通常在设计操作系统时使每项任务有一个独立的 LDT，LDT 可含有代码段、数据段和堆栈段描述符及任务门和调用门描述符。

外部中断、软件中断和异常是通过中断描述符表 IDT（Interrupt Descriptor Table）来处理的。该表含有指向多达 256 个中断服务程序入口的中断描述符，每个中断描述符对应一个中断服务程序，由中断描述符即可知道中断服务程序的位置及属性等信息。IDT 可以含有任务门、中断门及陷阱门。为容纳 32 个 Intel 留用的中断描述符，IDT 的长度至少应为 256B。IDT 的最大长度为 2KB。

GDT、LDT 定义了系统中使用的所有段。每个表最短 8B，最长 64KB。由于每个段描述符长 8B，所以每个表最多有 64K/8＝8192 个段描述符。每个段描述符都有一个与之对应的段选择符，即 16 位段寄存器的值。段选择符对 GDT 或 LDT 提供索引、全局/局部标志及访问权限信息。即用段选择符的高 13 位来选择表中的描述符（$2^{13}=8192$），由段选择符的第 2 位决定是从 GDT 中选择还是从 LDT 中选择，由段选择符的最低两位指出访问权限。实际上，因 GDT 的 0 号描述符在软件上不能使用，所以这个表最多定义 8191 个描述符。

如前所述，GDT 是全局性的，而 IDT 是局部性的、面向某个任务的。系统为每个任务

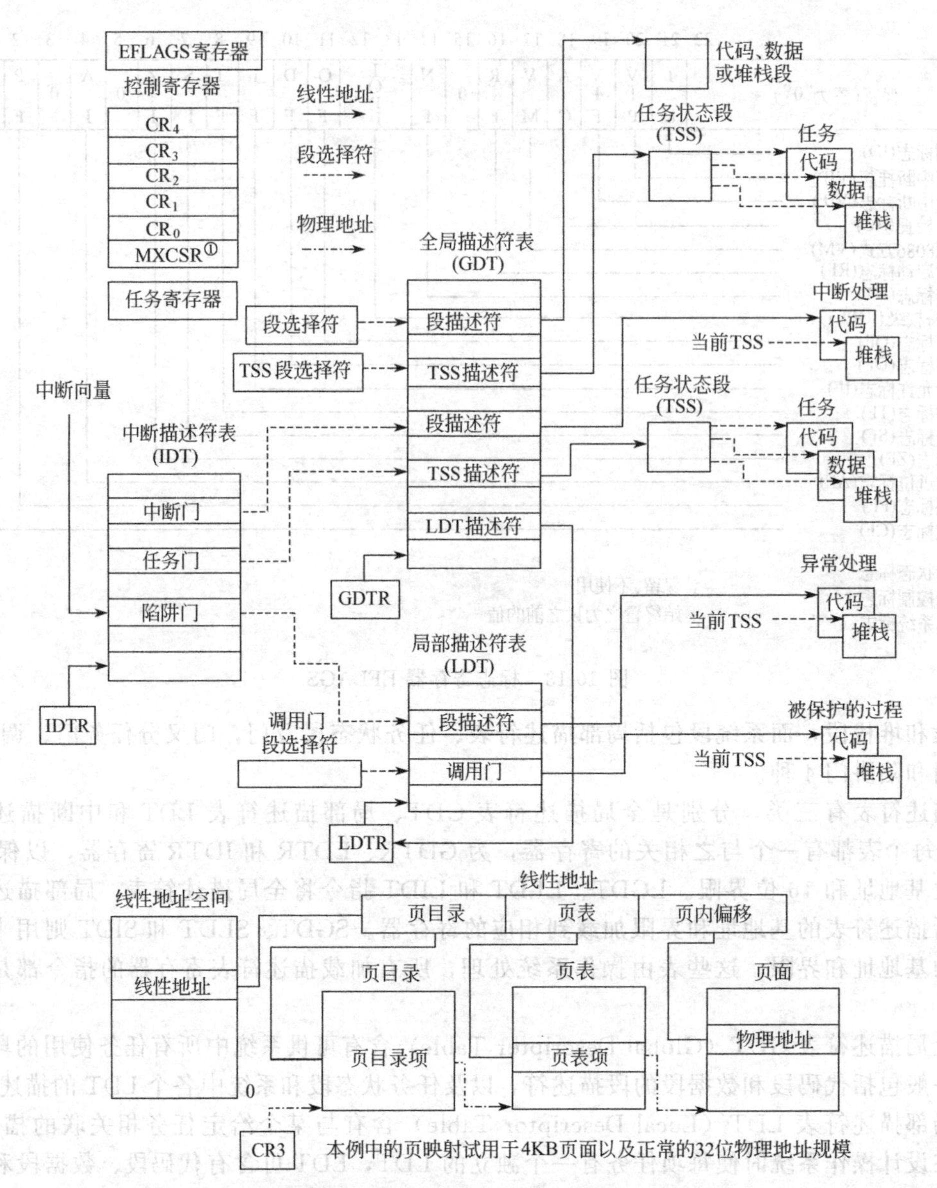

图 10-14 系统级数据结构和寄存器组

都建立一个局部描述符表，每个任务除了和系统有关的操作要访问 GDT 外，其它时候只能访问与本任务相关的局部描述符表。将 LDT 所在的存储区作为对应任务的一个系统段，赋予其描述符，称为局部描述符表 LDT 的描述符，放在 GDT 中。另外，任务状态段 TSS 也作为一个系统段，该段对应的描述符称为 TSS 描述符，TSS 描述符也放在 GDT 中。因此，GDT 中除含有可供所有任务使用的全局描述符外，还包含有 LDT 描述符和 TSS 描述符。

2) 门描述符

IA 系统结构定义了一系列特殊的段描述符，称为门。有了门，就为运行在与应用程序或过程不同特权级上的系统过程和处理程序提供了保护通道。使用门可以转去执行一般不能访问的其它程序，门也有助于实现 16 位代码与 32 位代码间的转换。

在同一任务内进行控制转移时使用调用门、中断门或陷阱门，在任务之间进行控制转移时使用任务门。门描述符格式与普通的系统段描述符格式大体相同但稍有差别。

调用门用来改变任务或程序的特权级别，其描述符由选择符、偏移量、字计数、标志位构成。选择符和偏移量指出一个子程序的起始地址，字计数值指出有多少参数需从主程序的堆栈拷贝到被调用子程序的堆栈。任务门用来进行任务切换，其描述符中只有选择符有用，该选择符用来指向目标任务的TSS描述符。中断门和陷阱门用来指出中断和陷阱服务程序的入口，它们的描述符由选择符、偏移量、标志位构成，选择符和偏移量构成中断或陷阱处理子程序的入口地址。

门描述符遵循数据访问的特权规则。例如，用一条访问调用门的CALL指令，允许访问特权级等于或高于当前代码段的某一过程。

3）页目录项与页表项

系统结构既支持直接物理存储器寻址，也支持通过分页来进行的虚拟存储器寻址。在使用直接物理存储器寻址时，线性地址就是物理地址。使用虚拟存储器寻址时，要使用分页机制，这时，所有的代码段、数据段、堆栈段、系统段以及GDT与IDT都分页。线性地址通过分页机构转换为物理地址的过程中，要用到页目录和页表这两个系统级数据结构，这两种表都驻留在物理存储器中。

页目录的每一项称为页目录项，它包含了下一级页表的信息，即页表的物理起始地址、访问权限和存储器管理信息。页表的每一项称为页表项，对应于物理存储器中的一页，它包含了某一页的物理起始地址、访问权限和存储器管理信息。页目录的物理起始地址存放在控制寄存器 CR_3 中。

要使用分页机制，就要将线性地址分为页目录项索引、页表项索引和页内偏移三部分，来分别为页目录项、页表项和页面存储单元提供独立的偏移量。

（2）系统级寄存器组

为了有助于处理器初始化并控制系统操作，系统结构在EFLAGS寄存器和几个系统寄存器中提供了下述系统标志和字段。

① EFLAGS寄存器中的系统标志和IOPL字段，用于控制任务切换与方式切换、中断处理、指令跟踪以及访问权限。

② 控制寄存器 CR_0、CR_2、CR_3 和 CR_4 包含用于控制系统级操作的各种标志与字段。

③ 调试寄存器允许为调试程序和系统软件设置断点，如图10-17所示。

④ GDTR、LDTR和IDTR寄存器分别包含全局描述符表、局部描述符表和中断描述符表的线性基地址及表的界限。

⑤ 任务寄存器TR中存有用于选择某一TSS描述符的选择符。

⑥ 模型专用寄存器MSR（Model Specific Register）是一组主要用于运行在特权级0的操作系统或监控程序的寄存器。这些寄存器中有诸如调试扩展、性能监视、机器校验和存储器类型范围指定这样的控制项。本书对MSR寄存器没有专门讨论。

大多数系统都限制应用程序访问系统寄存器（EFLAGS寄存器除外）。但是，系统可以设计成使所有的程序和过程都运行在最高特权级即特权级0上，在这种情况下，允许应用程序修改系统寄存器。

1）EFLAGS中的系统标志和IOPL字段

EFLAGS寄存器的系统标志和IOPL字段控制I/O、可屏蔽硬件中断、调试、任务切换及虚拟8086方式。应用程序应忽略这些系统标志，只有特权级代码才能修改这些标志。EFLAGS寄存器中的系统标志功能如下。

TF 陷阱（位8）。置位时允许进行单步方式调试清除时禁止单步方式。在单步方式中处理器在每条指令之后都产生调试异常，这允许在每条指令执行后检查程序的执行情况。如果应用程序用 POPF、POPFD 或 IRET 指令对 TF 标志进行置位，那么，在 POPF、POPFD 或 IRET 指令的下一条指令执行后，将产生调用。

IOPL　I/O 特权级字段（位 12、13）。指示当前正在运行的程序或任务的 I/O 特权级。当前正在运行的程序或任务的当前特权级 CPL 的值必须小于或等于其 IOPL 的值才能访问 I/O 地址空间，否则会出现异常。这个字段可由运行在 CPL 为 0 的 POPF 和 IRET 来修改，另外任务切换也可改变 IOPL 的值。

NT　任务嵌套（位 14）。指出当前执行的任务是否嵌套于另外的任务中，若是，则置为 1，否则，清为 0。例如当使用 CALL 指令、中断或异常来调用任务时，处理器将该标志进行置位。对使用 IRET 指令返回的任务，处理器要对该标志进行检查并作修改。该标志可以用 POPF 或 POPFD 指令直接置位或清除，但在应用程序中，改变该标志的状态，会产生无法预料的异常。

RF　重新启动（位 16）。当处理器试图执行在断点地址寄存器（DR_0～DR_3）中指定的地址上的指令时，就报告指令断点。在报告指令断点时，处理器产生调试异常（＃DB），它是最高级别的异常，并应保证在译码或执行指令期间检测到任何其它异常之前得到服务。因为指令断点调试异常是在执行指令之前产生的。如果指令断点没有由异常处理程序移走，那么，处理器就会在指令重启时，再次检测到指令断点。为防止指令断点循环，IA 在 EFLAGS 寄存器中提供了 RF 标志。当 RF 标志置位时，处理器忽略指令断点，但不会影响检测其它类型的调试异常条件，当 RF 标志清除时，指令断点可以产生调试异常。

VM　虚拟 8086 方式（位 17）。置位时，允许虚拟 8086 方式；清除时，返回保护方式。

AC　对界校验（位 18）。对 AC 标志位及 CR_0 寄存器中的 AM 位置位，允许对界校验；清除 AC 标志或 AM 位时，禁止对界校验。当允许对界校验时，如果产生了非对界操作，例如字或双字跨越了 4 字节的边界、4 字跨越了 8 字节的边界，就会产生一个对界校验异常。对界校验异常只在用户模式即特权级 3 中产生。存储器访问的缺省特权级为 0，像加载段描述符的操作，即使是由用户模式中执行的指令所引起的，也不产生这种异常。对界校验异常可用来检查数据的对界情况，在与其它处理器交换数据时，要求所有的数据必须保持对界。

VIF　虚拟中断允许（位 19）。为 IF 标志的虚拟映像，该标志与 VIP 标志连用。当控制寄存器 CR_4 中的 VME 标志或 PVI 标志被置位，且 IOPL 小于 3 时，处理器只能读 VIF 标志，而不能修改它。其中 VME 标志为允许虚拟 8086 方式扩展，PVI 标志为允许保护方式虚拟中断。

VIP　虚拟中断挂起（位 20）。通过软件置位时，表示某中断正被挂起，消除时表示没有挂起的中断，该标志与 VIF 标志连用。当控制寄存器 CR_4 中的 VME 标志或 PVI 标志被置位，且 IOPL 小于 3 时，处理器只能读该标志，而不能修改它。

ID　标识（位 21）。由程序或过程对该标志进行置位或清除，表示是否支持 CPUID 指令。

2）存储器管理寄存器

处理器提供 4 个存储器管理寄存器 GDTR、LDTR、IDTR 和 TR，用来指定分段存储器管理的数据结构的位置，见图 10-15。这些寄存器可以用特殊的指令来加载和存储。

① 全局描述符表寄存器 GDTR　GDTR 寄存器包含 GDT 的 32 位基址和 16 位界限。基址指出 GDT 起始处的线性地址，界限指出 GDT 中的字节数。LGDT 和 SGDT 指令分别用来加载和存储 GDTR 寄存器。

② 局部描述符表寄存器 LDTR　LDTR 寄存器包含 LDT 描述符的 16 位段选择符及 64 位 LDT 描述符，后者包含 32 位基址、20 位段限和 12 位描述符属性。LDT 描述符中的基址指定 LDT 起始处的线性地址，段限指定 LDT 中的字节数。

LLDT 和 SLDT 指令分别用来加载和存储 LDTR 寄存器中的段选择符。LDT 所在存储

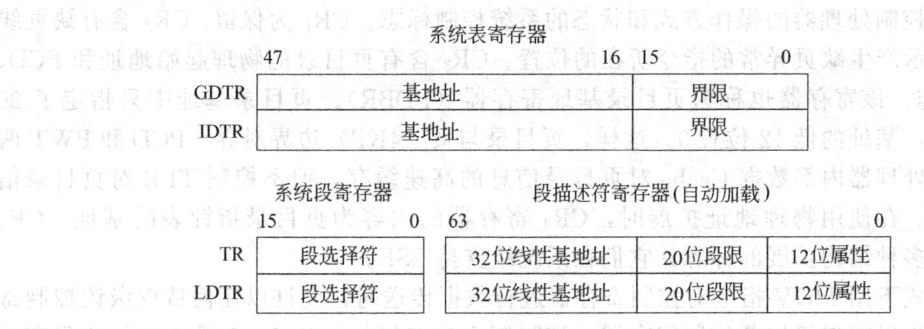

图 10-15 存储器管理寄存器

区作为一个系统段，在 GDT 中必须有一个段描述符。当用 LLDT 指令往 LDTR 中加载段选择符时，LDT 描述符信息会自动加载到 64 位的 LDTR 高速缓存中，这个高速缓存在程序中是不可见的。

③ 中断描述符表寄存器 IDTR　IDTR 寄存器包含 IDT 的 32 位基址和 16 位界限，基址指出 IDT 起始处的线性地址，界限指出 IDT 中的字节数。LIDT 和 SIDT 指令分别用来加载和存储 IDTR 寄存器。

④ 任务寄存器 TR　TR 寄存器包含当前执行过程的任务状态段（TSS）描述符的 16 位段选择符及 64 位 TSS 描述符，后者包含 32 位基址、20 位段限和 12 位描述符属性。TSS 描述符在 GDT 中，通过 TR 中的段选择符在 GDT 中进行访问。TSS 描述符中的基址指定 TSS 段起始处的线性地址，段限指定 TSS 段中的字节数。

LTR 和 STR 指令分别用来加载和存储 TR 寄存器中的段选择符。当用 LTR 指令往 TR 中加载段选择符时，TSS 描述符信息会自动加载到程序不可见的 64 位 TR 高速缓存中。

3）控制寄存器

控制寄存器 CR_0、CR_1、CR_2、CR_3、CR_4 用来确定处理器的操作方式和当前正在执行任务的特点，参见图 10-16。

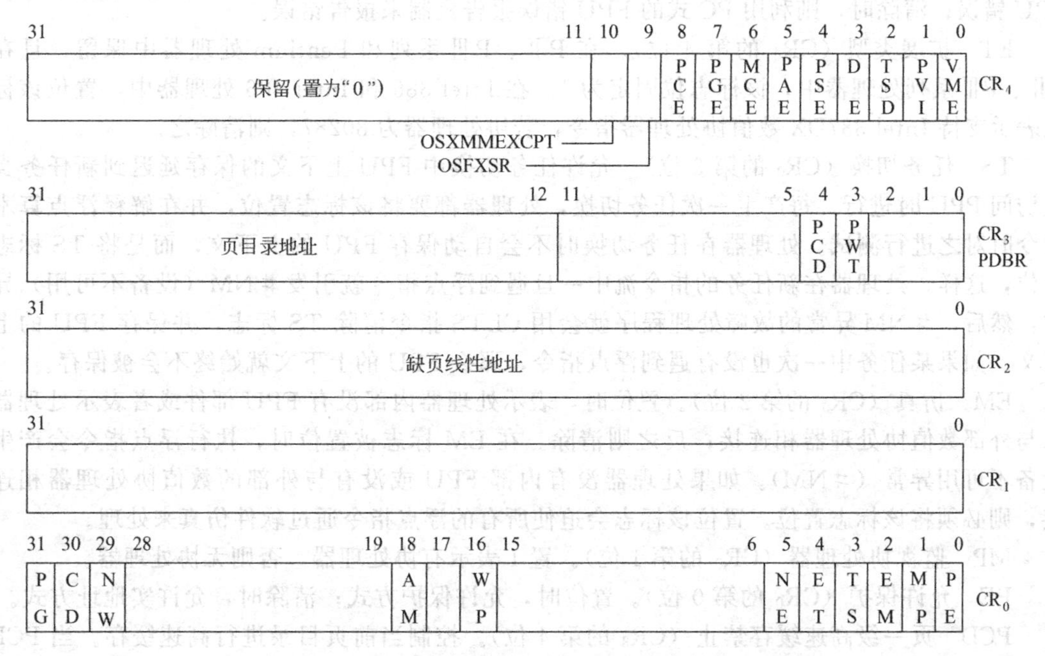

图 10-16 控制寄存器 CR_0、CR_1、CR_2、CR_3、CR_4

CR_0 含有控制处理器的操作方式和状态的系统控制标志。CR_1 为保留。CR_2 含有缺页线性地址，以指示产生缺页异常的指令所在的位置。CR_3 含有页目录的物理起始地址和 PCD、PWT 两个标志。该寄存器也称为页目录基址寄存器（PDBR）。页目录基址中只指定了 20 位最高有效位，基址的低 12 位置 0。这样，页目录与页（4KB）边界对界。PCD 和 PWT 两个标志控制着处理器内部数据 Cache 对页目录信息的高速缓存，但不控制 TLB 对页目录信息的高速缓存。在使用物理地址扩展时，CR_3 寄存器的内容为页目录指针表的基址。CR_4 含有一组允许多种结构扩展的标志，它们在系统级支持 SSE。

在保护方式下用 MOV 指令对控制寄存器进行数据传送时，允许以任何特权级读控制寄存器，但仅允许以特权级加载控制寄存器。该限制意味着以特权级 1、2 或 3 运行的程序不能加载控制寄存器，但可以读这些寄存器。

控制寄存器中各标志的功能如下。

PG　分页允许（CR_0 的第 31 位）。置位时允许分页，清除时禁止分页。禁止分页时，所有线性地址都作为物理地址看待。如果 PE 标志没有置位，则 PG 标志无效，事实上，在 PE 标志为 0 时，对 PG 标志置位会导致通用保护异常的产生。

CD　高速缓存禁止（CR_0 的第 30 位）。当 CD 和 NW 标志被清除时，允许处理器内部 Cache 为整个存储器地址空间进行高速缓存。CD 置位时，禁止高速缓存。为了使处理器访问不会命中内部 Cache，CD 标志必须置位，而且 Cache 必须无效。

NW　不通写（CR_0 的第 29 位）。在清除 NW 和 CD 标志时，对于命中高速缓存的写操作，允许回写（限于 Pentium 和 PⅡ、PⅢ系列处理器）或通写（限于 Intel 486 处理器）。

AM　对界屏蔽（CR_0 的第 18 位）。置位时，允许自动对界检查；清除时，禁止对界检查。对界检查只有在 AM 标志置位、EFLAGS 寄存器中的 AC 标志置位、CPL 为 3，而且处理器在以保护方式或虚拟 8086 方式工作时才能实现。

WP　写保护（CR_0 的第 16 位）。置位时，禁止系统级过程对用户级只读页面进行写操作；清除时，允许系统级过程对用户级只读页面进行写操作。

NE　数值错误（CR_0 的第 5 位）。置位时，允许通过本地机制（内部机制）来报告 FPU 错误；清除时，则利用 PC 式的 FPU 错误报告机制来报告错误。

ET　扩展类型（CR_0 的第 4 位）。在 PⅡ、PⅢ系列和 Pentium 处理器中保留，且在 PⅡ、PⅢ系列处理器中，该标志位固定为 1。在 Intel 386 和 Intel 486 处理器中，置位该标志表示支持 Intel 387DX 数值协处理器指令，若协处理器为 80287，则清除之。

TS　任务切换（CR_0 的第 3 位）。允许任务切换中 FPU 上下文的保存延迟到新任务真正访问 PPU 时进行。每产生一次任务切换，处理器都要将该标志置位，并在解释浮点算术指令时对之进行测试。处理器在任务切换时不会自动保存 FPU 的上下文，而是将 TS 标志置位，这样，处理器在新任务的指令流中一旦遇到浮点指令就引发＃NM（设备不可用）异常，然后，＃NM 异常的故障处理程序就会用 CLTS 指令清除 TS 标志，并保存 FPU 的上下文。如果某任务中一次也没有遇到浮点指令，那么 FPU 的上下文就始终不会被保存。

EM　仿真（CR_0 的第 2 位）。置位时，表示处理器内部没有 FPU 部件或者表示处理器未与外部数值协处理器相连接；反之则清除。在 EM 标志被置位时，执行浮点指令会产生设备不可用异常（＃NM）。如果处理器没有内部 FPU 或没有与外部的数值协处理器相连接，则必须将该标志置位。置位该标志会迫使所有的浮点指令通过软件仿真来处理。

MP　监视协处理器（CR_0 的第 1 位）。置 1 表示有协处理器，否则无协处理器。

PE　允许保护（CR_0 的第 0 位）。置位时，允许保护方式；清除时，允许实地址方式。

PCD　页一级高速缓存禁止（CR_3 的第 4 位）。控制当前页目录进行高速缓存。当 PCD 标志置位时，不允许页目录进行高速缓存；该标志清除时，页目录可以进行高速缓存。该标志只影响处理器内部的高速缓存（L1 和 L2），如果没有使用分页或内部高速缓存被禁止，则处理器忽略该标志。

PWT　页一级通写（CR_3 的第 3 位）。控制当前页目录的高速缓存策略：通写或回写。在 PWT 标志置位时，允许通写高速缓存；当 PWT 被清除时，允许回写高速缓存。该标志只影响内部高速缓存（L1 和 L2），如果没有使用分页或内部高速缓存被禁止，则处理器忽略该标志。

VME　虚拟 8086 方式扩展（CR_4 的第 0 位）。置位时，在虚拟 8086 方式中，允许中断和异常处理扩展；清除时，禁止此扩展。使用虚拟方式扩展可以改进虚拟 8086 应用程序的性能，这是通过不去调用虚拟 8086 监控程序来处理执行 8086 程序时产生的中断和异常，而是将此中断和异常重定向回 8086 程序的处理程序来实现的。它也为虚拟中断标志（VIF）提供硬件支持，以增强在多任务和多处理器环境中运行 8086 程序的可靠性。

PVI　保护方式虚拟中断（CR_4 的第 1 位）。置位时，允许在保护方式中为虚拟中断标志（VIF）提供硬件支持；清除时，在保护方式中禁止 VIF 标志。

TSD　时间戳禁止（CR_4 的第 2 位）。置位时，限定 RDTSC 指令只能在特权级 0 的过程中执行；清除时，允许 RDTSC 指令以任何特权级执行。

DE　调试扩展（CR_4 的第 3 位）。置位时，访问调试寄存器 DR_4 和 DR_5 会导致无效操作码异常（＃UD）的产生；清除时，处理器将对寄存器 DR_4 和 DR_5 的访问进行别名，来和运行于早期 IA 处理器上的软件保持兼容。

PSE　页面规模扩展（CR_4 的第 4 位）。置位时，允许页面大小为 4M 字节；清除时，将页面大小限制为 4K 字节。

FAE　物理地址扩展（CR_4 的第 5 位）。置位时，允许分页机构访问 36 位物理地址；清除时，将物理地址限制为 32 位。

MCE　机器校验允许（CR_4 的第 6 位）。置位时，允许机器校验异常；清除时禁止机器校验异常。

PGE　页面全局允许（CR_4 的第 7 位）。在 PⅡ、PⅢ系列处理器中引进。置位时，允许有全局页面特征；清除时，禁止全局页面特征。全局页面特征允许将频繁使用的或共享的页面作上全局标记，并对所有用户开放，在任务切换或写寄存器 CR_3 时，全局页面不会从 TLB 中清除。

PCE　性能监视计数器允许（CR_4 的第 8 位）。置位时，允许运行在任何保护级上的程序或过程执行 RDPMC 指令。清除时，RDPMC 指令只能在特权级 0 上执行。

OSFXSRR　操作系统 FXSAVE/FXRSTOR 支持（CR_4 的第 9 位）。如果 CPU 和 OS 均支持使用 FXSAVE/FXRSTOR 指令完成上下文切换，则操作系统置位该标志。

OSXMMEXCPT　操作系统非屏蔽异常支持（CR_4 的第 10 位）。操作系统对该位置位，表示对非屏蔽 SIMD 浮点异常提供支持。

4）调试寄存器

IA 提供了扩展的调试机制，用来调试代码、监视代码执行及监视处理器性能。该机制对应用软件、系统软件和多任务操作系统的调试都是很有用的。

调试支持是通过调试寄存器 DR_0～DR_7 以及两个模型专用寄存器 MSR 来实现的。IA 处理器的调试寄存器保存着存储器和 I/O 单元的地址，称为断点。编程人员希望在某处暂停程序的执行，以检查程序的运行情况，就将与此处对应的代码地址或数据地址或 I/O 端口地址作为断点存放在调试寄存器中。当对断点地址进行访问时，就会产生一次调试异常（＃DB）。调试异常也称异常中断 1。调试寄存器既支持指令断点，也支持数据断点。模型专用寄存器 MSR 用于监视分支及中断或异常，并记录上次分支的地址及中断或异常之前的地址。

IA 处理器的 8 个调试寄存器（见图 10-17）控制着处理器的调试操作。这些寄存器可以使用 MOV 指令对其进行传送。在传送指令中，调试寄存器既可以是源操作数，也可以是目标操作数。因调试寄存器是特权级资源，所以访问这些寄存器的 MOV 指令只能在实地址方式、SMM 方式或者 CPL 为 0 的保护方式下执行。其它情况下试图读写调试寄存器不会成功，且产生通用保护异常（＃GP）。

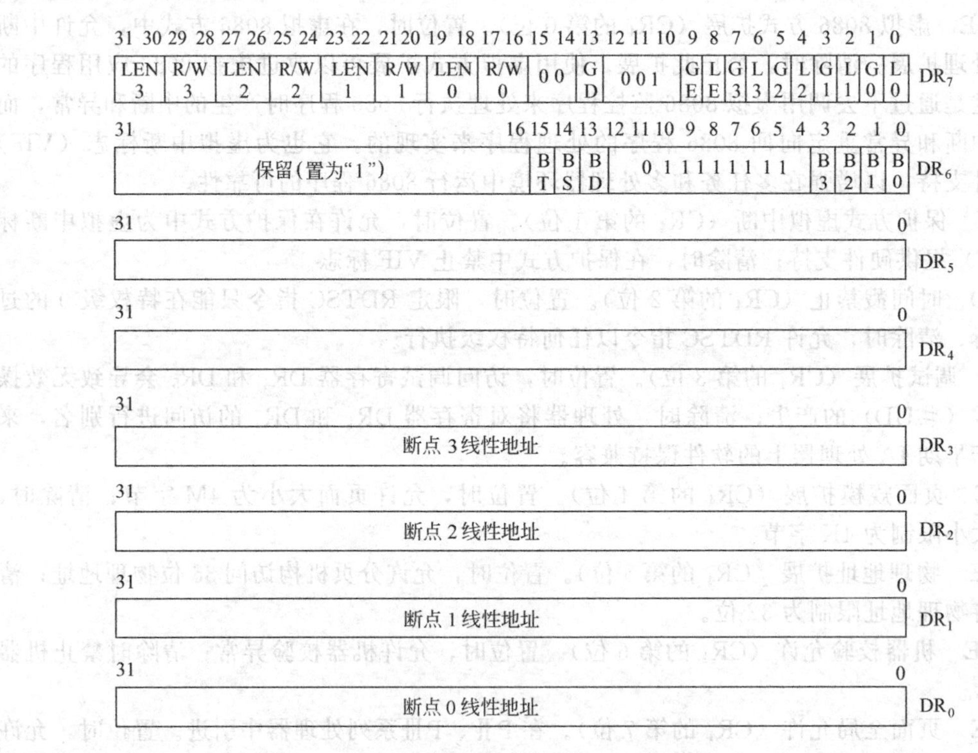

图 10-17 调试寄存器 DR_0～DR_7

调试寄存器的主要功能是设置并监视 1～4 个断点，其编号为 0～3。对各断点而言，借助调试寄存器可以指定并检测下述信息：出现断点处的线性地址；断点单元的长度（1、2 或 4 字节）；在要产生调试异常的地址上所必须实现的操作；是否开放断点；在产生调试异常时，是否存在断点条件。

① 调试地址寄存器（DR_0～DR_3） 4 个调试地址寄存器（DR_0～DR_3）保存着由段管理部件计算的 4 个断点的 32 位线性地址。当处理器访问 4 个指定为断点的线性地址中的某一个时，就产生调试异常。各断点的条件由调试寄存器 DR_7 的内容来作进一步指定。

需要注意的是，当指定执行指令的地址为断点时，断点必须指向指令的第一字节或其前缀；如果访问的断点是数据的线性地址，则把它作为陷阱来处理；断点的比较是在将线性地址转换为物理地址之前进行的。

② 调试寄存器 DR_4 和 DR_5 在允许调试扩展时，调试寄存器 DR_4 和 DR_5 保留，试图对 DR_4 和 DR_5 寄存器进行访问，都会导致无效操作码异常（＃UD）的产生。在禁止调试扩展时，这些寄存器别名为调试寄存器 DR_6 和 DR_7。调试扩展的允许或禁止是受控制寄存器 CR_4 中的 DE 标志控制的，DE 标志置位时允许，反之则禁止。

③ 调试状态寄存器 DR_6 调试状态寄存器 DR_6 中存放上次产生调试异常时所采样到的调试条件，直到再次产生异常时才更新该寄存器的内容。有关位说明如下。

B_0～B_3 断点条件检测标志。指明 4 个断点地址中哪些引发了调试异常，这里，B_0 对应 DR_0，B_1 对应 DR_1，依次类推。具体而言，如果调试控制寄存器 DR_7 中 LEN_n 和 R/W_n 标志所描述的各断点条件为真的话，则置位这些 B_i 标志。即使 DR_7 中的 L_n 和 G_n 标志被复位（即没有开放断点），DR_6 中的 B_i 标志也要置位。

BD 调试寄存器访问检测标志。表示指令流中的下一条指令是否将访问某个调试寄存器 DR_0～DR_7。当调试控制寄存器 DR_7 中的通用检测标志 GD 被置位时，访问调试寄存器会引发调试异常，之后 GD 位被自动复位。

BS 单步标志。同 EFLAGS 寄存器中的 TF 标志一同工作。因单步执行方式触发调试异常时，BS 位被置位。单步方式是最高优先级的调试异常。

BT 任务切换标志。BT 位同 TSS 中的调试陷阱标志位 T 一同工作。在进行任务切换时，若因新任务 TSS 的 T 标志被置位而产生调试异常，则 BT 位被置位。这种调试异常是在任务切换完成之后，执行新任务的第一条指令之前发生的。调试控制寄存器 DR_7 中没有标志用以允许或禁止该异常，TSS 中的 T 标志是惟一的开放标志。

注意：处理器不会清除 DR_6 寄存器的内容。为了避免在识别调试异常过程中出现混乱，调试处理程序应该在返回到被中断程序之前清除该寄存器。

④ 调试控制寄存器 DR_7 调试控制寄存器 DR_7 用于打开或禁止断点并设置断点条件，DR_7 中字段编号 0～3 对应于 DR_0～DR_7 中指定为断点的线性地址。调试控制寄存器中的各标志功能含义解释如下。

L_0～L_3 允许局部断点标志。若当前任务希望在 DR_0～DR_3 中设置断点，则 L 字段相应位应置位。在检测到断点条件，并且其相应的 L_n 标志被置位时，产生调试异常。当进行任务切换时，处理器会自动清除这些标志，以免在新任务中出现不必要的断点条件。

G_0～G_3 允许全局断点标志。若允许所有任务在 DR_0～DR_3 中设置断点，则 G 字段相应位应置位。在检测到断点条件，并且其相应的 G_n 标志被置位时，产生调试异常。处理器在任务切换时，不清除这些标志，允许为所有任务开放这些断点。

LE 和 GE 允许局部和全局断点标志。这些标志置位时，会使处理器去检测引起数据断点条件的确切指令。指定被访问数据的地址作为断点时，必须设置这些字段，如果这些字段不进行设置，即使数据访问了，也不立即产生陷阱中断。同 L 和 G 字段一样，LE 和 GE 分别用于特定任务使用的断点和所有任务共用的断点。为与其它 IA 处理器保持向后和向前兼容，Intel 建议在需要确切断点时，将 LE 和 GE 标志置位。注意，在 PⅡ、PⅢ处理器中不支持这两个字段。

GD 允许一般检测标志。置位时允许调试寄存器保护，即在 MOV 调试寄存器指令执行之前将产生调试异常。产生异常之前要将调试状态寄存器 DR_6 中的 BD 标志置位。在进入调试异常处理程序时，处理器清除 GD 标志，以允许处理程序访问调试寄存器。提供该标志是为支持在线仿真器的工作，当仿真器需要访问调试寄存器时，仿真软件可以置位 GD 标志，以防止处理器当前正在运行的程序间的相互影响。

R/W_0～R/W_3 读/写字段。R/W 字段是 2 位的字段，给出了把执行指令的地址和访问数据的地址作为断点进行访问的条件。R/W_0 对应于 DR_0，R/W_1 对应于 DR_1，依次类推。控制寄存器 CR_4 中的调试扩展标志 DE 确定了如何解释 R/W_n 字段中的位。当 DE 标志置位时，处理器对这些位解释如下：

00——只在执行指令时成为断点；

01——只在数据写入时成为断点；

10——只在 I/O 读写时成为断点；

11——只在数据读写时成为断点。

当清除 DE 标志时，处理器对 R/W_n 位的解释基本与上述情况相同，但 R/W_i 为 10 时未使用。

$LEN_0 \sim LEN_3$　长度字段。LEN 字段是 2 位的字段，用来指定断点地址的有效范围及有效范围的起始地址。对这些字段的解释如下：

00——有效范围为 1 字节长，且起始地址任意；

01——有效范围为 2 字节长，且起始地址为偶地址；

10——未定义；

11——有效范围为 4 字节长，且起始地址为 4 的整数倍。

10.5　存储管理

存储器管理用来支持对存储器的分配与保护，包括地址映射与地址变换、段或页面调度与替换、缺段或缺页处理、存储区域保护和访问方式保护等。有了存储器管理，操作系统可以灵活地为各个程序或任务分配存储器空间，以充分利用有限的存储器资源；也可以实现任务间的保护和任务内部的保护，以确保代码和数据的安全。本节介绍保护方式的存储器管理措施，包括物理存储器模型的建立、分段机制以及分页机制。

10.5.1　存储器管理概述

存储器管理措施分为两部分：分段与分页。分段提供了一种将代码模块、数据模块以及堆栈模块隔离的机制，这样，多道程序（或多任务）就可以在同一个处理器上运行而不至于相互干扰。分页机制可实现页面的虚拟存储器管理和页面级的存储器保护。分页也可以用来隔离多任务。在保护方式下操作时，分段必须使用。保护方式下不能禁止分段，但是可以禁止分页，因此，分页是可选的。可以对分段与分页这两种机制进行不同配置，以支持单程序（或单任务）系统、多任务系统或者使用共享存储器的多处理器系统。

如图 10-18 所示，分段将处理器的可寻址存储器空间（叫做线性地址空间）分成叫做段的较小的保护地址空间。段可用来存放程序的代码、数据以及堆栈数据，或者存放系统的结

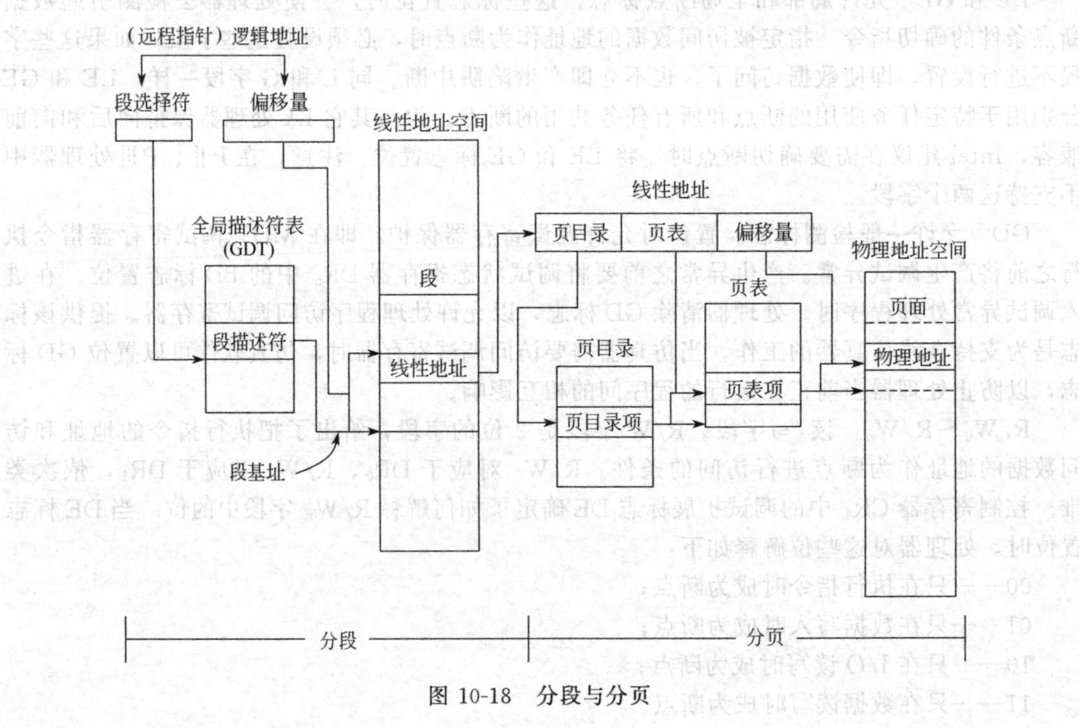

图 10-18　分段与分页

构数据。如果处理器上有不止一个程序或任务在运行，各程序或各任务可以分配有各自的段集。处理器通过在段间强行分界，来确保对某个程序或任务的写入不干扰另一个程序或任务的执行。分段机制还允许将段进行分类，这样可以对某些特殊类型的段操作进行限制。

系统内的所有段都包括在处理器的线性地址空间中。要在一特定的段内定位一个字节，必须提供逻辑地址（有时也叫做远程指针）。逻辑地址包括段选择符和偏移量。段选择符是段的惟一识别标志。每个段都有一个段描述符，它指示着段的基址、段的大小、段的类型、段的访问权限和特权级。段基址加上偏移量就形成线性地址，该线性地址去定位线性地址空间中段内的一个字节。

如果不使用分页，处理器的线性地址空间就直接映射到物理地址空间。物理地址空间定义为处理器在其地址总线上所能产生的地址范围。由于多任务计算系统中所定义的线性地址空间，通常要比实际的物理存储器空间大得多，因此，需要有“虚拟”线性地址空间的方法。这种线性地址空间的虚拟化就是通过处理器的分页机制来实现的。

分页支持“虚拟存储器”环境，使得用少量的物理存储器（RAM 与 ROM）加上磁盘存储器就可以模拟很大的线性地址空间。在使用分页时，每个段分成若干页面，这些页面既可以存放在物理存储器中，也可以存放在磁盘上。操作系统或监控程序保留有一个页目录与一套页表，使用这些页映射信息，可以跟踪页面。当程序（或任务）试图访问线性地址空间中的地址单元时，处理器就使用页目录和页表将线性地址转换成物理地址，然后在指定的存储器位置上实现所请求的操作。如果被访问的页目前不在物理存储器中，处理器就通过产生一个页面错误异常来中断程序的执行，然后操作系统或监控程序从磁盘上将该页面读到物理存储器中，并继续执行被中断的程序。

分页对应用程序是透明的。如果操作系统或监控程序合理地使用分页技术，则物理存储器与磁盘间的页面交换不会影响应用程序的正确执行。

灵活的分段机制可以用来实现各种系统设计。这些设计包括：尽量少用分段以提高运行效率的平面模型，尽量使用分段来创建健壮的操作环境以保证多程序和多任务可靠执行的多段模型。

10.5.2 物理地址、线性地址与逻辑地址

处理器在其地址总线上的寻址空间为物理地址空间。在保护方式下，常规的物理地址空间为 4GB（2^{32}B）。该地址空间是平面的，连续地址范围为 0～FFFFFFFFH。该物理地址空间可以映射成读写存储器、只读存储器以及存储器映像 I/O。

PⅡ、PⅢ系列处理器可以将物理地址空间扩展到 2^{36}B（64GB），其最大物理地址为 FFFFFFFFFH。该扩展由控制寄存器 CR_4 的第 5 位物理地址扩展（PAE）标志来激活。

编写程序时，程序中所指定的地址不是物理地址，而是二维的虚地址，这种虚地址称为逻辑地址。分段机制将逻辑地址转换为一维的中间地址，这种中间地址称为线性地址。保护方式的系统结构中，处理器使用两级地址变换以得到物理地址：逻辑地址变换为线性地址和线性地址映射为物理地址。

逻辑地址包括一个 16 位的段选择符和一个 32 位的偏移量，见图 10-19。段选择符用来识别一个段，而偏移量则用来指定段中字节相对于段基址的位置。

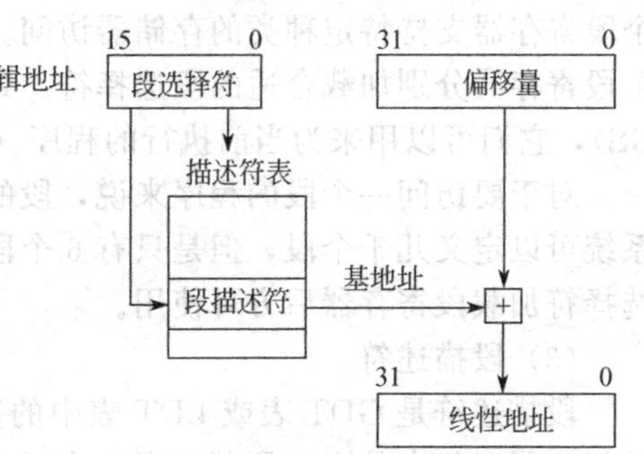

图 10-19 逻辑地址到线性地址转换

处理器使用描述符表将逻辑地址转换成线性地址。线性地址就是处理器线性地址空间的 32 位地址。像物理地址空间一样，线性地址空

间是平面的 2^{32}B 的地址空间，地址范围为 0～FFFFFFFFH。线性地址空间中含有为系统定义的所有段和系统表。

要将逻辑地址转换成线性地址，处理器需完成如下操作。

① 使用段选择符中的索引来定位 GDT 或 LDT 中的一个段描述符，并将其读到处理器中（该步骤只有在新的段选择符加载到段寄存器时需要）。

② 测试段描述符以校验段访问权限以及段的范围，确保段是可访问的，且偏移量在段限内。

③ 将段描述符中的段基址加上偏移量形成线性地址。

如果不使用分页，处理器就直接将线性地址映射成物理地址。如果线性地址空间分页，就要使用第二级地址转换，即使用页目录和页表将线性地址转换成物理地址。

10.5.3 分段技术

本节我们将介绍分段技术中涉及的相关寄存器和描述符。

(1) 段选择符

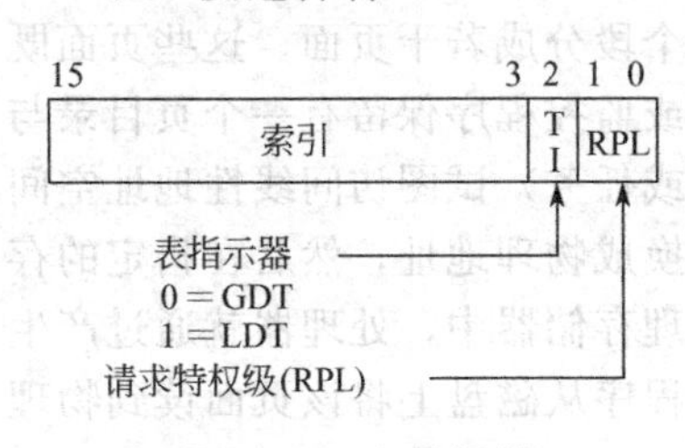

图 10-20 段选择符

段选择符是段的 16 位标识符，如图 10-20 所示。它不直接指向段，而是指向定义段的段描述符，段选择符各位的含义解释如下。

索引 位 3～15。在 GDT 表或 LDT 表的 8192 个描述符中选择一个。处理器将索引值乘 8，再加上 GDT 表或 LDT 表的基址，结果用来选择一个段描述符。

TI 标志 位 2。指定要用的描述符表，清除该标志时选择 GDT 表；置位该标志时选择当前的。

请求特权级（RPL） 位 0～1。指定选择符的特权级。特权级为 0～3，0 特权级最高。

处理器不使用 GDT 表中的第一项，指向该项的段选择符（也就是说，索引为 0、TI 标志为 0 的段选择符）作为“空选择符”使用。将空选择符加载到数据段寄存器（DS、ES、FS 或 GS）时，处理器不会产生异常，但是，当用加载有空选择符的段寄存器访问存储器时，就会产生通用保护异常（＃GP）。将空选择符加载到 CS 或 SS 寄存器时，会导致通用保护异常（＃GP）的产生。空选择符可以用来初始化不使用的段寄存器。如对 DS、ES、FS 或 GS 段，四个当前不使用，就载入空选择符，此时对不使用的段寄存器进行意外的访问肯定会产生异常。

段选择符作为指针变量，对应用程序是可见的，但是，选择符的值通常由链接编辑器或链接加载器来分配或修改，而不是由应用程序来分配或修改。

(2) 段寄存器

为了减少地址转换时间以及降低地址编码的复杂度，处理器提供了 6 个段寄存器。每一个段寄存器支持特定种类的存储器访问。为了执行程序，处理器至少要给 CS、DS 及 SS 三个段寄存器分别加载合适的段选择符。处理器还提供 3 个附加的数据段寄存器（ES、FS 和 GS），它们可以用来为当前执行的程序（或任务）产生可用的附加数据段。

对于要访问一个段的程序来说，段的段选择符必须事先加载到段寄存器中。因此，虽然系统可以定义几千个段，但是只有 6 个段可以立即使用，其它段只能在程序执行期间用其段选择符加载段寄存器后方可使用。

(3) 段描述符

段描述符是 GDT 表或 LDT 表中的数据结构，它为处理器提供段的大小和位置及段的访问控制和状态信息。段描述符一般由编译器、链接器、加载器、操作系统或监控程序创建，而不是由应用程序来创建，图 10-21 给出了段描述符的通用格式。

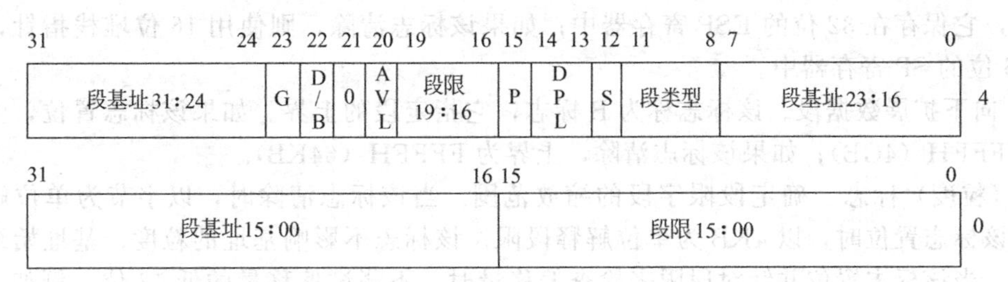

AVL 只能由系统软件使用
D/B 缺省操作规模(0=16位段;1=32位段)
DPL 描述符特权级
G 粒度
P 段存在
S 描述符类型(0=系统;1=代码或数据)

图 10-21 段描述符

段描述符中的标志说明如下。

段限字段　指定段的大小。处理器将两个段限字段合起来形成一个20位值。处理器根据G（粒度）标志的设置情况，可用两种方法之一来解释段限。

① 如果清除了粒度标志，段的大小为1B～1MB，按字节递增。

② 如果设置了粒度标志，段的大小为4KB～4GB，按4KB递增。

处理器根据段是向上扩展段还是向下扩展段，以两种不同的方法来使用段限。对于向上扩展段，逻辑地址中的偏移量范围为0～段限。偏移量大于段限会产生通用保护异常（# GP）。对于向下扩展段，段限具有相反的功能，根据B标志的设置情况，偏移量范围为(段限+1)～FFFFFFFFH，或（段限+1)～FFFFH。偏移量小于等于段限会产生通用保护异常（#GP）。

基址字段　在4GB线性地址空间内定义段的0字节单元的地址。处理器将3个基地址字段合在一起，形成32位值。段基址应该调整为16字节对界。虽然分段技术对16字节对界未做要求，但将代码段和数据段都调整为16字节对界，能使程序具有最高性能。

类型字段　指示段的类型，并指定访问方式和生成方向。该字段的解释依赖于描述符类型是应用程序描述符还是系统描述符。代码段描述符、数据段描述符以及系统描述符的类型字段编码各不相同。

S（描述符类型）标志　指定段描述符是用于系统段（清除S标志）还是用于代码段或数据段（设置S标志）。

DPL（描述符特权级）字段　指定段的特权级。特权级范围为0～3，0特权级最高。DPL用来控制对段的访问。

P（段存在）标志　表示段在存储器中是存在（置位）还是不存在（清除）。如果清除了该标志，则当指向段描述符的段选择符加载到段寄存器时，处理器就产生一个段不存在异常（#NP）。

D/B标志　缺省操作规模/缺省堆栈指针规模/上界，段的类型不同，该标志的功能也不同。对于32位代码段和数据段，该标志应该始终置为1；对于16位代码段和数据段，该标志应该始终置为0。

① 可执行代码段。该标志称为D标志，指示着地址的缺省长度和段内指令所访问的操作数的缺省长度。如果该标志置位，则地址设为32位，操作数设为32位或8位；如果该标志清除，则地址设为16位，操作数设为16位或8位。

② 堆栈段（由SS寄存器指向的数据段）。该标志称为B（大）标志，它用来指定用于隐含堆栈操作（像压栈、出栈和调用）的堆栈指针的规模。如果该标志置位，使用32位堆

栈指针，它保存在32位的ESP寄存器中；如果该标志清除，则使用16位堆栈指针，它保存在16位的SP寄存器中。

③ 向下扩展数据段。该标志称为B标志，它指定段的上界。如果该标志置位，上界为FFFFFFFFH（4GB）；如果该标志清除，上界为FFFFH（64KB）。

G（粒度）标志　确定段限字段的缩放范围。当该标志清除时，以字节为单位解释段限；当该标志置位时，以4KB为单位解释段限。该标志不影响基址的粒度，基址始终是字节粒度。当该标志置位并针对段限来检查偏移量时，不测试偏移量的低12位。例如，当该标志置位时，段限值为0时的有效偏移量为0～4095。

可用位与保留位　段描述符第二个双字的第20位可由系统软件使用；第21位保留，并始终置为0。

（4）段描述符表

段描述符表是段描述符的一个数组，见图10-22。描述符表长度是可变的，能容纳多至8192个8字节描述符。有两类描述符表：全局描述符表（GDT）和局部描述符表（LDT）。

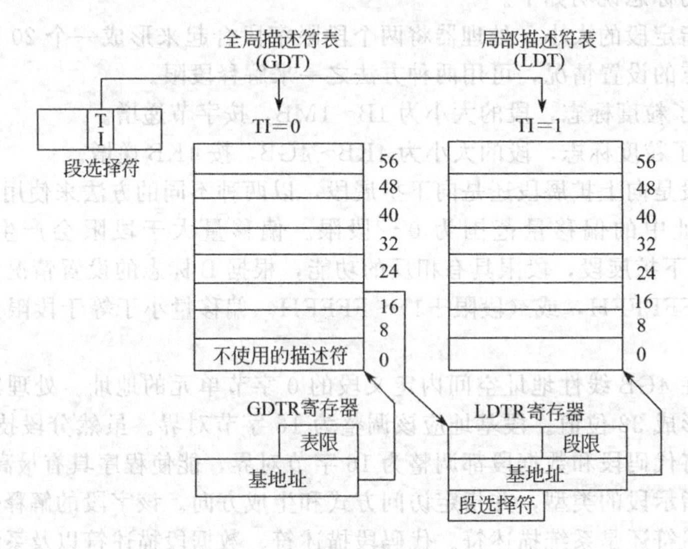

图 10-22　段描述符表

每个系统必须定义一张GDT表，来为系统中所有的程序和任务服务。一般来说，可以定义一至多张LDT表。例如，可以为正在运行的每个独立任务定义一张LDT表，也可以是某些任务或所有任务共享同一张LDT表。

GDT本身不是段，而是线性地址空间中的一个数据结构。GDT的线性基址和表限必须加载到GDTR寄存器。GDT的基址应该调整为8字节对界，以达到最佳的处理器性能。GDT的表限值用字节表示。如同段一样，基址加上表限值可以得到最后一个有效字节的地址。表限值为0，结果就是一个有效字节。因为段描述符始终是8字节的长度，GDT表限值应该始终是8的整数倍减一（也就是$8N-1$）。处理器不使用GDT中的第一个描述符。

LDT表是独立于GDT表的系统数据结构，但GDT表中必须包含有LDT表的描述符。如果系统支持多个LDT，各LDT必须在GDT中有独立的段选择符和段描述符。LDT的段描述符可以定位在GDT表中的任意地方。LDT由段选择符来访问。访问LDT时，为加速地址转换，LDT的段选择符、线性基址、段限以及访问权限都应保存在LDTR寄存器中。

10.5.4　分页技术

在保护方式下操作时，允许将线性地址空间直接映射到整个物理存储空间，也可以间接映射到较小的物理存储空间和磁盘存储器上去。后一种线性地址空间映射方法就是通常所说的虚拟存储器或请求分页虚拟存储器。

在使用分页时，处理器将线性地址空间分成固定大小的页面，这些页面可以映射到物理存储器和磁盘存储器上。当程序（或任务）访问逻辑地址时，处理器先使用分段机制将该地址转换成线性地址，然后再使用分页机制将线性地址转换成相应的物理地址。如果包含此线性地址的页面目前不在物理存储器中，处理器就产生缺页异常（#PF）。缺页异常处理程序的典型功能是：让操作系统或监控程序从磁盘存储器中将页面加载到物理存储器中（或许在此过程中，还要将物理存储器中不同的页面写回磁盘）。当页面已经加载到物理存储器时，从异常处理程序返回，使产生异常的指令重新开始执行。处理器用来将线性地址映射到物理地址空间和产生缺页异常的信息，保存在存储器中的页目录和页表页面大小是固定的，这一点与分段不同，段的大小通常与所保存的代码结构或数据结构的大小一样。如果只用分段，那么一个数据结构必须全都放在物理存储器中；如果使用了分页，则一个数据结构可以一部分放在存储器中，一部分放在磁盘存储器上。

为了使地址转换所需要的总线周期降到最少，最近使用的页目录项和页表项都应缓存在处理器内部的一个部件中，这个部件叫做转换后援缓冲器（TLB）。有了TLB，可以使得大多数读取当前页目录项和页表项的操作不用启动总线周期就能完成。额外的总线周期仅在TLB不包含所需的页表项时才需要，这种情况常常是在页面很长时间没有被访问时才会出现。

(1) 分页选项

分页由控制寄存器中的3个标志来控制：①PG允许（分页）标志，CR_0 的第31位；②PSE（页面规模扩展）标志，CR_4 的第4位；③PAE（物理地址扩展）标志，CR_4 的第5位。

PG标志启用页面转换机制。操作系统或监控程序通常在处理器初始化期间将该标志置位。如果处理器要使用页面转换机制来实现请求分页的虚拟存储器系统，或者所设计的操作系统是用来在虚拟8086方式下运行多程序（或多任务），则PG标志必须置位。

PSE标志允许有较大的页面规模：4MB页面或2MB页面（当PAE标志置位时）。当PSE标志清除时，就使用常规的4KB页面。

PAE标志启用36位物理地址。物理地址扩展只能在允许分页时使用。它依赖于页目录和页表来访问高于FFFFFFFFH的物理地址。

(2) 页目录和页表

处理器用来将线性地址转换成物理地址的信息包含在四种数据结构中。

① 页目录　由32位页目录项（PDE）组成，包含在一个4KB的页面中。一个页目录中可容纳多达1024个页目录项。

② 页表　由32位页表项（PTE）组成，包含在一个4KB的页面中。一个页表中可容纳多达1024个页表项（页表不用于2MB或4MB的页面）。这些页面直接由一个或多个页目录项映射。

③ 页面　一个4KB、2MB或4MB的平面地址空间。

④ 页目录指针表　由4个64位项组成的数组，每项指向一个页目录。该数据结构只在允许物理地址扩展时使用。

在使用常规的32位物理地址寻址时，这些表或者提供对4KB页面的访问，或者提供对4MB页面的访问；在使用36位物理地址寻址时，这些表或者提供对4KB页面的访问，或者提供对2MB页面的访问。表10-1列出了对分页控制标志进行不同设置时所获得的页面规模以及物理地址规模。每个页目录项包含一个PS（页面规模）标志，当PS标志清除时，页目录项指向页表，而页表项又指向4KB页面；当PS标志置位，且PSE或PAE置位时，页

表 10-1 页面大小和物理地址范围

CR_0 的 PG 标志	CR_4 的 PAE 标志	CR_4 的 PSE 标志	PDE 的 PS 标志	页面大小	物理地址
0	×	×	×	—	禁止分页
1	0	0	×	4KB	32 位
1	0	1	0	4KB	32 位
1	0	1	1	4MB	32 位
1	1	×	0	4KB	36 位
1	1	×	1	2MB	36 位

目录项直接指向 4MB 或 2MB 页面。

1）线性地址转换（4KB 页面）

图 10-23 表示了将线性地址映射成 4KB 页面时，页目录与页表的层次。页目录项指向页表，页表项指向物理存储器中的页面。该分页方法可用来寻址多达 2^{20} 个页面，能生成 2^{32} 字节（4GB）的地址空间。为了选择不同的表项，线性地址可分成三部分。

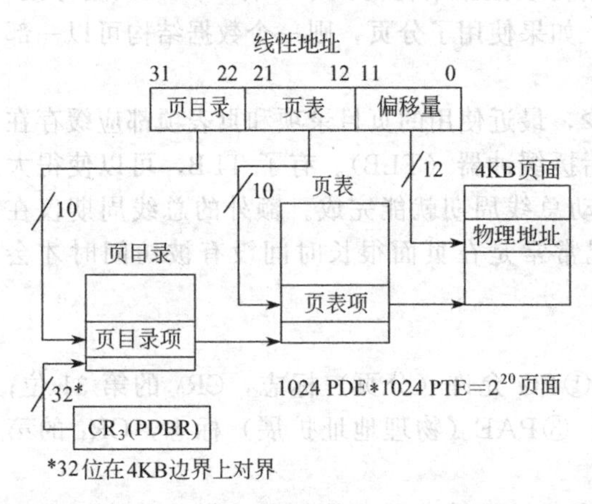

图 10-23 线性地址转换（4KB 页面）

页目录索引 第 22～31 位，提供页目录项的偏移量。所选择的项提供页表的物理基址。

页表索引 第 12～21 位，提供页表项的偏移量。所选择的项提供物理存储器中页面的物理基址。

页内偏移量 第 0～11 位，提供页面中物理地址的偏移量。

存储器管理软件可以让所有的程序或任务都使用同一个页目录，也可以让每个任务使用各自的页目录，或者将两者组合起来使用。

CPU 首先以线性地址的页目录索引（×4）查找页目录，由相应的页目录项得到相应页表的基址；再以线性地址的页表索引（×4）查找该页表，由相应的页表项得到分配给该页的主存页面的物理基址。将得到的主存页面的物理基址拼接上线性地址中的页内偏移量，就得到了所需的 32 位物理地址。

2）线性地址转换（4MB 页面）

图 10-24 表示了如何用页目录将线性地址映射为 4MB 页面。页目录项指向物理存储器中的 4MB 页面。该分页方法可用来将多至 1024 个页面映射成 4GB 的线性地址空间。

通过将控制寄存器 CR_4 中的 PSE 标志置位和页目录项的 PS（页面规模）标志置位，可以选择 4MB 页面规模。使用这样的设置，线性地址可以分成两部分。

页目录索引 第 22～31 位，提供页目录项的偏移量。所选项提供 4MB 页面的物理基址。

页内偏移量 第 0～21 位，提供页面中物理地址的偏移量。

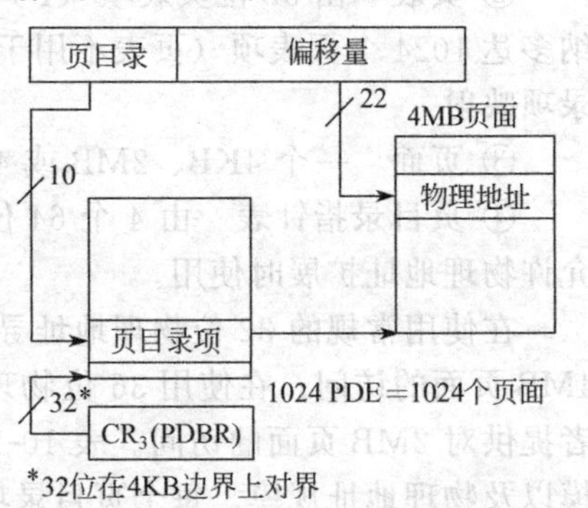

图 10-24 线性地址转换（4MB 页面）

3）4KB 页面与 4MB 页面的混合

当 CR_4 中的 PSE 标志置位时，若 PDE 中的 PS 标志置位，则选择 4MB 页面；若 PDE 中的 PS 标志清除，则选择4KB页面。PSE标志为1时，通过改变PS标志就可以使一个页目录当中同时包含有4KB和4MB的页面，这就是4KB页面与4MB页面的混合。

4KB页面和4MB页面混合的典型用法是：将操作系统或监控程序内核放进一个大的页面中，减少TLB未命中，这样可以提高系统的总体性能；将应用程序或应用任务放在各个4KB的小页面中，便于调度。

4）页目录的基址

当前页目录的物理基址存放在CR_3寄存器中。CR_3也叫页目录基址寄存器或PDBR。如果使用了分页，PDBR必须作为处理器初始化过程的一部分在允许分页之前进行加载。以后就可以通过使用MOV指令显式地在CR_3中加载一个新值来改变PDBR内容，或者作为任务切换的一部分隐式地改变PDBR内容。

PDBR中没有页目录的存在标志。当与页目录相关的任务被挂起时，页目录可能不存在于物理存储器中，但是，在调度任务之前，操作系统必须确保由任务的TSS中PDBR映像所指示的页目录存在于物理存储器中。只要任务还处在活动状态，页目录就必须一直保存在存储器中。

（3）页目录项与页表项

图10-25列出了使用4KB页面和32位物理地址时的页目录项和页表项的格式。图10-26列出了使用4MB页面和32位物理地址时的页目录项格式。

以下是图10-25和图10-26所示项中标志和字段的功能说明。

页面基址　位12～31。（4KB页面的页表项）指定4KB页面第一个字节的物理地址。该字段中的位作为物理址的高20位，这样可以将页面强制调整成与4KB的边界对齐。

页表基址　位12～31。（4KB页表的页目录项）指定页表第一个字节的物理地址。该字段中的位作为物理址的高20位，这样可以将页表强制调整成与4KB的边界对齐。

页面基址　位22～31。（4MB页面的页目录项）指定4MB页面第一个字节的物理地址。该字段中的位作为物理地址的高10位，这样可以将页面强制调整为与4MB的边界对齐。

存在（P）标志　第0位。表示由项所指的页面或页表当前是否加载到了物理存储器中。该标志置位时，页面的物理存储器中，可以进行地址转换。该标志清除时，页面不在物理存储器中，如果处理器试图访问该页面，会产生缺页异常（#PF）。

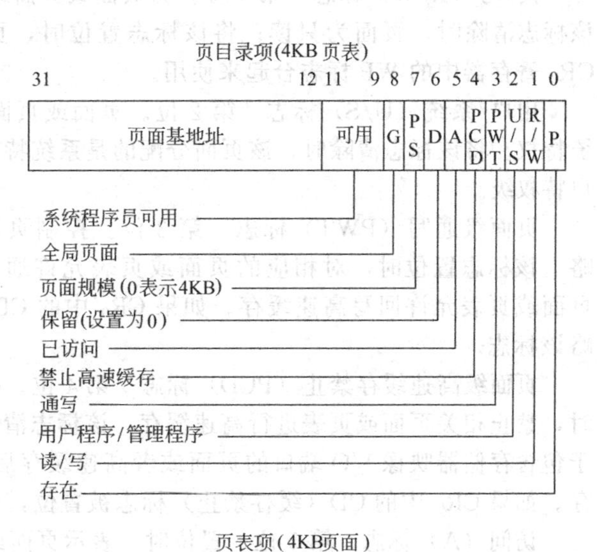

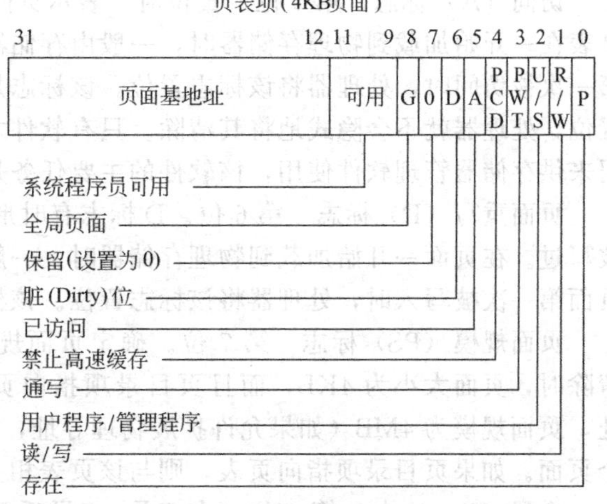

图10-25　32位物理地址的页目录项与页表项格式

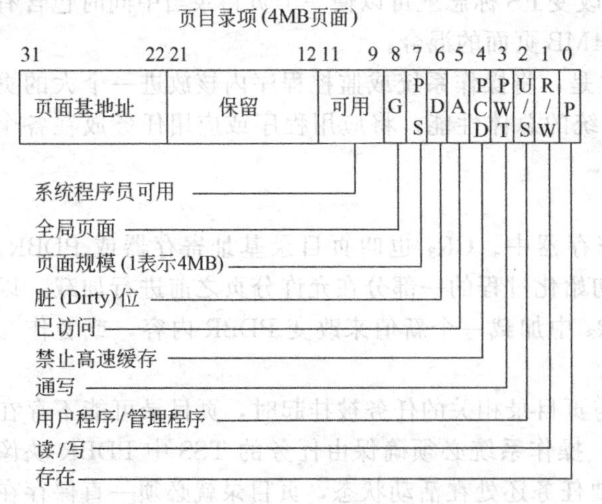

图 10-26 32位物理地址的页目录项格式

处理器不对该标志进行置位或清除处理，而由操作系统或监控程序对其状态进行维护。当启用扩展物理地址模式时，该位必须置1。如果处理器产生缺页异常，操作系统必须按步骤完成下列操作。

① 将页面从磁盘存储器拷贝到物理存储器中。

② 将页面地址加载到页表项或页目录项中，并将其存在标志置位。其它标志，像页面重写标志和访问标志，也可同时置位。

③ 使TLB中的当前页表项失效。

④ 从缺页处理程序返回，重新执行被中断的程序（或任务）。

读/写（R/W）标志　第1位。为页面或页面组（对页目录项而言）指定读-写特权。将该标志清除时，页面为只读；将该标志置位时，页面可以读和写。该标志与U/S标志和CR_0寄存器中的WP标志合起来使用。

用户/系统（U/S）标志　第2位。页面或页面组（对页目录项而言）指定用户——系统特权。将该标志清除时，该页面分配的是系统特权级；将该标志置位时，该页分配的是用户特权级。

页面级通写（PWT）标志　第3位。控制页面或页表的通写或回写的高速缓存写策略。该标志置位时，对相应的页面或页表允许通写高速缓存；该标志清除时，对相应的页面或页表允许回写高速缓存。如果CR_0中的CD（缓存禁止）标志被置位，处理器就忽略该标志。

页面级高速缓存禁止（PCD）标志　第4位。控制页面或页表的高速缓存。该标志置位时，禁止相关页面或页表进行高速缓存；该标志清除时，页面或页表可以进行高速缓存。对于包含存储器映像I/O端口的页面或者高速缓存后不会提高性能的页面，允许禁止高速缓存。如果CR_0中的CD（缓存禁止）标志被置位，处理器忽略该标志。

访问（A）标志　第5位。置位时，表示页面或页表已被访问（读或写）过。当页面或页表在一开始加载到物理存储器时，一般由存储器管理软件清除该标志。然后在页面或页表第一次被访问时，处理器将该标志置位。该标志是一种“粘贴”标志，意思是说，一旦它被置位，处理器就不会隐式地将其清除。只有软件才能清除该标志。访问标志和页面重写标志用来供存储器管理软件使用，该软件的主要任务是页面调度。

页面重写（D）标志　第6位。D标志有时形象地称它为脏位。置位时，表示页面已经被写过。在页面一开始加载到物理存储器时，一般由存储器管理软件将该标志清除。然后在页面第一次被写入时，处理器将该标志置位。该标志也是一种“粘贴”标志。

页面规模（PS）标志　第7位。确定页面规模，该标志只在页目录项中使用。该标志清除时，页面大小为4KB，而且页目录项指向页表。该标志置位时，对于常规的32位寻址，页面规模为4MB（如果允许扩展物理寻址，则页面规模为2MB），而且页目录项指向一个页面。如果页目录项指向页表，则与该页表相关的所有页面都是4KB页面。

全局（G）标志　第8位（在PⅡ、PⅢ系列处理器中才有）。置位时，表示为全局页面。在页面为全局且CR_4中的页面全局允许（PGE）标志置位时，加载寄存器CR_3或产生任务切换，该页面的页表项或页目录项在TLB中不会失效。提供该标志就是为了防止频繁使用的页面（像包含内核或操作系统其它代码的页面）在 TLB 中被清洗，只有软件才能置位或清除该标志。

（4）转换后援缓冲器

处理器将最近使用过的页目录项和页表项保存在片内高速缓存中，该高速缓存叫做转换后援缓冲器（TLE）。PⅡ、PⅢ系列处理器有 4 组 TLB，分别用于数据缓存的大页和小页以及指令缓存的大页和小页。TLB 的规模可以使用 CPUID 指令来确认。

大多数分页都是使用 TLB 的内容来完成的。只有在 TLB 不包含申请页面所需的转换信息时，才需要启动外部总线，访问存储器中的页目录和页表。

低于特权级 0 的应用程序和任务都能访问 TLB，也就是说，它们不能让 TLB 失效。只有操作系统或以 0 特权级运行的监控过程才能使 TLB 失效或使选中的 TLB 项失效。

每当页目录项或页表项被修改时，操作系统必须立刻使 TLB 中相应的项失效，以便在下次访问该项时将其更新。如果为了使用 36 位寻址而启用了物理地址扩展功能，则一个新表就会被添加到分页层次中，这个新表被称为页目录指针表。如果该表中的项被修改，则必须通过写 CR_3 来清洗 TLB。

一旦加载了 CR_3 寄存器，所有的非全局 TLB 都自动失效。CR_3 寄存器可以用下列方法之一加载。

① 使用 MOV 指令显式加载，例如：MOV CR_3，EAX（EAX 寄存器中包含有相应页目录的基址）。

② 通过执行任务切换隐式地加载。任务切换会自动地改变 CR_3 寄存器的内容。

INVLPG 指令用来使 TLB 中的特定页表项失效。一般来说，该指令只使单个 TLB 项失效；但是，在某些场合下，它可以使多个项，甚至所有的 TLB 项失效。该指令忽略页目录项或页表项中的 G 标志。

寄存器 CR_4 中的页面全局允许（PGE）标志和页目录项或页表项中的全局（G）标志可用来防止频繁使用的页面因任务切换或加载 CR_3 寄存器而自动失效。当处理器将全局页面的页目录项或页表项加载到 TLB 时，它们会永远保留在 TLB 中。要让全局页面项失效，办法是清除 PGE 标志，然后使 TLB 失效，或者使用 INVLPG 指令使 TLB 中的单个页目录项或页表项失效。

10.5.5　物理地址扩展

寄存器 CR_4 中的物理地址扩展（PAE）标志允许将物理地址从 32 位扩展到 36 位。为此，处理器提供了 4 个额外地址线引脚来与新增的地址位匹配。该选项只有在允许分页时才能使用（也就是说，寄存器 CR_0 中的 PG 标志和寄存器 CR_4 中的 PAE 标志都置位）。

在允许物理地址扩展时，有两种规模的页面：4KB 和 2MB。正如 32 位寻址一样，这些页面规模都能在相同的分页表集内寻址到；也就是说，页目录项能指向 2MB 页面；页目录项也能指向页表，而页表又指向 4KB 页面。为支持 36 位物理寻址，要对分页数据结构作下述变化。

① 分页的表项要增加到 64 位，来与 36 位的物理基址匹配。每个 4KB 页目录和页表可以有多至 512 个表项。

② 一个称为页目录指针表的新表，要添加到线性地址转换层次中。该表有 4 个 64 位的项，而且它保存在页目录的上一层中。在物理地址扩展机制允许时，处理器可以支持多达 4 个页目录。

③ 寄存器 CR_3（PDPR）中的 20 位（位 12～31）页目录基址字段要用 27 位（位 5～31）的页目录指针表基址字段来替换，见图 10-27。在这种情况下，寄存器 CR_3 叫做页目录

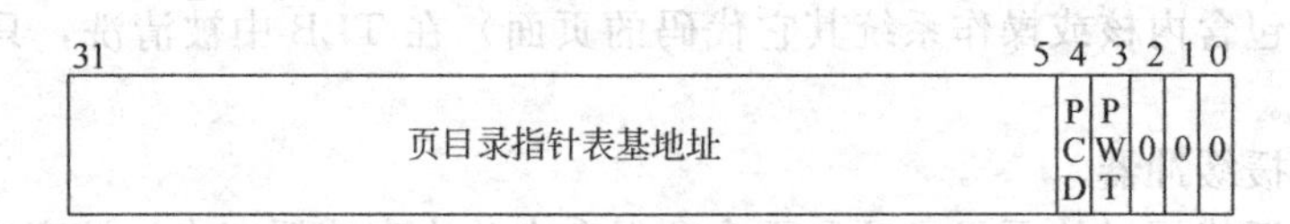

图 10-27 允许扩展时寄存器 CR_3 的格式

指针表寄存器 PDPTR。该 27 位的字段提供页目录指针表第一个字节物理地址的高 27 位，这样可以迫使该表定位在 32 字节的边界上。

④ 改变线性地址转换，将 32 位线性地址映射到更大的物理地址空间中。

(1) 地址扩展允许下的线性地址变换

1) 地址扩展允许下的线性地址变换（4KB 页面）

图 10-28 所示的是采用扩展物理寻址时，将线性地址映射成 4KB 页面的页目录指针表、页目录以及页表层次。该分页方法可寻址达 2^{20} 个页面，生成 2^{32} 字节（4GB）的地址空间。

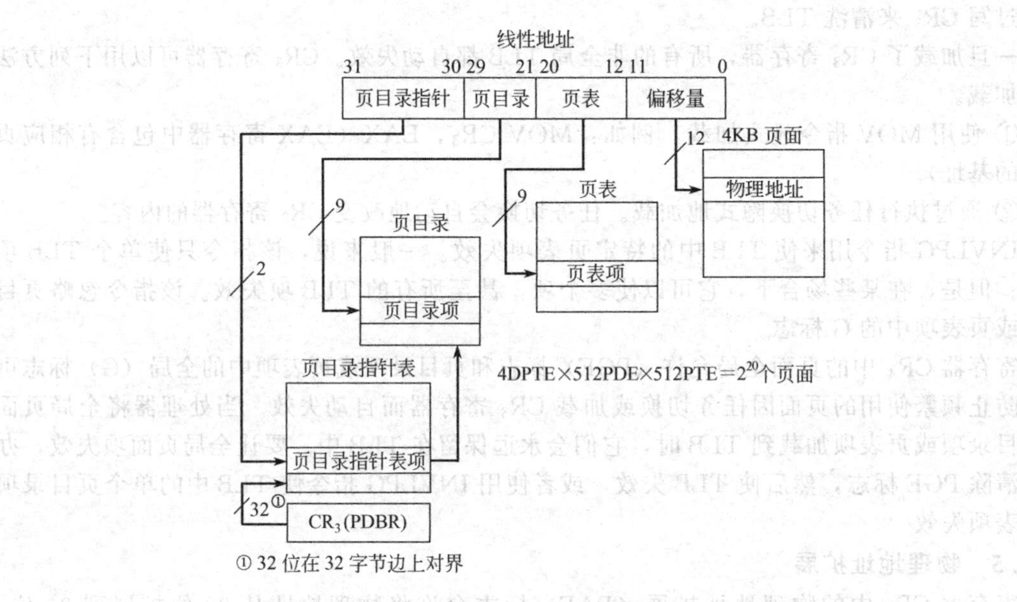

图 10-28 允许扩展时的线性地址转换（4KB 页面）

要选择不同的表项，线性地址应分成 4 个部分。

① 页目录指针表索引 位 30、31，提供页目录指针表项的偏移量。所选项提供页目录的物理基址。

② 页目录索引 位 21～29，提供页目录项的偏移量。所选项提供页表的物理基址。

③ 页表索引 位 12～20，提供页表项的偏移量。所选项提供页面的物理基址。

④ 页内偏移量 位 0～11，提供页面中物理地址的偏移量。

CPU 首先以线性地址的页目录指针表索引（×8）去查找页目录指针表，由相应的页目录指针表项得到相应页目录的基址；再以线性地址的页目录索引（×8）查找该页目录。

由相应的页目录项得到相应页表的基址；再以线性地址的页表索引（×8）查找该页表，由相应的页表项得到分配给该页的主存页面的物理基址。将得到的主存页面的物理基址拼接上线性地址中的页内偏移量，就得到了所需的 36 位物理地址。

2) 地址扩展允许下的线性地址变换（2MB 页面）

图 10-29 示出了如何使用页目录指针表和页目录将线性地址映射到 2MB 页面中。该分

页方法可将多达 2048 个页面（4 个页目录指针表项×512 个页目录项）映射到 4GB 线性地址空间中。

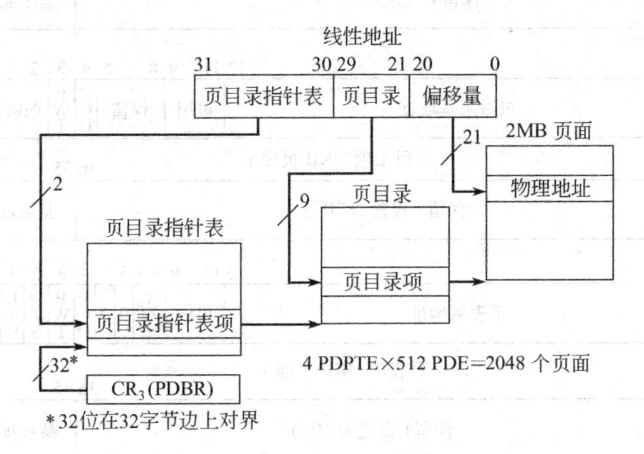

图 10-29 允许扩展时的线性地址转换（2MB 页面）

通过将控制寄存器 CR_4 中的 PAE 标志置位以及将页目录项中的 PS 标志置位，可以选择 2MB 页面。这时，线性地址分成 3 个部分。

页目录指针表索引 位 30～31 位提供页目录指针表项的偏移量。所选项提供页目录的物理基址。

页目录索引 位 21～29，提供页目录项偏移量。所选项提供 2MB 页面的物理基址。

页偏移量 位 0～20，提供页面中物理地址的偏移量。

3）用扩展的页表结构访问全扩展物理地址空间

前面介绍的页表结构允许在 64GB 的扩展物理地址空间中一次寻址达 4GB。物理存储器中另外的几个 4GB 空间可用下述方法之一寻址得到。

① 改变寄存器 CR_3 中的指针，指向另外的页目录指针表，该表又指向另外的页目录和页表集。

② 改变页目录指针表项，指向其它的页目录，该页目录又指向其它的页表集。

（2）地址扩展允许下的页目录项和页表项

图 10-30 所示的是使用 4KB 页面和 36 位扩展物理地址时的页目录指针表项、页目录项和页表项的格式。图 10-31 所示的是使用 2MB 页面和 36 位扩展物理地址时的页目录指针表项和页目录项的格式。

图 10-30 中 4KB 页面和 36 位扩展物理地址的页目录指针表项、页目录项和页表项格式，这些项中标志的功能与“页目录项与页表项”中所说明的一样。以下是这些项与上述所述项的主要区别。

① 增加了一个页目录指针表项。

② 各项的规模从 32 位增加到 64 位。

③ 页目录或页表中的最大项数为 512。

④ 各项中的物理基址扩展到 24 位。

根据项的类型，项中的物理基址指定了下述内容。

页目录指针表项 4KB 页目录第一个字节的物理地址。

页目录项 4KB 页表或 2MB 页面第一个字节的物理地址。

页表项 4KB 页面第一个字节的物理地址。

就 4KB 而言，页面基址字段作为 36 位物理地址的高 24 位，这样可以将页表和页面强

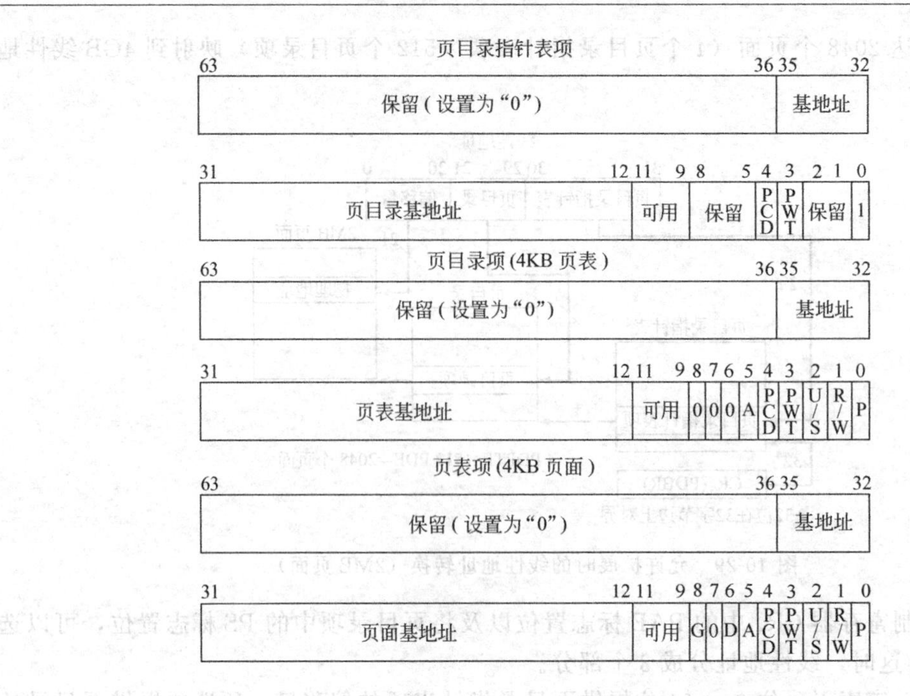

图 10-30 4KB 页面时的页目录指针表项、页目录项和页表项的格式

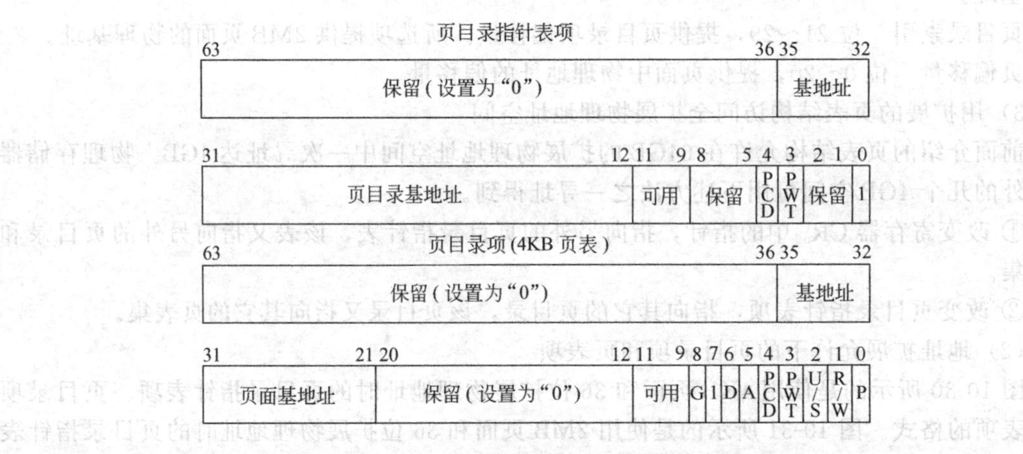

图 10-31 2MB 页面时的页目录指针表项

制调整为 4KB 对界。就 2MB 页面而言，页面基址字段作为 36 位物理地址的高 15 位，这样可以将页面强制调整为 2MB 对界。

每当扩展物理寻址模式允许时，也就是说，每当 PAE 标志和 PG 标志置位时，所有页目录指针表项中的存在标志（第 0 位）必须置 1。如果在扩展物理寻址模式允许时，页目录指针表中 4 个页目录指针表项的 P 标志都没有置位，就会产生通用保护异常（# GP)。

页目录项中的页面规模（PS）标志（第 7 位）用来确定页目录项是指向页表还是指向 2MB 页面。该标志清除时，指向页表；该标志置位时，指向 2MB 页面。该标志允许 4KB 和 2MB 混合页面在一个分页表集中。

访问（A）标志与页面重写（D）标志（第 5 和 6 位）只用于指向页面的表项。

在所有物理地址扩展的表项中，第 9、10 和 11 位供软件来使用。当存在标志清除时，第 1～63 位都可由软件使用。

10.6 存储保护

计算机的软件通常由操作系统与应用程序组成。操作系统与应用程序之间既有联系，又严格独立。操作系统进程与应用程序进程之间以及各个应用程序进程之间，利用共享主存资源来实现联系，通过特权保护来达到安全隔离。存储管理与存储保护的任务之一就是支持这种联系与隔离的实施。系统的存储管理与保护是由软件和硬件共同配合完成的。PⅡ、PⅢ处理器为实现系统的存储管理与保护提供了强有力的支持。本节着重讨论存储保护问题。

在保护方式中，IA提供了段页两级保护机制。该机制利用特权级来控制对段或页的访问。段有4个特权级，页面有2个特权级。例如，通过将操作系统的关键代码和数据放在特权更高的段中，处理器的保护机制就会阻止低优先级的应用程序代码以任何非法方式访问操作系统代码和数据，但是能以受控制的、事先定义的方式来访问。

段和页面保护可用于软件开发的所有阶段，以辅助定位并检测设计中的问题和错误。它也可以捆绑到软件产品之中，为操作系统、工具软件和应用软件提供额外的增强功能。

当使用保护机制时，每次存储器访问都要进行校验，以验证它们是否能够通过各种保护校验。所有校验都在存储器周期启动前完成，任何保护侵犯都会产生异常。校验与地址转换是并行工作的，因此处理器不会因为增加了保护校验而出现性能损失。保护校验包括下述内容：段限校验；类型校验；特权级校验；可寻址区域的限制；过程入口点的限制；指令系统的限制。

10.6.1 段页保护机制

(1) 段页保护使能

将寄存器CR_0中的PE标志置位，会使处理器切换到保护方式，这样就启动了段保护机制。一旦进入保护方式，就没有控制位可以关闭保护机制。当需要控制时，可以将特权级0分配给需要控制的段选择符和段描述符。由于特权级为最高特权级，使用特权级为0的段描述符去访问存储器时，不进行特权级检验，相当于关闭了特权级保护机制。该操作可以使段间的特权级保护屏障取消，但是，诸如段限校验和类型校验等其它保护校验仍能继续工作。

页面级保护在分页时会自动启动。一旦启动了分页机制，也没有控制位能关闭页面级保护。但是，页面级保护可以通过下述操作将其局部暂停。

① 清除控制寄存器CR_0中的WP标志。

② 将各页目录项和页表项的读/写（R/W）标志和用户/系统（U/S）标志置位。

操作结果将页面变成可写的用户页面，实际上也就关闭了页面级访问方式和访问权限的保护校验。

(2) 段页保护标志及字段

处理器的保护机制使用系统数据结构中的下述字段和标志来控制对段与页面的访问。

① 描述符类型（S）标志　段描述符第二个双字的第12位。确定段描述符是用于系统段，还是用于代码段或数据段。

② 类型字段　段描述符第二个双字的第8～11位。确定代码段、数据段或系统段的类型。

③ 段限字段　段描述符第一个双字的第0～15位和第二个双字的第16～19位，与G标志和E标志一起确定段的规模。

④ G标志　段描述符第二个双字的第23位，与段限字段和E标志一起确定段规模。

⑤ E标志　数据段描述符第二个双字的第10位，与段限字段和G标志一起确定段规模。

⑥ 描述符特权级（DPL）字段　段描述符第二个双字的第13、14位，确定段的特权级。

⑦ 请求特权级（RPL）字段　段选择符的第 0、1 位，指定段选择符的请求特权级。

⑧ 当前特权级（CPL）字段　CS 段寄存器的第 0、1 位，指示当前执行程序或过程的特权级。

⑨ 用户系统（U/S）标志　页目录项或页表项的第 2 位。确定页面的访问权限：用户或系统。

⑩ 读/写（R/W）标志　页目录项或页表项的第 1 位。确定页面的访问方式：只读或读写。

图 10-32 示出了数据段、代码段和系统段描述符中各种字段和标志的位置；图 10-20 示出了段选择符（或 CS 寄存器）中 RPL（或 CPL）字段的位置；图 10-25 示出了页目录项和页表项中 U/S 和 R/W 标志的位置。

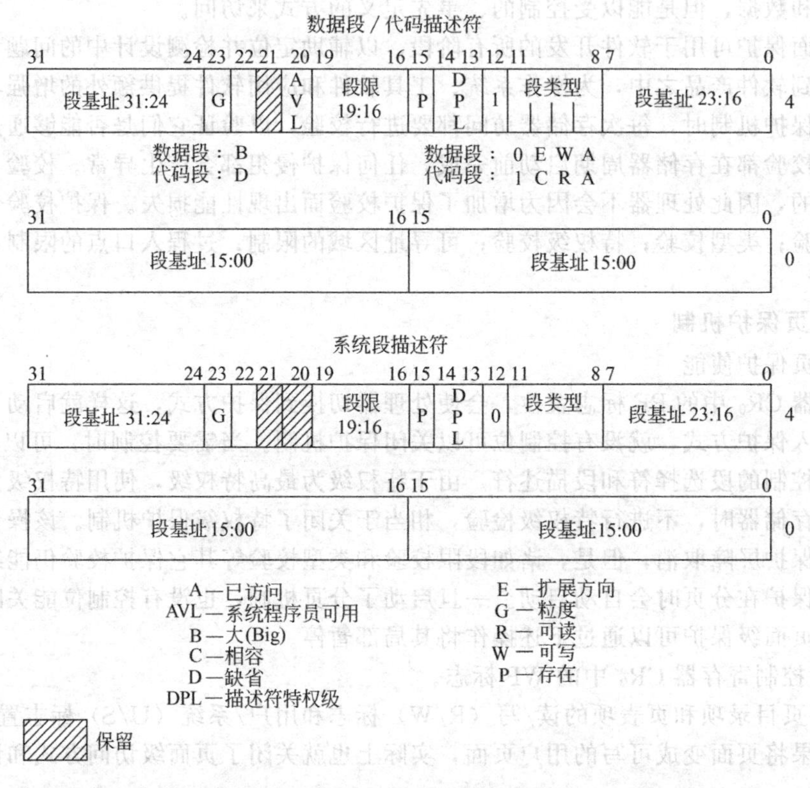

图 10-32　数据段、代码段和系统段描述符中各种字段和标志

使用这些字段和标志可以实现多种不同风格的保护方案。当操作系统创建一描述符时，它在这些字段和标志中填上值，与操作系统或监控程序所选定的保护风格保持一致。应用程序一般不对这些字段和标志进行访问或修改。

以后各节中，将介绍处理器如何使用这些标志和字段以完成各类校验。

10.6.2　段限与类型的保护校验

(1) 段限校验

段描述符的段限字段禁止程序或过程去寻址段外的存储器空间。段限的有效值根据 G（粒度）标志来确定。对数据段而言，段限也可以根据 E（扩展方向）标志和 B（缺省堆栈指针规模和上界）标志来确定。当段描述符为数据段类型时，E 标志就是类型字段中的一位。

当清除 G 标志时，有效段限就是段描述符中 20 位段限字段的值，有效段限的范围为

0～FFFFFH。当G标志置位时，处理器通过2^{12}比例因子来扩展段限字段的值。在这种情况下，有效段限的范围为FFFH～FFFFFFFFH。注意：当G标志置位时，不对段的偏移量的低12位进行段限校验，例如，如果段限为0，则0～FFFH的偏移量仍然是合法的。

除向下扩展的数据段外，对所有类型的段而言，有效段限是段中允许访问的最后地址，按字节计算，有效段限是段的规模减1。当对段中的下列地址进行访问时，处理器会产生通用保护异常。

① 字节在大于有效段限的偏移量上。

② 字在大于有效段限－1的偏移量上。

③ 双字在大于有效段限－3的偏移量上。

④ 四字在大于有效段限－7的偏移量上。

对于向下扩展的数据段而言，段限具有相同的功能，但解释方法不同。这里的有效段限指定了段内不允许访问的最后地址；有效偏移量的范围在B标志置位时为（有效段限＋1）～FFFFFFFFH，B标志清除时为（有效段限＋1）～FFFFH。段限为0时，向下扩展的段有最大的规模。

段限校验能捕获程序中这一类错误，像非法代码、无效下标以及非法指针计算。这些错误在产生时就能检测到，因此很容易识别产生的原因。如果没有段限校验，这些错误可能会导致把代码或数据写到另一个段内。

除校验段限外，处理器也校验描述符表的表限。GDTR和IDTR寄存器包含16位表限值，处理器使用它们可以防止程序在描述符表以外选择段描述符。LDTR和TR也包含有16位段限值，处理器使用它们可以防止访问超出当前LDT和TSS的边界。

（2）类型校验

段描述符在两个地方包含有类型信息：S标志和类型字段。处理器使用该信息来检测编程错误，这些错误会导致以不正确或不期望的方式使用段或门。

S标志指示描述符是系统类型，还是代码或数据类型。类型字段提供4个额外位，用来定义代码段、数据段以及系统描述符的各种类型。

当对段选择符和段描述符进行操作时，处理器要在不同的时间检查类型信息。下面给出了一些执行类型校验的典型操作例子。

1）当段选择符加载到段寄存器时，某些段寄存器只能包含某些描述符类型。例如：

① CS寄存器只能用代码段的选择符来加载；

② 不可读的代码段或系统段的段选择符，不能加载到数据段寄存器（DS、ES、FS和GS）中；

③ 只有可写数据段的段选择符才能加载到SS寄存器中。

2）当段选择符加载到局部描述符表寄存器LDTR或任务寄存器TR时：

① LDTR只能由LDT的选择符来加载；

② 任务寄存器TR只能由TSS段选择符来加载。

3）当指令所访问段的描述符已经加载到段寄存器时，某些段只能由指令以某几种预定义的方式来使用。例如：

① 指令不能写可执行段；

② 指令不能写一个不可写的数据段；

③ 指令不能读可执行段。

4）当指令操作数包含段选择符时，某些指令只能访问特殊类型的段或门。例如：

① 远程调用（CALL）或远程跳转（JMP）指令只能访问相容代码段、不相容代码段、调用门、任务门或TSS的段描述符；

② LLDT 指令必须访问 LDT 的段描述符；

③ LTR 指令必须访问 TSS 的段描述符；

④ LAR 指令必须访问 LDT、TSS、调用门、任务门、代码段或数据段的段描述符或门描述符；

⑤ LSL 指令必须访问 LDT、TSS、代码段或数据段的段描述符；

⑥ IDT 项必须是中断门、陷阱门或任务门。

5）在某些内部操作期间。例如：

① 在远程调用或远程跳转时，处理器通过校验段描述符或门描述符中的类型字段来确定要执行的控制转移类型，CALL 指令或 JMP 指令中作为操作数给出段（或门）选择符以指向该段（或门）描述符。如果描述符类型是属于代码段或调用门，那么就调用或跳转到另外的代码段；如果描述符类型是属于 TSS 或任务门，就进行任务切换；

② 在通过调用门进行调用或跳转时（或通过陷阱门或中断门进行中断调用或异常处理程序调用时），处理器自动校验由门指向的段描述符是否属于代码段；

③ 在通过任务门调用或跳转到新任务时（或通过任务门进行中断调用或异常处理程序调用一个新任务时），处理器自动校验由任务门指向的段描述符是否属于 TSS；

④ 在通过直接访问 TSS 来调用或跳转到新任务时，处理器就自动校验由 CALL 指令或 JMP 指令指向的段描述符是否属于 TSS；

⑤ 在从嵌套任务返回时（执行返回指令），处理器校验当前 TSS 中的前一任务链字段是不是指向一个 TSS。

将空段选择符加载到 CS 或 SS 段寄存器会产生通用保护异常（＃GP）。空段选择符可以加载到 DS、ES、FS 或 GS 寄存器中，但是，通过这些加载有空选择符的段寄存器去访问一个段会导致＃GP 异常的产生。用空段选择符来加载不使用的数据段寄存器，可以检测出对不使用的段寄存器进行访问的情况，还可以防止对数据段进行不希望的访问。

10.6.3 特权级

特权级保护功能的主要目的是不准应用程序修改操作系统的数据，而又允许应用程序调用操作系统提供的例行服务子程序。处理器的段保护机制识别 0～3 四个特权级。数字越大，特权越小。图 10-33 表示特权级的环形保护结构。中央部分（保留给特权最高的代码、数据和堆栈）用于包含有关键软件的段，这种软件通常是操作系统的内核。外环用于不太关键的软件。仅使用其中 2 个特权级的系统应该使用 0 级和 3 级。

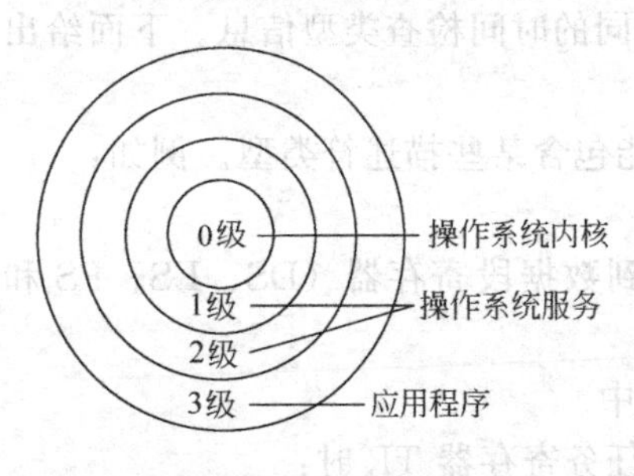

图 10-33 保护环

处理器使用特权级可以防止特权级较低的程序或任务访问特权级较高的段，控制转移除外。当处理器检测到特权级侵犯时，产生通用保护异常（＃GP）。

为了在代码段和数据段之间实施特权级校验，处理器识别下述三类特权级。

1）当前特权级（CPL）。CPL 是当前正在执行的程序或任务的特权级。它保存在 CS 和 SS 段寄存器的第 0 和 1 位。一般来说，CPL 与取指令的代码段特权级相同。当程序控制被转移到不同特权级的代码段时，处理器就改变 CPL。当访问相容代码段时，对 CPL 的处理稍有不同。任何程序或任务，其 CPL 在数值上大于等于相容代码段特权级 DPL（即 CPL≥DPL），都可以访问相容代码段。当访问一个具有不同于 CPL 特权级的相容代码段时，CPL 不会改变。

2）描述符特权级（DPL）。DPL 是段或门的特权级。它存放在段或门描述符的 DPL 字段中。在当前代码段要去访问段或门时，段或门的DPL就与段或门选择符的RPL以及CPL进行比较。所访问的段或门的类型不同，DPL的解释也不同。

① 数据段。DPL表示允许访问该段的程序或任务所应具有的最大数值的特权级，即CPL≤DPL。例如，数据段的DPL是1，只有以CPL为0或1运行的程序才能访问该段。

② 不相容代码段（不使用调用门）。DPL表示访问该段的程序或任务所必须具有的特权级，即CPL=DPL。例如，不相容代码段的DPL为0，只有以CPL为0运行的程序才能访问该段。

③ 调用门。DPL表示当前正在执行的程序或任务要访问调用门所应具有的最大数值的特权级，即CPL≤DPL（与数据段的访问规则相同）。

④ 通过调用门来访问的相容代码段和不相容代码段。DPL表示允许访问该段的程序或任务所应具有的最小数值的特权级，即CPL≥DPL。例如，相容代码段的DPL为2，那么以CPL为0或1运行的程序就不能访问该段。

⑤ TSS。DPL表示当前正在执行的程序或任务要访问TSS所应具有的最大数值的特权级，即CPL≤DPL（与数据段的访问规则相同）。

3）请求特权级（RPL）。RPL是分配给段选择符的超越特权级。它保存在段选择符的第0和1位。处理器将RPL与CPL一道校验，检查是否允许访问某个段。即使请求访问某段的程序或任务具有足够的特权来访问该段，如果RPL不具备足够的特权级，访问也会被拒绝。也就是说，如果段选择符的RPL数值大于CPL，那么RPL超越于CPL，反之，如果段选择符的RPL数值小于或等于CPL，则CPL为有效特权级。RPL可以确保特权代码不代表应用程序来访问某个段，除非该程序自身具有访问该段的特权。

特权级保护所应遵循的原则是：

① 特权级低的代码段不能访问特权级高的数据段；

② 不能从特权级高的代码段向特权级低的代码段转移控制；

③ 可以从特权级低的代码段向特权级高的代码段转移控制，但堆栈段的特权级也应随之变化。换言之，堆栈段的特权级应与使用它的代码段特权级保持一致。

10.6.4 指针验证

在保护方式下操作时，处理器要验证各个指针。指针验证包括以下校验：

① 校验访问权限来确定段类型是否与其用法一致；

② 校验读/写权限；

③ 校验指针偏移量是否超出段限；

④ 校验指针提供者是否可以访问段；

⑤ 校验偏移量对界。

在指令执行期间，处理器自动完成各项指针校验。若校验通过，顺利完成指令执行；若校验未通过，中止指令执行，产生异常。例如修改段寄存器选择符的指令：

```
MOV    DS, AX
```

将选择符（AX）装入DS段寄存器中。要求该选择符所指示的段必须是可读的数据段，如果为只执行的代码段，则执行本指令将会产生异常。

为了避免出现上述的指令执行异常，可以在指令执行之前，用系统操作指令对指针进行检查。检查结果，若发现错误，转到出错处理；若未发现错误，才让指令执行。以MOV DS，AX为例，先检查AX中段选择符所指示的段描述符的读/写权限，是否为可读段。

10.6.5 校验对界

当CPL为3时，通过设置CR_0寄存器中的AM标志和EFLAGS寄存器中的AC标志，可以校验存储器访问的对界情况。未对界存储器访问则产生对界异常（#AC）。当以特权级0、1或2运行时，处理器不产生对界异常。

10.6.6 页面级保护

页面级保护可以单独使用，也可以与段保护结合使用。当页面级保护与平面存储器模型一起使用时，能够保护系统代码和数据免受用户代码和数据的干扰。它还能使代码页面具有写保护功能。当段保护与页面级保护结合起来时，页面级读/写保护可以做到在段内进一步将保护空间划小。

使用了页面级保护，每次存储器访问都要进行校验，以验证保护校验是否能通过。所有校验都在存储器周期开始前完成，保护校验未通过，存储器周期不能启动，而且导致缺页异常的产生。由于校验与地址转换是并行工作的，因此对性能没有影响。

处理器完成两种页面级保护校验：访问权限（系统模式和用户模式）的校验与访问方式（只读或读/写）的校验。页面保护信息包含在页目录项或页表项的两个标志中：读/写标志（第1位）和用户/系统标志（第2位）。

(1) 页面级访问权限的保护

页面级保护机制允许在两个特权级上对页面进行限制访问：

① 系统模式（U/S标志为0）——（最高特权）用于操作系统或监控程序、其它系统软件（像设备驱动程序）和受保护的系统数据（像页表）；

② 用户模式（U/S标志为1）——（最低特权）用于应用程序的代码和数据。

段特权级按下述方法映射到页面特权级。如果处理器目前以CPL为0、1或2运行，它处在系统模式；如果它以CPL为3运行，它处在用户模式。当处理器处在系统模式时，它可以访问所有的页面；当处于用户模式时，它只能访问用户级的页面。

注意，要使用页面级保护机制，至少要使用两个特权级来设置代码段和数据段：0级用于系统代码段和数据段，3级用于用户代码段和数据段。在该模型中，堆栈放在数据段中。为了减少段的使用，可以使用平面存储器模型。这时，用户与系统的代码段和数据段都从线性地址空间的0地址开始，并相互重叠。使用这种管理方式，执行操作系统代码和应用程序代码时就好像没有段一样。操作系统与应用程序代码和数据间的保护是由处理器的页面级保护机制提供的。

(2) 页面级访问方式的保护

页面级保护机制识别两种页面类型：只读访问（R/W标志为0）；读写访问（R/W标志为1）。

当处理器处于系统模式，而且清除了寄存器CR_0中的WP标志时，所有页面既可读又可写。当处理器处于用户模式时，它只能写可以读/写的用户模式页面。读/写或只读用户模式页面都是可读的；系统模式页面对用户模式而言，是既不能读也不能写。任何侵犯保护规则的企图都会产生缺页异常。

PⅡ、PⅢ系列、Pentium和Intel 486处理器允许将用户模式的页面设置为写保护。其方法是将寄存器CR_0中的WP标志设为1。此时，系统模式对用户模式页面的写保护敏感。这种写保护特性对于实现“写拷贝”策略很有用，像UNIX操作系统的任务创建就使用了“写拷贝”策略。

(3) 两级页表的组合保护

对任意一个页面来说，其页目录项的保护属性（第一级页表）与其页表项的保护属性（第二级页表）可以不同。处理器既为页目录项中的页面校验保护，也为页表项中的页面校验保护。

(4) 页面保护的超越

下述的存储器访问作为0特权级访问来校验，不考虑处理器当前运行在什么CPL级别上，也不考虑页面保护的设置情况，因此也就超越了页面保护机制。

① 在GDT、LDT或IDT中访问段描述符。

② 当特权级发生改变时，在过程调用期间，或者调用异常或中断处理程序期间，或者访问内部特权级堆栈期间，页面保护超越。

(5) 段页保护的组合

当允许分页时，处理器首先验证段保护，然后验证页面保护。如果处理器在段级或页面级检测到保护侵犯，就不会进行存储器访问，并且产生异常。如果异常是由分段产生的，就不产生分页异常。

页面级保护不能用来取代段级保护。例如，代码段定义为不可写。如果代码段分了页，将页面R/W标志设置为可读/写也不能写页面，段级保护校验会封锁写页面的企图。

页面级保护可用来增强段级保护。例如，如果一个大的读写数据段分了页，页保护机制可用来对单个页面实施写保护。

习题与思考题

1. 高性能微机中主要采用了哪些提高性能的技术？简述它们的特点。
2. 简要分析RISC技术的特点。
3. PⅡ、PⅢ微机中有哪几种工作模式？相互之间如何转换？
4. 什么是描述符？什么是描述符表？PⅡ、PⅢ机器中有哪几种描述符表？各有什么作用？
5. PⅡ、PⅢ微机中有哪几种存储模型？如何组织存储空间分配？
6. 简述分段管理的基本思想。分段管理中物理地址如何生成？
7. 简述分页管理的基本思想。分页管理中物理地址如何生成？
8. 什么是段间保护？如何实现？
9. 什么是页表？什么是页表目录？各有什么作用？
10. 控制寄存器和调试寄存器有何作用？各有哪些特点？
11. 简述特权级保护中各层次之间的关系。
12. 在PⅡ、PⅢ微机中如何实现多字节数据访问？简要分析采用的技术。

附录 ASCII（美国标准信息交换码）表

	列	0(3)	1(3)	2(3)	3(3)	4(3)	5(3)	6(3)	7(3)
行	位 654→ ↓ 3210	000	001	010	011	100	101	110	111
0	0000	NUL	DLE	SP	0	@	P	`	p
1	0001	SOH	DC1	!	1	A	Q	a	q
2	0010	STX	DC2	”	2	B	R	b	r
3	0011	ETX	DC3	#	3	C	S	c	s
4	0100	EOT	DC4	$	4	D	T	d	t
5	0101	ENQ	NAK	%	5	E	U	e	u
6	0110	ACK	SYN	&	6	F	V	f	v
7	0111	BEL	ETB	·	7	G	W	g	w
8	1000	BS	CAN	(	8	H	X	h	x
9	1001	HT	EM	)	9	I	Y	i	y
A	1010	LF	SUB	*	:	J	Z	j	z
B	1011	VT	ESC	+	;	K	[	k	{
C	1100	FF	FS	,	<	L	\	l	|
D	1101	CR	GS	—	=	M	]	m	}
E	1110	SO	RS	.	>	N	Ω	n	~
F	1111	SI	US	/	?	O	—	o	DEL

参 考 文 献

1 李大友等. 微型计算机接口技术. 北京：清华大学出版社，1998

2 朱庆保等. 微型计算机系统及接口应用技术. 南京：南京大学出版社，1997

3 雷丽文等. 微机原理与接口技术. 北京：电子工业出版社，1997

4 史新福等. 32位微型计算机原理接口技术及其应用. 西安：西北工业大学出版社，2000

5 李伯成等. 微型计算机原理及应用. 西安：西安电子科技大学出版社，1998

6 张怀莲. 宏汇编语言程序设计. 北京：电子工业出版社，1987

7 陈建铎等. 32位微型计算机原理与接口技术. 北京：高等教育出版社，1998

8 曲伯涛. 8086到80486微型计算机系统原理与接口. 大连：大连理工大学出版社，1994

9 郑学坚等. 微型计算机原理及应用. 北京：清华大学出版社，1995

10 Walter A. Triebel. 80x86/Pentium处理器硬件、软件及接口技术教程. 王克义等译. 北京：清华大学出版社，1998

11 戴梅萼等. 微型计算机技术及应用（第3版）. 北京：清华大学出版社，2003

12 杨文显等. 现代微型计算机与接口教程. 北京：清华大学出版社，2003